제로보드  XE 로 홈페이지 & 쇼핑몰 만들기 개정판

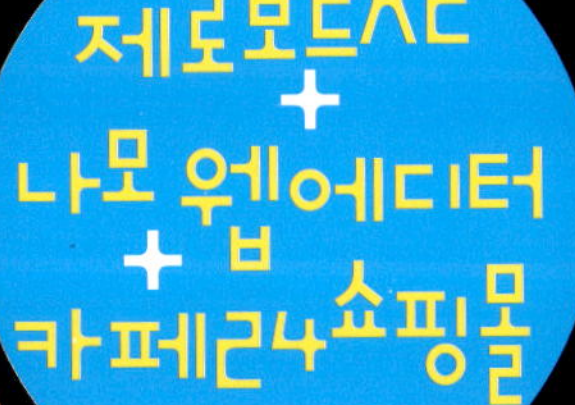

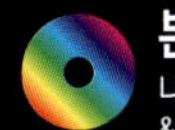

본문 소스 제공
나모 웹에디터 트라이얼 버전
& 책 예제 소스 제공

전진수 지음

한 권으로 홈페이지를 정복한다.

XE 1.5.1.x 버전의 설치부터 홈페이지 제작 과정 알아보기
간단한 홈페이지 작성부터 카페24 쇼핑몰 솔루션을 이용한 쇼핑몰 만들기
카페24 호스팅 계정을 3개월간 사용할 수 있는 무료 쿠폰 제공
홈페이지 제작에 필수적인 디자인을 위해 포토샵 기초 수록
나모 웹에디터를 활용한 홈페이지 만들기
검색 사이트에 홈페이지 및 쇼핑몰 등록 방법 수록

- 좋은 책 · 알찬 내용 -
GM 가메출판사

Preface

이 책은 XE를 처음 대하는 초급자를 대상으로 홈페이지 및 쇼핑몰을 쉽고 빠르게 만들 수 있는 방법을 총 8개 Part에 걸쳐 소개하고 있습니다.

[Part 1 홈페이지 마법사 XE란 무엇인가?]에서는 XE 홈페이지를 살펴보며 XE의 기능 및 설치 환경 등을 알아봅니다.

[Part 2 XE로 홈페이지 만들기]에서는 XE를 설치하기 위한 호스팅 선정 및 XE를 다운받아 설치하고 관리자 페이지에 접속하여 기본 홈페이지를 만들어 보는 과정입니다.

[Part 3 게시판을 다시 디자인하는 스킨 설정]에서는 홈페이지를 새롭게 변신시킬 수 있는 다양한 스킨, 스타일, 레이아웃을 적용하는 방법을 익히며 홈페이지 디자인에 대해 생각해 보는 과정입니다.

[Part 4 새로운 내용을 알려주는 최근 게시물]에서는 홈페이지에 등록된 최근의 글을 메인 화면으로 추출하는 기능을 배우게 됩니다. 많은 사용자들이 구현해 보기를 원하는 기능으로 이전 버전에 비해 많이 쉬워졌습니다.

[Part 5 나모 웹에디터와 XE 연동하기]에서는 홈페이지를 제작하는 프로그램인 나모 웹에디터에 XE를 연동하여 홈페이지를 완성해 보는 과정입니다. XE만으로도 홈페이지를 구성할 수 있지만 나모 웹에디터를 같이 활용하면 다양한 레이아웃을 구성할 수 있습니다.

[Part 6 홈페이지 & 쇼핑몰 디자인을 위한 포토샵]에서는 디자인에 대한 기본을 알고 있으면 홈페이지나 쇼핑몰을 만들고 운영할 때 편리한 점이 많이 있습니다. 책에서 XE뿐만 아니라 쇼핑몰에 관한 내용도 다루고 있으므로 디자인에 관한 몇 가지 사항은 꼭 필요할 것 같아 기초적인 내용이라도 포함하려고 노력했습니다.

[Part 7 카페24 쇼핑몰 만들기]에서는 cafe24에서 제공하는 쇼핑몰 솔루션을 활용하여 쇼핑몰을 제작하는 방법을 기술하였습니다.

[Part 8 XE와 쇼핑몰의 연결과 검색 사이트에 등록하기]에서는 작성한 쇼핑몰을 XE의 홈페이지와 연결하여 완성하고, 이 사이트를 검색 사이트에 등록하는 방법을 살펴봅니다.

이렇게 책이 나오기까지 항상 곁에서 지켜봐 주고 도움을 주는 가족과 가메출판사 가족 여러분께 진심으로 감사드립니다.

전 진 수

문의처 http://jinsim.co.kr

Contents

Part 1 홈페이지 마법사 XE란 무엇인가?

Lesson 01 XE 살펴보기   10
01 XE 이해하기   10
02 XE 홈페이지 살펴보기   13

Part 2 XE로 홈페이지 만들기

Lesson 02 XE 설치하기   18
01 XE 설치를 위한 호스팅 세팅하기   18
02 XE 다운 받기   23
03 XE 업로드하기   26
04 XE 설치   31

Lesson 03 메뉴 수정 및 레이아웃 설정   35
01 홈페이지 제작을 위한 스토리 보드 만들기   37
02 게시판 생성을 위한 게시판 모듈 설치   38
03 사이트 맵 만들기   44
04 레이아웃 적용하기   48
05 홈페이지 로고 및 링크 주소 연결하기   52

Lesson 04 카테고리가 있는 게시판 만들기   56
01 추가 설정 기능으로 에디터 높이 및 권한 설정   56
02 분류 기능으로 카테고리 게시판 만들기   60

 **Part 3** 게시판을 다시 디자인하는 스킨 설정

Lesson 05　게시판 형태 알아보기　66
　01　XE에서 제공하는 게시판 기본 형태　66
　02　게시판 형태 변경해 보기　69

Lesson 06　모듈스킨 다시 설정하는 방법　73
　01　XE 홈페이지에서 스킨 다운받기　73
　02　다운로드 받은 스킨 업로드하기　76
　03　업로드한 스킨을 게시판에 등록하기　77
　04　일정관리 스킨 적용하기　81

 **Part 4** 새로운 내용을 알려주는 최근 게시물

Lesson 07　메인 화면에 최근 게시물 출력　88
　01　메인 화면에 플래시 파일 등록하기　88
　02　직접 꾸미기로 등록한 파일 수정하기　93
　03　최근 문서 출력하기　96
　04　최근 문서의 속성을 복사하여 사용하기　100
　05　최근 이미지 출력하기　103
　06　위젯 속성을 변경하여 최근 문서 위치 설정하기　107

Lesson 08　최근 게시물 스킨 다시 적용하기　110
　01　최근 문서 탭형식으로 출력하기　110
　02　최근 이미지 슬라이드 형태로 출력하기　116
　03　로그인 스킨 적용하기　121

Lesson 09　위젯 스타일과 레이아웃 적용하기　126
　01　위젯 스타일을 다운받아 최근 게시물 업그레이드 하기　126
　02　홈페이지 레이아웃 변경하기　132

Part 5 나모 웹에디터와 XE 연동하기

Lesson 10	**나모 웹에디터 설치 및 기본 문서 만들기**	**138**
	01 나모 웹에디터 다운로드 및 설치	138
	02 나모 웹에디터를 실행하여 문서 만들고 저장하기	143
	03 스마트 클립아트 삽입하기	147
	04 플래시 버튼 삽입하기	151
	05 이미지 파일 삽입하기	153
	06 동영상 파일 삽입하기	158
	07 포토 앨범 만들기	161
Lesson 11	**홈페이지의 필수! 표 구성하기**	**165**
	01 표 만들기와 삭제하기	165
	02 표로 편지지 만들기	169
Lesson 12	**스크립트 마법사 활용하기**	**178**
	01 텍스트 메뉴 만들기	178
	02 움직이는 텍스트 만들기	183
	03 순환 배너 만들기	186
	04 팝업 창 만들기	189
	05 사진 위에 흐르는 영상시 만들기	191
Lesson 13	**XE의 빈 페이지와 외부 페이지 살펴보기**	**205**
	01 XE의 빈 페이지에 HTML 소스 넣기	196
	02 나모 웹에디터에서 만든 문서를 XE에 연결하기	203
	03 메뉴를 추가하고 외부 페이지 링크 걸기	206
Lesson 14	**나모 웹에디터 프레임 기능으로 홈페이지 만들기**	**209**
	01 나모 웹에디터에서 프레임 구성하고 저장하기	209
	02 셀에서의 롤오버 메뉴 구성하기	218
	03 나모 웹에디터 프레임에서 XE 게시판 링크 걸기	221
	04 나모 웹에디터의 원격 관리 기능 활용하기	226
	05 에디트 플러스 설치	230

Part 6 홈페이지 & 쇼핑몰 디자인을 위한 포토샵

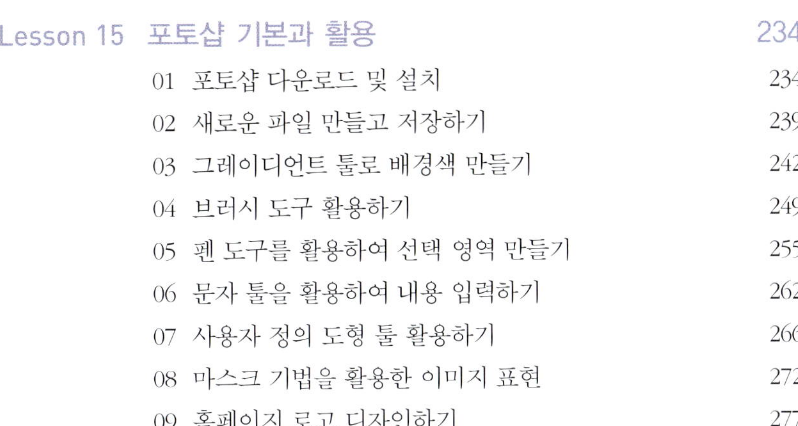

Lesson 15 포토샵 기본과 활용   234

01 포토샵 다운로드 및 설치   234
02 새로운 파일 만들고 저장하기   239
03 그레이디언트 툴로 배경색 만들기   242
04 브러시 도구 활용하기   249
05 펜 도구를 활용하여 선택 영역 만들기   255
06 문자 툴을 활용하여 내용 입력하기   262
07 사용자 정의 도형 툴 활용하기   266
08 마스크 기법을 활용한 이미지 표현   272
09 홈페이지 로고 디자인하기   277

Part 7 카페24 쇼핑몰 만들기

Lesson 16 상점 개설 및 기본 필수 사항   284

01 cafe24 무료 쇼핑몰 신청하기   284
02 쇼핑몰 관리자 접속 및 관리자 바로 가기 아이콘 생성하기   288
03 회사 기본 정보 입력하기   293
04 상점 도메인 설정   296
05 상점 부운영자 설정   299
06 상점 결제 방식 및 무통장 입금 계좌 설정   302

Lesson 17 쇼핑몰 디자인 관리   306

01 쇼핑몰 상단 소개글 변경하기   306
02 쇼핑몰 로고 변경하기   308
03 쇼핑몰 메인 이미지 변경하기   313
04 메인 페이지에 연락처 등록하기   318

Lesson 18 쇼핑몰 상품 관리　　323
01 쇼핑몰 대분류 등록하기　　323
02 중분류 등록하기　　327
03 대분류 및 중분류 메뉴 순서 변경하기　　329
04 메뉴를 롤오버 이미지로 교체하기　　332

Lesson 19 상품 등록 및 진열 관리 기법 익히기　　335
01 상품 등록하기　　335
02 상품 진열 관리　　344

Lesson 20 옵션 설정하는 기법 익히기　　347
01 상품 등록할 때 옵션 설정하기　　347
02 등록된 상품에 옵션 일괄 적용하기　　350

Lesson 21 주문 관리　　356
01 배송/반품 관리 및 배송 업체 설정　　356
02 쇼핑몰에서 상품 주문해 보기　　360
03 주문 들어온 상품 확인하고 배송하기　　364
04 배송이 완료된 후에 반품 신청을 했을 경우　　368
05 정산 관리　　372

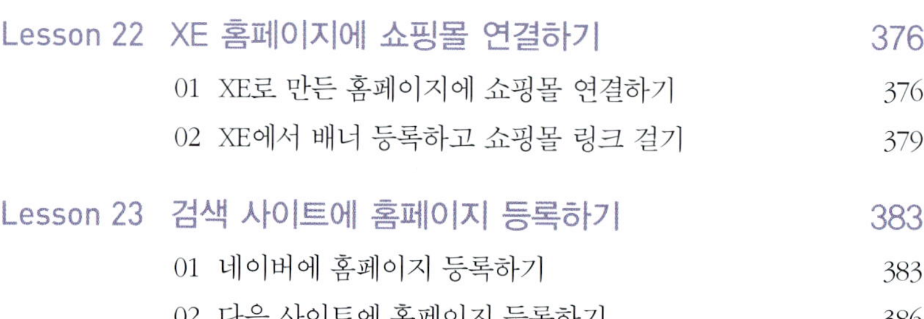

Part 8 XE와 쇼핑몰의 연결과 검색 사이트에 등록하기

Lesson 22 XE 홈페이지에 쇼핑몰 연결하기　　376
01 XE로 만든 홈페이지에 쇼핑몰 연결하기　　376
02 XE에서 배너 등록하고 쇼핑몰 링크 걸기　　379

Lesson 23 검색 사이트에 홈페이지 등록하기　　383
01 네이버에 홈페이지 등록하기　　383
02 다음 사이트에 홈페이지 등록하기　　386

Part 01 홈페이지 마법사 XE란 무엇인가?

> 시작! 설렘의 시작입니다.
>
> Part 1에서는 기본적인 이야기를 합니다. 홈페이지란 무엇이고 제로보드 XE는 어떤 프로그램인지에 대한 소개입니다.
>
> 홈페이지는 건축과 같습니다. 그리고 꿈을 꾸고 이루어 가는 과정과도 같습니다. 구체적인 목표와 계획이 있어야만이 이루고 싶은 꿈을 이루듯이 홈페이지를 만들기 위해서도 어떤 홈페이지를 만들 것인지에 대한 스토리가 필요합니다. 여러분의 행복한 스토리를 많이 담는 홈페이지가 완성되었으면 좋겠습니다.

Lesson 01   XE 살펴보기

XE 살펴보기

01 XE 이해하기

홈페이지를 만들기 위해서는 HTML(Hypertext Markup Language) 언어를 사용하게 되는데 HTML만으로 홈페이지를 구성하기에는 약간 부족합니다. 홈페이지 중에 동적인 부분이나 회원 가입 등을 처리하기 위해서는 CGI(Common Gateway Interface), ASP(Active Server Page), PHP(Personal Home Page) 등의 프로그램이 필요합니다.

개인이 홈페이지를 만들려고 할 때 게시판이 필요하다고 하여 위의 프로그램을 공부해서 만들게 된다면 상당한 시간이 걸리고 어려움이 따를 것입니다. 다른 방법이 있다면 게시판을 제공해주는 홈페이지에 가입해서 게시판 주소를 링크 걸어 사용하는 방법도 있습니다. 그렇지만 자신이 원하는 게시판이나 쇼핑몰 등을 만들기에는 부족함을 느끼게 될 것입니다.

이 단원에서 소개하고 있는 XE는 자신의 계정에 직접 설치할 수 있는 PHP(Personal Home Page)로 만들어진 게시판 프로그램입니다. PHP(Personal Home Page)를 할 수 없어도 아주 쉽게 좋은 홈페이지를 제작할 수 있습니다. 라이선스에 동의만 하면 누구나 공개된 소스를 무료로 사용할 수 있는 프로그램입니다.

> **NOTE**
>
> **정적/동적인 홈페이지**
>
> • 정적인 홈페이지
> HTML 태그만으로 작성된 홈페이지로 일방적으로 보여주는 기능이 주가 되고 사용자와의 교류가 없어서 변화가 제한된 홈페이지를 정적인 홈페이지라고 합니다.
>
> • 동적인 홈페이지
> HTML 외에도 자바 스크립트나 홈페이지 언어(ASP, JSP, PHP 등)를 사용하여 사용자의 액션(마우스 이동 또는 클릭 등의 동작)에 따라 다양한 모습을 보여주고 사용자와의 교류(게시판, 물품 구매 등등)가 이루어지는 홈페이지를 동적인 홈페이지라고 합니다.

1.1 XE 특징

XE 1.5.x는 기존 버전보다 많은 기능을 제공하고 있으면서도 설치 부분은 더욱 쉬워졌고 사용하기 편리한 동선을 갖고 있습니다. 그렇지만 기능이 많다는 것은 어쩌면 복잡하게 느낄 수 있는 부분도 있을 수 있습니다. 몇 가지 포인트만 정확히 안다면 좋은 홈페이지를 개발할 수 있을 것 입니다.

(1) 맞춤 패키지

XE의 맞춤 패키지를 통해 쉽게 설치하고 이용할 수 있습니다. 블로그 패키지, 카페 패키지, 플래닛 패키지 또는 이 모든 기능을 갖춘 통합 패키지 중 자신이 만들려는 목적에 맞게 패키지를 선택할 수 있으며, 다운로드한 패키지를 서버에 업로드한 후, 한 번의 클릭으로 패키지를 설치할 수 있습니다. 또한 기본적으로 제공하는 모듈과 패키지의 기능을 통해 콘텐츠 관리, 회원 관리, 데이터 관리 등을 쉽게 할 수 있습니다.

(2) 모듈형 구조

XE는 기능의 제작, 추가 및 사용이 쉽습니다. 사용자와 개발자의 XE 활용 가능성을 극대화시키기 위해 레고 블록과 같은 모듈 구조로 제작되었습니다. 어린이가 레고 블록을 조합하여 비행기, 자동차 등을 만들 듯이 사용자는 XE에서 제공하는 기본 모듈과 커뮤니티를 통해 공유되는 확장 기능을 자유롭게 조합함으로써 다양한 기능을 가진 웹 사이트를 제작할 수 있습니다. 개발자는 XE에 추가가 가능한 새로운 기능의 모듈을 쉽게 개발하고 커뮤니티를 통해 공유할 수 있습니다.

(3) 오픈 커뮤니티

XE는 오픈 커뮤니티를 통해 많은 정보를 제공하고 있으며 사용자가 원하는 정보를 쉽게 제공받을 수 있도록 합니다. XE 커뮤니티의 장점은 제로보드 시절부터의 사용자와 자유/오픈 소스 프로젝트 멤버가 많다는 것입니다. 따라서 많은 정보가 커뮤니티에 쌓여 있으며 원하는 정보를 쉽게 찾을 수 있습니다. 찾고자 하는 정보가 없는 경우에도 커뮤니티를 통해 다른 사용자들로부터 정보를 받을 수 있습니다.

(4) 다국어 지원

XE는 여러 나라의 언어를 지원합니다. 사용자는 웹 사이트를 언어별로 분리하지 않고도 한국어뿐만 아니라 영어, 일본어, 중국어, 러시아어 등의 웹 사이트를 쉽게 제작할 수 있습니다.

1.2 XE 설치 조건

XE는 로컬 또는 호스팅 서버의 환경이 맞지 않으면 설치되지 않습니다. PHP와 MySQL이 지원되는 계정이어야 설치를 할 수 있습니다.

(1) PHP 조건

- PHP 4.x ~ 5.x(단, PHP 5.2.2 버전에서는 사용할 수 없음)
- XML 라이브러리 필수
- GD 라이브러리 필수
- ICONV 선택

(2) 데이터베이스 조건

- Cubrid
- MySQL 4.1 이상
- Sqlite2/Sqlite3
- Firebird
- PostgreSQL

1.3 XE 패키지 종류

기존 제로보드에서는 홈페이지에 필요한 게시판을 제공하는 것을 기준으로 개발되었습니다. 이번 XE 1.5.x 버전에서는 기본 패키지를 포함해서, 블로그를 만들 수 있는 블로그 패키지와 카페를 만들 수 있는 카페 패키지, 플래닛을 만들 수 있는 플래닛 패키지 등을 제공하고 있습니다.

(1) 기본 패키지 : 기존 XE 설정에 익숙한 사용자

XE의 기본 모듈만을 포함하고 있습니다. 제공하는 모듈을 조합하여 사용자가 원하는 웹 사이트를 제작할 경우 기본 패키지를 사용합니다.

(2) 블로그(텍스타일) 패키지 : 단락별 편집 기능과 글감 보관함 기능

XE의 기본 모듈과 블로그 제작을 위해 최적화된 기능을 포함하고 있습니다. 글감 보관함과 단락별 편집 기능을 사용할 수 있습니다. Textyle의 핵심 기능은 XE 텍스타일 소개에서 보다 자세하게 설명합니다.

(3) 카페 패키지 : 카페 제작을 위한 최적화 기능

XE의 기본 모듈과 카페 제작을 위해 최적화된 기능을 포함하고 있습니다. 사용자가 카페 형태의 웹 사이트를 제작할 경우에는 카페 패키지를 사용합니다. 사용자는 다수의 카페를 손쉽게 관리, 설정할 수 있습니다.

(4) 플래닛 패키지

XE의 기본 모듈과 플래닛 제작을 위해 최적화된 기능을 포함하고 있습니다. 사용자는 회원별로 플래닛을 생성, 운영할 수 있으며, 미투데이와의 연동, 스킨 등의 관리를 손쉽게 할 수 있습니다.

02 XE 홈페이지 살펴보기

새롭게 단장한 XE 홈페이지에는 기존의 자료를 포함한 새로운 많은 자료들이 있습니다. 홈페이지 분야에 처음 입문한 사용자라면 사이트를 꼼꼼히 살펴보면 많은 지식을 얻을 수 있습니다. 그중 몇 가지를 같이 살펴보겠습니다.

2.1 제로보드 XE 홈페이지 주 메뉴

인터넷 주소에 아래 주소를 입력해서 XE 홈페이지에 접속합니다.

www.xpressengine.com

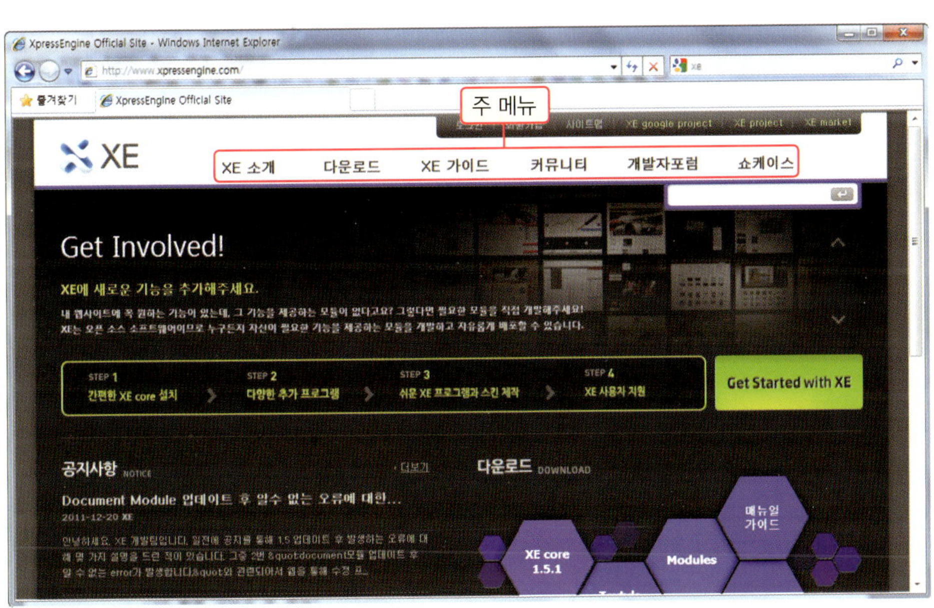

[XE의 주 메뉴]

주 메뉴는 XE소개, 다운로드, XE가이드, 커뮤니티, 개발자포럼, 쇼케이스 메뉴 등이 있습니다. XE 소개메뉴에서는 XE 주요 모듈, XE & Open API, XE 파트너, XE 공모전 소개등의 내용을 볼 수 있습니다. 다운로드 메뉴에서는 프로그램 다운로드, 스킨 다운로드, 자료 등록 신청 등을 할 수 있습니다. XE 가이드 메뉴에서는 매뉴얼 다운로드, 매뉴얼 피드백, FAQ 등의 내용을 볼 수 있습니다. 커뮤니티 메뉴에서는 사용자 포럼, 자유게시판, XE 사용팁, 묻고 답하기, 제작의뢰/지원, 계정홍보/공유 등의 내용을 볼 수 있습니다. 개발자 포럼 메뉴에서는 개발자 포럼, 언어번역 요청, 프로젝트 소개, 서버운영 강의, PHP 강의, HTML/CSS 강의, JS 강의, 웹디자인 강의, 프로그램 자료실, 아이콘 자료실, 폰트 자료실, 시안 자료실 등의 내용을 볼 수 있습니다. 쇼케이스 메뉴에서는 쇼케이스, 홈페이지 자랑 등의 내용을 볼 수 있습니다.

2.2 하단 메뉴의 제로보드 4

XE 이전에 많은 사용자가 유용하게 활용했던 제로보드 4 버전에 대한 자료는 화면 하단 메뉴 항목의 [제로보드 4]를 이용해야 합니다. 기존의 모든 자료를 다운 받을 수 있고 현재까지도 많은 자료가 업그레이드되고 있습니다.

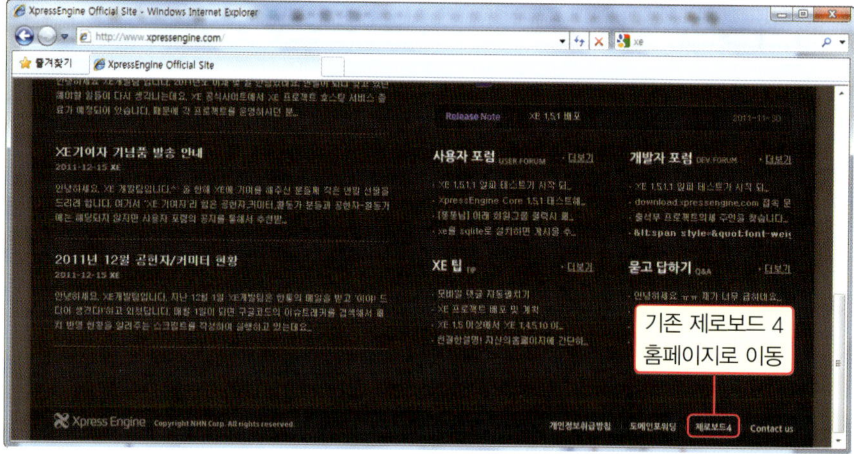

[XE의 하단 메뉴]

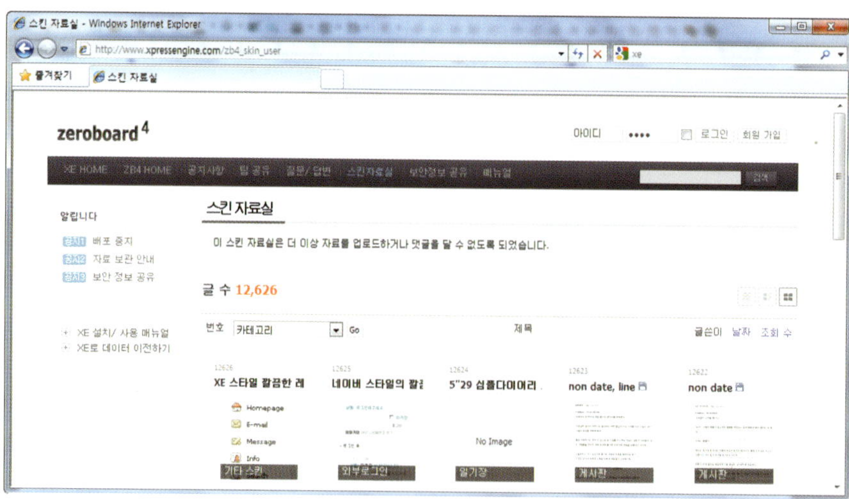

[제로보드 4]

2.3 [다운로드] 메뉴의 XE 다운로드

XE 최신 버전을 다운 받을 수 있는 곳입니다. 화면 상단의 [다운로드] 메뉴를 이용할 수 있습니다.

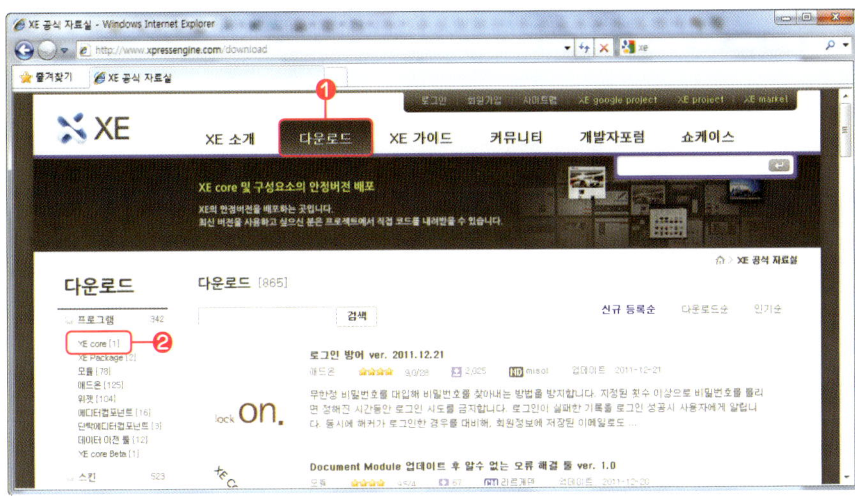

[XE 다운로드 페이지]

아래는 XE의 다운로드 페이지로 이동한 모습입니다.

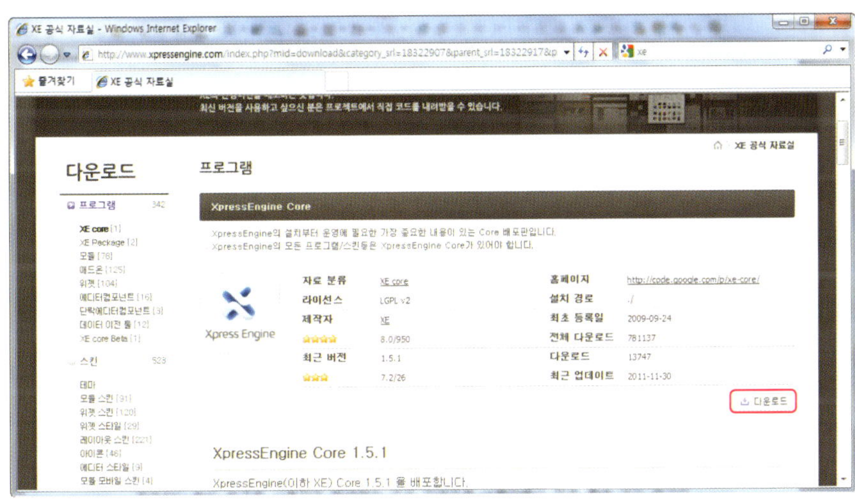

[XE Core 다운로드 페이지]

> **NOTE**
>
> XE 홈페이지에서 다운로드 페이지와 다운로드할 버전 등은 자주 바뀌게 됩니다. 상황에 따라 적절한 다운로드 페이지와 버전을 선택하여 작업하기 바랍니다. 이 책의 실습을 위해서는 XE Core 1.5.1.x 버전을 사용해야 합니다.

2.4 [커뮤니티] 메뉴의 [묻고 답하기]

XE 최신 버전을 사용하며 발생하는 여러 문제점을 XE 개발자와 사용자들이 함께 풀어 가는 공간입니다.

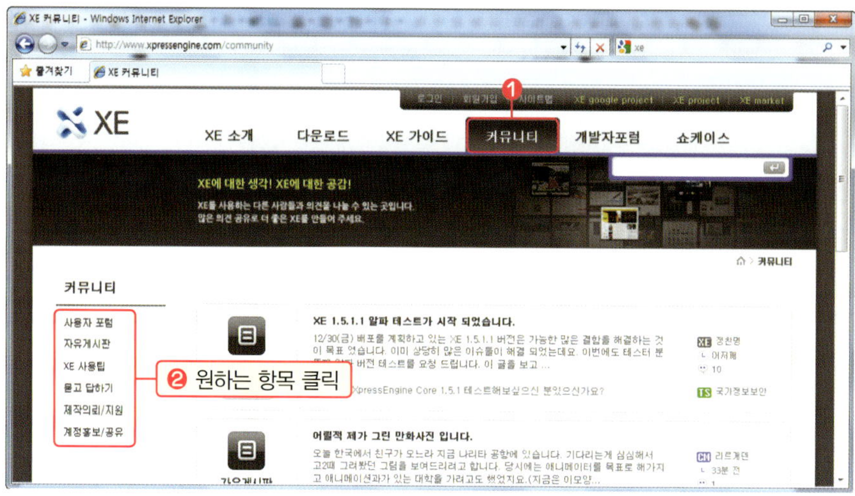

2.5 [개발자포럼] 메뉴

[개발자포럼] 메뉴는 XE 버전에 대해 사용자들이 프로그램을 수정/개발하여 이를 공유하는 곳입니다.

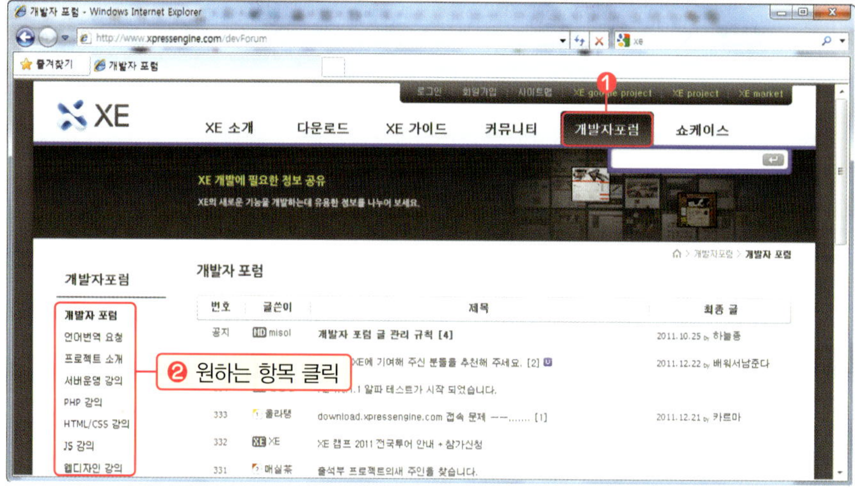

Part 02 XE로 홈페이지 만들기

> XE로 홈페이지를 만들기 위해서는 호스팅을 선정하여 세팅하고, XE를 다운받아 설치한 후에 XE 관리자 페이지에서 홈페이지를 제작하게 됩니다. 이번 단원의 내용이 이 책의 가장 핵심 부분입니다. 이 부분을 통해 많은 뿌리가 형성되고 그 뿌리에 대한 구체적인 내용이 다음 장부터 진행됩니다.

Lesson 02 XE 설치하기
Lesson 03 메뉴 수정 및 레이아웃 설정
Lesson 04 카테고리가 있는 게시판 만들기

XE 설치하기

01 XE 설치를 위한 호스팅 세팅하기

책에서 함께 제공된 카페24의 3개월 무료 호스팅 쿠폰을 활용하여 호스팅 공간을 세팅하는 과정을 진행합니다. 이번 과정이 정상적으로 진행되어 있어야 다음 장부터 실습을 책과 같이 진행할 수 있습니다.

01 인터넷 주소 http://cafe24.com 주소를 입력하고 카페24의 홈페이지로 이동하여 [회원가입] 버튼을 클릭한 후에 회원 가입을 진행합니다.

02 회원가입이 완료된 후에 로그인을 하고 [웹호스팅] 항목 중에 [64bit광호스팅] 메뉴를 클릭합니다.

03 서비스명 중에 [절약형]을 신청합니다.

NOTE

다른 서비스의 경우는 제공된 쿠폰으로 결제를 할 수 없습니다. [절약형] 항목을 선택해야 책과 같이 진행할 수 있습니다.

04 호스팅 서비스 이용약관의 '동의함'에 체크한 후에 [다음] 버튼을 클릭합니다.

05 서버환경과 도메인 설정 항목에서 서버환경의 서비스 항목을 아래와 같이 선택해야 쿠폰으로 결제할 수 있습니다.

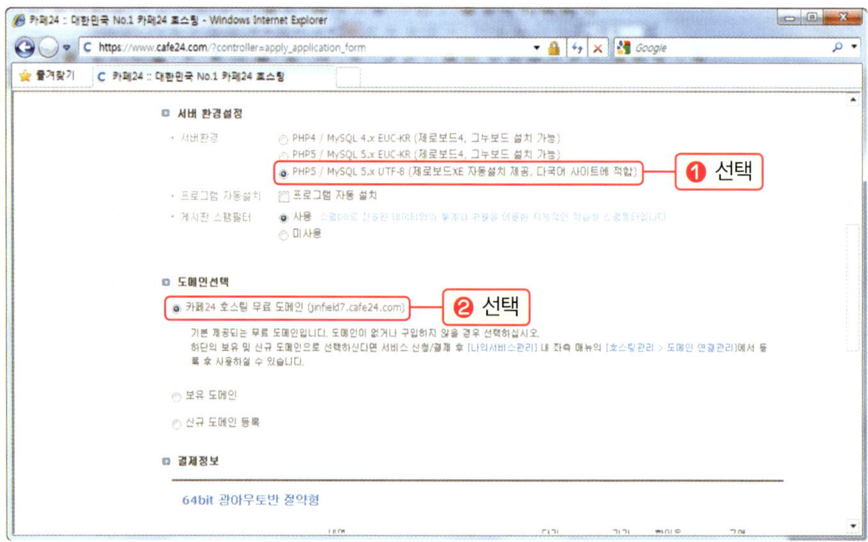

NOTE

보유도메인이 있는 경우는 보유 도메인 항목을 클릭하여 도메인 직접 입력 항목에 본인의 도메인 주소를 입력하면 됩니다. 저자의 경우는 jinsim.co.kr 도메인을 입력하여 진행하고 있고 있습니다.

06 결제수단을 쿠폰으로 선택하고 쿠폰 번호를 입력한 후에 [결제하기] 버튼을 클릭하면 결제가 완료됩니다.

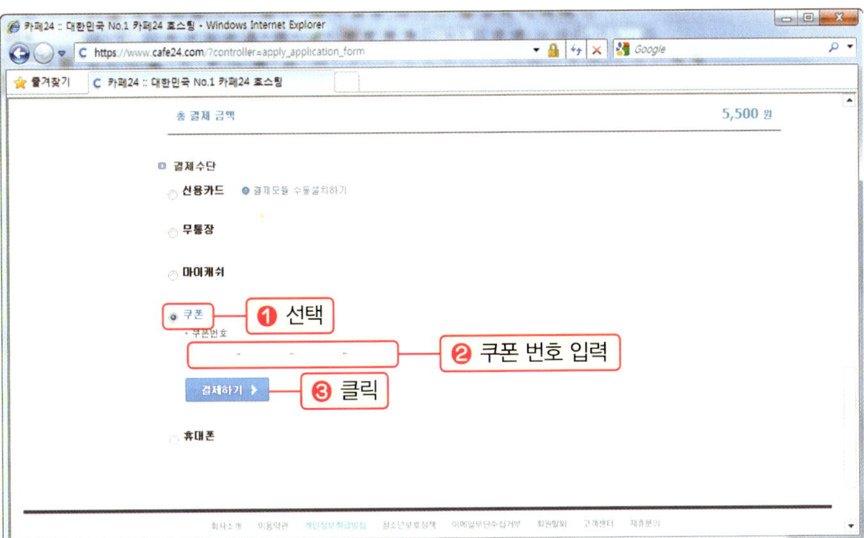

07 완료된 후에 처음 화면으로 이동하여 [나의 서비스 관리] 메뉴를 클릭하여 확인합니다.

08 서비스가 정상적으로 신청되었는지 확인합니다.

NOTE

카페24에 호스팅을 신청한 경우 생성될 수 있는 2가지 인터넷 주소 유형입니다.

1. 도메인을 직접 연결한 경우의 홈페이지 주소는 'http://도메인명'입니다.

  예) http://jinsim.co.kr

2. 카페24에서 기본으로 제공하는 도메인으로 연결한 경우의 홈페이지 주소는 'http://카페24신청아이디.cafe24.com'입니다.

  예) http://winwin.cafe24.com

02 XE 다운 받기

XE 설치를 위해 호스팅 세팅을 완료했다면 XE 홈페이지에 방문하여 XE를 다운받아 설치하는 과정을 같이 해보겠습니다.

01 XE를 다운 받기 위해 XE core project 홈페이지 주소(http://xpressengine.com)를 입력하고 Enter 를 누릅니다.

02 XE 홈페이지에서 주 메뉴의 [다운로드]를 클릭합니다. XE 다운로드 페이지의 좌측에서 [XE core]를 클릭한 후 최신 버전인 "XpressEngine Core ver. 1.5.1"을 클릭합니다.

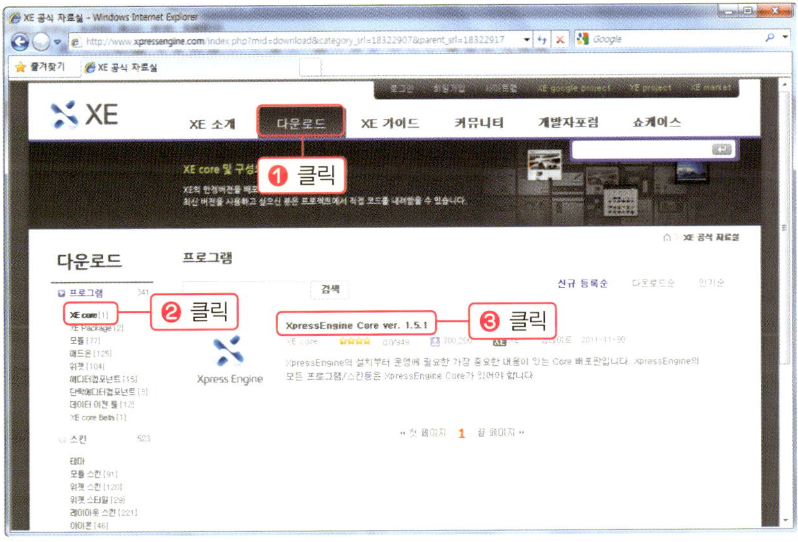

03 새롭게 변경된 내용을 확인한 후에 항목에서 [다운로드] 버튼을 클릭합니다.

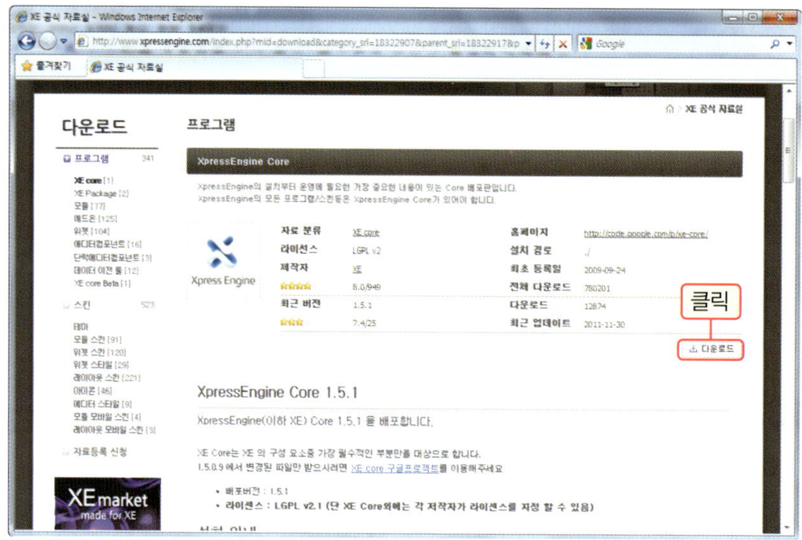

04 파일 다운로드 대화상자에서 [열기] 버튼을 클릭합니다.

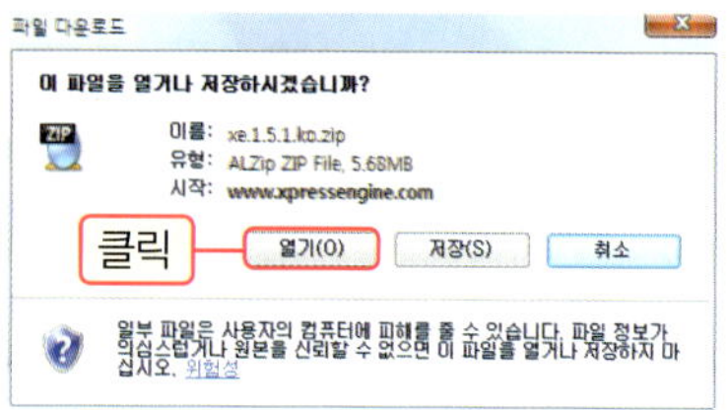

05 알집 프로그램 창에서 [압축풀기] 버튼을 클릭합니다.

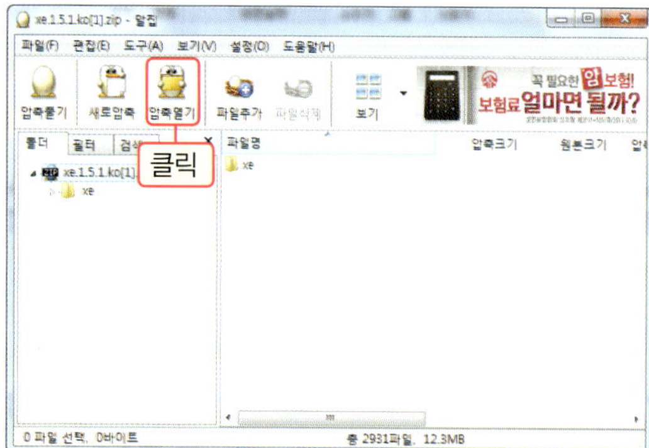

06 압축을 해제할 위치를 "바탕 화면"으로 지정하고 옵션을 확인한 후에 [확인] 버튼을 클릭합니다.

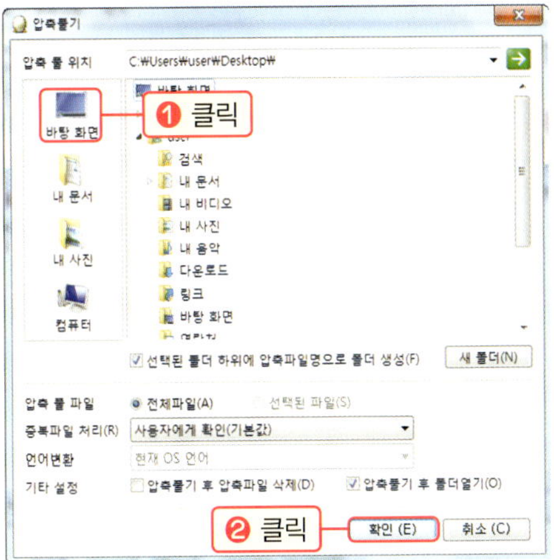

> **NOTE**
>
> 알집 프로그램이 설치되어 있지 않으면 윈도우 자체의 압축 해제 프로그램이 나타나면서 진행됩니다. 알집 프로그램을 설치해서 진행하고 싶다면 다음 절에 소개하는 [알FTP]의 다운로드와 설치를 참조해서 [알집]을 다운로드해서 설치하면 됩니다.

07 바탕 화면에 "XE" 폴더가 생성된 것을 확인합니다.

이로서 XE의 다운로드를 완료하였습니다. 어느 위치에 다운로드했는지 다시 한 번 기억해두고 다음 작업으로 넘어가겠습니다.

03 XE 업로드하기

다운받아서 압축을 해제한 XE 프로그램을 호스팅에 업로드 하기 위해서는 FTP 프로그램이 필요합니다. 대표적으로 많이 사용되는 알FTP 프로그램을 다운받아 설치하고 XE를 업로드 하는 과정을 진행해 보겠습니다.

01 인터넷 주소 표시줄에 알툴즈 홈페이지 주소 "http://altools.co.kr"을 입력하고 홈페이지에 접속한 후에 [알FTP] 메뉴를 클릭하고 다운로드 대화상자에서 [실행]을 클릭합니다.

02 파일 실행 또는 저장을 묻는 파일 다운로드 대화상자에서 [실행] 버튼을 클릭합니다..

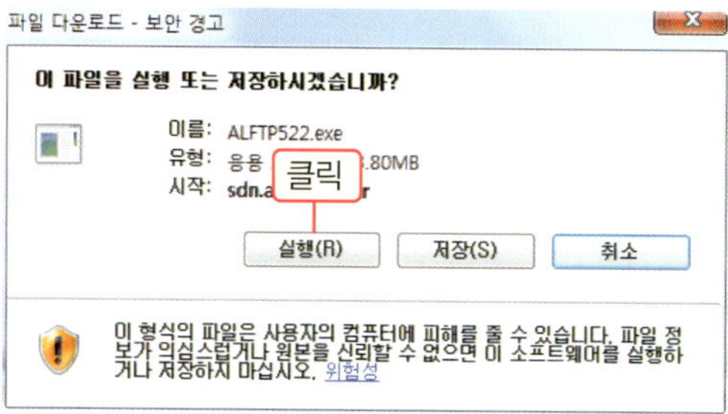

03 [보안 경고] 창에서 [실행] 버튼을 클릭합니다.

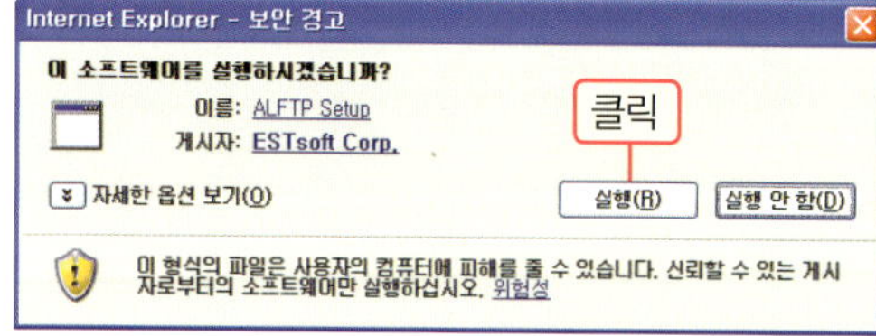

04 [알FTP 설치] 화면에서 [다음] 버튼을 클릭합니다.

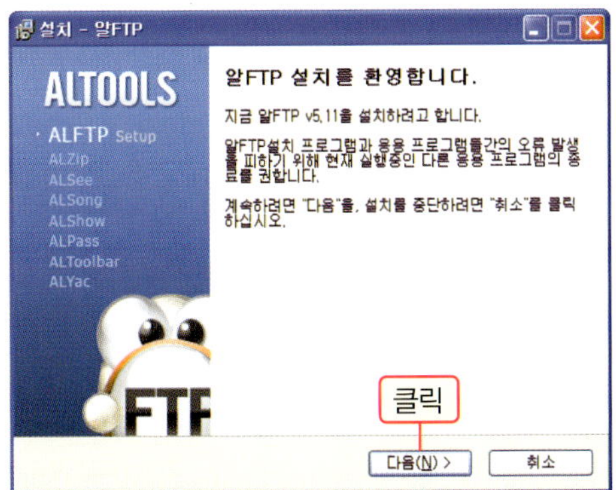

05 "동의함"에 체크하고 [다음] 버튼을 클릭합니다.

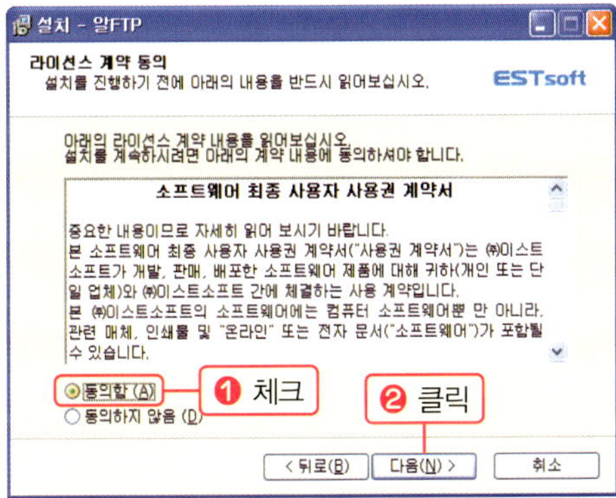

06 설치 폴더를 확인한 후 [다음] 버튼을 클릭합니다.

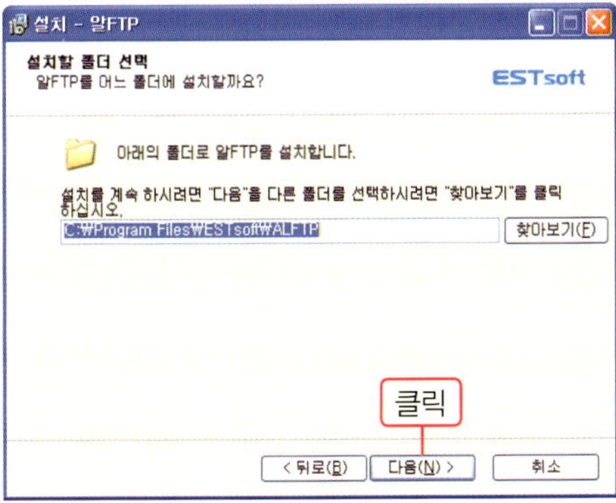

07 시작메뉴 폴더 선택 창에서 [다음] 버튼을 클릭합니다.

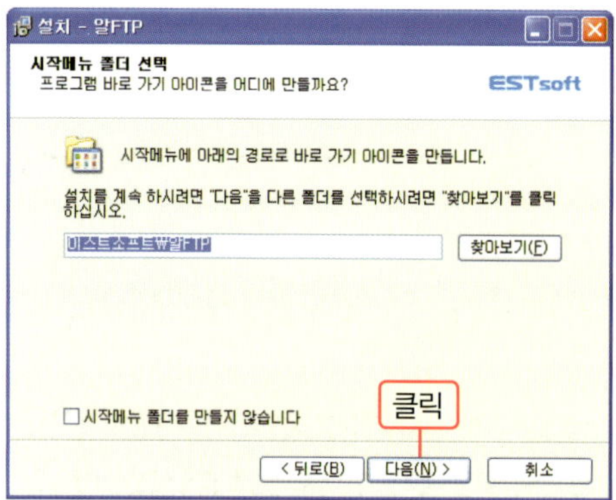

08 아이콘 설정 창에서 옵션을 선택하고 [다음] 버튼을 클릭합니다.

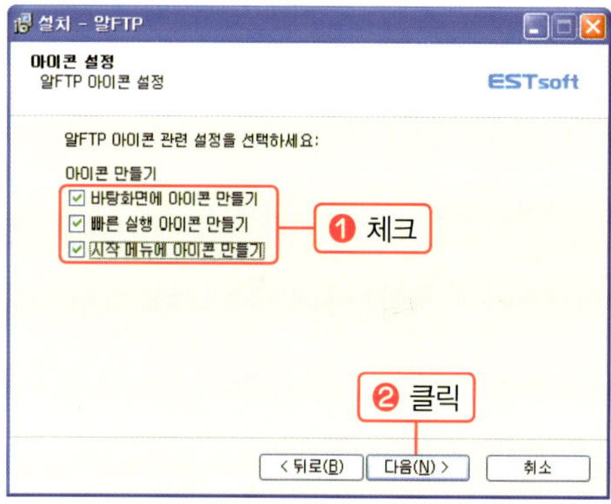

09 설치준비 화면에서 설정한 내용을 확인하고 [설치] 버튼을 클릭합니다.

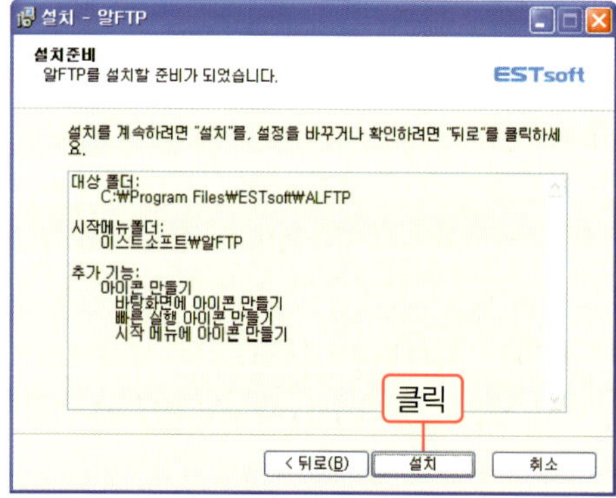

10 설치 정보를 확인한 후에 [다음] 버튼을 클릭합니다.

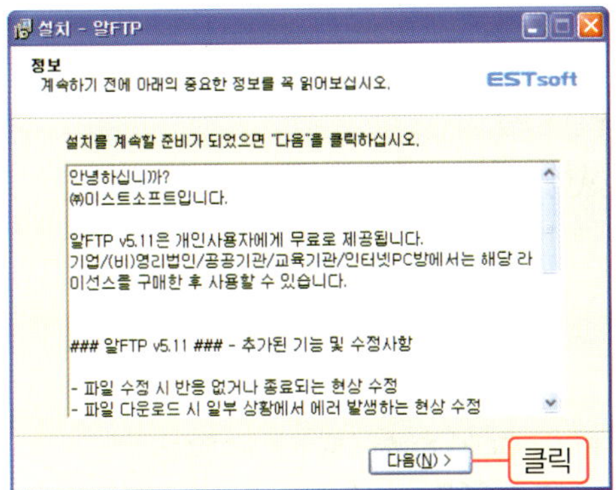

11 설치가 완료된 후에 알FTP 실행 화면에서 [사이트추가] 버튼을 클릭하여 생성할 사이트 이름에 "cafe24"를 입력하고 "루트에 생성"에 체크한 후에 [확인] 버튼을 클릭합니다.

NOTE

이미 알FTP를 설치한 경우에는 접속 사이트를 지정하는 이번 단계부터 작업을 진행합니다.

12 cafe24 계정 정보를 입력한 후에 [확인] 버튼을 클릭합니다.

- FTP 주소 : 사용자id.cafe24.com
- 비밀번호 : 카페24에 가입할 때 입력했던 FTP 비밀번호

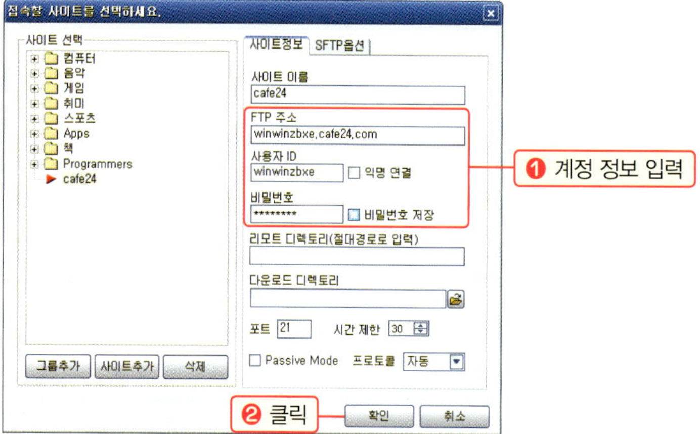

일반적으로 호스팅 ID와 비밀번호를 FTP에서도 같게 사용합니다. 그렇지만 사용자가 따로 설정할 경우 다르게 사용할 수도 있습니다.

13 화면 하단의 로컬 디렉터리에서 바탕 화면에 있는 "xe"를 선택하고 [업로드]를 클릭하여 전송합니다.

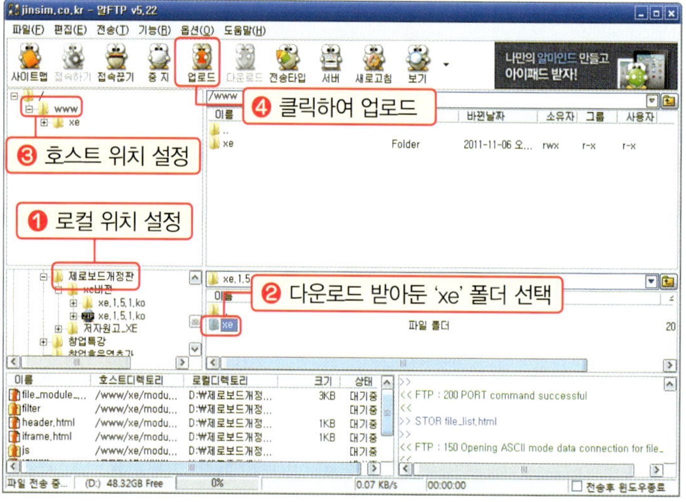

카페24의 기본 디렉터리는 'www'으로 설정되어 있습니다. 자료를 올릴 때는 꼭 'www' 폴더 아래에 내용을 업로드 해야 합니다.

지금까지 다운로드 받은 XE를 호스팅한 cafe24의 개인 계정에 업로드 하였습니다. 이제 이어질 작업은 업로드한 XE를 설치하는 것입니다.

04 XE 설치

XE를 설치하기 위해 프로그램을 다운받아 호스팅에 업로드 하였습니다. 이제 업로드한 XE를 설치하는 과정을 진행해 보겠습니다.

01 인터넷 주소 표시줄에 "http://사용자id.cafe24.com/xe"를 입력하여 XE 설치 화면으로 이동합니다. "Select Language"를 "한국어"로 변경하고 [라이선스에 동의합니다] 버튼을 클릭합니다.

주소 표시줄에 XE 설치 주소 : http://사용자id.cafe24.com/xe

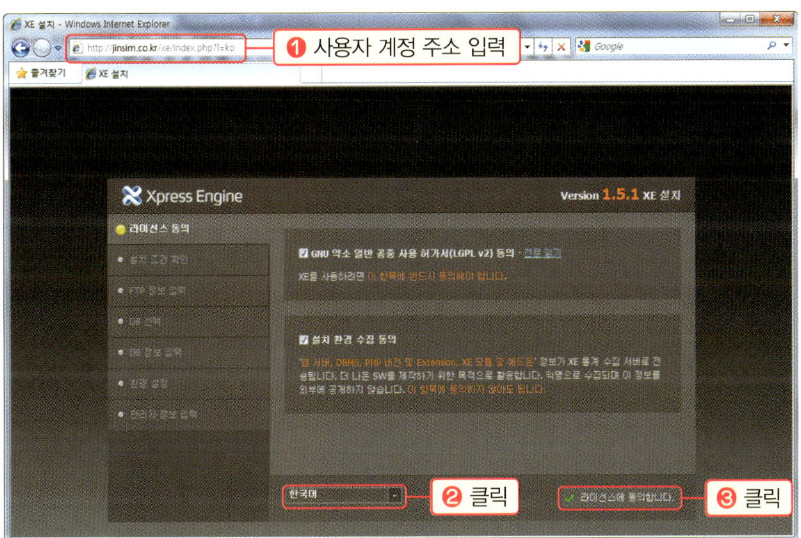

> **NOTE**
>
> 책에서 실습하고 있는 cafe24가 아닌 다른 호스팅 업체에 XE를 설치할 수도 있을 것입니다. 예를 들어 '닷홈'의 경우 앞선 실습처럼 XE를 다운로드하고, 다시 이를 개인 계정에 업로드하는 과정을 마친 후 XE의 설치 작업을 위해 아래의 주소로 접속합니다.
>
> 예) 무료 호스팅 닷홈에 XE를 설치할 경우 : http://사용자id.dothome.co.kr/xe

02 필수 설치 조건을 확인한 후에 [설치를 진행합니다] 버튼을 클릭합니다.

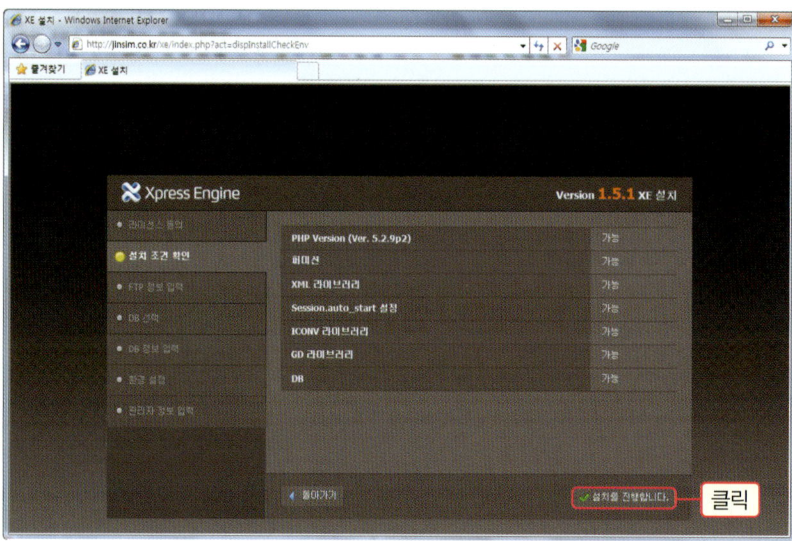

03 사용하려는 DB로 "mysql"을 선택하고 [다음] 버튼을 클릭합니다.

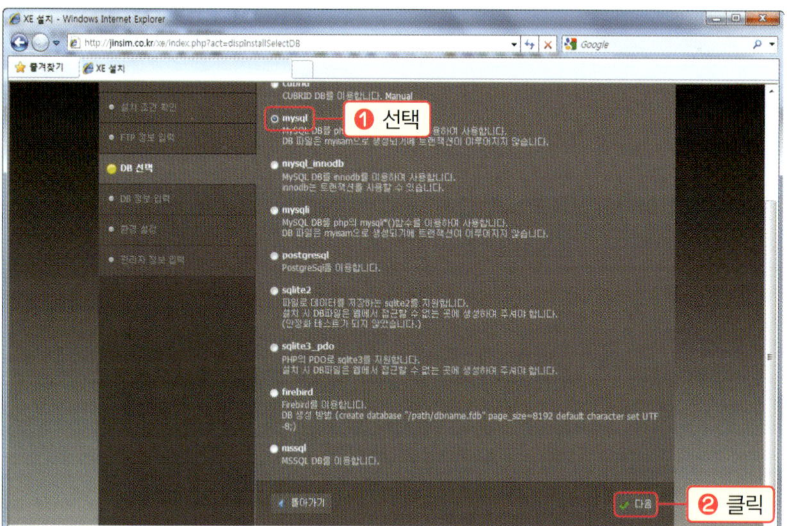

> **NOTE**
>
> cafe24 호스팅은 "mysql" DB를 사용합니다. 선택한 호스팅에 따라 선택 가능한 DB의 종류가 달라질 수 있습니다.

04 DB정보를 입력하고 [다음] 버튼을 클릭합니다.

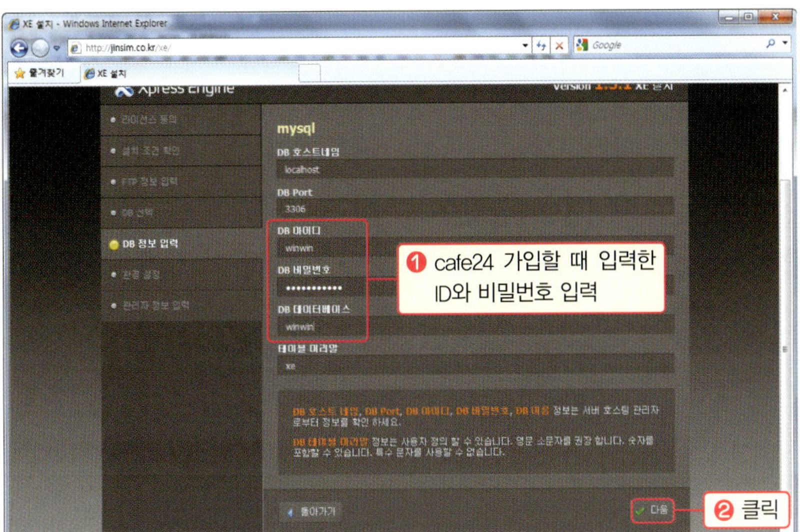

DB정보는 사용자가 따로 변경하지 않았다면 호스팅에 가입할 때 만든 아이디와 비밀번호로 자동 세팅이 됩니다. 가입할 때 다른 정보로 따로 입력했을 경우는 그 정보를 입력해야 합니다.

05 짧은 주소 사용 여부와 사이트 표준 시간대를 설정한 후 [다음] 버튼을 클릭합니다.

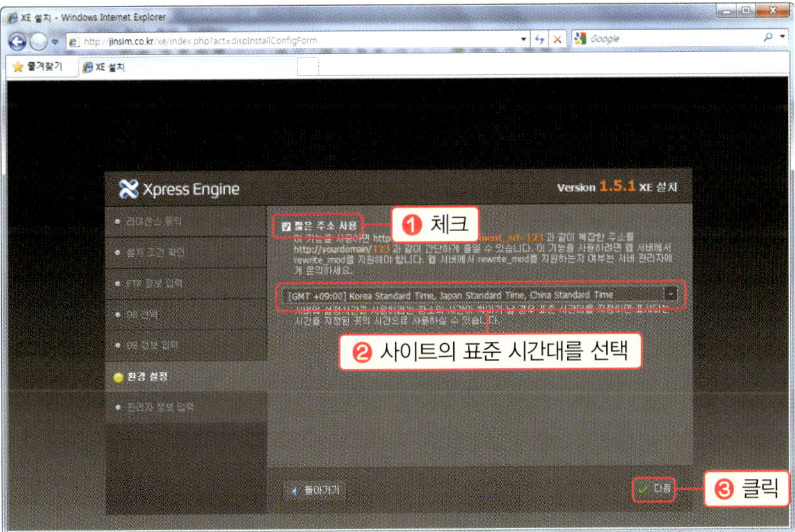

06 관리자 정보를 입력합니다. XE 1.5 버전부터는 사용자의 이메일 주소로 계정을 만들도록 변경되었습니다. 실제 사용하는 메일 주소를 입력해 주세요.

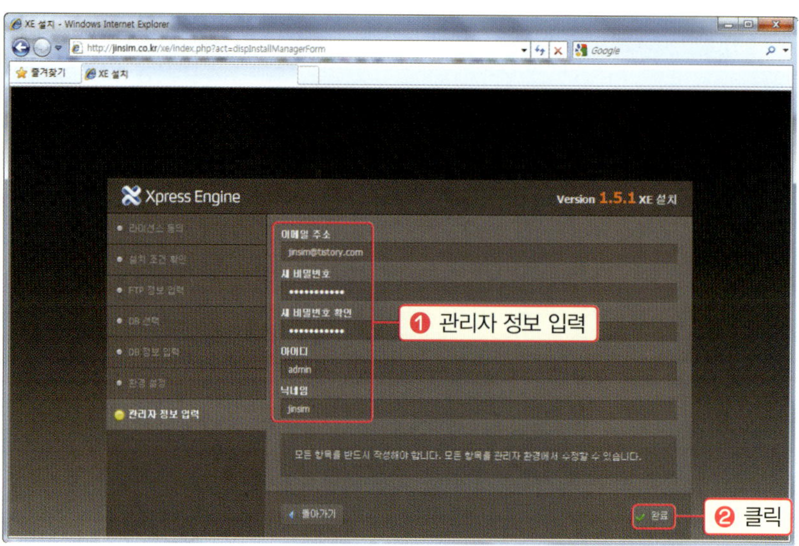

07 설치가 완료된 후에 기본 홈페이지가 나오는 것을 볼 수 있습니다.

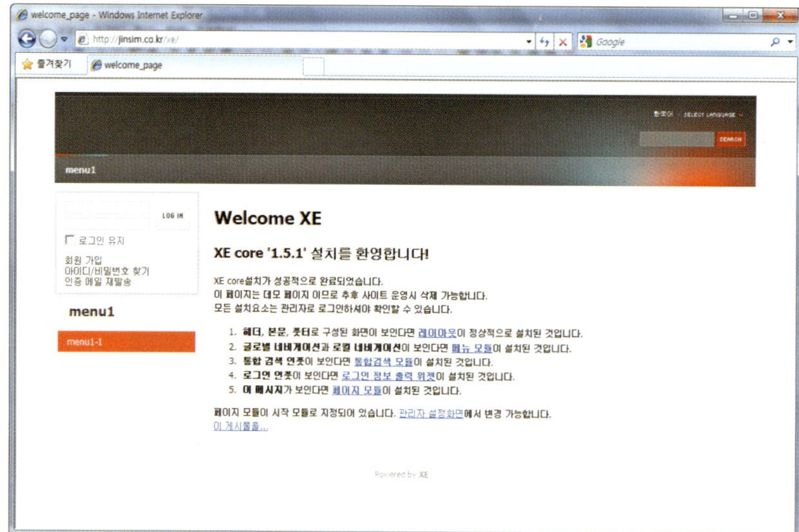

08 관리자 페이지에 접속하기 위해 인터넷 주소 표시줄에 "http://사용자id.cafe24.com/xe/admin"을 입력하여 페이지를 이동한 후에 '아이디'와 '비밀번호'를 입력하고 [로그인] 버튼을 클릭합니다.

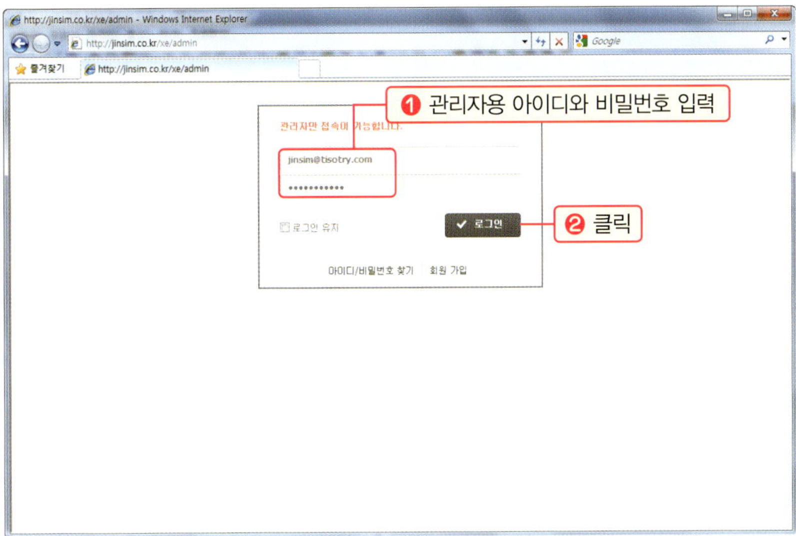

NOTE

XE 설치 과정에서 입력한 관리자 정보의 아이디와 비밀번호를 입력하고 로그인 버튼을 클릭합니다.

09 XE의 관리자 페이지로 접속됩니다.

관리자 메뉴 이해하기

1. 제어판

XE 관리자의 홈에 해당하는 페이지입니다. 사이트 현황, 최근 글, 최근 댓글, 엮은 글, 공지사항 등을 쉽게 볼 수 있도록 구성하였습니다.

2. 사이트

실제로 홈페이지를 구성하는 페이지입니다. 메뉴추가 기능으로 사이트에서 사용될 메뉴들을 구성한 후에 레이아웃과 연결하여 사이트를 만들게 됩니다.

3. 회원

사이트에 가입된 회원을 관리하는 페이지입니다. 회원별 그룹 및 접속차단, 정보 수정 등의 작업을 할 수 있습니다.

4. 콘텐츠

사이트에 등록된 문서, 댓글, 엮인 글, 파일, 설문 등 사이트에서 사용된 모든 콘텐츠의 이동, 삭제 및 다양한 관리를 할 수 있습니다.

5. 테마

사이트에 등록된 레이아웃과 모듈을 보여 줍니다. 등록되어 있는 테마를 선택하여 수정 작업을 진행할 수 있습니다.

6. 확장기능

확장기능에는 쉬운 설치, 설치된 레이아웃, 설치된 모듈, 설치된 위젯, 설치된 애드온, 에디터, 스팸필터에 관련된 설정을 할 수 있습니다.

7. 설정

설정메뉴에서는 FTP 설정, 관리자 설정, 파일 업로드, 파일박스 등을 설정할 수 있습니다.

메뉴 수정 및 레이아웃 설정

01 홈페이지 제작을 위한 스토리 보드 만들기

XE의 설치를 완료했다면 홈페이지 작성을 위한 구상을 해야 합니다. 게시판으로 생성할 부분과 페이지로 생성할 부분을 구분한 후에, 각 게시판의 유형을 분류한 내용을 미리 만들어 놓아야 작업이 편리해집니다. 이러한 것을 스토리 보드라 하며, 홈페이지 제작 과정에서 반드시 거쳐야 할 작업입니다.

1.1 "행복한 동행" 사이트 스토리 보드

아래는 "행복한 동행"이라는 홈페이지를 만들기 위해 그에 대한 사이트 스토리 보드를 표로 만든 것입니다. 여러분이 만들고 싶은 사이트의 주제를 정하고 그 사이트의 스토리 보드를 작성해 보기를 권장합니다.

메 뉴	모듈 이름	모듈 유형
홈	sub1	페이지
여행	sub2	페이지
– 추천여행지	sub2_1	게시판
– 역사탐방	sub2_2	게시판
– 여행후기	sub2_3	게시판
문학	sub3	페이지
– 추천문학	sub3_1	게시판
– 행복한메시지	sub3_2	게시판
– 좋은글	sub3_3	게시판
– 감동영상	sub3_4	게시판
– 배경음악	sub3_5	게시판
사진	sub4	페이지
– 추천촬영지	sub4_1	게시판
– 사진지식나누기	sub4_2	게시판
– 습작갤러리	sub4_3	게시판
나눔자료실	sub5	페이지
– 열린장터	sub5_1	게시판
– 보물창고	sub5_2	게시판

[행복한 동행 사이트 스토리 보드]

02 게시판 생성을 위한 게시판 모듈 설치

홈페이지의 전체적인 구성을 만들어 놓은 사이트 스토리 보드에 맞게 게시판을 생성하는 작업을 진행합니다. XE 관리자에 접속한 후에 서비스 관리 메뉴를 통해 게시판 생성 단계를 진행해 보겠습니다.

01 모듈을 다운받아서 설치하기 위해 XE홈페이지에서 [다운로드]–[모듈]을 클릭합니다.

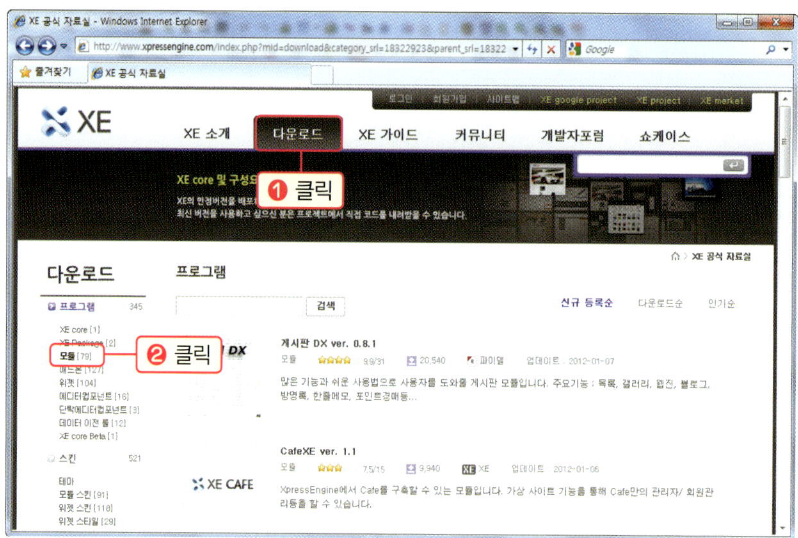

02 모듈 항목에서 '게시판 ver. 1.4.2'를 클릭합니다.

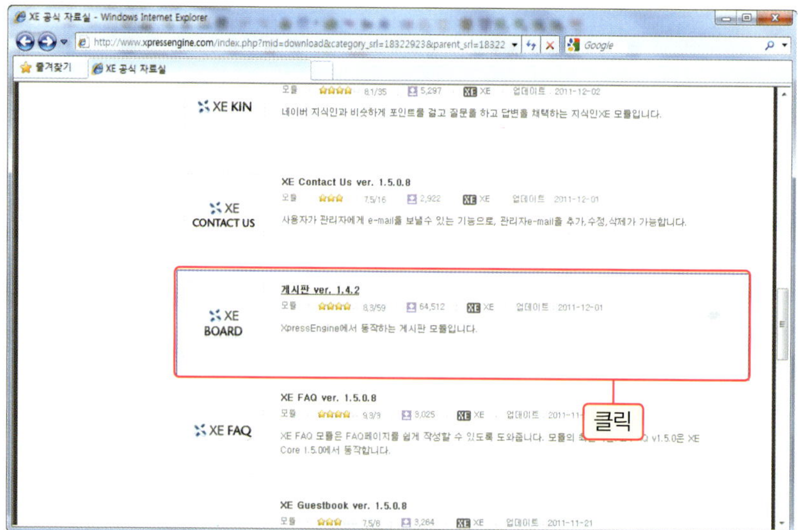

> **NOTE**
>
> 현재 설치된 XE의 버전이 1.5.x이기 때문에 모듈을 설치할 때 설치하려고 하는 모듈이 1.5.x 버전에서 작동되는 모듈인지 확인하고 다운받아야 합니다.

03 모듈의 정보를 읽어본 후에 현재 설치 버전에서 정상적으로 작동되는 모듈일 경우 다운로드 페이지에 있는 [다운로드] 버튼을 클릭합니다.

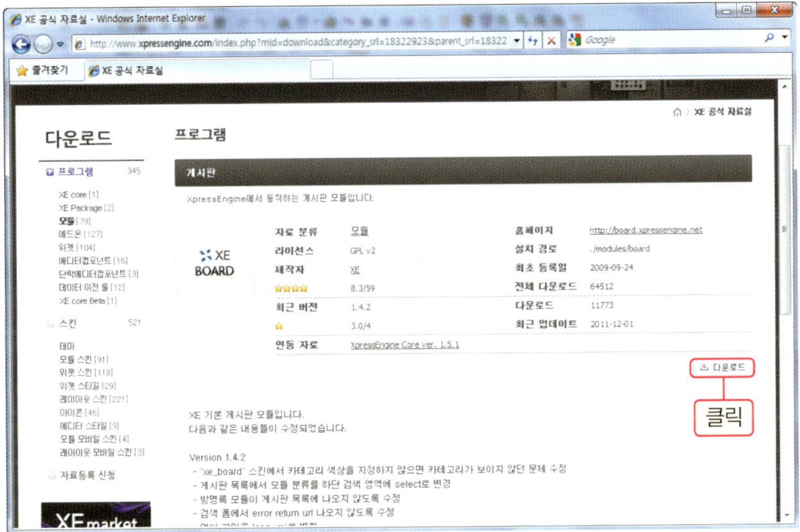

04 파일 다운로드 창에서 [열기] 버튼을 클릭합니다.

05 알집 화면에서 [압축풀기] 버튼을 클릭합니다.

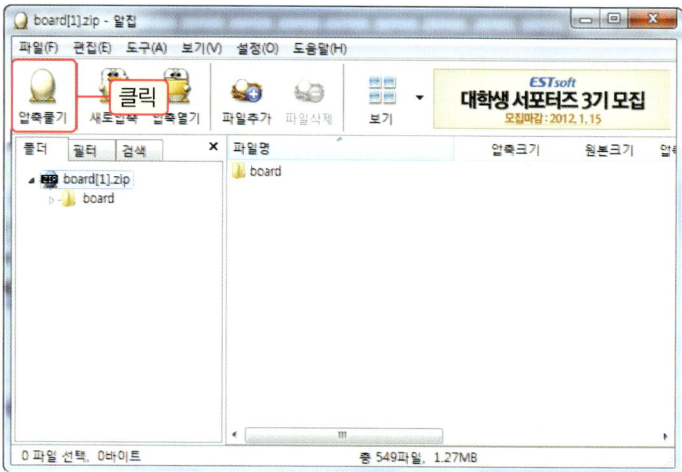

06 원하는 위치에 압축을 풀어 줍니다. 'board' 폴더가 생성된 것을 확인합니다.

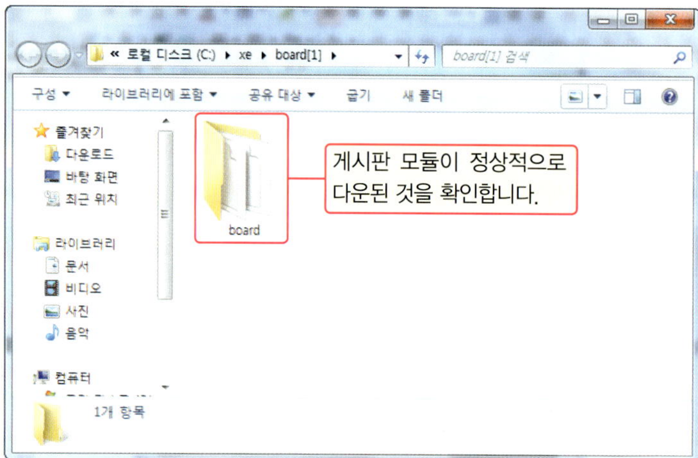

07 알FTP를 실행하여 사이트에 접속합니다.

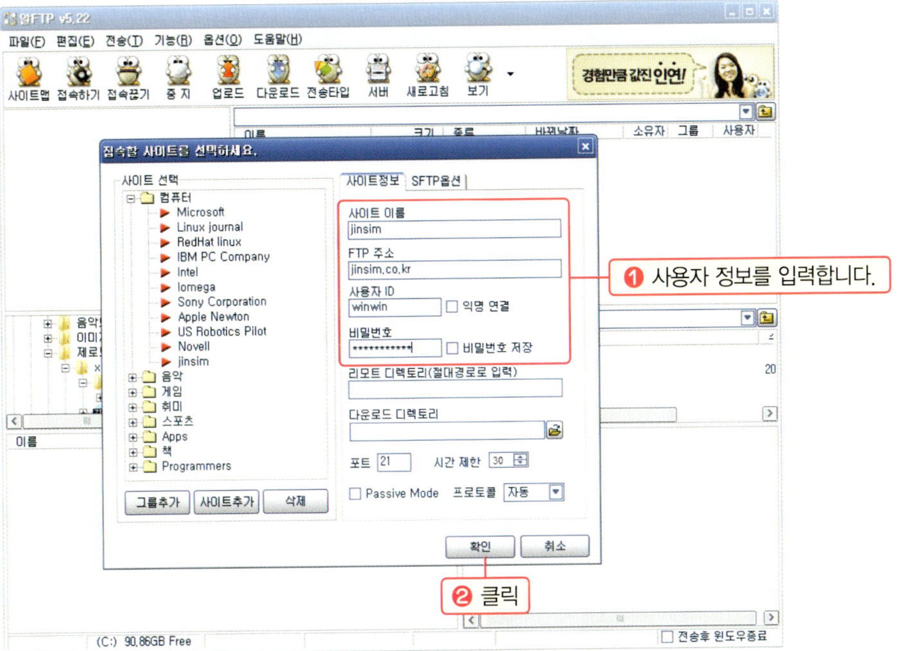

08 'board' 폴더를 선택한 후에 '/www/xe/modules' 디렉터리로 업로드합니다.

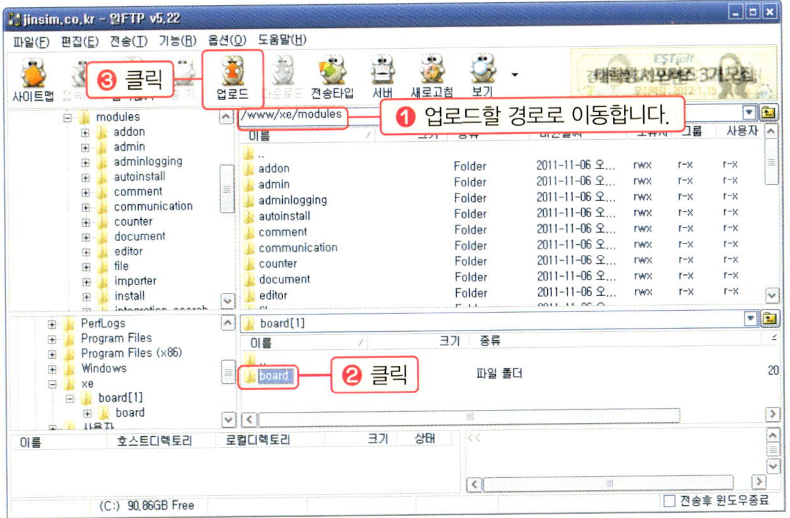

09 관리자 페이지에 접속하기 위해 인터넷 주소 표시줄에 "http://사용자id.cafe24.com/xe/admin"를 입력하여 페이지를 이동한 후에 '아이디'와 '비밀번호'를 입력한 후 [로그인] 버튼을 클릭합니다

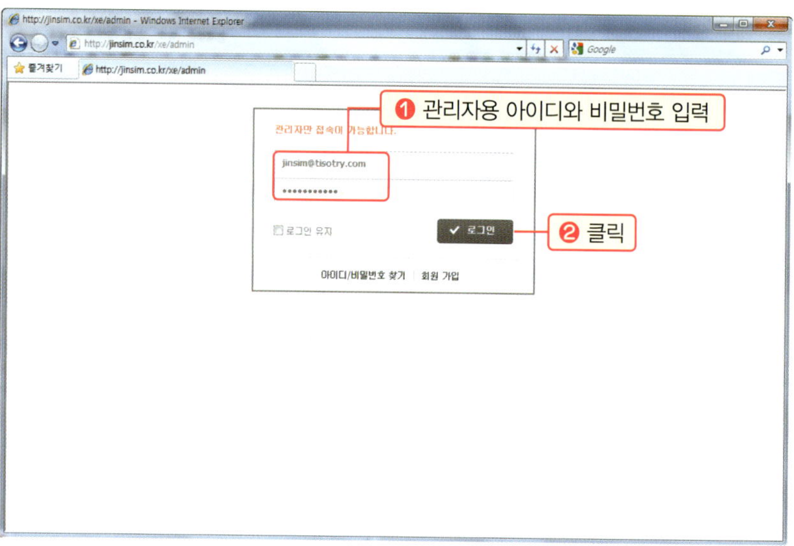

NOTE

XE 설치 과정에서 입력한 관리자 정보의 아이디(XE 1.5부터는 메일주소가 아이디임)와 비밀번호를 입력하고 로그인 버튼을 클릭합니다.

10 XE의 관리자 페이지로 접속됩니다. 업로드한 게시판에 대한 정보가 있는 것을 볼 수 있습니다. [업데 이트] 버튼을 클릭하여 설치를 진행합니다.

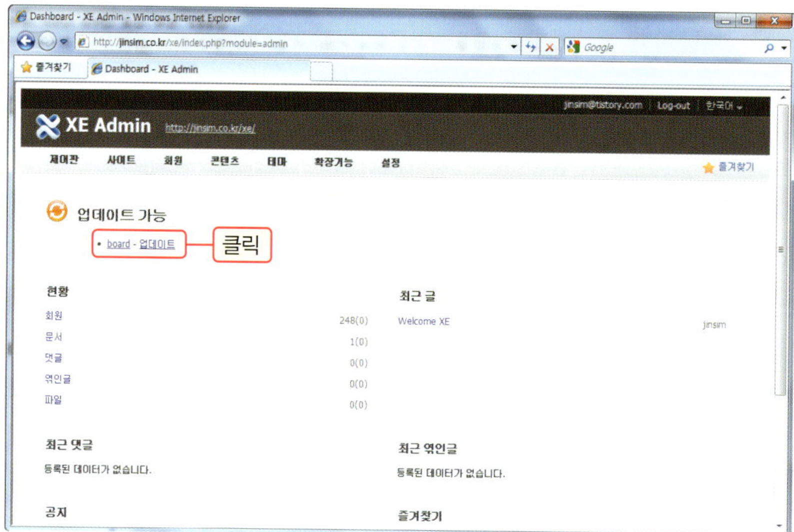

11 수정 메세지 창에서 [확인] 버튼을 클릭하여 게시판 모듈 설치를 완료합니다.

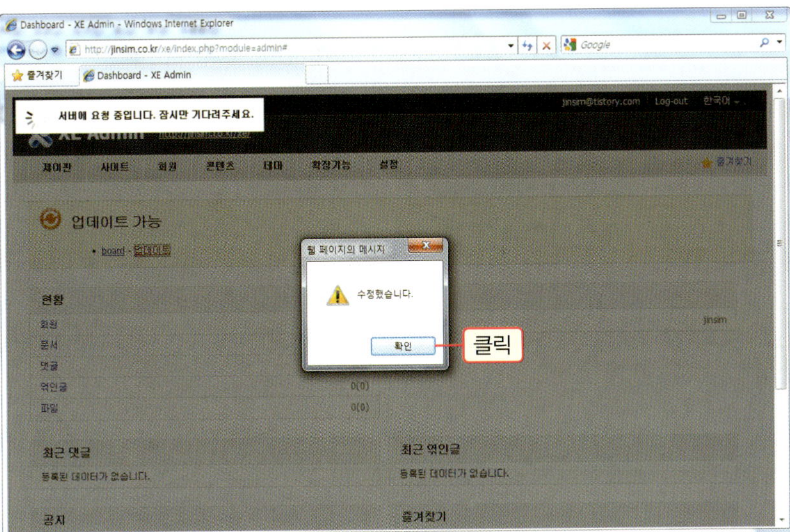

12 [확장기능] 메뉴를 클릭하여 [설치된 모듈] 항목에서 게시판이 설치된 것을 확인합니다.

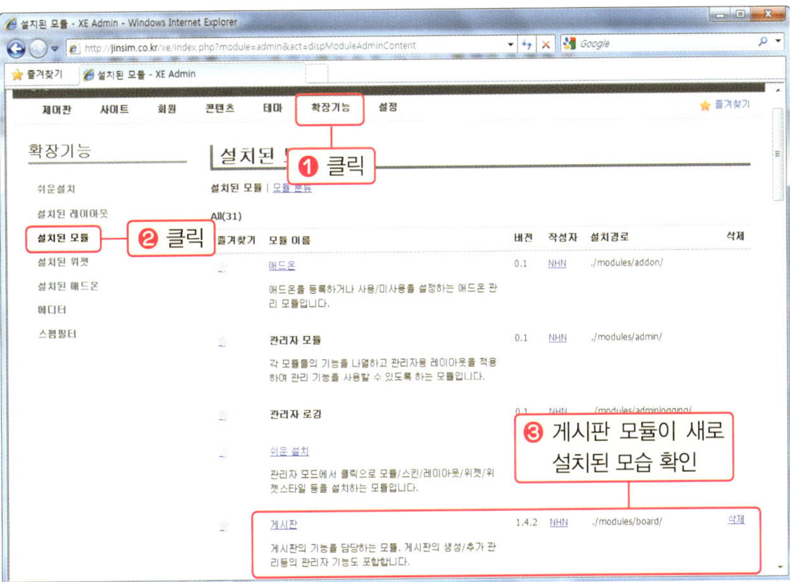

03 사이트 맵 만들기

홈페이지에서 어떤 메뉴를 클릭하면 특정 페이지(게시판 또는 일반 페이지)가 나타나는 것을 보게 됩니다. 앞서 스토리 보드에 따라 필요한 게시판과 빈 페이지 생성을 모두 마쳤다면, 이렇게 생성한 게시판과 페이지를 특정 메뉴로 묶는(연결하는) 작업을 살펴보겠습니다. 메뉴는 크게 대분류와 중분류 메뉴로 나누어 생성하게 됩니다.

■ 새 사이트 추가와 메인 메뉴 만들기

01 인터넷 주소 표시줄에 XE 관리자 주소를 입력한 후에 나타나는 로그인 화면에서 관리자용 '아이디'와 '비밀번호'를 입력하고 로그인을 하면 관리자 페이지로 접속합니다.

XE 관리자 주소 : http://사용자id.cafe24.com/xe/admin

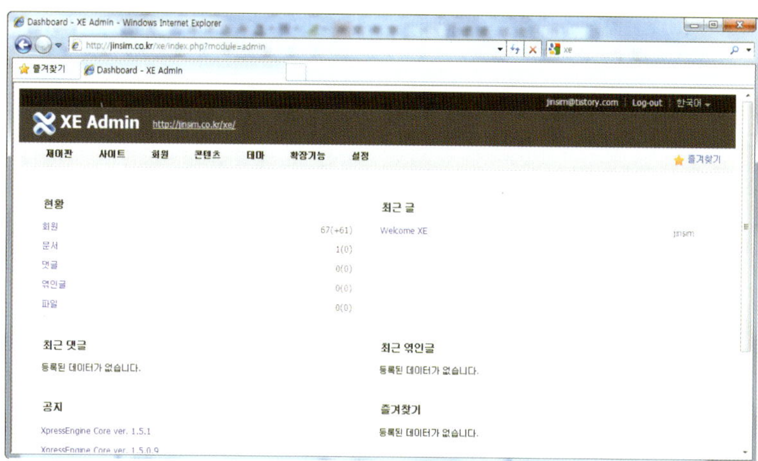

02 관리자 페이지에서 [사이트]-[새 사이트 추가]를 클릭합니다.

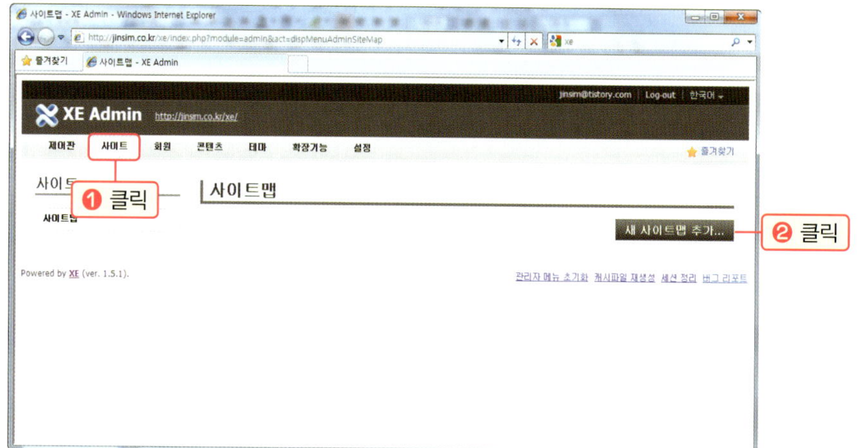

NOTE

XE에서는 하나의 계정으로 여러 사이트를 개발할 수 있습니다. 새로운 사이트를 만들 때 마다 [새 사이트맵 추가] 버튼을 클릭하여 만들 수 있습니다.

03 사이트 제목을 입력하고 [메뉴 추가] 버튼을 클릭합니다.

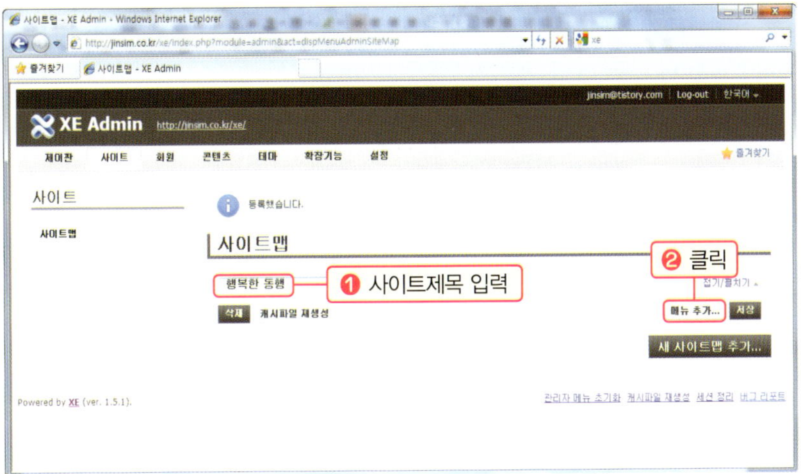

04 메뉴 추가 항목을 아래와 같이 설정한 후 [저장] 버튼을 클릭합니다.

- 메뉴 이름 : 홈
- 모듈 또는 URL : 모듈생성
  - 모듈 선택 : 위젯 페이지
  - 모듈 아이디 생성 : sub1
- 메뉴를 선택 했을 때 새 창을 띄울 것인지 정할 수 있습니다. : 현재창 열기

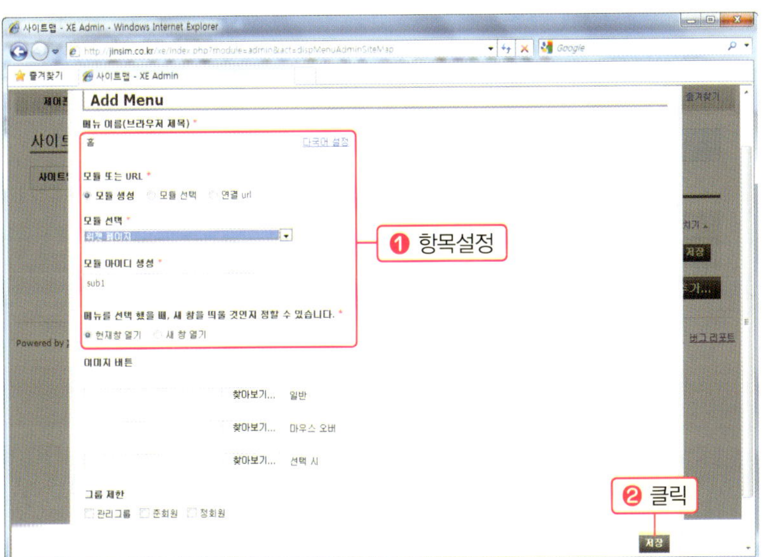

05 같은 방법으로 메인 메뉴를 완성합니다.

■ 서브 메뉴 만들기

06 여행 메뉴에 해당하는 서브 메뉴를 만들기 위해 여행 메뉴의 [추가] 버튼을 클릭합니다.

07 메뉴 추가 항목을 아래와 같이 설정한 후 [저장] 버튼을 클릭합니다.

- 메뉴 이름 : 추천여행지
- 모듈 또는 URL : 모듈생성
  - 모듈 선택 : 게시판
  - 모듈 아이디 생성 : sub2_1
- 메뉴를 선택 했을 때 새 창을 띄울 것인지 정할 수 있습니다. : 현재창 열기

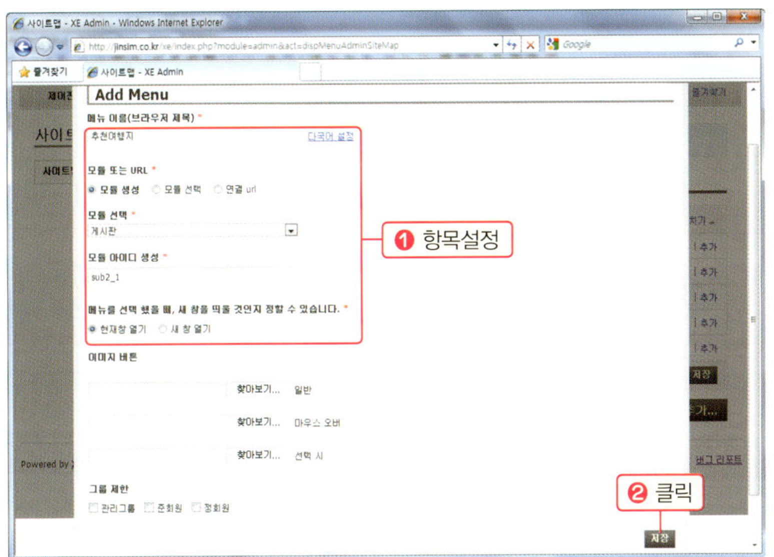

08 같은 방법으로 여행 메뉴에 해당하는 서브 메뉴를 완성합니다.

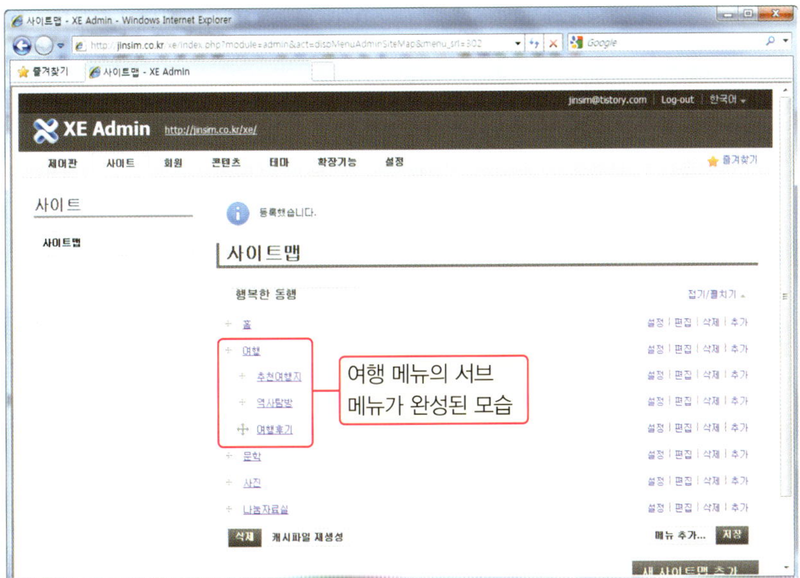

09 문학, 사진, 나눔자료실 메뉴의 서브 메뉴도 같은 방법으로 완성합니다.

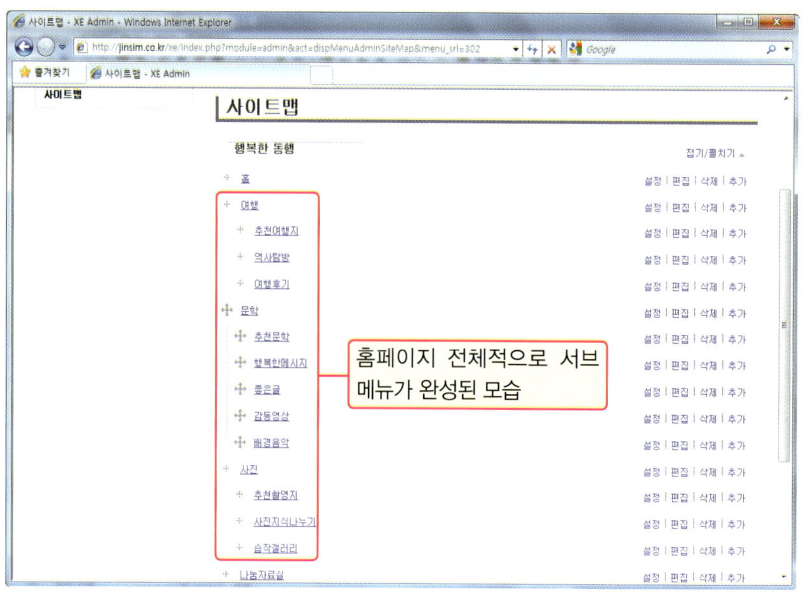

04 레이아웃 적용하기

XE에서 레이아웃이란 미리 만들어 놓은 메뉴에 프레임, 폰트 종류나 크기, 배경색 등의 디자인을 입히는 개념입니다. 따라서 홈페이지를 구성할 때 먼저 메뉴를 만들고 그 메뉴에 어떤 레이아웃을 적용할지를 사용자가 선택하여 사용하면 됩니다.

레이아웃에 제목을 부여하고 구성을 한다는 것은 하나의 새로운 홈페이지를 완성한다는 개념입니다. 따라서 레이아웃은 하나의 사이트와 같다고 봅니다. 그러므로 하나의 사이트에 여러 개의 레이아웃을 설정할 수 없습니다. 하나의 구조(레이아웃)가 하나의 홈페이지이기 때문입니다.

그러면 작업한 메뉴에 XE에서 제공하는 레이아웃을 연결하여 완성해보겠습니다.

01 레이아웃을 연결하기 위해 [확장기능] 메뉴에서 [설치된 레이아웃] 메뉴를 클릭합니다.

02 [XE 공식 사이트 레이아웃]을 클릭합니다.

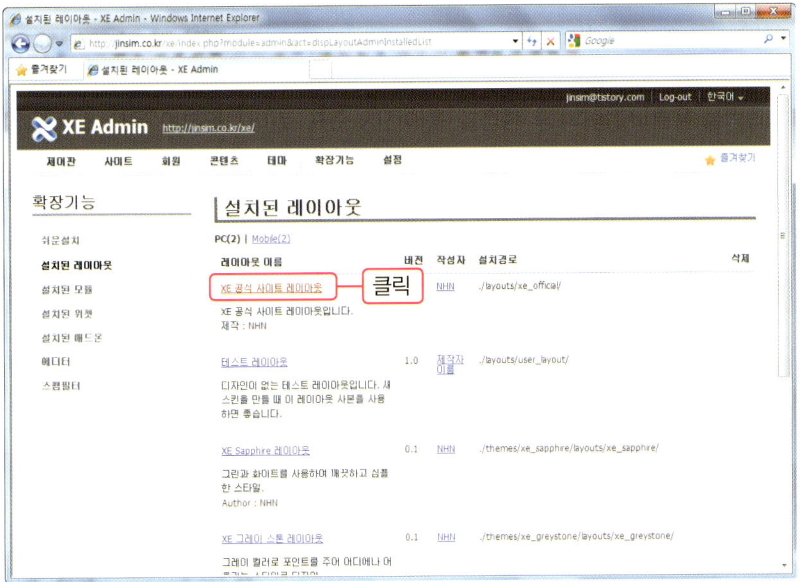

03 레이아웃 정보 창에서 [레이아웃 설정] 버튼을 클릭합니다.

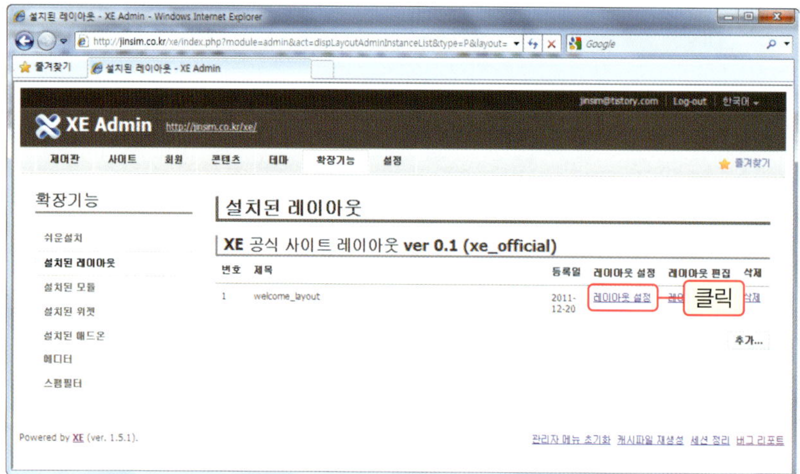

04 레이아웃 설정 화면에서 상단메뉴 : '행복한 동행'을 선택하고 '레이아웃 일괄 적용' 항목에 체크한 후 [저장] 버튼을 클릭합니다.

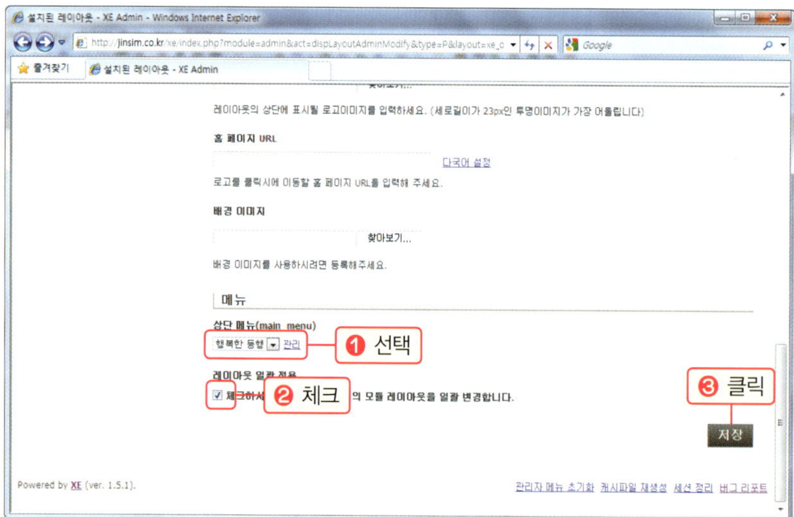

05 홈페이지 주소를 클릭하여 선택한 레이아웃이 정상적으로 적용되었는지 확인합니다.

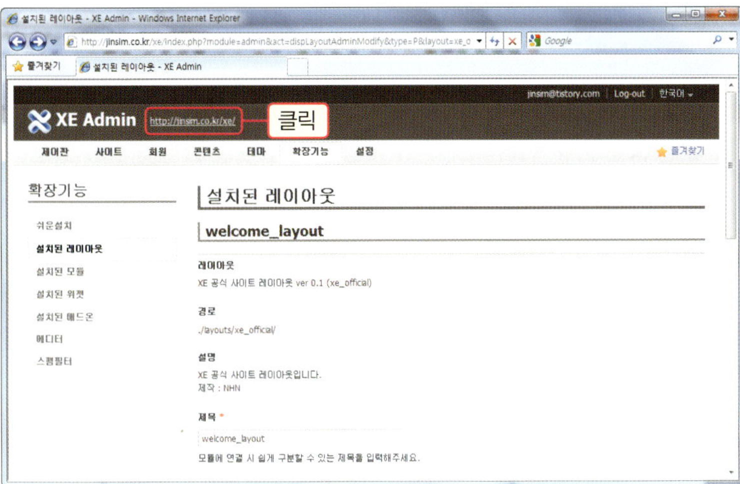

06 홈페이지에서 특정 메뉴를 클릭하여 게시판 연결이 정상적으로 되었는지 확인합니다.

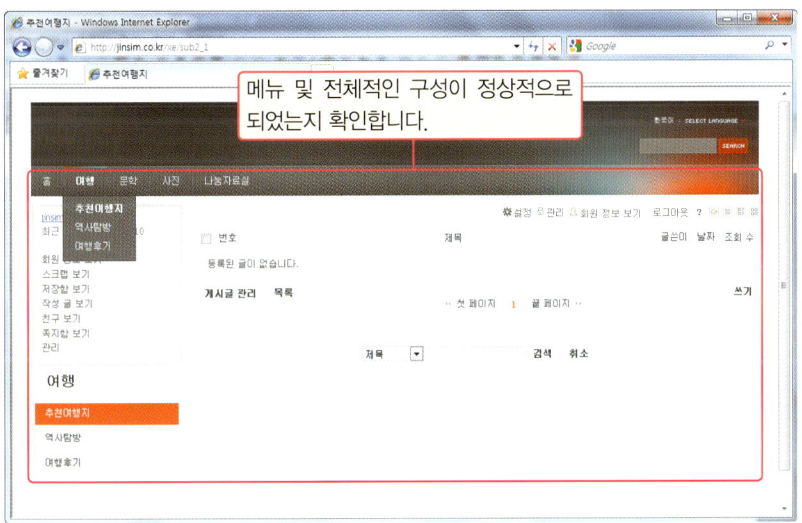

05 홈페이지 로고 및 링크 주소 연결하기

흔히 홈페이지 상단에 회사 로고 등이 등록되어 있는데, 이 로고를 클릭하게 되면 대부분 홈페이지의 첫 페이지로 이동하게 구성되어 있습니다.

이곳에서는 로고 이미지를 홈페이지에 등록하고 이를 클릭했을 때 이동하는 페이지를 설정하는 작업을 살펴보겠습니다. 로고 이미지는 홈페이지 전체 느낌을 표현하는 중요한 역할을 하므로 사이트의 정서를 담을 수 있는 것이 좋습니다.

01 XE 관리자 페이지에 접속한 후에 [확장기능]-[설치된 레이아웃]-[XE 공식 사이트 레이아웃]을 클릭합니다.

02 [레이아웃 설정] 메뉴를 클릭합니다.

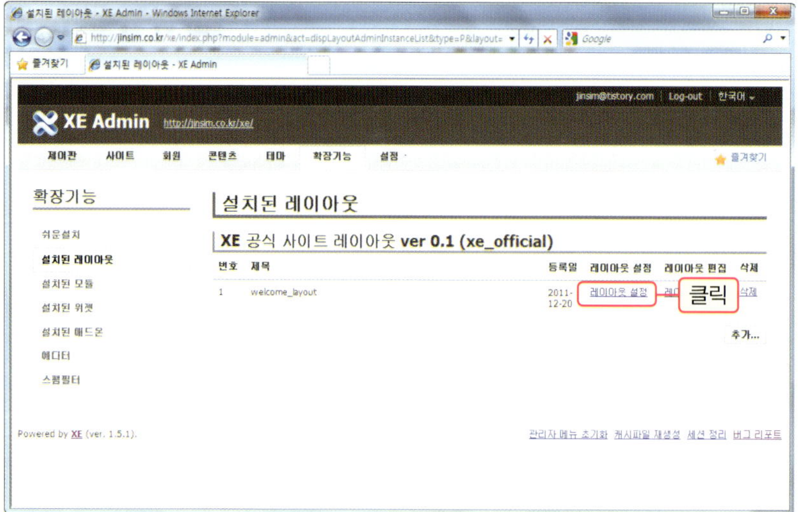

03 로고 이미지를 삽입하기 위해 로고 이미지 항목의 [찾아보기] 버튼을 클릭합니다.

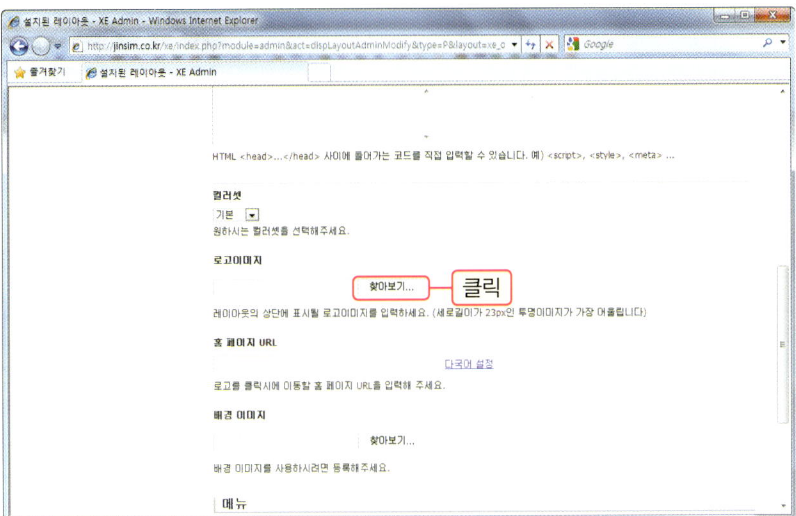

04 [파일 선택] 창에서 "XE예제" 폴더에 있는 "logo.gif"를 선택한 후 [열기] 버튼을 클릭합니다.

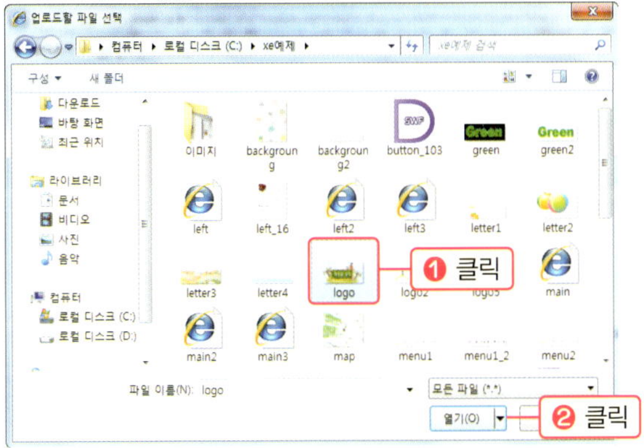

05 '홈페이지 URL' 항목에는 로고를 클릭했을 때 이동할 "홈페이지 주소"를 입력하고 [저장] 버튼을 클릭합니다.

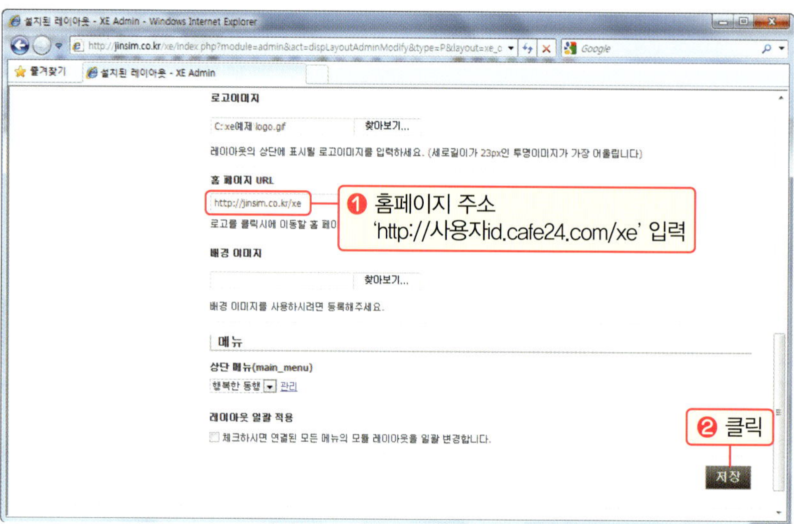

책과 같이 XE를 설치했을 경우의 홈페이지 주소는 'http://사용자id.cafe24.com/xe'입니다. 그렇지만 사용자에 따라 설치 폴더 등이 다를 경우가 있으므로 연결이 안 될 경우는 XE의 설치 주소를 확인해보기 바랍니다.

06 로고 이미지가 레이아웃 관리 페이지에 등록된 것을 확인합니다.

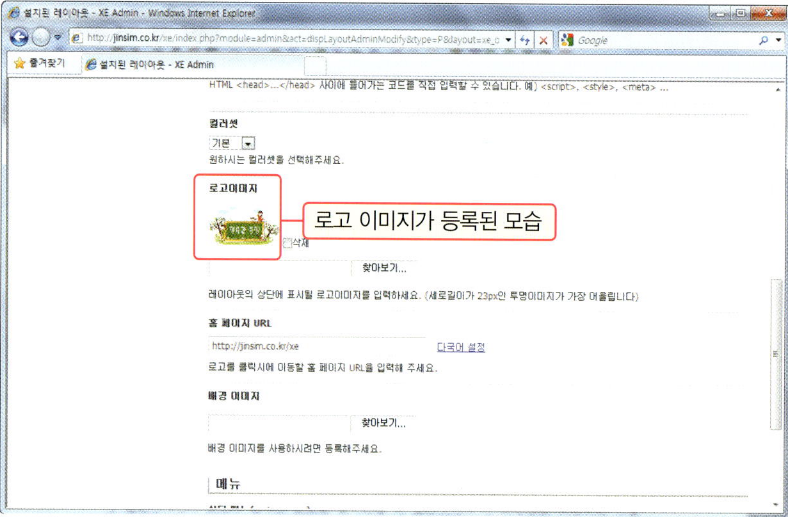

07 인터넷 주소 표시줄에 홈페이지 주소 "http://사용자id.cafe24.com/xe"를 입력하여 나타난 홈페이지에서 로고의 표시와 로고를 클릭했을 때 홈페이지의 첫 화면으로 이동하는 것을 확인합니다.

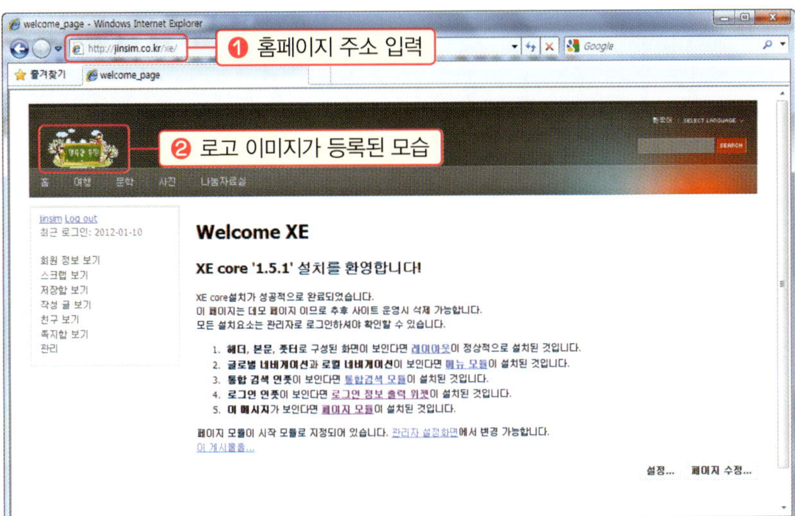

예제 폴더 안에 다른 로고 이미지가 있습니다. 'logo2.png' 파일로 교체해보면서 로고 이미지에 따라 홈페이지 전체 느낌이 어떻게 변화되는지 확인해보기 바랍니다.

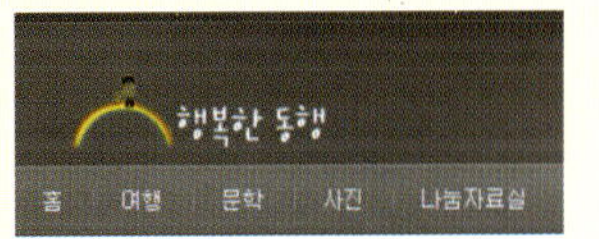

카테고리가 있는 게시판 만들기

01 추가 설정 기능으로 에디터 높이 및 권한 설정

앞서 작성한 게시판에 세부적인 항목들을 설정하는 기능을 살펴보겠습니다. 그 중에서 글을 쓰는 에디터 부분과 댓글을 쓰는 댓글 부분의 영역 설정 기능과 첨부 파일 등의 권한 설정을 먼저 보겠습니다.

01 XE 관리자 페이지에 접속한 후에 [사이트]–[추천여행지]–[설정]을 클릭합니다.

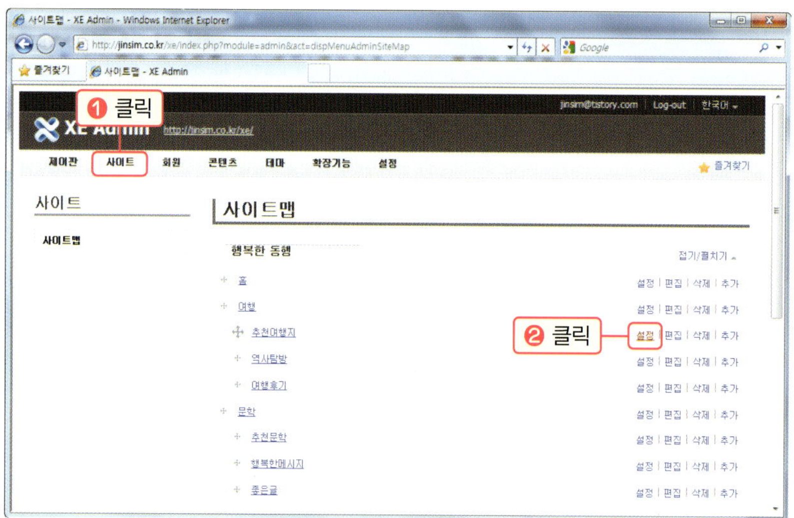

NOTE

게시판 세부 설정을 해보기 위해 앞 단원에서 만들어 놓은 게시판을 예로 실습하고 있습니다. 만일 게시판이 하나도 없을 경우 [생성] 버튼을 클릭하고 게시판을 만든 후에 실습을 진행해야 합니다.

02 게시판 관리 화면에서 [추가 설정] 메뉴를 클릭합니다.

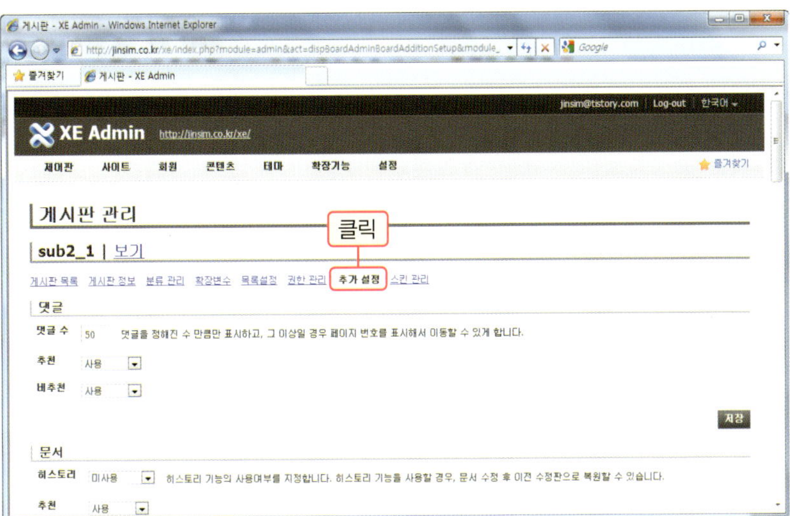

03 설정 창에서 '에디터 높이: 300', '댓글 높이: 120'을 입력하고 [저장] 버튼을 클릭합니다.

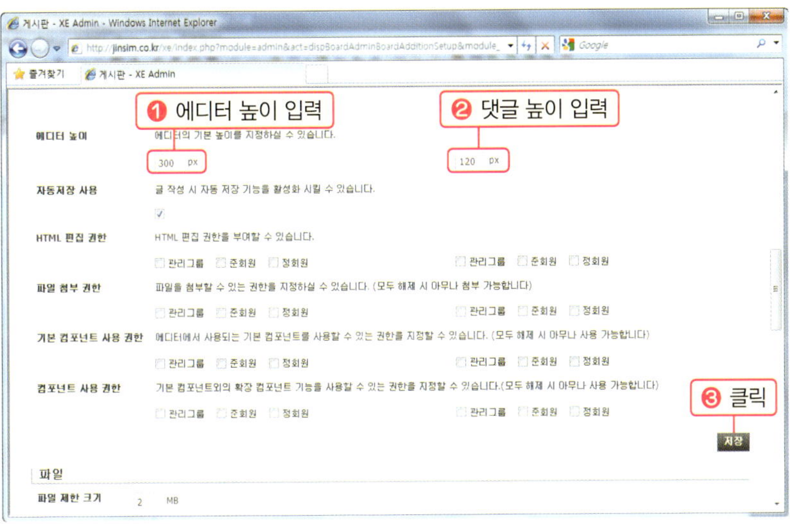

NOTE

에디터의 높이는 게시판에서 글을 쓰는 영역의 높이를 말합니다. 홈페이지를 구성할 때 이 부분의 높이를 잘 설정해야 균형 있는 홈페이지를 구성할 수 있습니다. 댓글의 높이는 방문자가 게시판의 글을 읽고 댓글을 쓰는 영역의 높이를 설정하는 것을 말합니다.

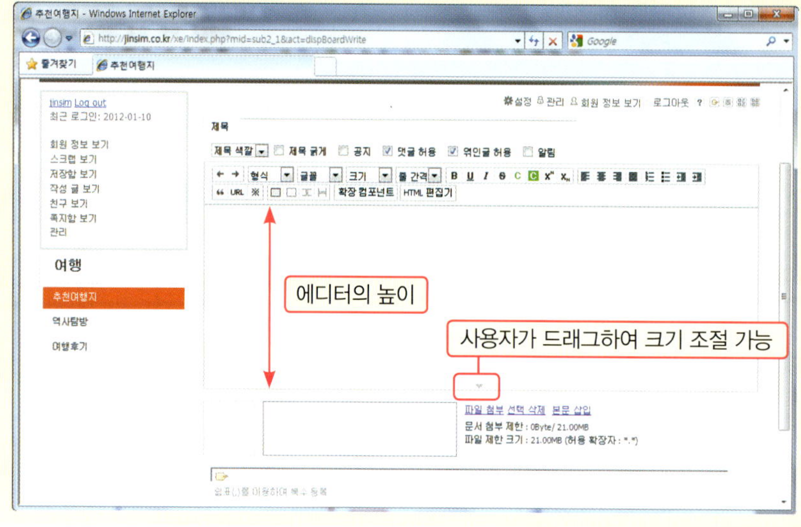

04 게시판 세부 설정 부분 중에 첨부 파일 용량을 조절하기 위해 '파일 제한 크기 : 5MB', '문서 첨부 제한: 5MB', '다운로드 가능 그룹: 정회원, 관리 그룹'에 체크하고 [저장] 버튼을 클릭합니다.

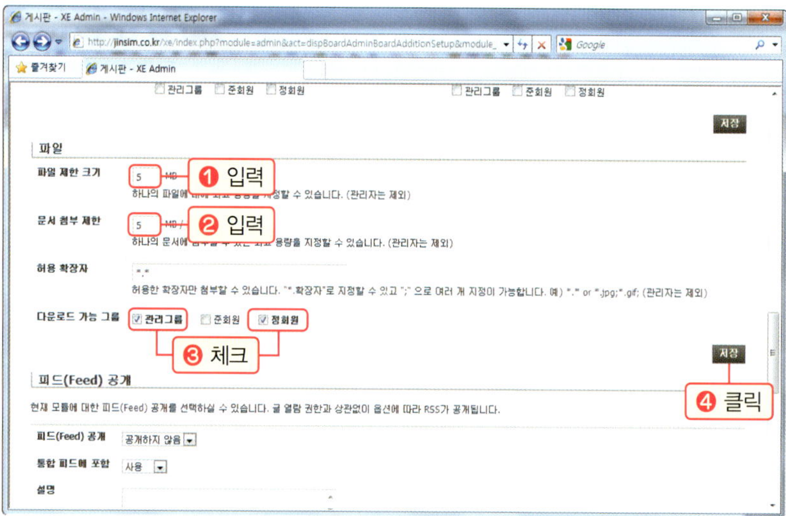

NOTE

관리자의 경우는 첨부 파일의 용량이 20MB가 기본입니다. 용량을 설정하여도 관리자로 로그인 되어 있을 경우는 변경되지 않으므로 로그아웃을 하고 확인해 봅니다.

05 변경된 용량을 확인하기 위해 관리자 모드가 아닌 개인 계정(http://사용자id.cafe24.com/xe)으로 접속하여 홈페이지에서 보물창고 게시판의 [글쓰기] 버튼을 누르고 '파일 첨부 용량'을 확인합니다. 기본 20MB에서 5MB로 변경된 것을 확인합니다.

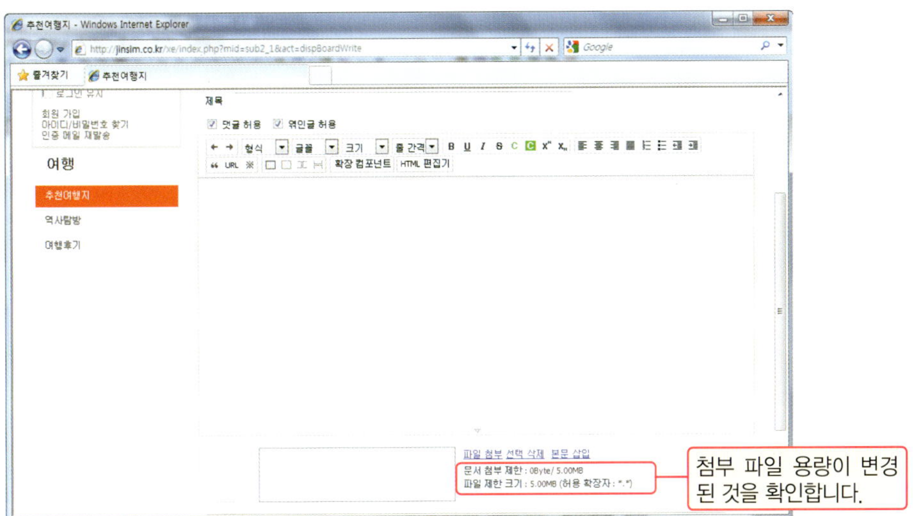

NOTE

불필요한 첨부 파일이 등록될 경우는 '허용 확장자'에 제한을 두는 것이 좋습니다. 기본 값은 모든 파일을 등록할 수 있는 값으로 설정되어 있습니다. 게시판에 첨부로 받고 싶은 파일의 확장자를 나열하면 그 파일만 첨부할 수 있게 됩니다. 확장자의 구분은 ','로 합니다.
예를 들어 '*.hwp,*.ppt,*.xls'를 입력했을 경우는 한글, 파워포인트, 엑셀 파일만 업로드 할 수 있습니다.

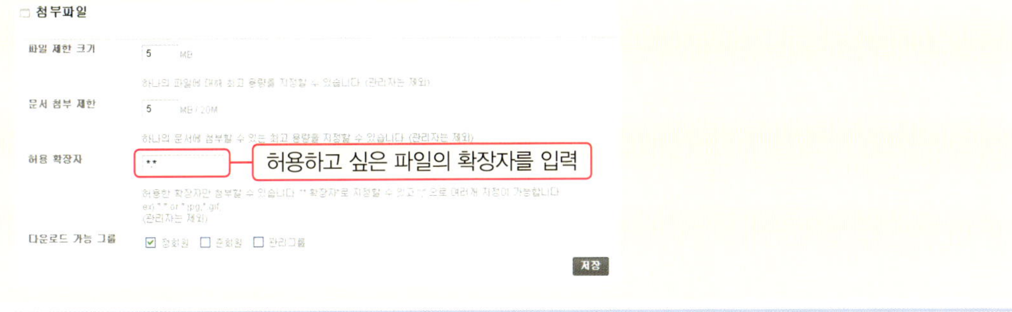

02 분류 기능으로 카테고리 게시판 만들기

XE에서 제공하는 카테고리 기능은 분류가 필요한 게시판에서 유용하게 활용됩니다. 예를 들어 자료실 같은 게시판에는 유틸리티, 이미지, 드라이버 파일 등 여러 종류의 자료가 등록될 것입니다. 이러한 자료를 단지 게시판의 제목만 보고 찾기란 그리 쉬운 일이 아닙니다. 따라서 미리 큰 분류(카테고리)를 만들어 두고 사용자가 분류를 선택하여 등록하면 자료를 이용하는 사용자가 해당하는 분류를 선택하여 쉽게 찾아 볼 수 있게 됩니다.

01 XE 관리자 페이지의 [제어판]-[서비스 관리]-[게시판]을 클릭하고 목록 중에 '추천 여행지' 게시판의 [관리(⚙)] 버튼을 클릭한 후, 카테고리 기능을 사용하기 위해 게시판 관리 화면에서 [분류 관리]를 클릭합니다.

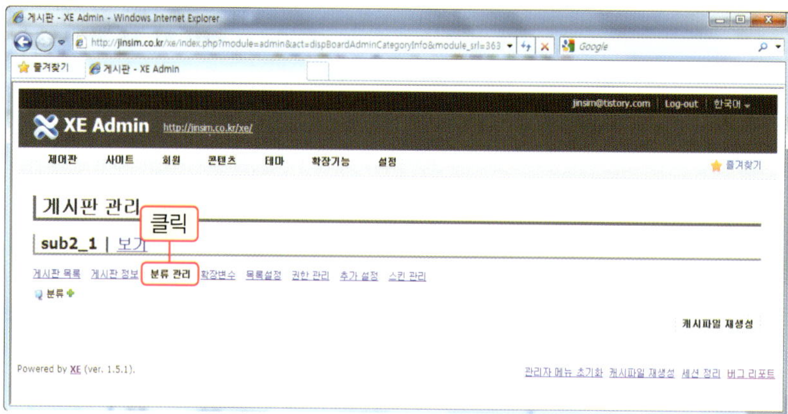

02 분류의 추가(➕) 아이콘을 클릭한 후에 '분류명: 바다'를 입력하고 [저장] 버튼을 클릭합니다.

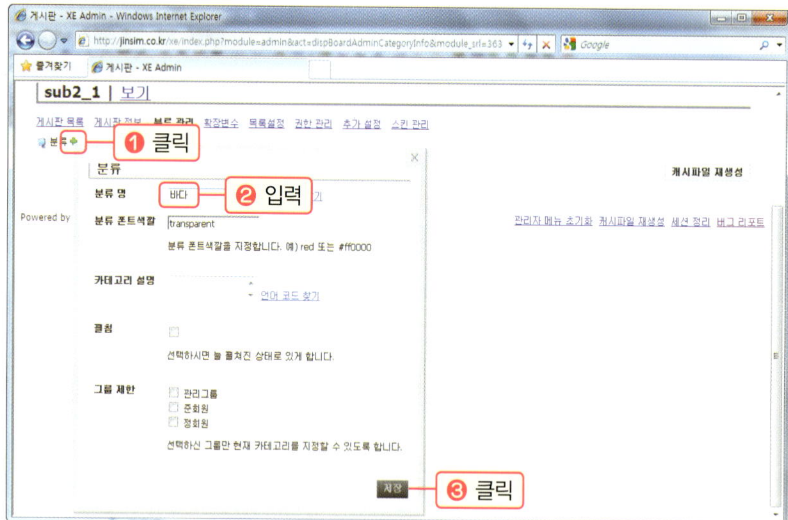

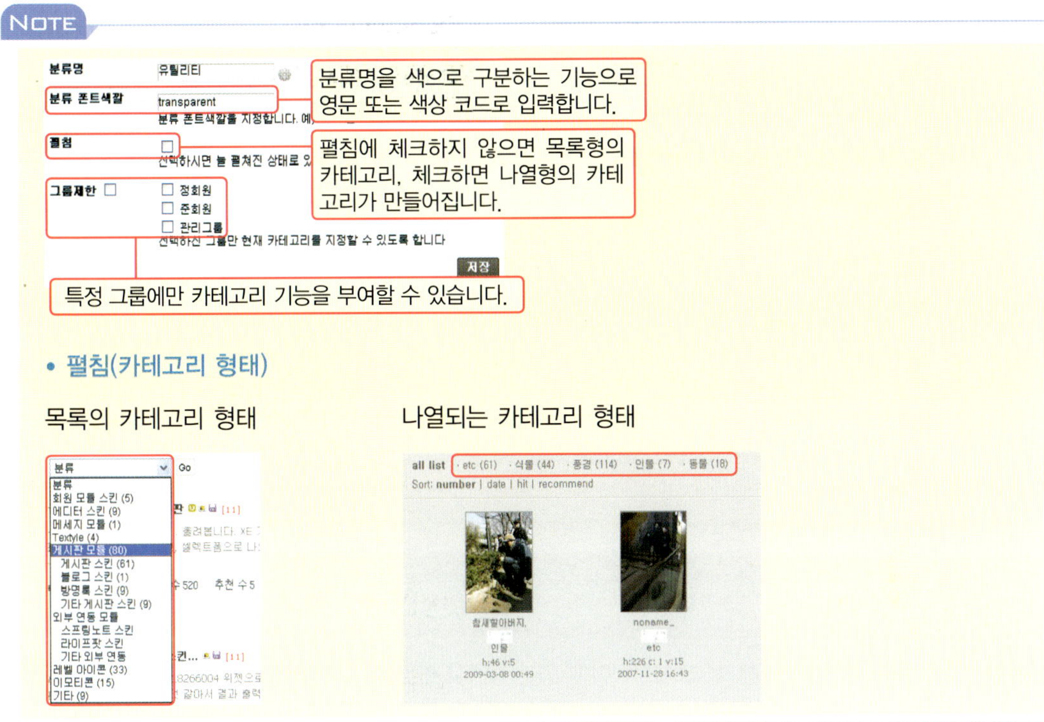

• 펼침(카테고리 형태)

목록의 카테고리 형태   나열되는 카테고리 형태

03 같은 방법으로 아래와 같이 분류를 등록합니다.

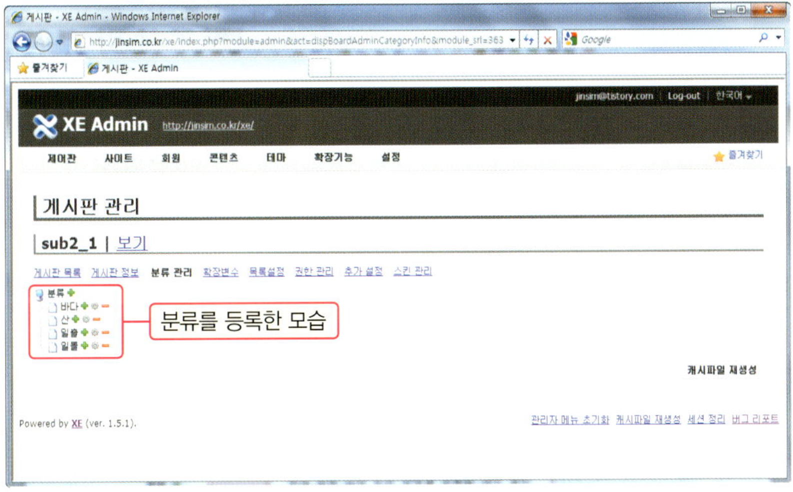

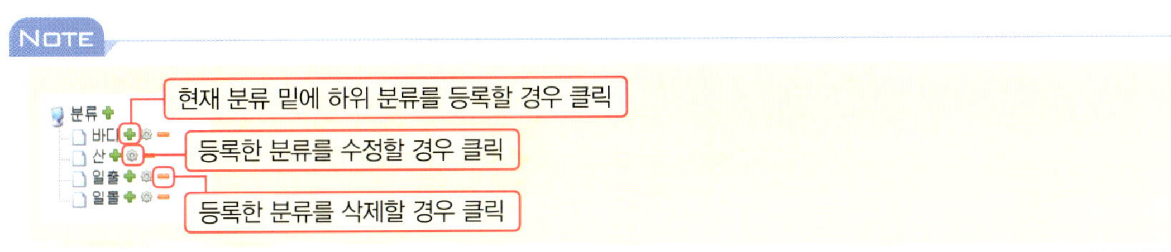

04 분류 기능 항목을 설정하기 위해 [게시판 정보] 메뉴를 클릭합니다.

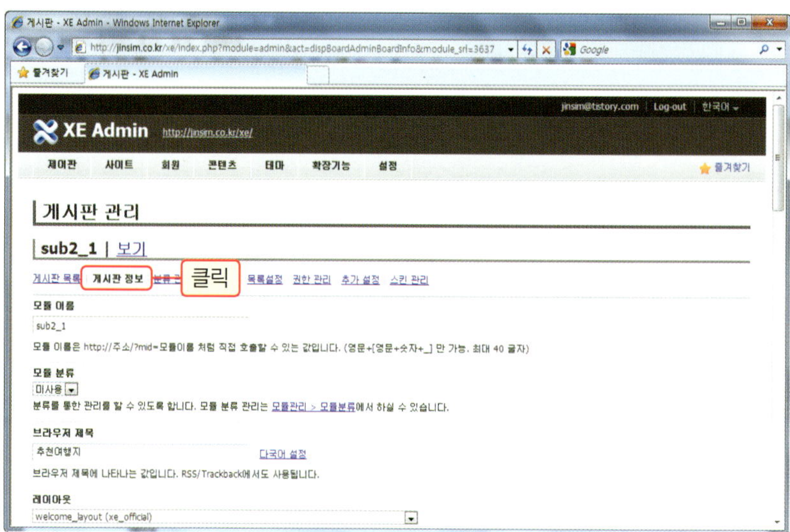

05 항목 중에 '분류 사용'에 체크하고 하단에 있는 [등록] 버튼을 클릭합니다.

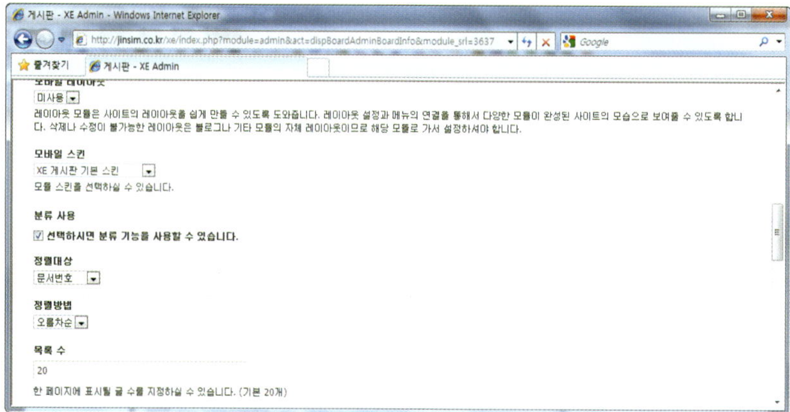

> **NOTE**
>
> 분류 관리에 분류명만 등록한다고 게시판에 기능이 추가되지는 않습니다. 반드시 [게시판 정보]로 이동해서 앞서 등록한 분류 기능을 사용하겠다는 '분류 사용' 항목을 체크해야 정상적으로 기능이 작동하는 것을 확인할 수 있습니다.

06 홈페이지에 방문하여 분류 기능이 적용된 것을 확인합니다.

> **NOTE**
>
> 분류 기능이란 말머리라고 불리는 기능과 유사합니다. 말머리란 글을 쓸 때 [등업], [가입인사] 등으로 사용자
> 가 입력하는 글의 성격에 맞는 항목을 선택하는 기능을 말합니다.

07 글쓰기 할 때 분류 기능을 활용하여 글을 등록합니다.

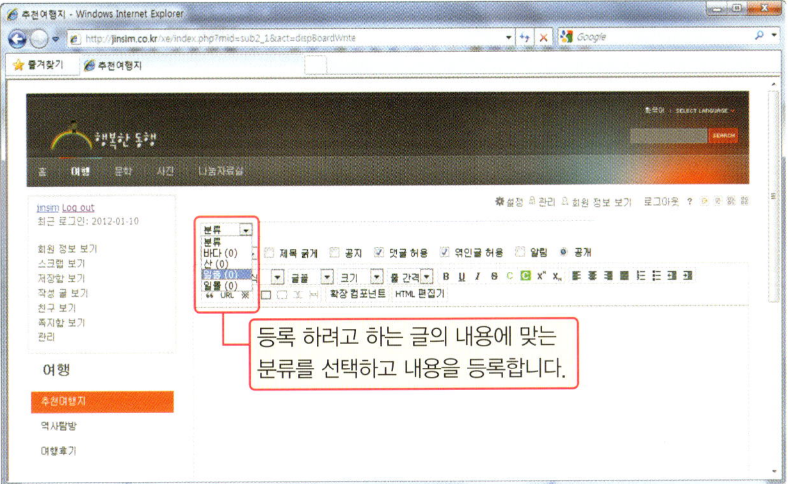

08 게시판 목록에서 분류 기능으로 구분된 내용을 확인합니다.

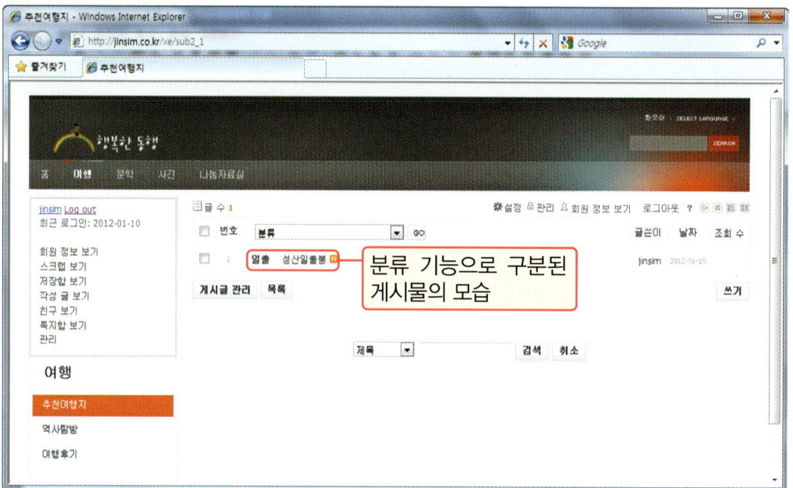

Part 03

게시판을 다시 디자인하는 스킨 설정

> 홈페이지나 쇼핑몰에서 디자인 작업에 스킨이라는 주제가 자주 등장합니다. 스킨 외에도 레이아웃 또는 스타일 기능으로 디자인을 변경하게 됩니다. XE에서 스킨이란 게시판의 디자인을 변경하는 과정에 해당되고, 레이아웃은 홈페이지 전체 구조를 변경하는 것을 의미합니다. 따라서 레이아웃과 스킨 기능을 잘 활용하면 현재보다 디자인적으로 뛰어난 홈페이지를 손쉽게 만들 수 있습니다.

Lesson 05   게시판 형태 알아보기
Lesson 06   모듈스킨 다시 설정하는 방법

게시판 형태 알아보기

01 XE에서 제공하는 게시판 기본 형태

XE에서 제공하는 게시판의 기본 형태는 목록형, 웹진형, 갤러리형, 포럼형, 블로그형의 기본 스타일을 지정할 수 있습니다. 일반적으로 많이 사용하는 형태는 목록형과 갤러리 형태입니다. 스킨의 경우는 통합적으로 제공되고 옵션에서 4가지 형태 중에 원하는 형태를 선택하여 사용하게 됩니다.

1.1 목록형

홈페이지에서 가장 많이 볼 수 있는 목록이 나열된 게시판으로 글의 제목과 글쓴이, 날짜 등이 목록으로 나오고 목록을 클릭했을 때 내용이 출력되는 형태입니다.

[목록형 게시판 유형]

1.2 웹진형

웹진형은 뉴스 기사 사이트 또는 포털 사이트에서 많이 볼 수 있는 유형으로 게시물에 해당하는 사진이 나오고 제목과 머리기사가 출력되는 형태입니다.

[웹진형 게시판 유형]

1.3 갤러리형

사진 사이트에서 많이 활용하는 형태 중에 하나로 사용자가 등록한 사진의 썸네일 이미지가 목록으로 만들어지고 썸네일 이미지를 클릭할 경우 큰 이미지를 감상할 수 있는 형태입니다.

[갤러리형 게시판 형태]

NOTE

썸네일(thumbnail)은 사진을 축소시켜 보여줌으로써 여러 사진을 쉽게 검색할 수 있고 그 형태를 쉽게 알아 볼 수 있도록 해줍니다. 또한 그 이미지를 클릭하면 해당 이미지를 큰 사이즈로 보여주는 기능도 많이 부여되고 있습니다.

1.4 포럼형

특정 주제에 맞는 내용을 토론하는 사용자들이 사용하기에 유용한 게시판 형태입니다. 대표적으로 최근에 쓴 댓글 등이 게시판 목록의 최근 목록에 출력되는 특징이 있습니다.

[포럼형 게시판 유형]

1.5 블로그형

제목과 내용이 한 페이지에 동시에 출력되는 기능을 가진 게시판입니다. 제목을 누르고 내용을 읽는 순서가 아닌 최근에 등록한 글과 내용을 바로 확인할 수 있다는 장점이 있습니다.

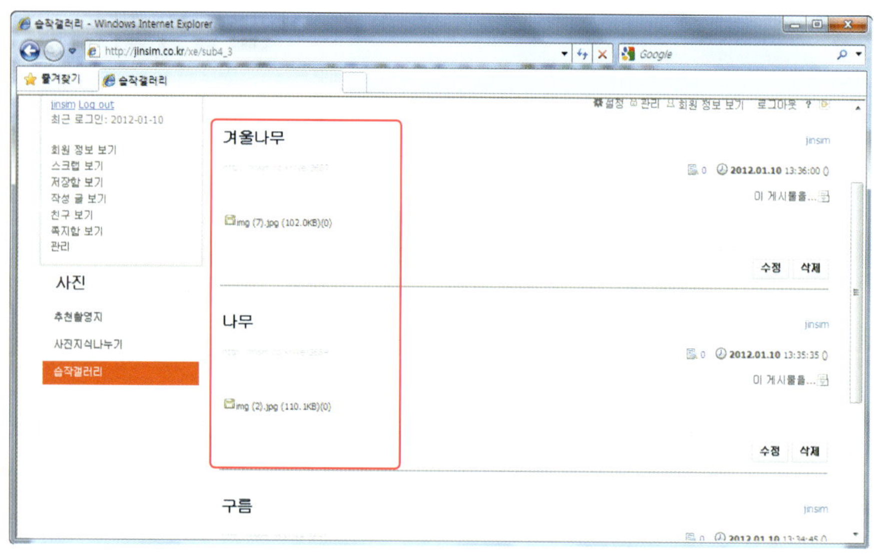

[블로그형 게시판 유형]

02 게시판 형태 변경해 보기

XE 서비스 관리에서 제공하는 게시판의 형태로 목록형, 웹진형, 갤러리형, 포럼형, 블로그형이 있습니다. 게시판의 형태는 변경해줄 수 있는데 이중 갤러리 형으로 변경하려면 사용될 이미지의 썸네일 크기를 설정해야 합니다. 다른 게시판 형태의 경우는 따로 설정할 부분이 없습니다.

01 XE 관리자 페이지에 접속한 후에 [사이트] 메뉴를 클릭합니다.

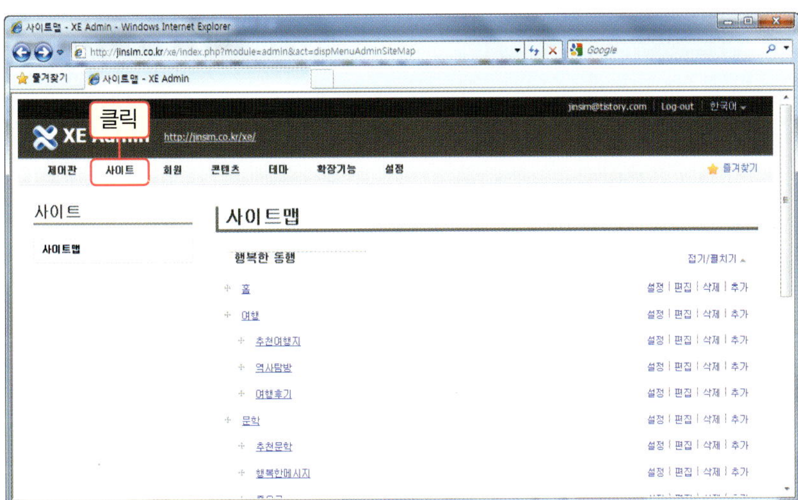

02 '습작갤러리' 게시판의 [설정] 메뉴를 클릭합니다.

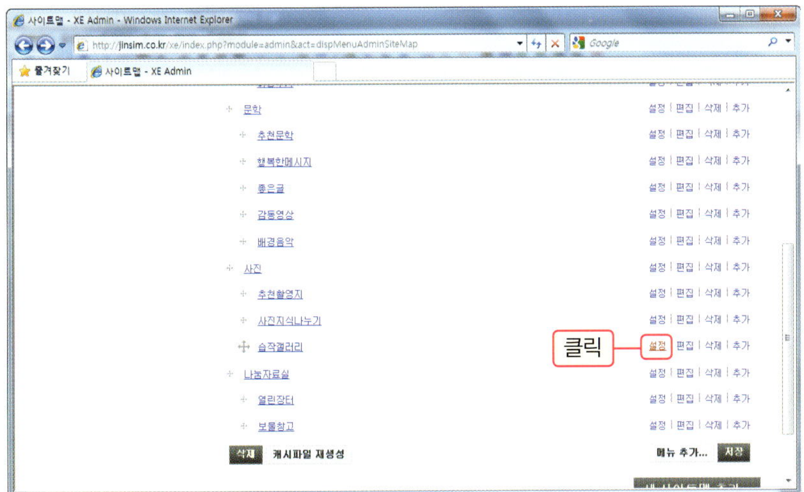

> **NOTE**
>
> '습작갤러리' 게시판이 없을 경우는 사용자가 만든 게시판의 [관리] 버튼을 클릭하여 실습합니다.

03 게시판 관리 페이지에서 [스킨 관리]를 클릭합니다.

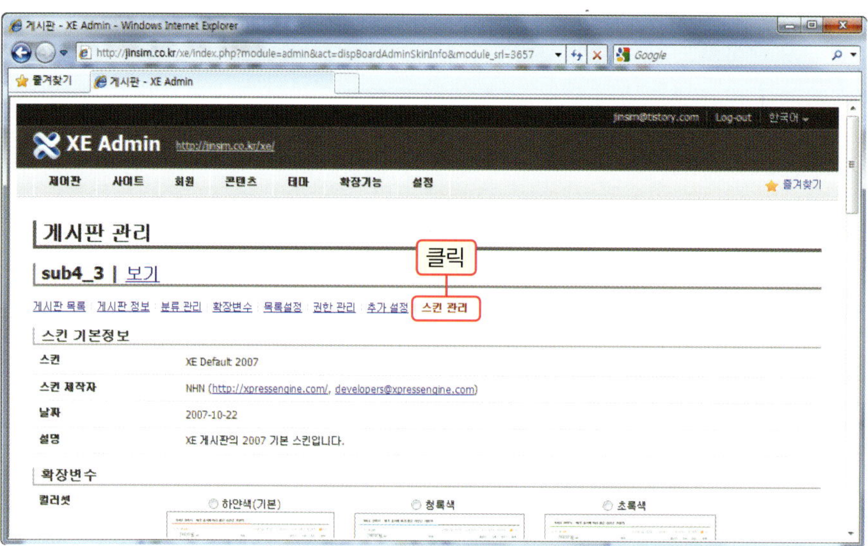

04 기본 형태 중에서 [갤러리]를 선택합니다.

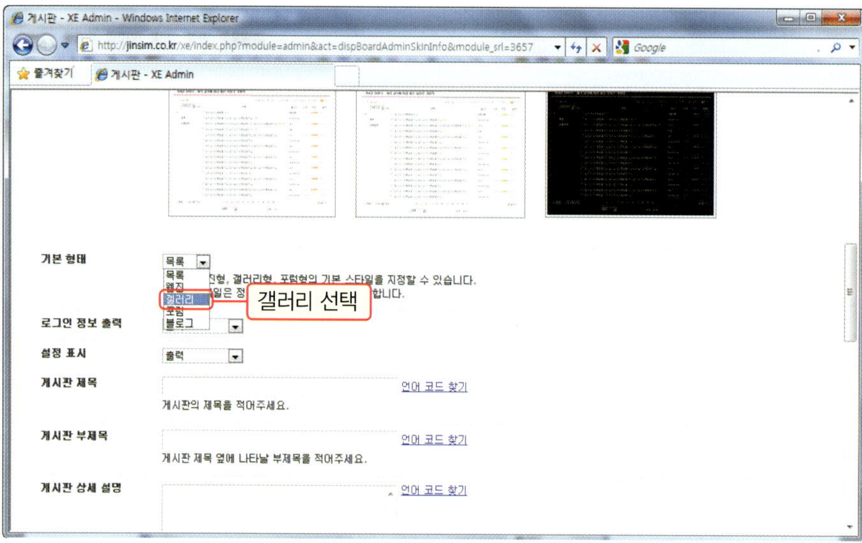

05 썸네일의 '가로: 200px'와 '세로: 200px'로 크기를 입력하고 [등록] 버튼을 클릭합니다.

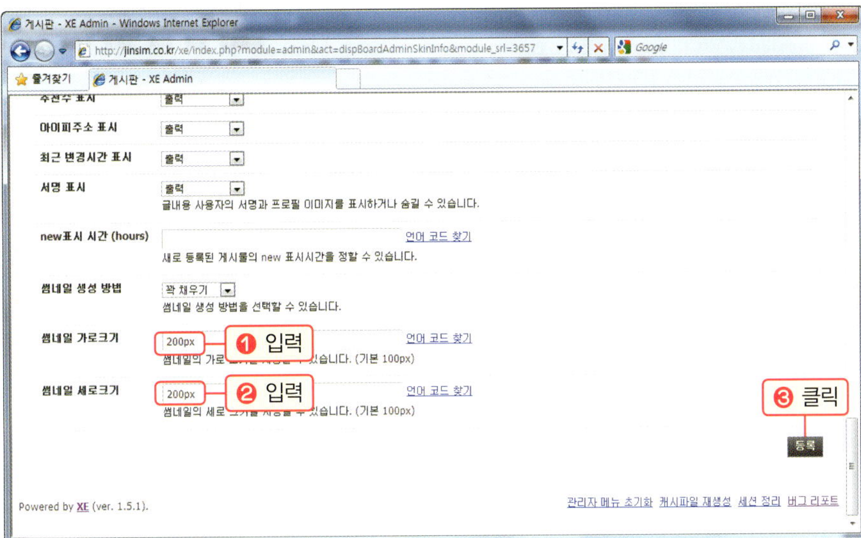

NOTE

썸네일 이미지 크기는 목록에 나열되는 작은 사진의 크기를 말합니다. 일반적으로 많이 사용하는 크기는 100px이고 사진 사이트 등에서 사진을 크게 보이게 할 경우는 200px까지도 사용합니다.

---

06 설정한 내용을 확인하기 위해 [게시판 목록]을 클릭합니다.

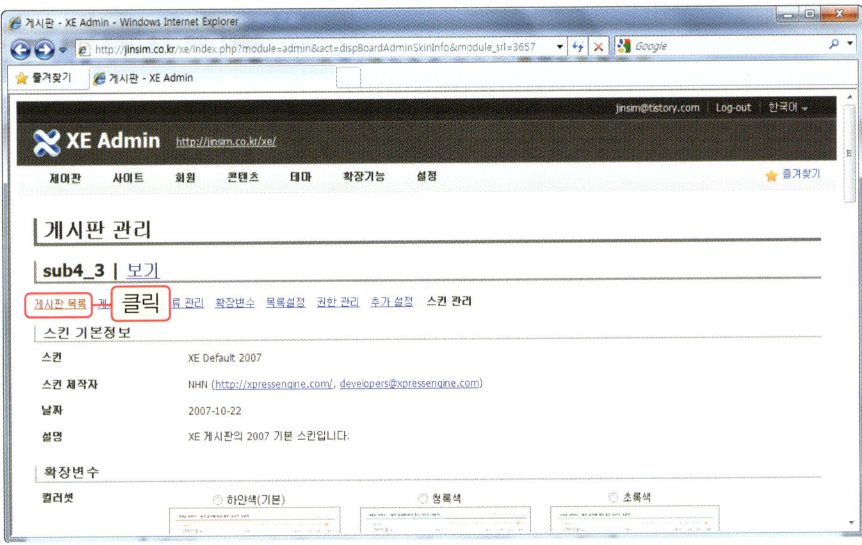

07 게시판 목록에서 [습작갤러리]를 클릭합니다.

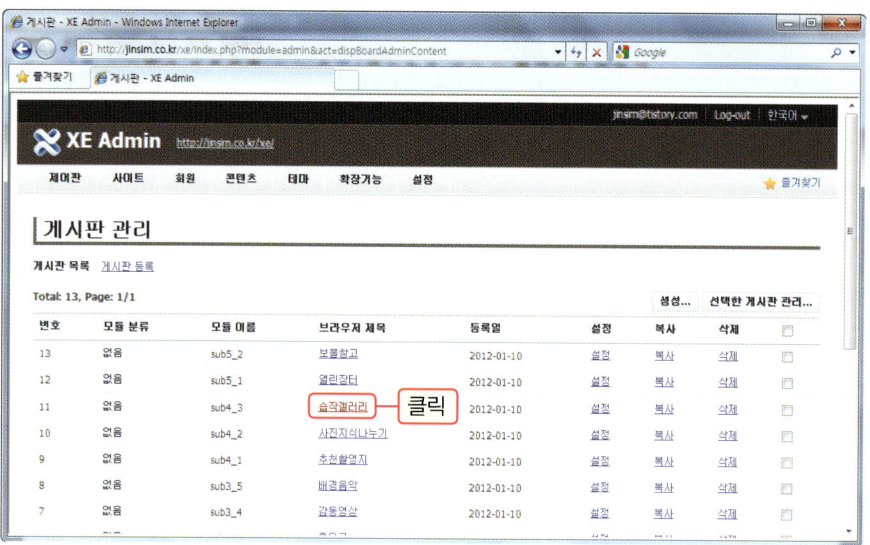

08 게시판이 지정한 갤러리형으로 변경된 것을 확인할 수 있습니다.

모듈스킨 다시 설정하는 방법

홈페이지를 만든 후에 계속 같은 디자인으로 유지된다면 다소 식상하게 될 수도 있습니다. 그렇다고 디자인을 매번 변경해야 한다면 그것도 그리 쉬운 작업이 아닐 것입니다. 그러나 XE는 게시판에 적용할 수 있는 많은 스킨을 제공하고 있고, 계속 새로운 스킨이 업데이트되기 때문에 홈페이지의 유형에 맞는 스킨을 찾아 적용하면 손쉽고 효과적으로 디자인에 변화를 줄 수 있습니다.

게시판에 스킨을 적용하는 과정을 크게 정리하면 아래와 같습니다.

❶ XE 홈페이지에서 원하는 스킨을 다운로드합니다.
❷ 다운로드 받은 스킨을 호스트의 해당 디렉토리에 업로드합니다.
❸ XE 관리자 페이지에서 게시판에 업로드한 스킨을 등록해줍니다.

01 XE 홈페이지에서 스킨 다운받기

01 XE 홈페이지(www.xpressengine.com)에 접속한 후에 [다운로드]-[스킨]을 클릭하고 전환되는 화면에서 [모듈 스킨] 메뉴를 클릭합니다.

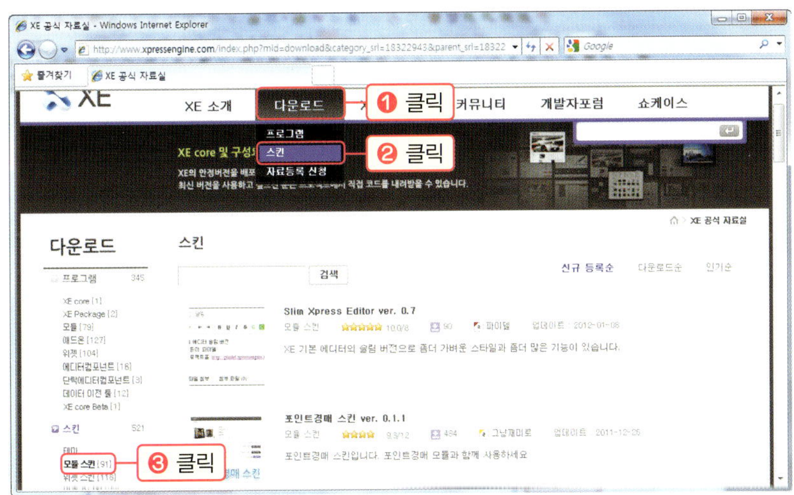

02 모듈 스킨 항목 중에 'Lune 게시판 스킨' 항목을 클릭합니다.

NOTE

현재 진행되고 있는 XE 1.5.1.x의 경우 최신 버전이기 때문에 지금 버전에 테스트된 스킨이 아닌 경우 오류가 있을 수 있습니다. 게시판에 명시되어 있는 테스트 버전을 꼭 확인하기 바랍니다.

---

03 'Lune 게시판 스킨'에 관한 정보 화면에서 설치버전을 확인하고 [다운로드] 버튼을 클릭합니다.

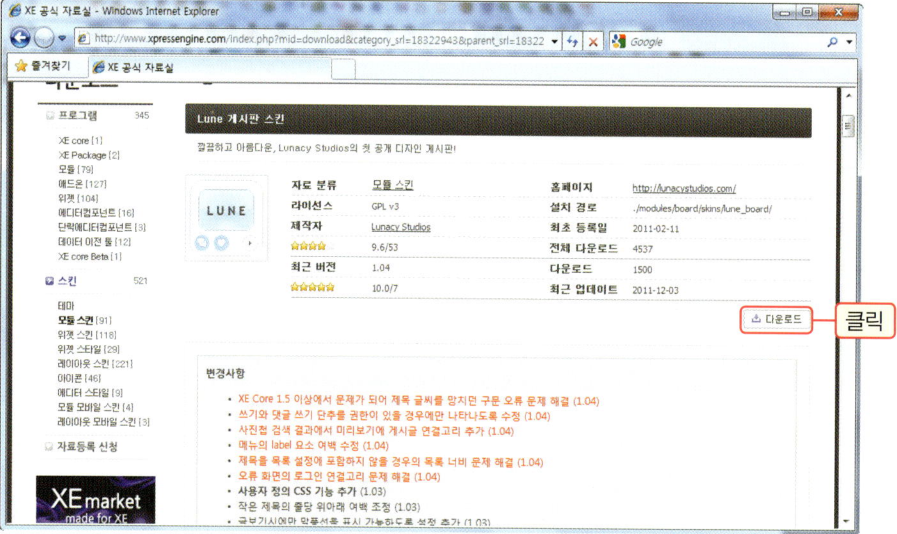

04 [파일 다운로드] 대화상자에서 [열기] 버튼을 클릭합니다.

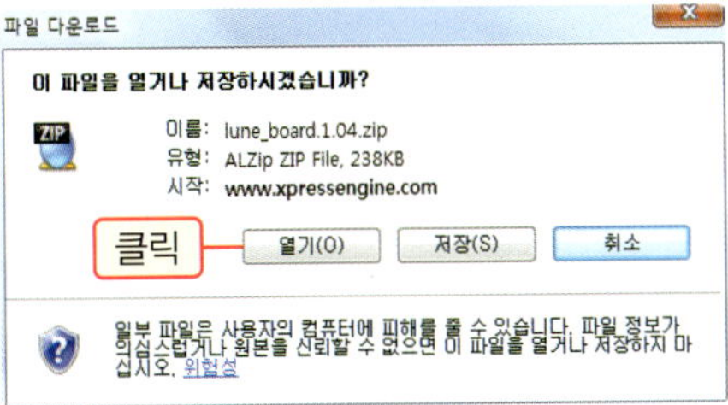

05 알집 화면에서 [압축풀기] 단추를 클릭합니다.

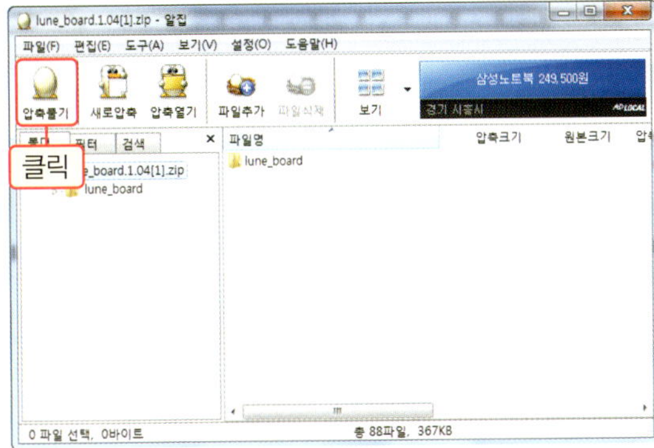

06 압축을 풀 경로를 지정한 후에 [압축풀기] 버튼을 클릭합니다.

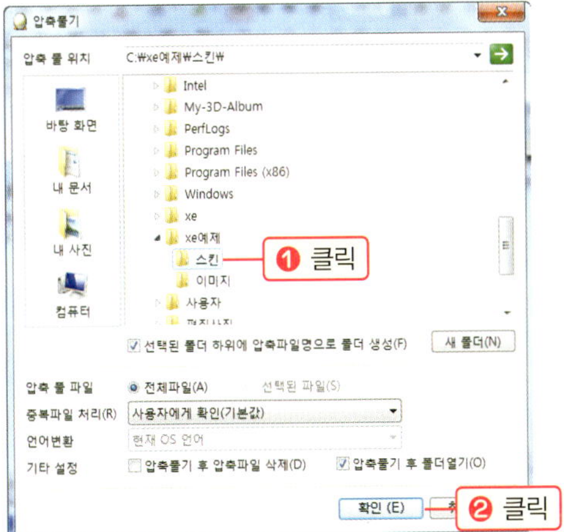

다운 받는 스킨의 폴더를 만들어 놓고 다운 받기를 권장합니다. 이렇게 폴더로 구분하지 않으면 많은 스킨을 다운 받을 경우 파일이 겹칠 수 있습니다. 만약 폴더를 미처 만들어 두지 못했다면 알집의 경우 압축을 풀 디렉토리를 지정하는 단계에서 '선택된 폴더 하위에 압축파일명으로 폴더 생성'에 체크하면 해당 폴더가 만들어지면서 그 안에 압축이 풀리게 됩니다.

07 압축을 푼 폴더로 이동하여 정상적으로 다운로드된 것을 확인합니다.

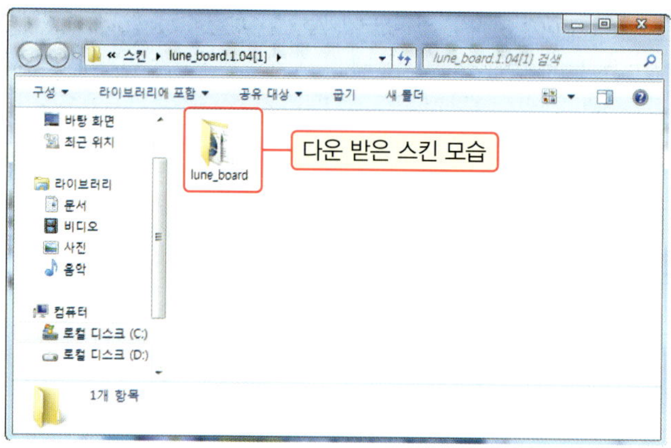

02 다운로드 받은 스킨 업로드하기

다운받은 스킨을 호스트 디렉터리에 업로드 해야 사용할 수 있습니다. 업로드 할 경우 디렉터리의 위치를 정확히 맞추지 않으면 스킨을 사용할 수 없으므로 경로에 각별히 주의해야 합니다.

01 [알FTP]를 실행하고 접속할 '사이트 정보'를 입력한 후에 [확인] 버튼을 클릭합니다.

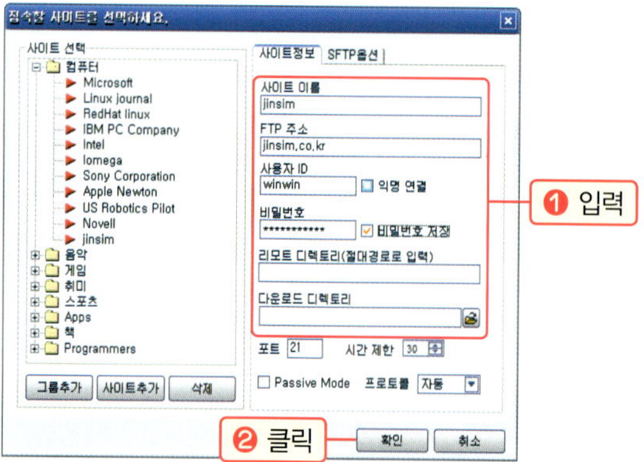

NOTE

- 사이트 이름 : 사용자가 구분할 수 있는 이름입니다.
- FTP 주소 : id.cafe24.com
- 사용자 ID : FTP ID
- 비밀번호 : FTP 비밀번호
  (FTP 아이디와 비밀번호는 따로 설정할 수 있습니다. 계정에 가입할 때 만든 ID와 다를 수 있으므로 정확히 기억하고 있어야 합니다.)

02 호스트 디렉터리를 '/www/xe/modules/board/skins'로 설정한 후에 다운받은 스킨을 선택하고 [업로드] 버튼을 클릭합니다.

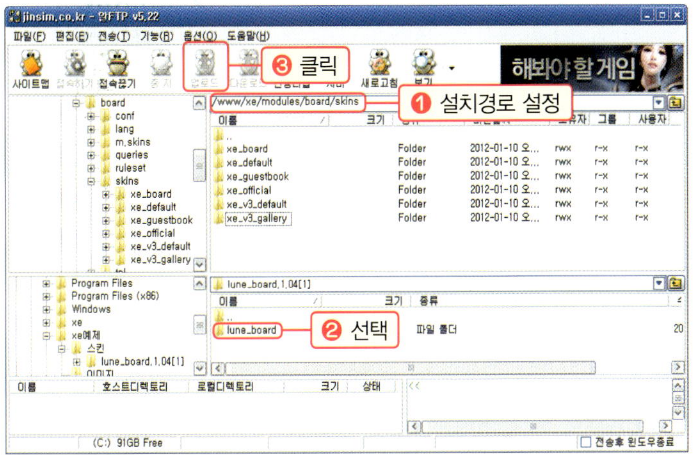

게시판의 스킨 경로는 '/www/xe/modules/board/skins'입니다. 다운 받은 게시판 스킨을 경로에 맞춰 업로드 해야 정상적으로 적용할 수 있습니다.

03 업로드한 스킨을 게시판에 등록하기

01 XE 관리자 페이지에 접속한 후에 [게시판 관리] 페이지에서 스킨을 적용할 '보물창고' 게시판의 [설정] 버튼을 클릭합니다.

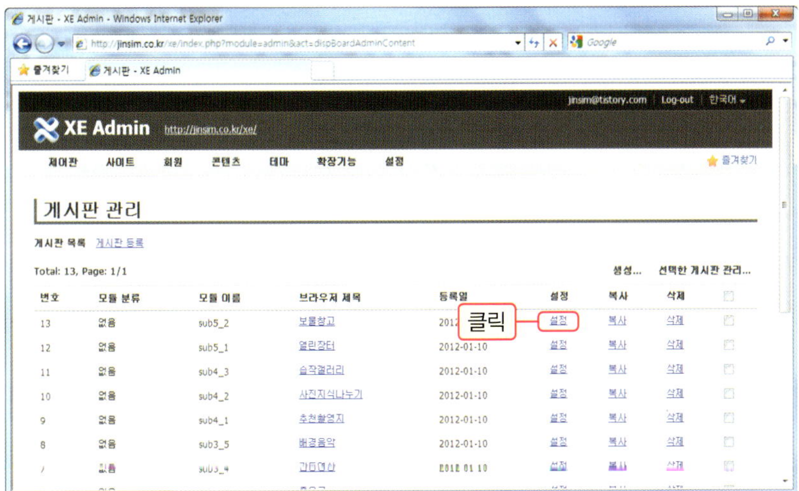

02 게시판 관리의 스킨 항목에서 'Lune'을 선택하고 게시판 관리 하단에 있는 [등록] 버튼을 클릭하여 적용합니다.

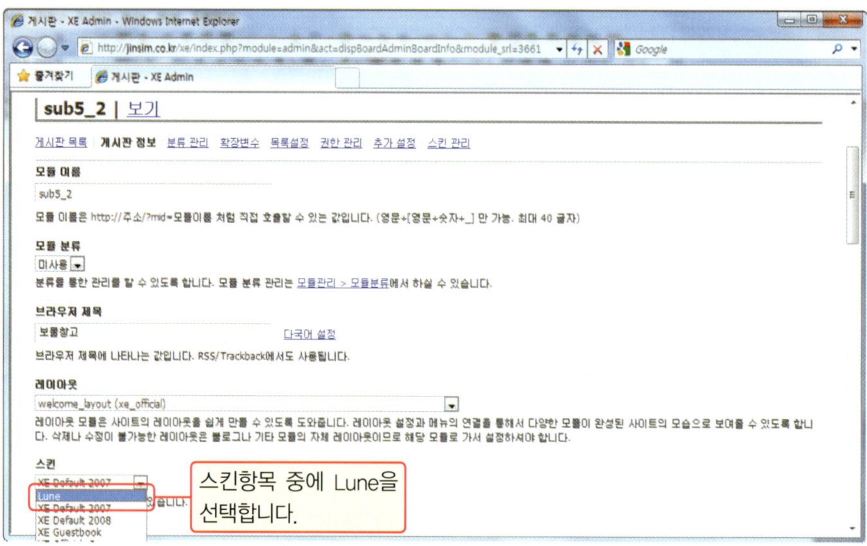

03 변경된 내용을 확인하기 위해 게시판 관리 화면에서 [게시판 목록]을 클릭합니다.

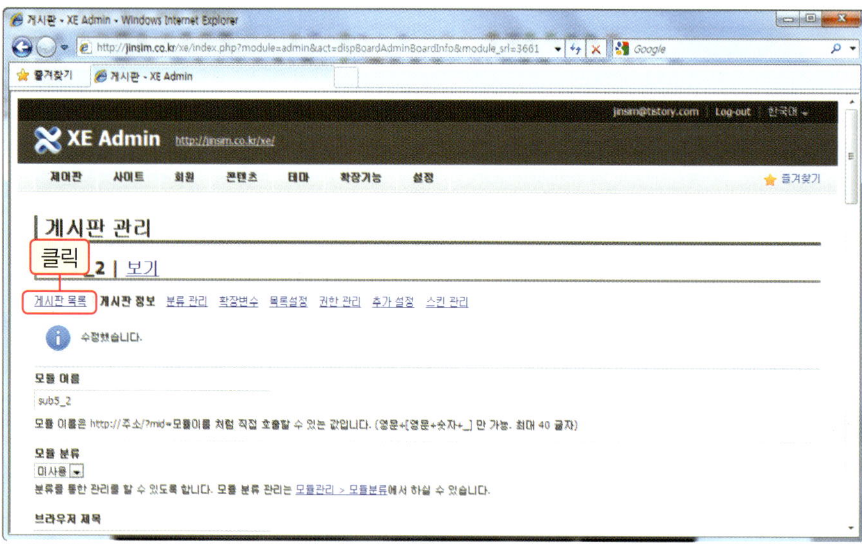

04 게시판 목록에서 '보물창고'를 클릭합니다.

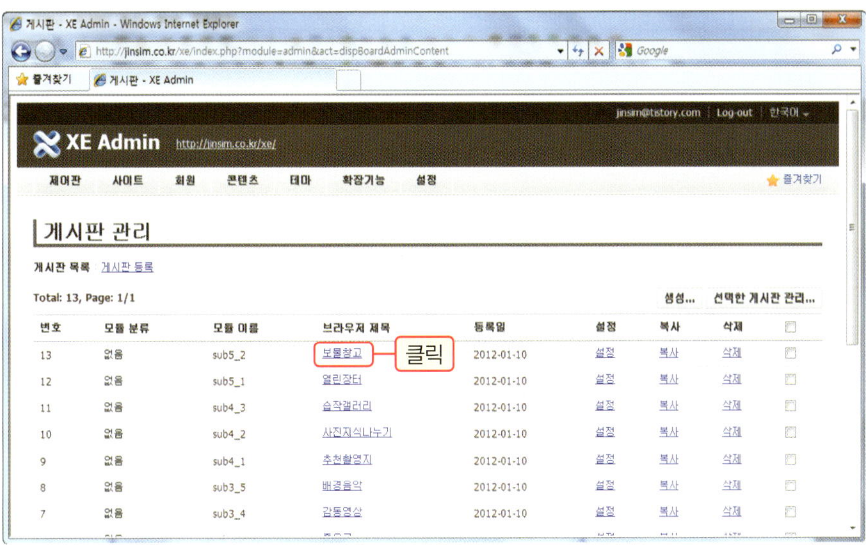

05 게시판에 스킨이 적용된 것을 확인하고 [쓰기] 버튼을 클릭하여 새로운 글을 등록하며 테스트합니다.

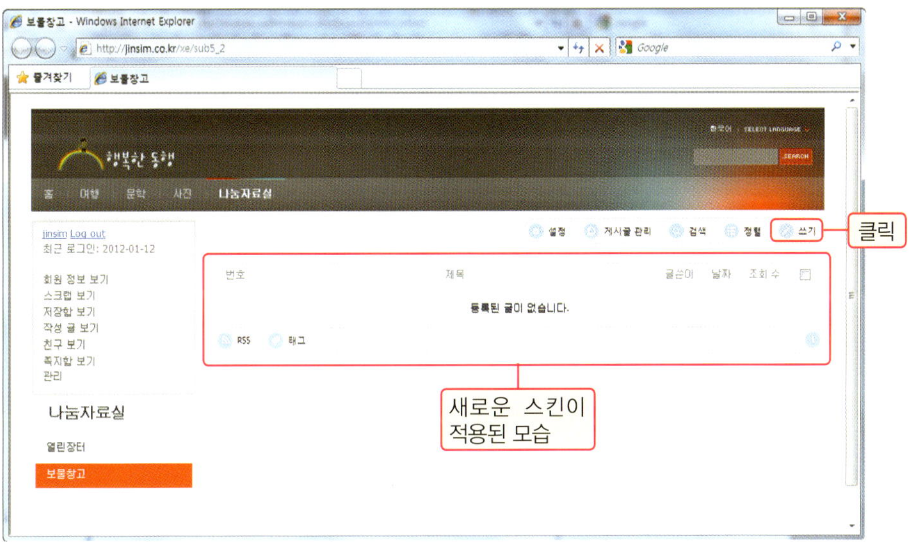

06 제목과 내용을 입력합니다.

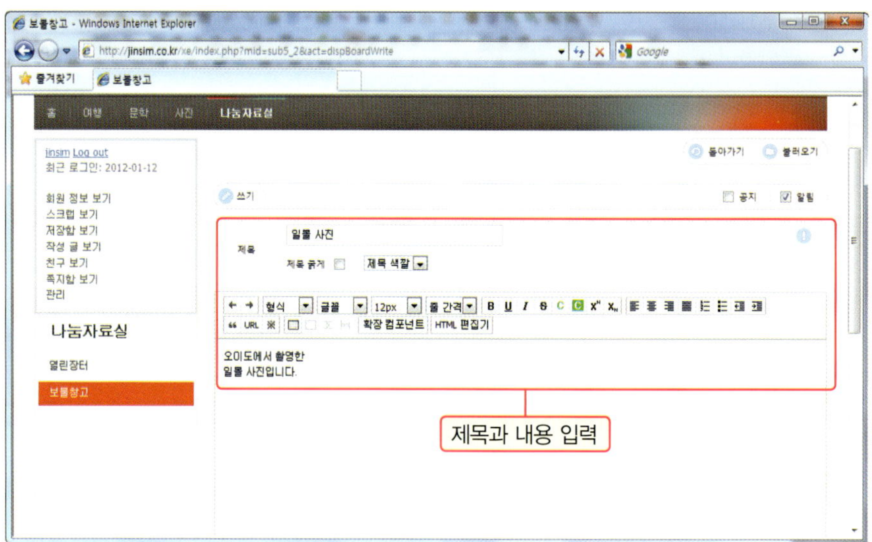

07 [파일 첨부] 버튼을 클릭하여 사진 파일을 가져옵니다. [등록] 버튼을 클릭합니다.

08 새로 적용한 스킨에 사진과 함께 글이 등록된 것을 볼 수 있습니다.

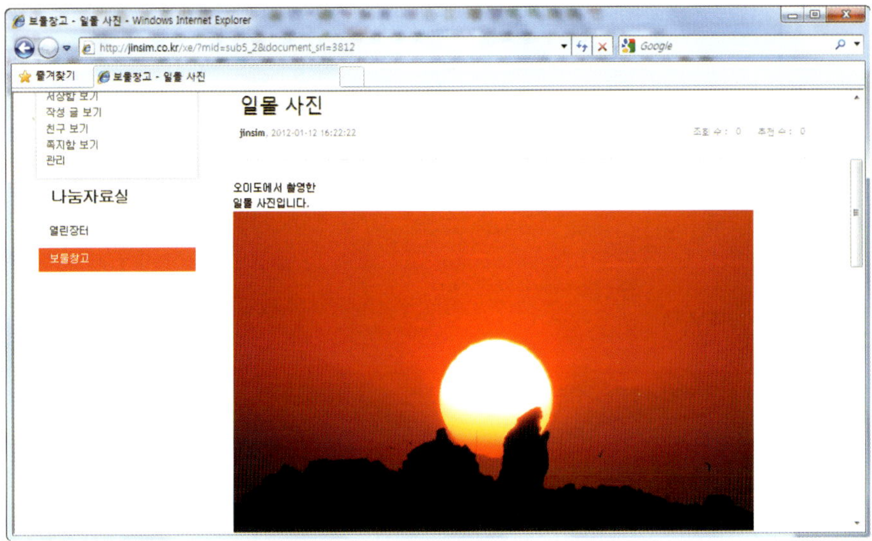

05 일정관리 스킨 적용하기

홈페이지에 일정관리 스킨을 설정하여 홈페이지의 운영자의 일정을 메모할 수 있습니다. 일정관리 스킨을 찾아서 설치하고 게시판에 적용하는 방법을 진행합니다.

01 XE 홈페이지에서 일정관리 스킨을 다운받기 위해 [모듈 스킨] 메뉴를 클릭합니다.

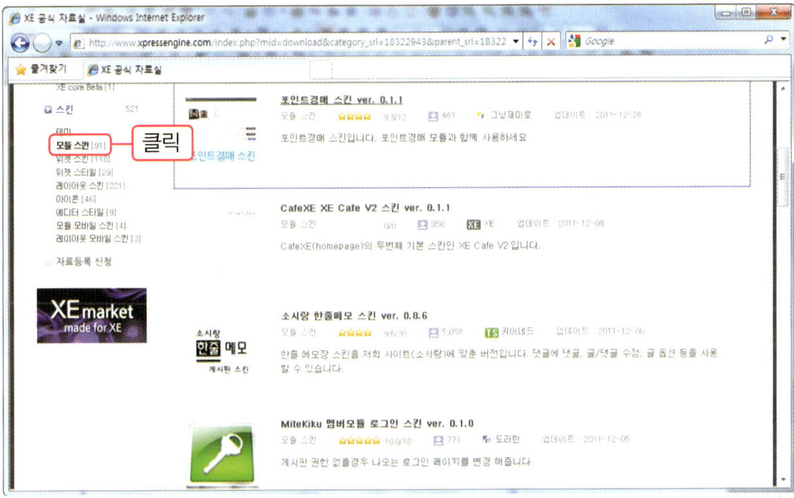

02 XE 홈페이지에서 일정관리 스킨을 다운받기 위해 XE 다운로드 페이지에서 [모듈 스킨] 메뉴를 클릭합니다.

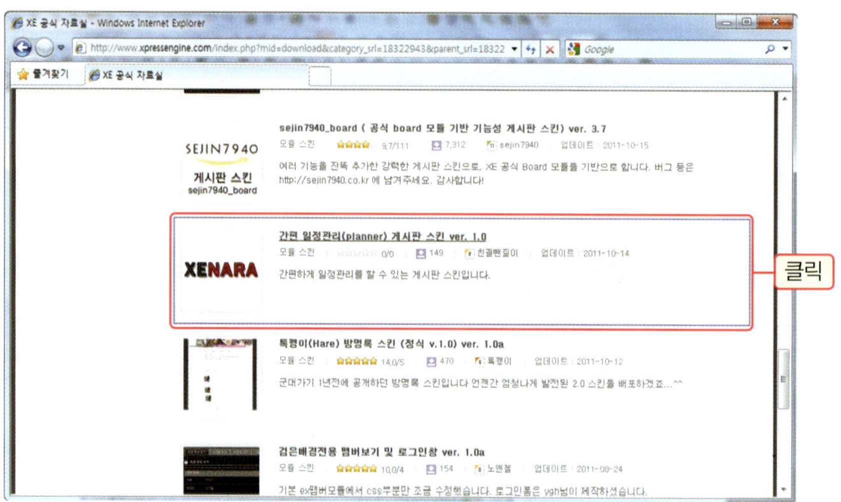

03 파일 다운로드 페이지에서 [다운로드] 버튼을 클릭하고 다운로드 대화상자에서 [열기] 버튼을 클릭하여 압축을 풀어줍니다.

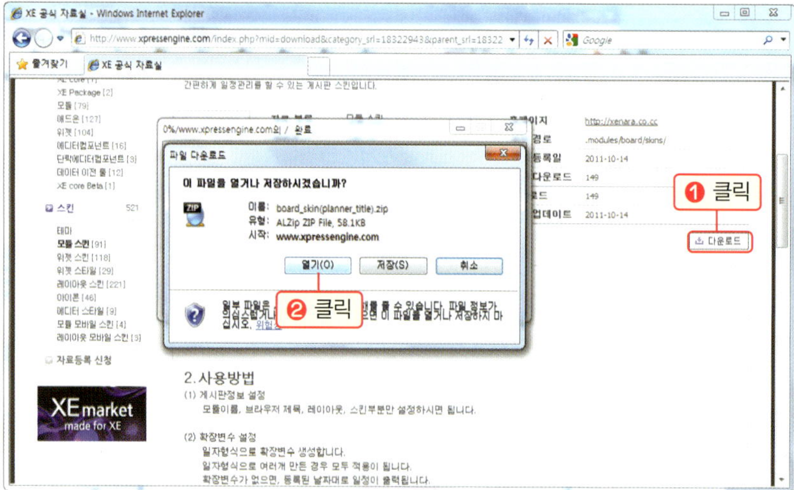

04 [알FTP]를 실행하여 FTP에 접속한 후 다운받은 스킨의 'board_skin'을 호스트 디렉터리 '/www/xe/modules/board/skins'에 업로드 합니다.

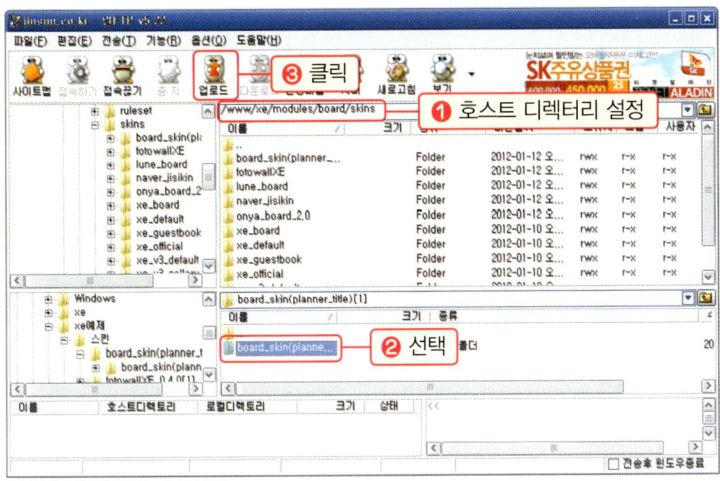

05 게시판에 적용하기 위해 게시판 목록에서 '여행후기'의 [설정] 버튼을 클릭합니다.

06 게시판 관리 페이지에서 스킨 항목의 목록 단추를 클릭한 후에 'board_skin'을 선택하고 [등록] 버튼
을 클릭하여 내용을 수정합니다.

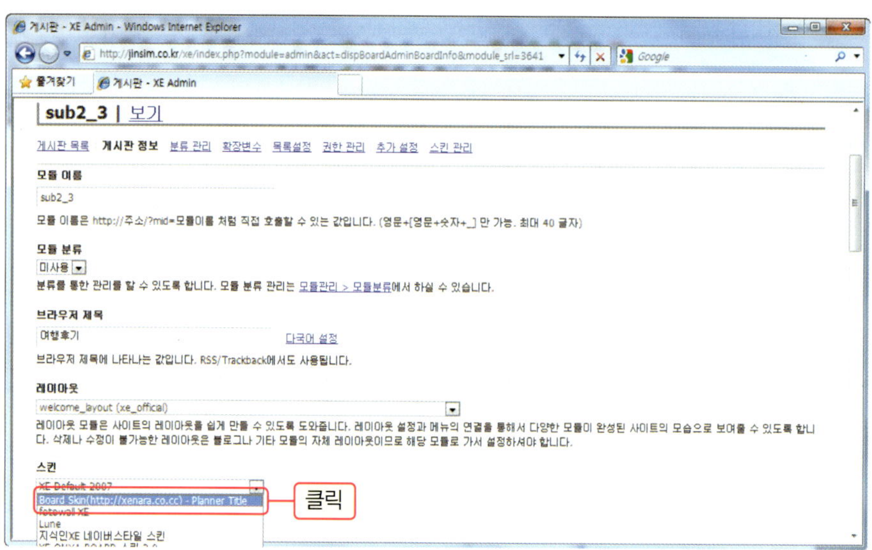

07 게시판 목록에서 적용된 스킨을 확인하기 위해 [여행후기] 메뉴를 클릭합니다.

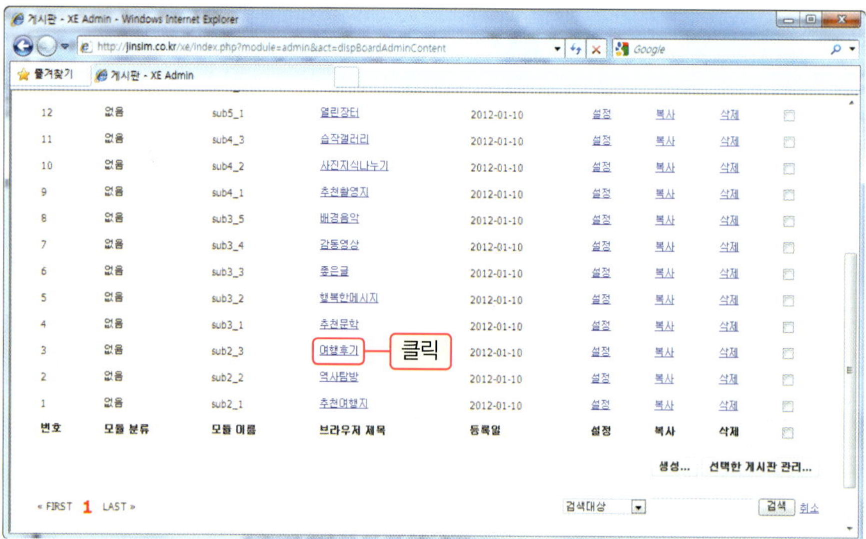

08 일정 스킨이 적용된 것을 확인합니다. 일정스킨에서 글을 등록하려고 하는 특정 날짜를 클릭하면 일정을 등록할 수 있습니다.

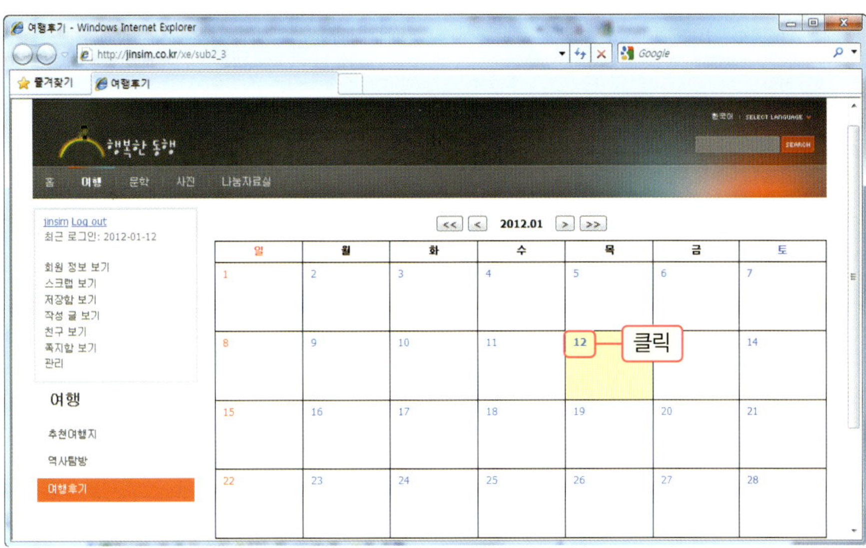

09 제목과 내용을 입력하고 [등록] 버튼을 클릭합니다.

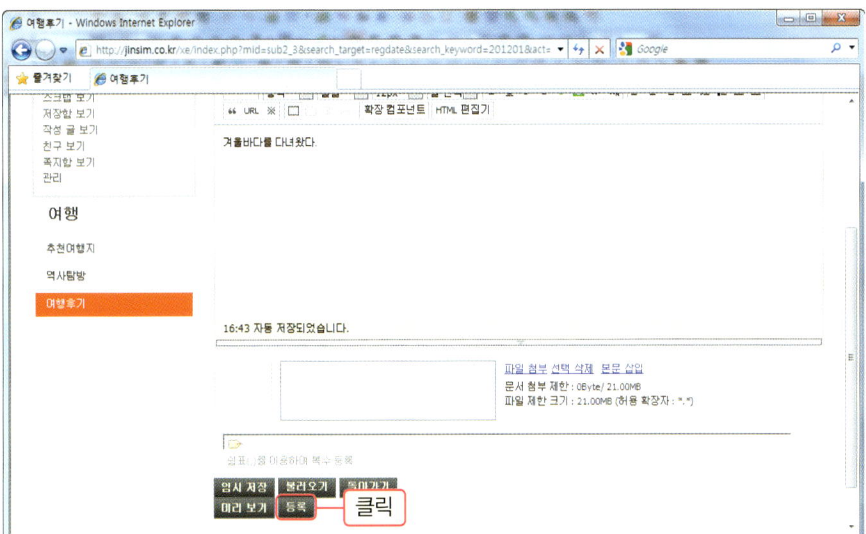

10 정상적으로 등록된 것을 확인합니다.

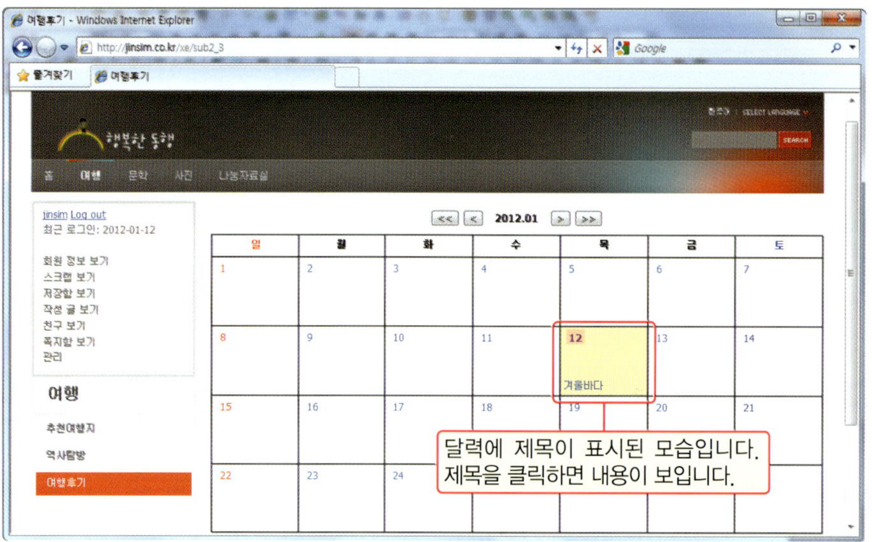

Part 04 새로운 내용을 알려주는 최근 게시물

> 홈페이지 게시판에 등록된 글 중에 최근에 등록한 글의 제목을 메인 화면으로 추출하는 기능을 '최근 게시물 출력' 기능이라 합니다. 이는 XE를 사용하는 많은 사용자들이 꼭 해보고 싶어 하는 기능 중의 하나입니다. 이 '최근 게시물 출력' 기능은 이전 버전에 비해 쉽게 구현할 수 있게 되었습니다.

Lesson 07 메인 화면에 최근 게시물 출력
Lesson 08 최근 게시물 스킨 다시 적용하기
Lesson 09 위젯 스타일과 레이아웃 적용하기

메인 화면에 최근 게시물 출력

'최근 게시물 출력' 기능은 홈페이지에 어떤 글이 최근에 올라왔는지 처음 페이지에서 보여주는 기능입니다. 홈페이지 방문자가 메뉴를 일일이 클릭해 보지 않아도 메인 화면에서 어떤 내용이 최근에 등록되었는지 알려 주기 때문에 방문자를 위한 기능이라 할 수도 있습니다. 최근 게시물을 출력하기에 앞서 플래시 파일을 홈페이지의 메인 화면에 등록하는 부분부터 살펴보겠습니다.

01 메인 화면에 플래시 파일 등록하기

메인 화면 타이틀에 플래시 파일을 등록하는 경우가 많이 있습니다. '직접 편집' 메뉴를 활용하면 '이미지', '텍스트', '플래시'등 원하는 파일을 자유롭게 등록하여 페이지를 구성할 수 있습니다.

01 사용자의 홈페이지에 접속한 후에 관리자용 'ID'와 '비밀번호'를 입력하고 [로그인] 버튼을 클릭하여 로그인합니다.

http://사용자id.cafe24.com/xe

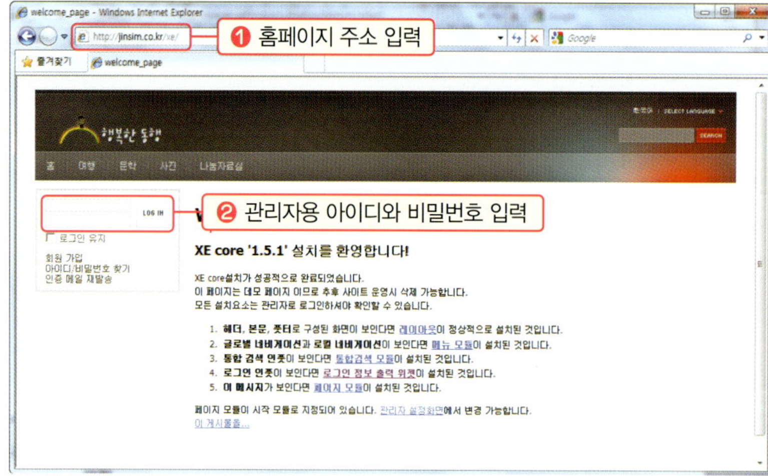

홈페이지를 구성한 후에 관리자 페이지로 접속하는 방법은 두 가지가 있습니다.

■ 관리자 페이지로 접속하기

http://사용자id.cafe24.com/xe/admin

홈페이지에 최근 문서 및 다양한 위젯을 추가할 수 있는 관리 모드, 게시판 추가/삭제 및 홈페이지 전체 구성을 변경하려고 할 때 접속하는 방법입니다.

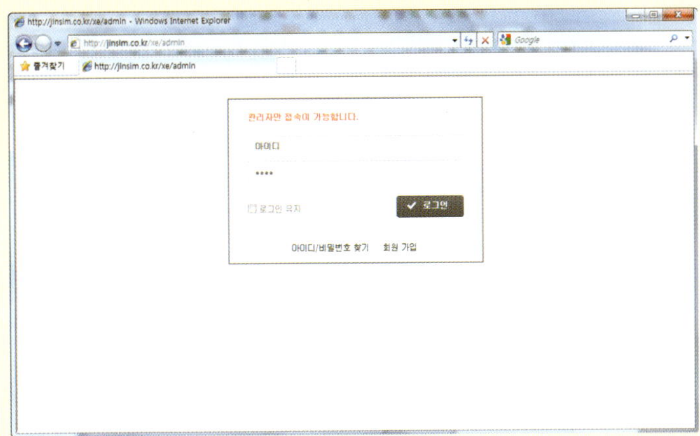

■ 개인 홈페이지에서 관리자 아이디로 접속하기

http://사용자id.cafe24.com/xe

개인 홈페이지로 접속하여 왼쪽 로그인 메뉴에서 관리자용 ID로 접속하는 방법입니다.
홈페이지 레이아웃 구성이 완료된 이후이기 때문에 관리자 페이지를 통해 홈페이지에 방문하지 않고 자신의 홈페이지 주소로 바로 접속하여 관리자 아이디로 로그인해도 관리자 페이지로 접근할 수 있습니다.

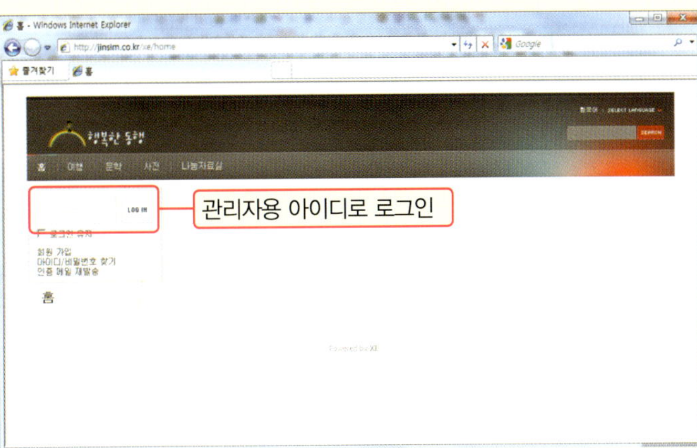

위와 같이 개인 홈페이지(http://사용자id.cafe24.com/xe)에서 관리자 아이디로 로그인하는 것은 XE 관리자 페이지(http://사용자id.cafe24.com/xe/admin)로 접속한 후에 게시판 리스트 중에 [홈]을 클릭하는 것과 같습니다.

02 관리자로 로그인한 후에 페이지 수정 버튼이 나타나는 것을 확인합니다. 페이지를 수정하기 위해 [페이지 수정] 버튼을 클릭합니다.

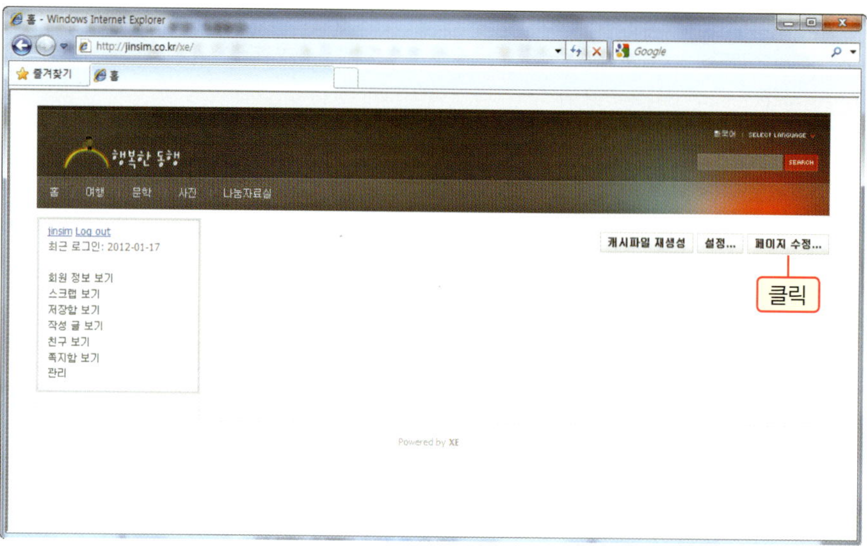

개인 홈페이지(http://사용자id.cafe24.com/xe)에서 관리자 아이디로 로그인하지 않으면 [페이지 수정] 버튼이 보이지 않아 수정 작업을 할 수 없습니다.

03 메인 화면에 플래시 파일을 직접 삽입하기 위해 [내용 직접 추가] 버튼을 클릭합니다.

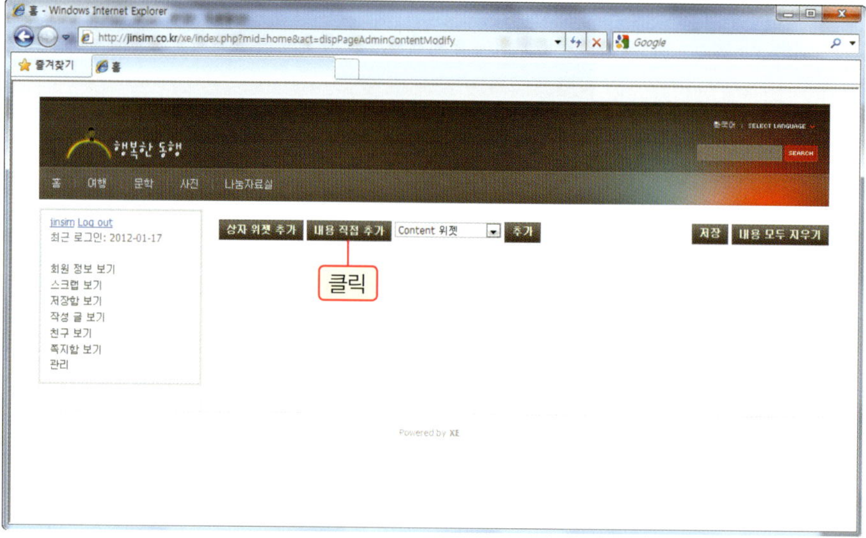

04 [내용 직접 입력 창]에서 [파일 첨부] 버튼을 클릭한 후에 '제로보드예제\Movie.swf' 파일을 선택하고 [열기] 버튼을 클릭합니다.

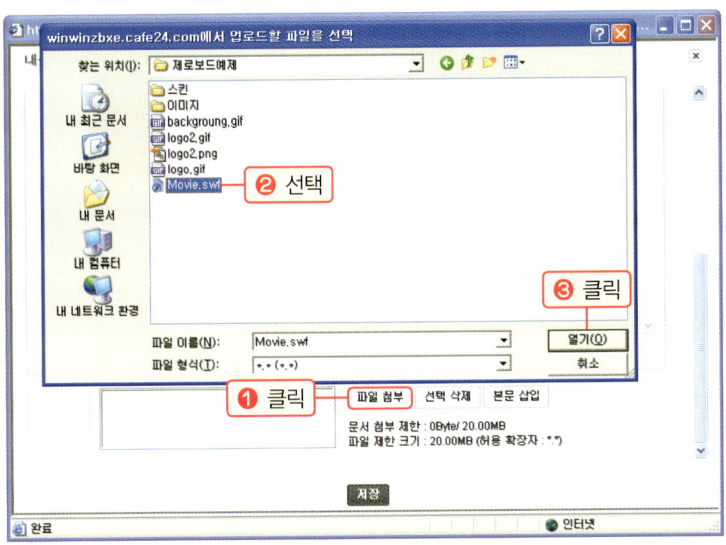

05 [본문 삽입] 버튼을 클릭하여 내용 창에 플래시 파일의 개체가 등록되는 것을 확인하고 [저장] 버튼을 클릭합니다.

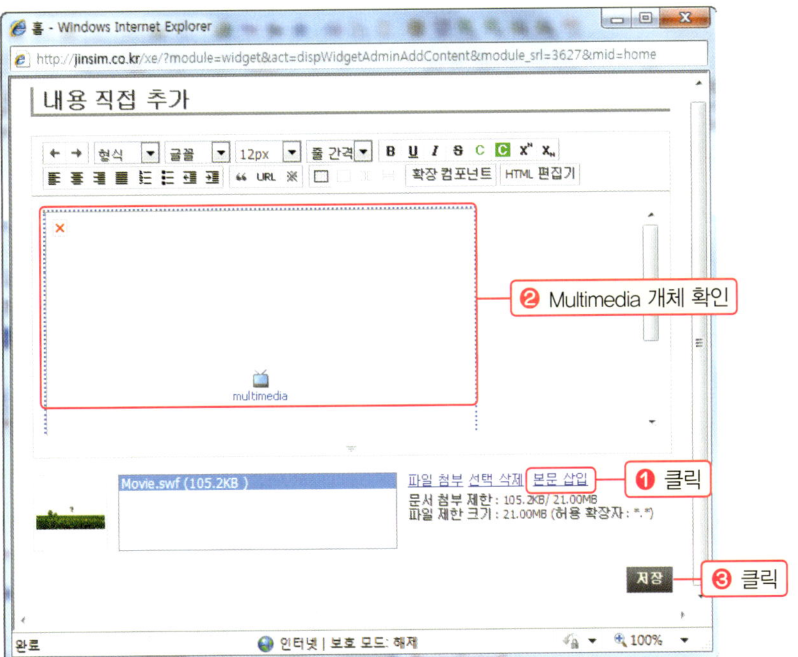

06 화면에 [Multimedia] 개체가 포함된 것을 확인하고 [저장] 버튼을 클릭합니다.

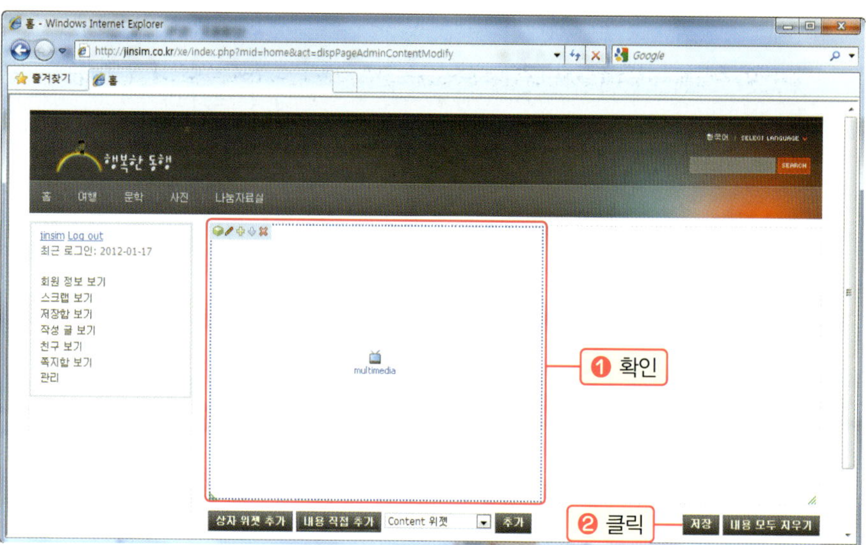

07 플래시 파일이 등록된 것을 확인합니다.

02 직접 꾸미기로 등록한 파일 수정하기

01 수정해야 될 부분이 있을 경우 [페이지 수정] 버튼을 클릭한 후에 해당 위젯에 있는 수정 아이콘(✏)을 클릭하여 수정합니다.

NOTE

수정 아이콘을 보이게 하려면 해당 위젯에 마우스를 올려놓아야 아이콘이 활성화 됩니다.

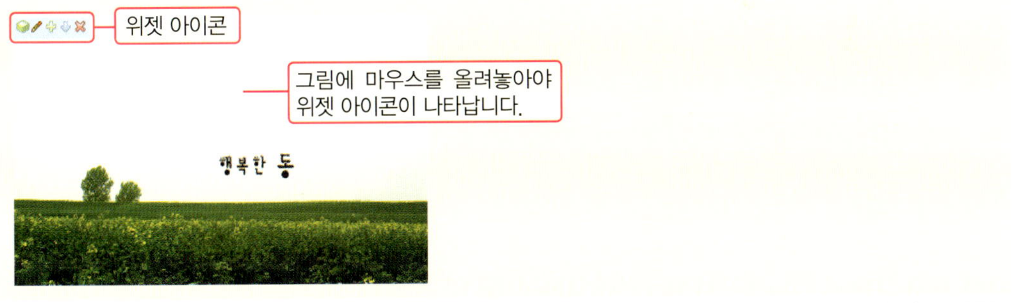

02 플래시 파일의 사이즈를 정확히 맞추기 위해 [HTML 편집기]를 클릭합니다.

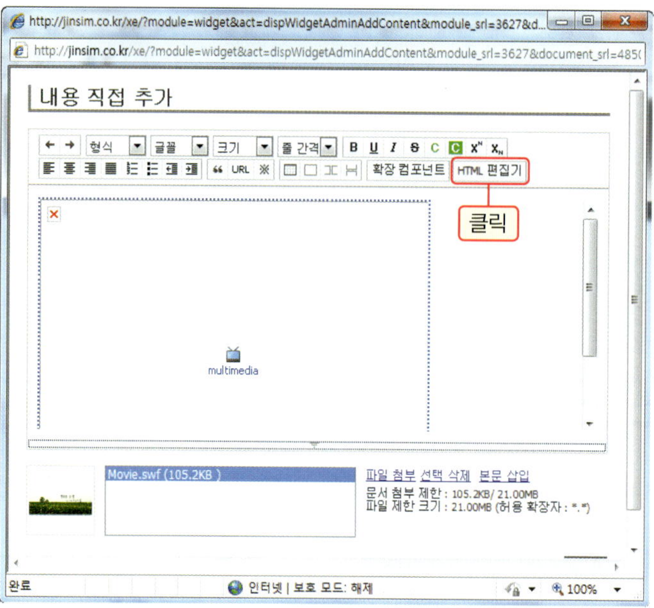

03 소스 중에 가로 사이즈를 지정하기 위해 'WIDTH: 760px'로 수정하고 [저장] 버튼을 클릭합니다.

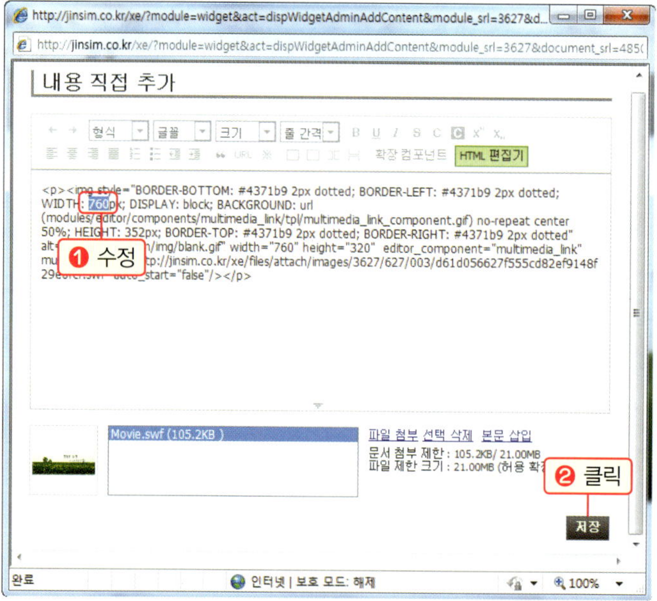

> **NOTE**
>
> 플래시 파일을 제작할 때 만든 사이즈를 가로와 세로 사이즈에 입력하면 됩니다. 책에서는 가로 760px, 세로 320px로 설정하였습니다. 여기에서는 세로 기본 값이 320px이므로 별도로 수정하지 않았습니다.

04 메인 플래시 파일이 화면에 맞게 확대된 것을 확인합니다. [저장] 버튼을 클릭하여 완료합니다.

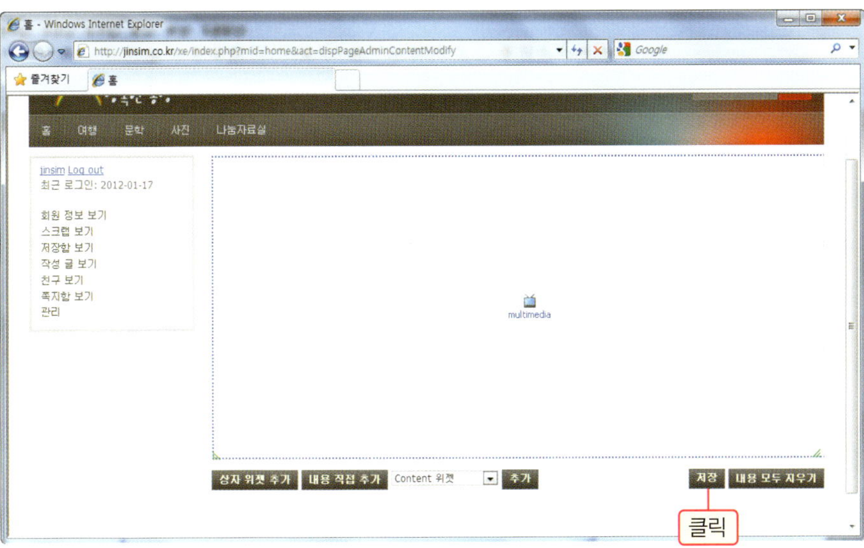

05 메인 화면에 플래시 파일이 등록된 것을 볼 수 있습니다.

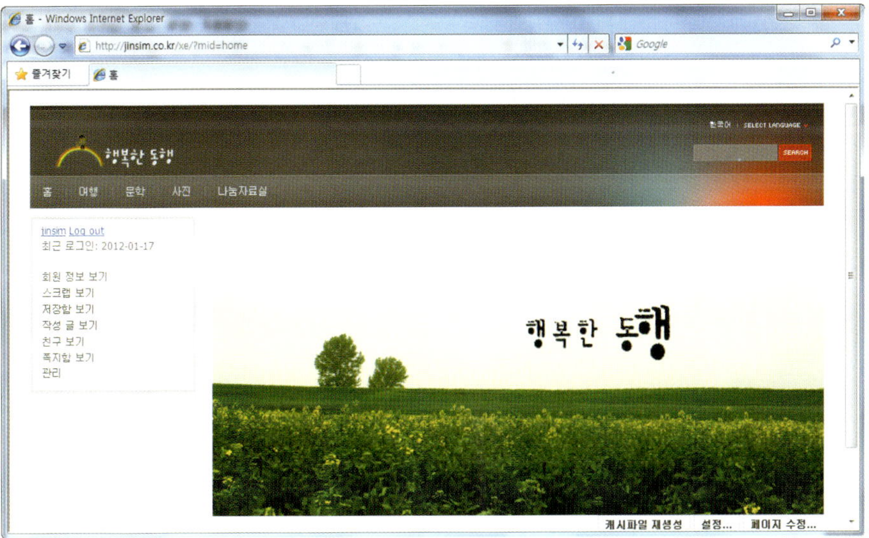

03 최근 문서 출력하기

홈페이지 게시판 중에 최근에 등록된 글이 있을 경우 메인 화면에서 알려주는 기능이 '최근 문서 출력' 기능입니다. 최근 게시물 출력 작업에는 위젯이라는 용어가 사용되는데 위젯은 새로운 개체 또는 프로그램과 유사한 용어에 해당됩니다. 최근 문서 출력 기능을 실습하려면 최근 게시물을 출력하고자 하는 게시판에 게시물이 등록되어 있어야 합니다. 최소한 4개 이상의 테스트 글을 등록하고 아래 실습을 진행하기 바랍니다.

01 사용자의 홈페이지에 접속한 후에 관리자용 'ID'와 '비밀번호'를 입력하고 [LOG IN] 버튼을 클릭하여 로그인합니다.

http://사용자id.cafe24.com/xe

02 XE의 관리자 페이지에서 최근 게시물을 출력하기 위해 [페이지 수정] 버튼을 클릭합니다.

03 위젯의 목록 단추를 클릭한 후에 '최근 문서 출력'을 선택하고 [추가] 버튼을 클릭합니다.

04 코드 생성 영역에서 '스킨: Content 위젯 기본 스킨'을 선택합니다.

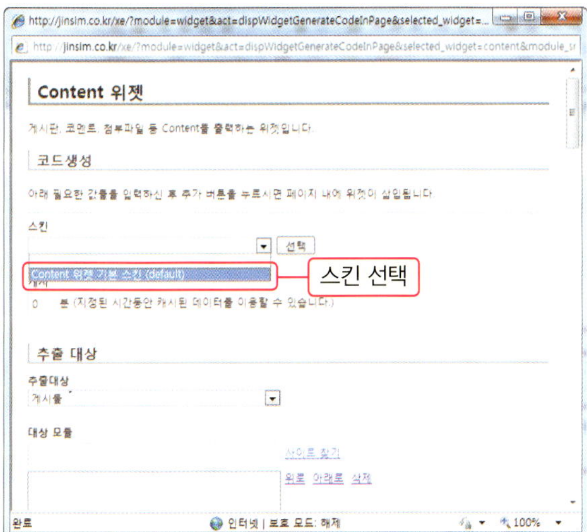

05 앞서 설정한 최근 문서 출력 기능을 적용할 게시판을 선택하는 과정으로 추출 대상 영역에서 대상 모듈의 [사이트 찾기] 버튼을 클릭한 후에 나타나는 사이트 중에 현재 실습하고 있는 사이트 주소를 클릭합니다.

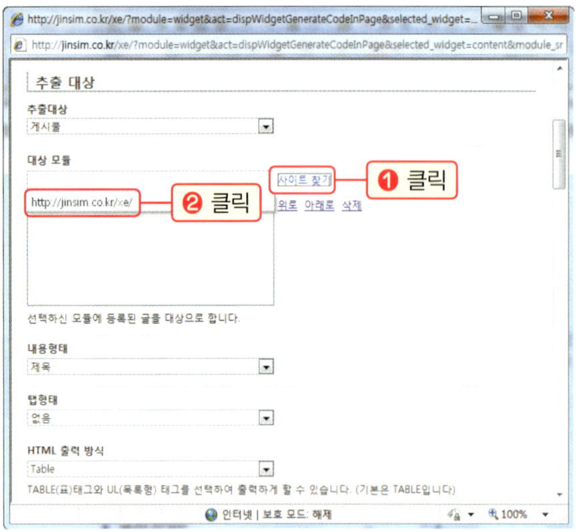

> **NOTE**
>
> 현재는 사이트 주소가 하나만 나오지만 XE 관리자에서 여러 개의 홈페이지를 개설할 경우 몇 가지의 사이트 가 보입니다. 그중에 최근 게시물을 출력할 사이트 주소를 클릭합니다.

06 사이트에 해당하는 게시판이 나오는 것을 볼 수 있습니다. 최근 게시물을 추출할 [좋은글] 게시판을 클릭하고 [추가] 버튼을 클릭합니다.

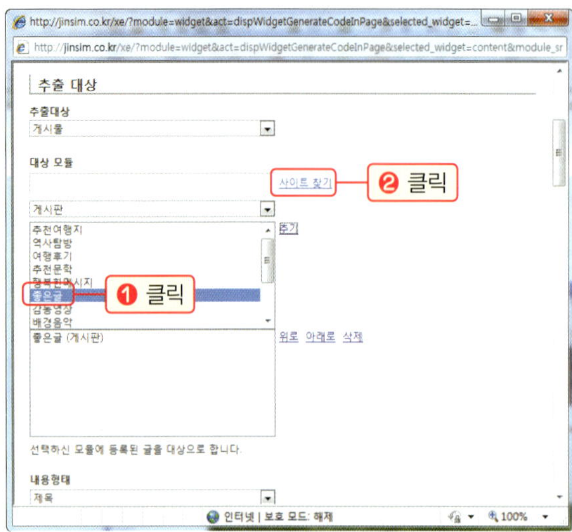

07 대상 모듈에 등록된 것을 확인하고 [코드 생성] 버튼을 클릭합니다.

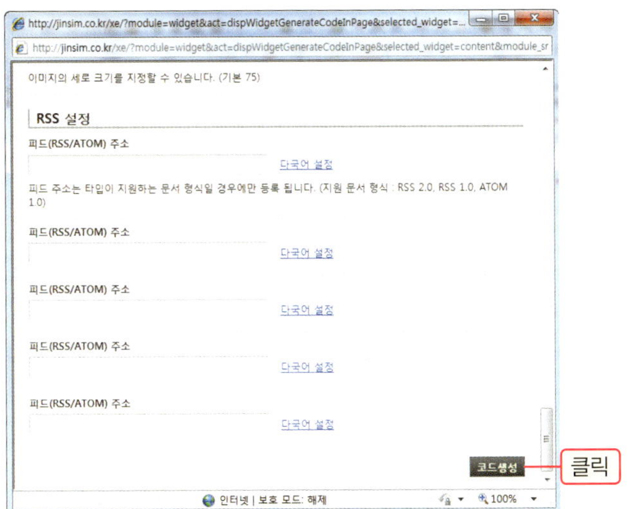

08 최근 게시물이 등록된 것을 확인합니다.

> **NOTE**
>
> 결과 화면에서 맞지 않는 부분이 있을 경우 위젯에 있는 수정 아이콘(✏)을 클릭하여 옵션을 다시 수정할 수 있습니다. 처음 만들 경우 여러 번의 수정을 거쳐 맞는 값을 찾아야 합니다.

04 최근 문서의 속성을 복사하여 사용하기

한번 만들어 놓은 최근 문서(최근 게시물) 출력의 속성을 복사하여 필요한 부분만 수정하여 여러 게시판에 적용하는 기능이 있습니다. 구현할 최근 문서 출력 기능의 속성은 거의 유사하고 대상으로 삼을 즉, 최근 문서를 추출하는 게시판만 달라지므로 복사 기능을 활용하면 빠르게 작업할 수 있습니다.

01 '좋은글' 게시판에 대해 설정한 최근 문서 출력 기능을 다른 3개의 게시판에 적용하기 위해 복사 아이콘(➕)을 3번 클릭합니다.

02 복사된 것 중 두 번째의 최근 문서 출력에서 수정(✏) 아이콘을 클릭합니다.

03 다른 설정은 같게 유지하고 최근게시물을 추출한 게시판만 다르게 설정하면 되므로 대상 모듈에 해당하는 항목을 [행복한 메시지] 게시판으로 설정하고 [추가] 버튼을 클릭합니다.

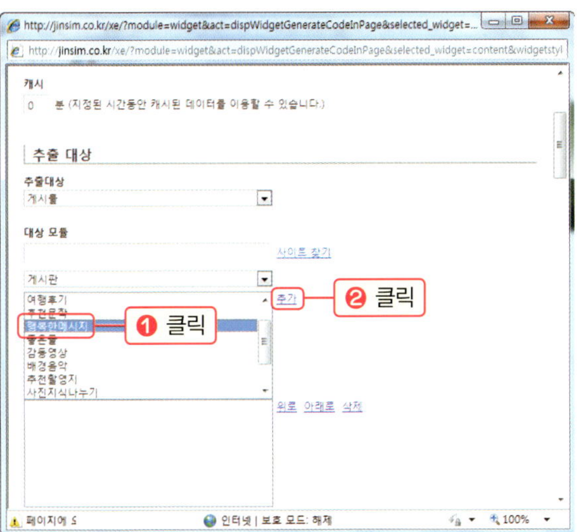

04 하단에 있는 [코드 생성] 버튼을 클릭하여 행복한메시지 게시판의 최근게시물 추출을 완료합니다.

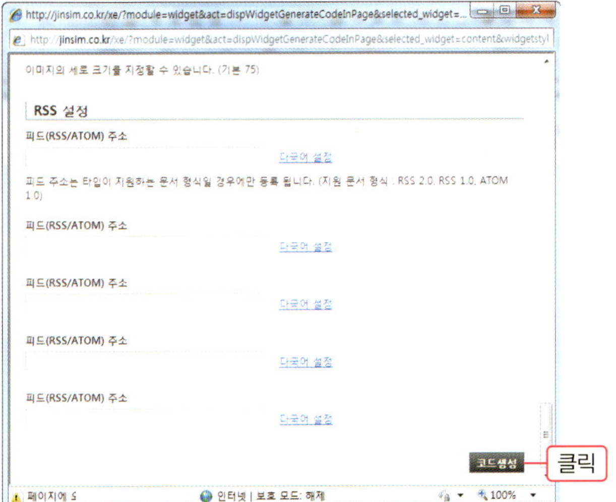

05 복사된 최근 문서 출력 기능이 '행복한메시지' 게시판의 내용으로 변경된 것을 확인하고 다른 최근 문서도 수정하여 원하는 게시판으로 연결합니다.

NOTE

Part 4에서 사용되는 예제 홈페이지는 Part 2~3에서 작성된 게시판을 대상으로 실습이 이루어집니다. 실습 게시판들이 준비되어 있지 않다면 Part 2의 '행복한 동행'의 스토리 보드를 참고하여 나머지 게시판들도 모두 작성해서 완성하기 바랍니다.

05 최근 이미지 출력하기

최근 이미지 출력의 경우는 이미지를 다루는 갤러리 게시판에만 해당되는 내용입니다. 앞서 살펴본 최신 문서 출력 기능이 이미지로만 변경된 것으로 최근 이미지로 표시될 썸네일 이미지의 목록 및 크기를 설정하게 됩니다. 실습할 '습작갤러리' 게시판에 이미지가 등록되어 있어야 최근 이미지가 출력됩니다. 게시판에 이미지가 없을 경우 먼저 등록해 주세요.

01 최근 이미지를 출력하기 위해 위젯을 다운받아 설치합니다. XE 홈페이지에서 다운로드 항목 중에 위젯을 클릭하고 위젯 중에 'Content 이미지 슬라이더'를 다운로드 받아 압축을 풀어줍니다.

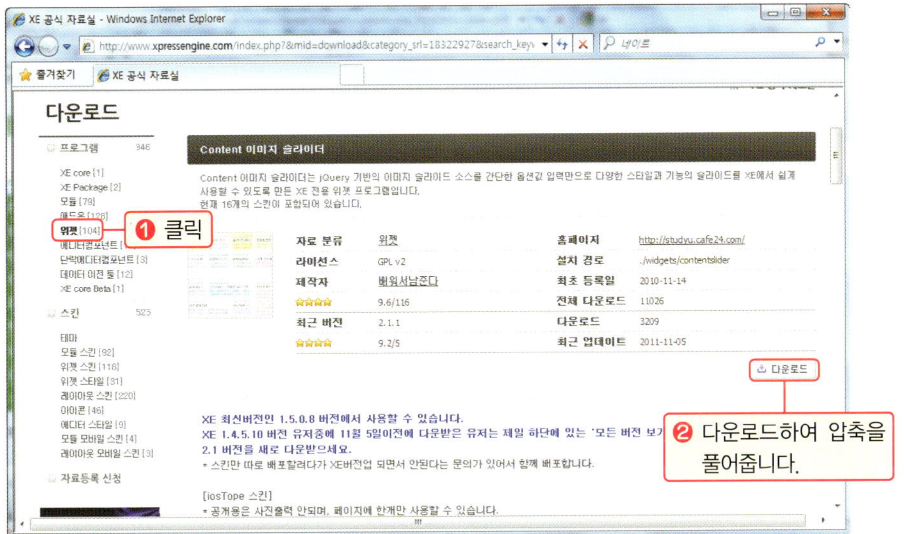

02 압축을 해제한 이미지 슬라이더 위젯을 '/www/xe/widgets' 폴더 아래로 업로드합니다.

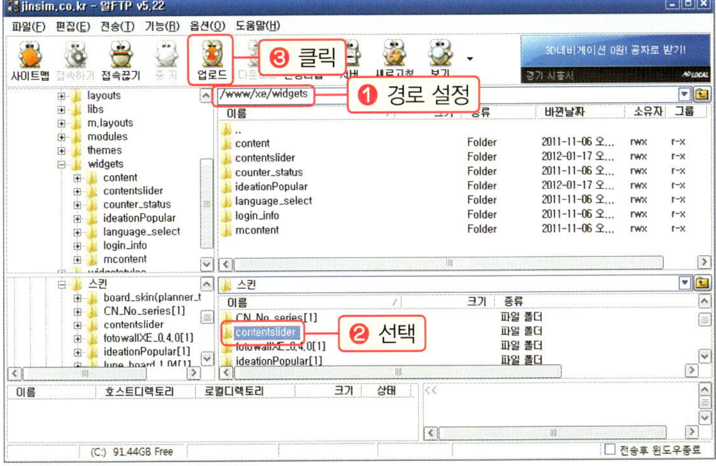

03 제작한 홈페이지 메인화면에서 페이지 수정 버튼을 클릭한 후에 'Content 이미지 슬라이더 위젯'을 선택하고 [추가] 버튼을 클릭합니다.

04 스킨 항목 중에 'photowall 스킨'을 선택합니다.

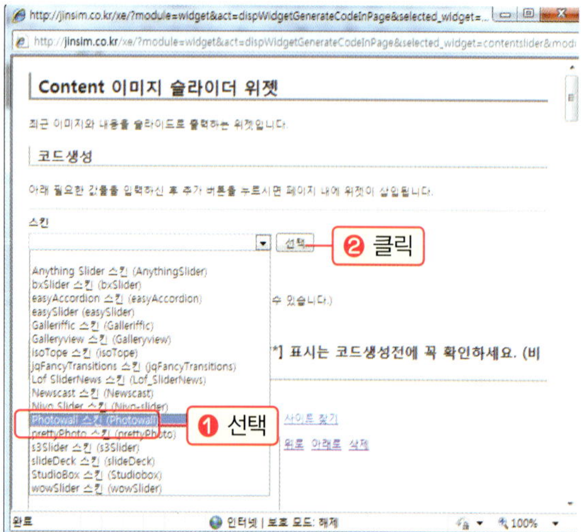

05 대상모듈 항목에서 '습작 갤러리'를 선택하고 [추가] 버튼을 클릭합니다.

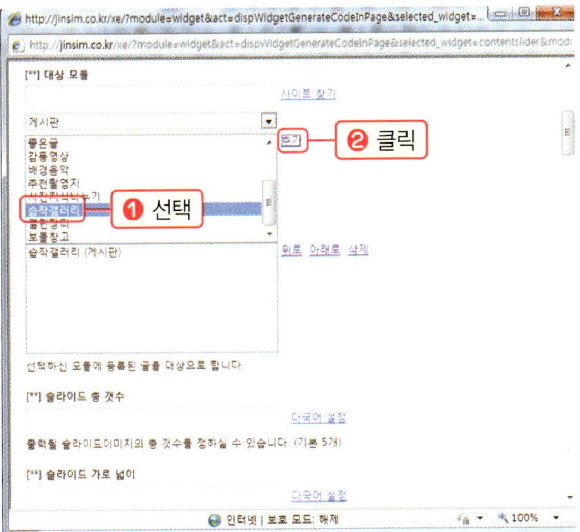

06 세부적인 항목을 설정합니다.(슬라이드 총 개수: 5, 슬라이드 가로 넓이: 700px, 슬라이드 세로 높이: 100px)

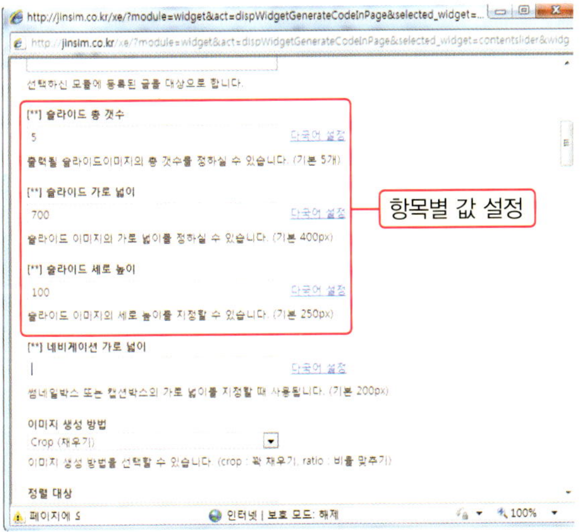

07 그 외의 항목은 기본 값으로 설정한 후 하단에 있는 [코드생성] 버튼을 클릭합니다.

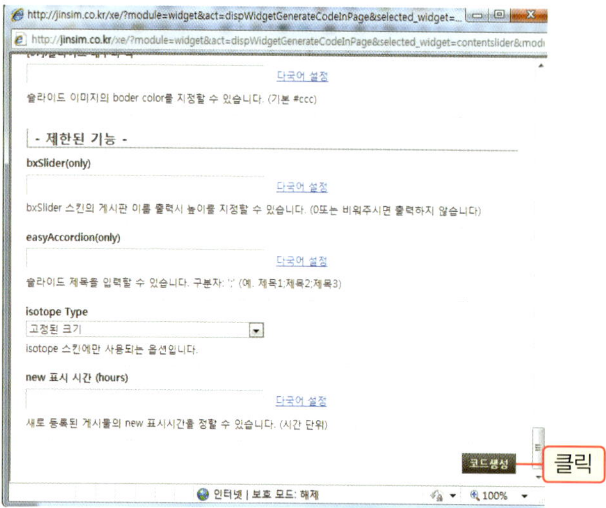

08 설정한 이미지 최근 게시물을 확인하기 위해 [저장] 버튼을 클릭합니다.

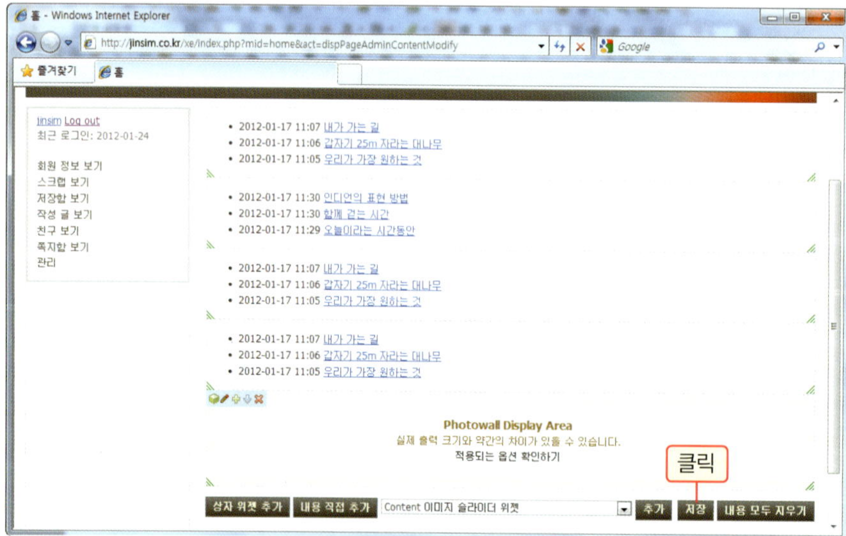

09 최근 이미지가 출력된 것을 볼 수 있습니다.

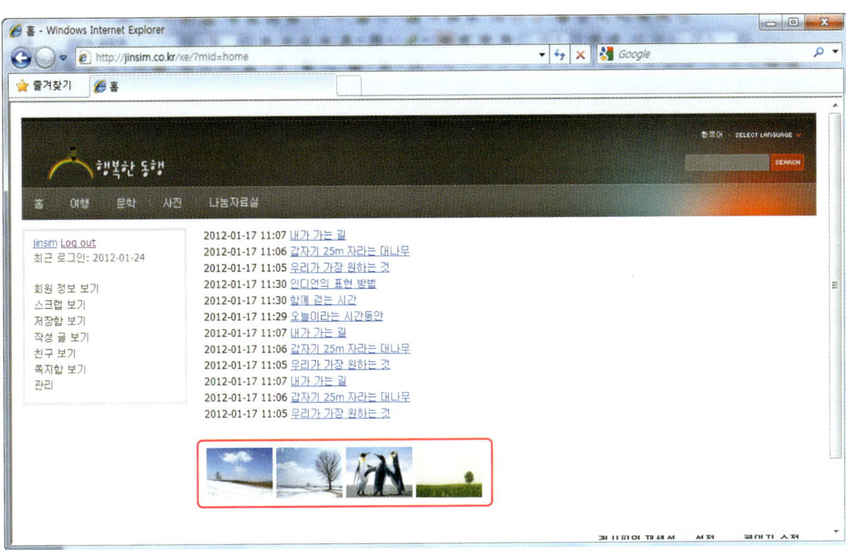

06 위젯 속성을 변경하여 최근 문서 위치 설정하기

현재 만들어진 최근 문서 출력 영역의 크기 및 위치를 다시 설정하여 메인 화면에 정렬하기 위해 위젯 속성 창을 활성화 하고 옵션을 수정하는 과정을 살펴보겠습니다.

01 최근 게시물을 수정하기 위해 페이지 수정 버튼을 클릭하고 수정하려고 하는 최근 문서에 마우스를 위치시키면 나타나는 아이콘 중에 위젯 속성(⬇) 아이콘을 클릭합니다.

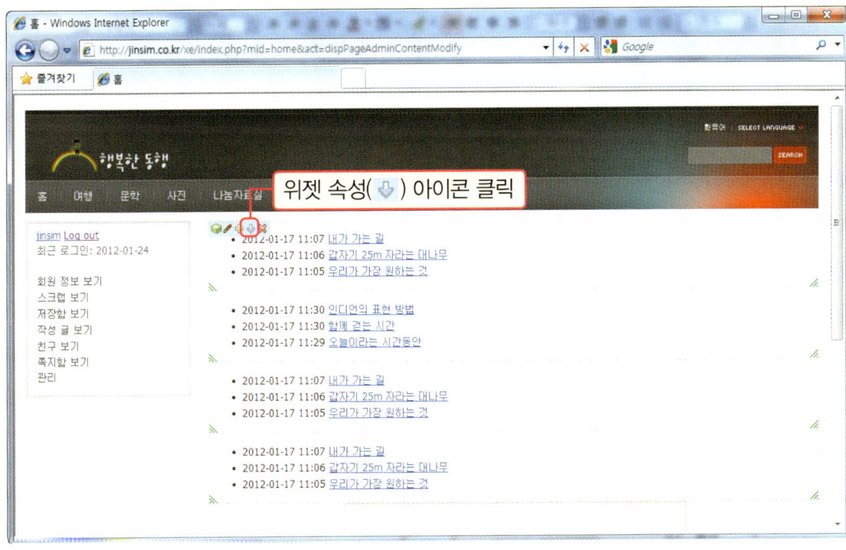

02 위젯 속성 창에서 '위젯 정렬: 왼쪽', '위젯 크기: 50%'로 설정하고 [저장] 버튼을 클릭합니다.

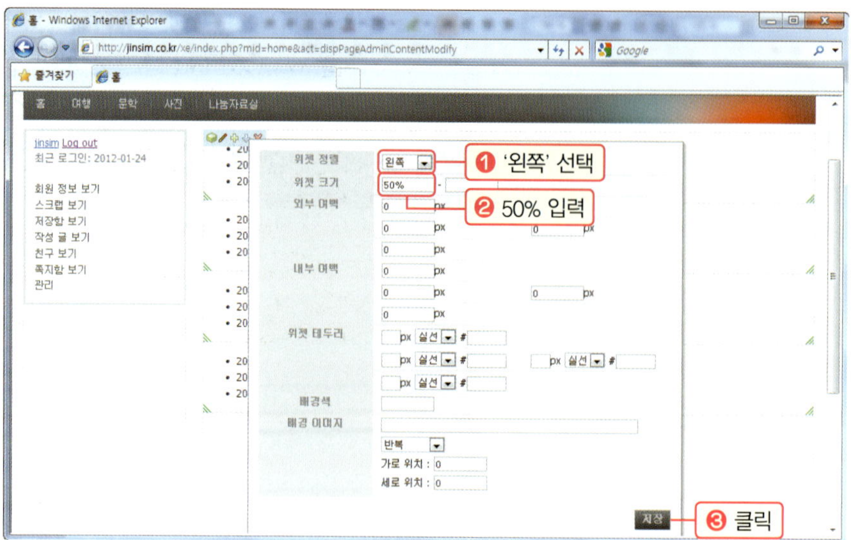

03 두 번째 만들어 놓은 최근 문서에도 마우스를 위치시킨 후 위젯 속성( ) 아이콘을 클릭하여 '위젯 정렬: 오른쪽', '위젯 크기: 50%'로 설정하고 [저장] 버튼을 클릭합니다.

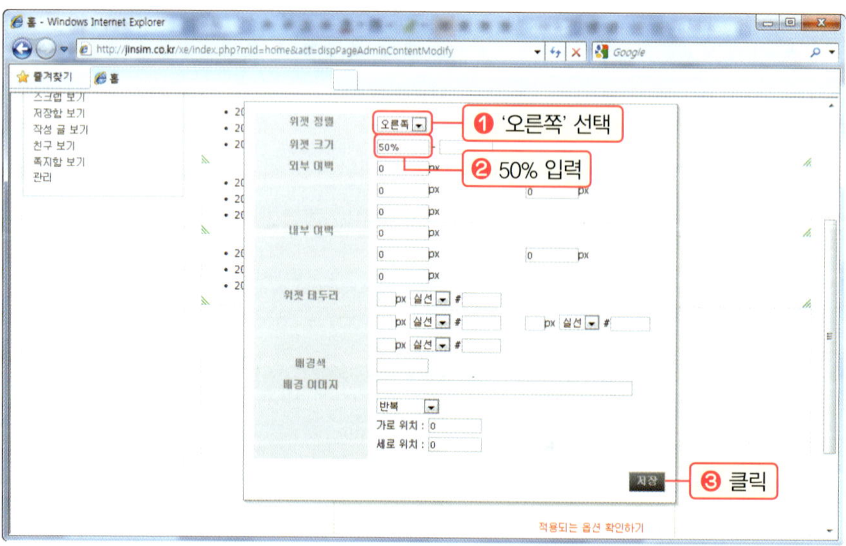

04 같은 방식으로 세 번째와 네 번째의 최근 문서 위젯 속성을 지정하고 저장합니다.

• 세 번째 최근 문서 : '위젯 정렬: 왼쪽', '위젯 크기: 50%'
• 네 번째 최근 문서 : '위젯 정렬: 오른쪽', '위젯 크기: 50%'

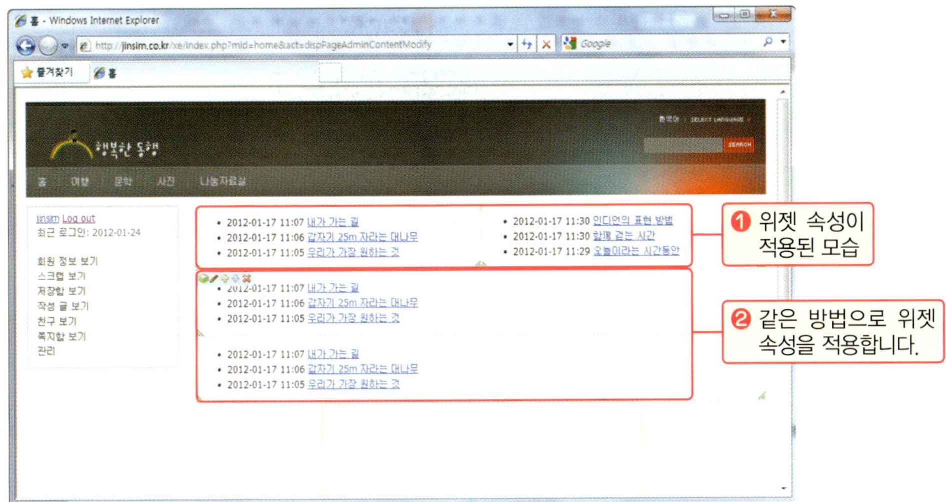

05 전체적으로 위젯의 위치가 정렬된 것을 확인합니다.

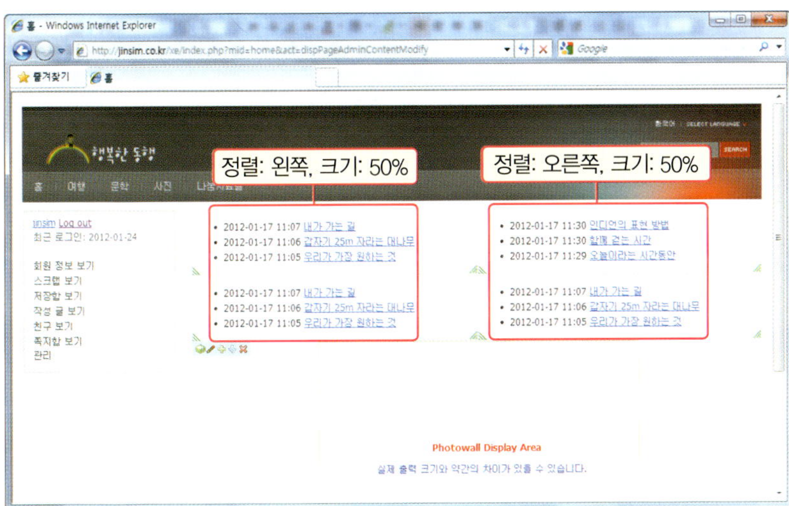

> **NOTE**
>
> 위젯 속성 창에서 값을 입력하는 방법 외에도 최근 문서 영역의 경계선을 직접 드래그하여 크기를 설정하고
> 위치를 맞출 수 있습니다. 위젯 상자 모서리를 드래그하여 크기를 조절합니다.
>
>

최근 게시물 스킨 다시 적용하기

01 최근 문서 탭형식으로 출력하기

여러 개의 최근 게시물을 탭형식으로 묶어서 출력하는 방법을 알아보겠습니다. 최근 게시물로 보여줘야 하는 게시판이 여러 개 이거나 범주별로 묶어서 출력하기를 원할 경우 유용하게 쓰일 수 있습니다.

01 위젯 스킨을 다운받기 위해 XE 홈페이지(www.xpressengine.com)에서 [위젯 스킨] 메뉴를 클릭하고 'Treasurej 탭형식 인기글,최근글,최근댓글 위젯스킨 심플탭 ver. 1.0.3'을 클릭합니다.

02 현재 선택한 스킨은 연동자료가 먼저 설치되어 있어야 합니다. 연동자료의 링크주소를 클릭합니다.

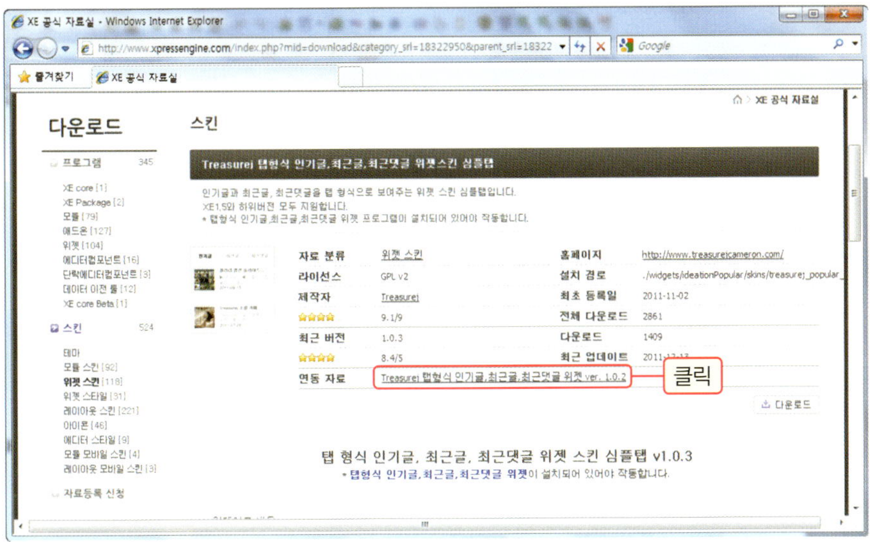

NOTE

현재와 같이 연동되어 있는 위젯을 설치해야 하는 경우가 많이 있습니다. 많이 받는 질문 중에 스킨을 정상적으로 설치하였는데 오류가 난다고 하는 경우를 많이 봅니다. 그 경우의 대부분은 연동자료를 설치하지 않았거나 설정을 잘못했을 경우를 많이 보게 됩니다.

---

03 연동자료 페이지에서 [다운로드] 버튼을 클릭하여 다운받아 압축을 풀어줍니다.

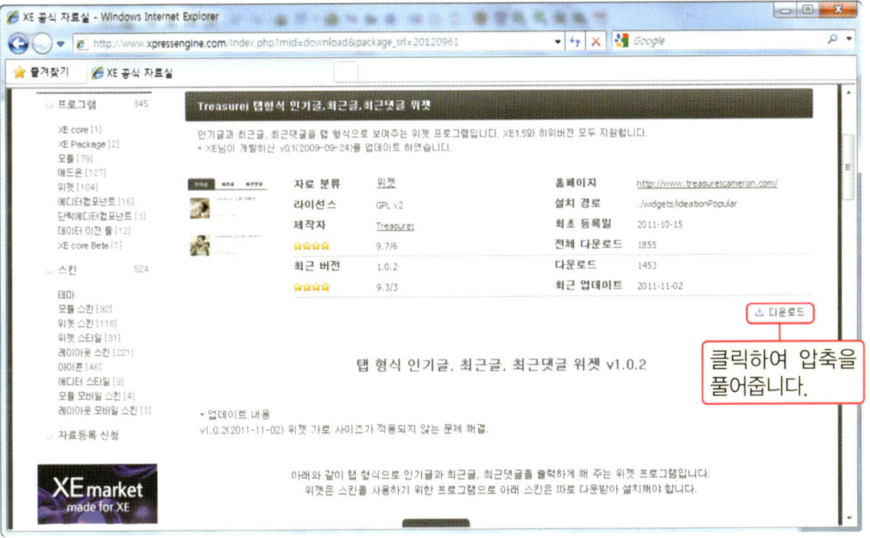

04 [알FTP]를 실행한 후에 호스트 디렉터리를 '/www/xe/widgets'로 설정하고 로컬 디렉터리에서 'ideation Popular'를 선택하고 [업로드] 버튼을 클릭합니다.

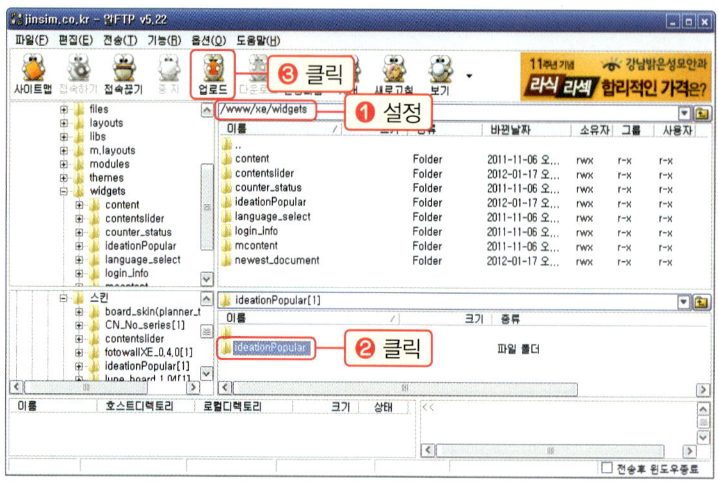

현재까지의 설치는 스킨을 설치하기 위해 위젯 프로그램을 설치한 과정입니다. 처음에 다운 받으려고 했던 스킨 페이지로 돌아가서 스킨을 다운받아 지금 설치한 위젯 폴더의 스킨 폴더 경로로 업로드할 것입니다. 많은 분들이 실수하는 부분 중에 한 곳이므로 주의를 요망합니다.

05 처음 다운받으려고 했던 스킨 페이지로 돌아와서 [다운로드] 버튼을 클릭합니다.

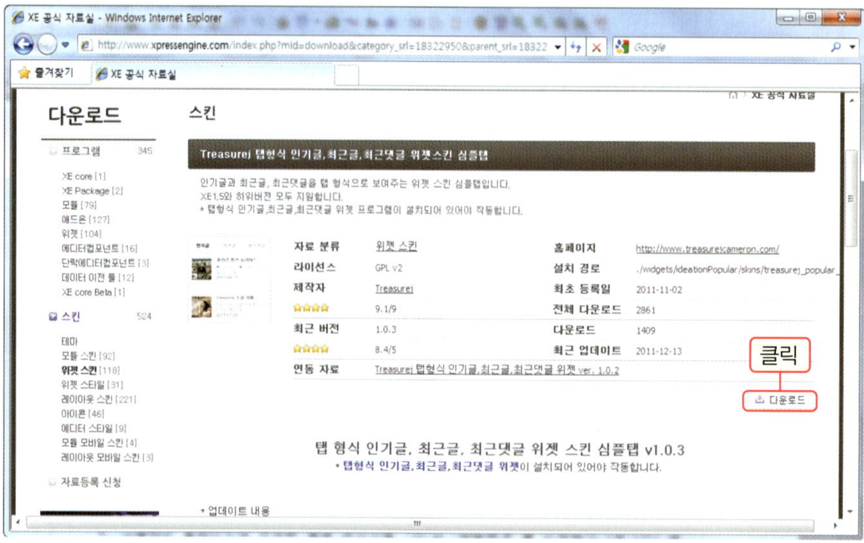

06 다운로드한 스킨을 호스트 디렉터리 '/www/xe/widgets/ideationPopular/skins'에 업로드 합니다.

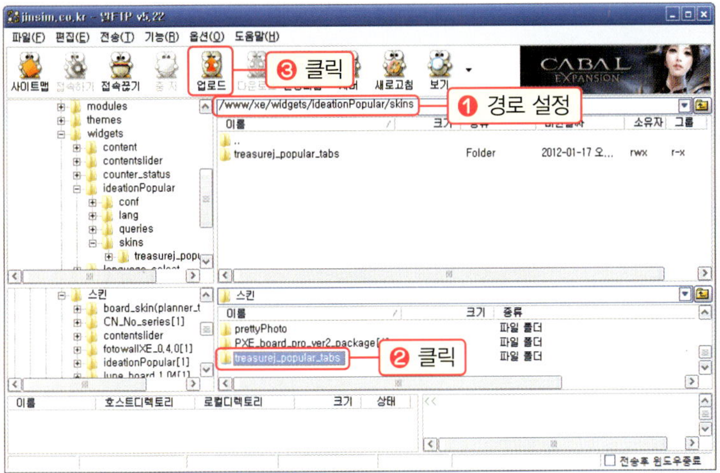

07 사용자의 홈페이지에 접속한 후에 관리자용 'ID'와 '비밀번호'를 입력하고 [로그인] 버튼을 클릭하여 로그인한 후, content 위젯 항목에서 'Treasurej 탭형식 인기글,최근글,최근댓글 위젯'을 선택하고 [추가] 버튼을 클릭합니다.

08 스킨의 목록 단추를 클릭한 후에 'Treasurej 탭형식 인기글,최근글,최근댓글 위젯스킨'을 선택합니다.

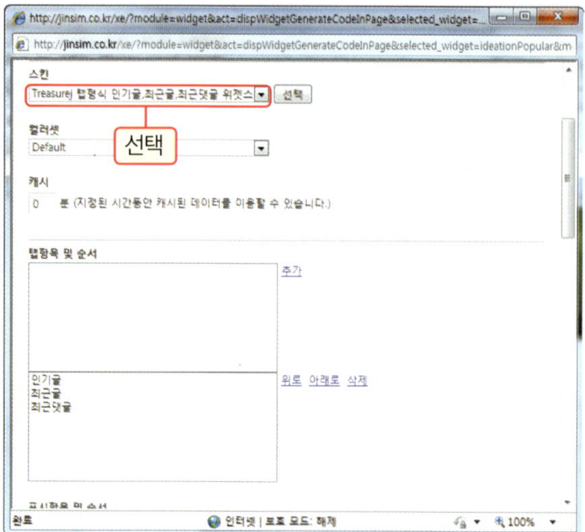

09 최근 게시물을 추출할 게시판을 선택하고 [코드생성] 버튼을 클릭합니다.

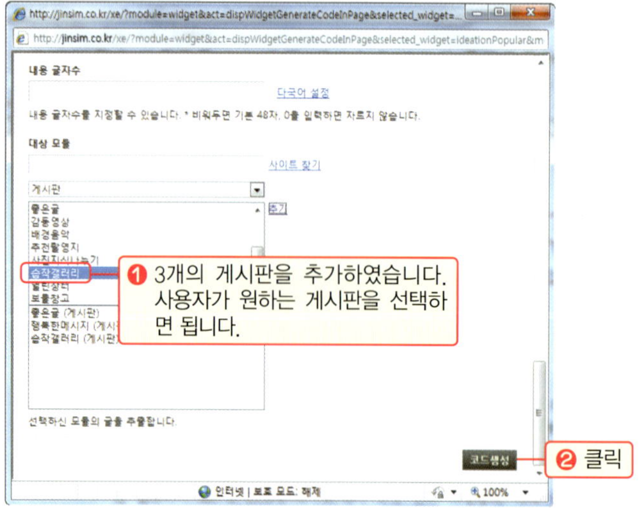

NOTE

지금 연습한 스킨 외에 다른 스킨을 다운받아 여러 가지 유형을 적용해 보기를 권장합니다. 홈페이지 구성에 어울릴 수 있는 스킨을 찾기 위해서는 많은 시도를 해야 좋은 결과를 얻을 수 있습니다.

10 [저장] 버튼을 클릭하여 완료합니다.

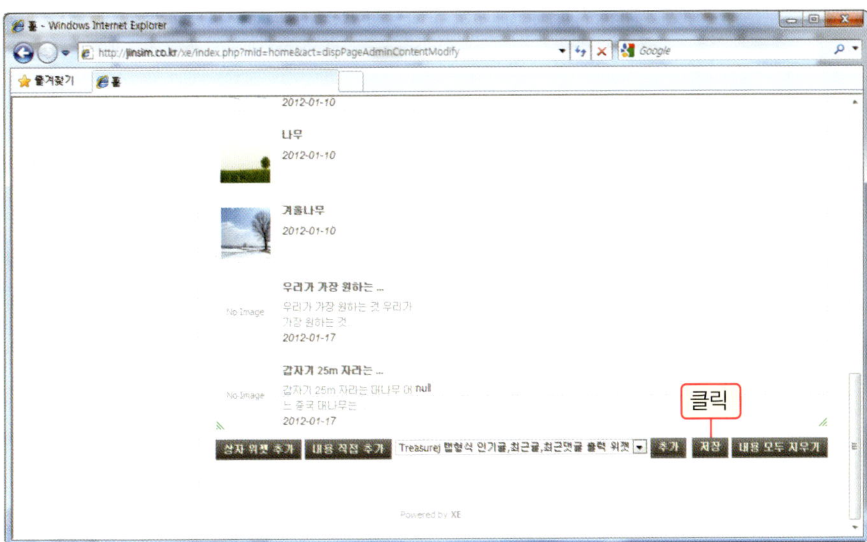

11 탭형태로 최근글이 완성된 것을 볼 수 있습니다.

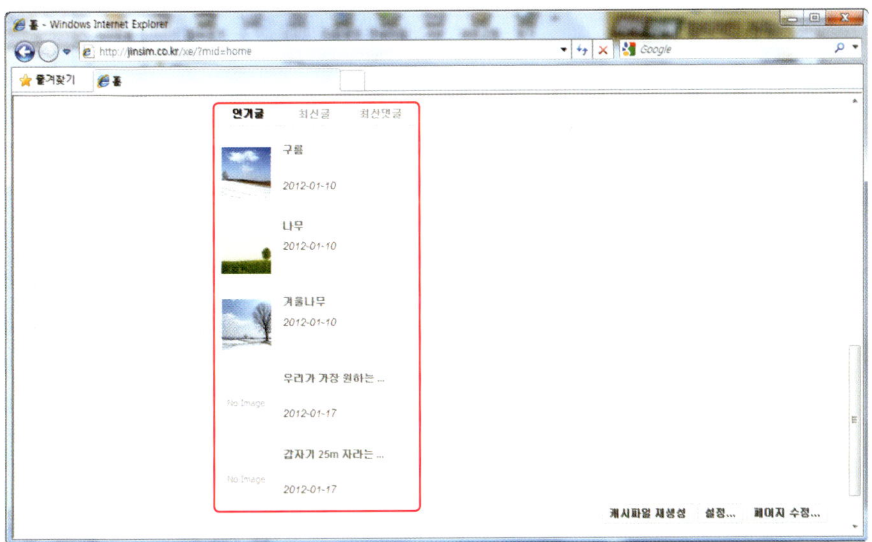

02 최근 이미지 슬라이드 형태로 출력하기

최근 이미지에 적용할 수 있는 스킨이 따로 있습니다. 게시판의 스킨과 이미지 게시판의 스킨은 소스 자체가 다르므로 하나의 스킨으로 같이 적용할 수 없고 형식에 맞는 스킨을 다운 받아 적용해야 합니다.

01 홈페이지 메인화면에 사진슬라이드를 구현하려고 하는 경우가 많이 있습니다. 그럴 경우는 슬라이드 스킨을 다운받아 설치하면 쉽게 구현할 수 있습니다. XE 홈페이지(www.xpressengine.com)에서 [위 젯 스킨] 자료실에서 'wowSlider 스킨'을 클릭한 후 [다운로드] 버튼을 클릭하여 압축을 풀어줍니다.

> **NOTE**
>
> 이 스킨도 마찬가지로 '연동자료' 항목에 연동자료가 있는 것을 볼 수 있습니다. 그렇지만 위에서 설치한 위 젯 프로그램과 같은 연동자료 이므로 여기에서는 다시 설치하지 않아도 됩니다. 만일 개인적으로 다운받고 있는 스킨이 연동자료가 있을 경우는 꼭 설치해야 합니다.

02 [알FTP]를 실행한 후에 호스트 디렉터리를 '/www/xe/widgets/contentslider/skins'로 설정하고 로컬 디렉터리에서 'wowSlider'를 선택하고 [업로드] 버튼을 클릭합니다.

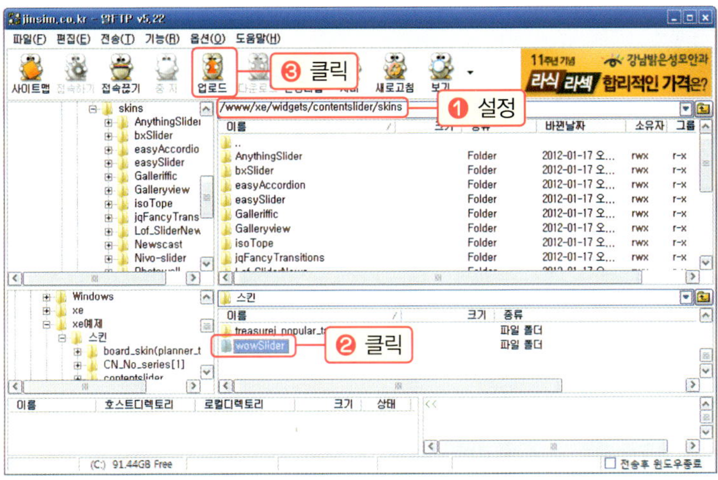

03 content 위젯 추가 항목에서 'content 이미지 슬라이더 위젯'을 선택하고 [추가] 버튼을 클릭합니다.

04 스킨항목에서 'wowSlider 스킨'을 선택합니다.

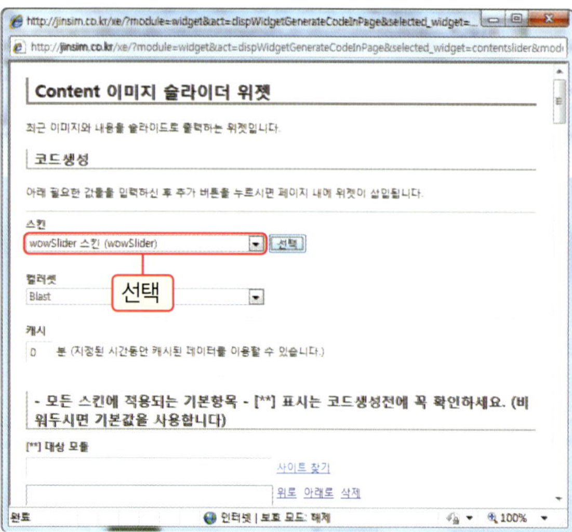

05 슬라이드를 적용할 게시판을 선택합니다. 여기에서는 '습작갤러리' 게시판을 선택합니다.

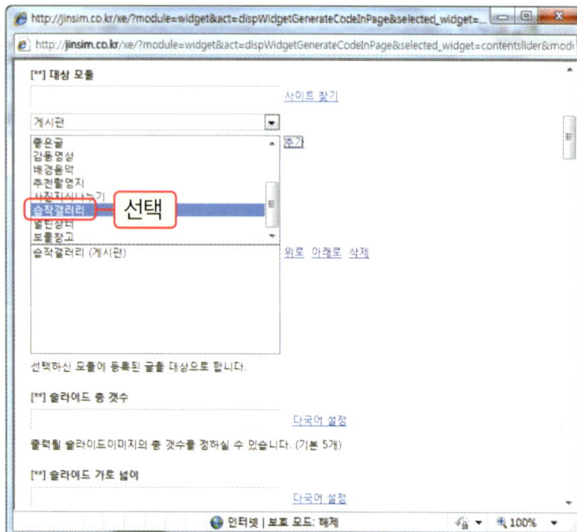

06 다른 옵션은 기본 값으로 설정한 후에 하단에 있는 [코드생성] 버튼을 클릭하여 설정을 완료합니다.

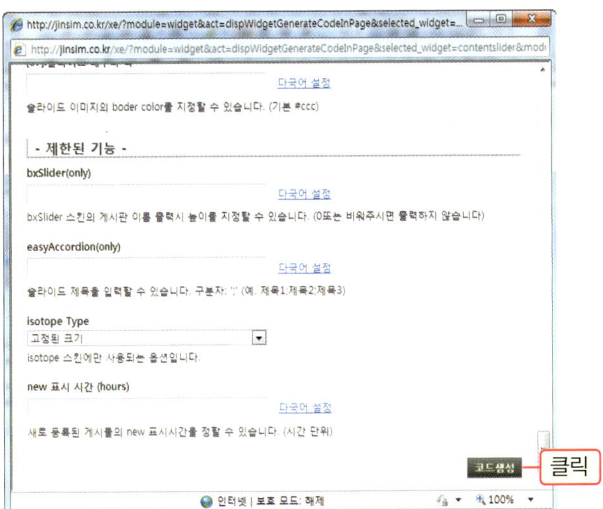

07 슬라이드 항목이 추가된 것을 확인하고 [저장] 버튼을 클릭합니다.

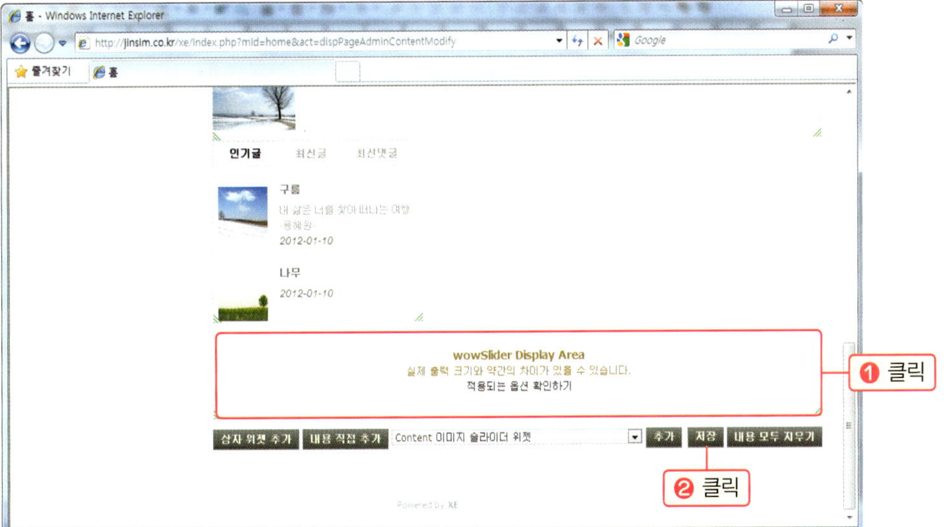

08 습작갤러리 게시판의 사진으로 사진슬라이드가 완성된 것을 볼 수 있습니다.

사진슬라이드 옵션 창에서 슬라이드 효과를 다양하게 조절할 수 있습니다.

[blask효과]    [fly효과]

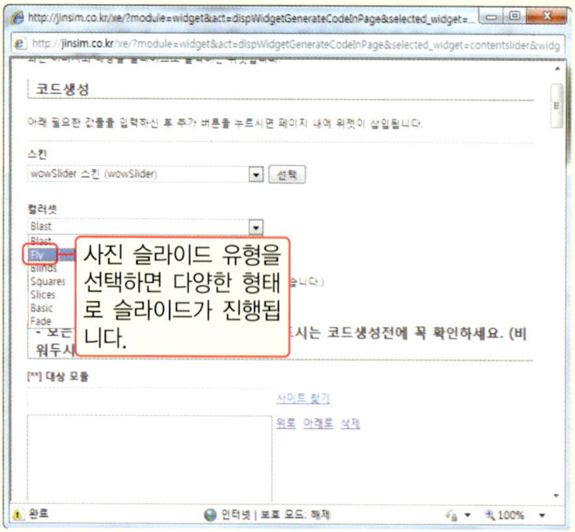

사진 슬라이드 유형을 선택하면 다양한 형태로 슬라이드가 진행됩니다.

03 로그인 스킨 적용하기

로그인 스킨의 경우도 최근 문서와 유사합니다. 홈페이지를 관리하는 방향에 따라 회원 정보를 어떻게
제공할 것인가에 따라 로그인 스킨이 달라져야 할 필요성이 있습니다.

01 XE 홈페이지(www.xpressengine.com)의 위젯 스킨 자료실에서 'Forhanbi_login'을 클릭하고 [다운
로드] 버튼을 클릭하여 압축을 풀어줍니다.

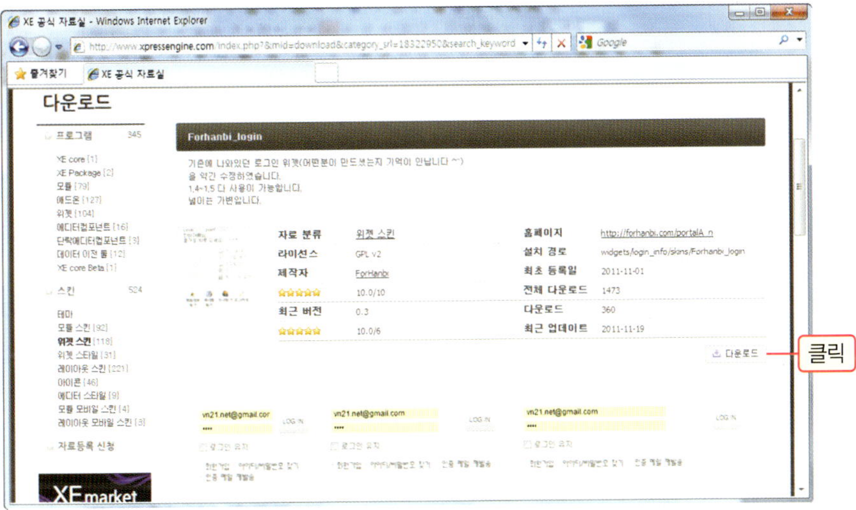

02 [알FTP]를 실행한 후에 호스트 디렉터리를 '/www/xe/widgets/login_info/skins'로 설정하고 로컬 디
렉터리에서 'Forhanbi_login'을 선택하고 [업로드] 버튼을 클릭합니다.

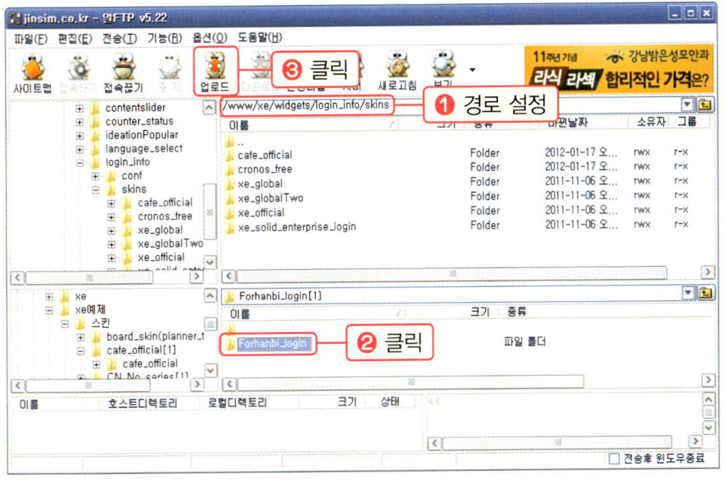

> **NOTE**
>
> 로그인 스킨을 업로드 하는 호스트 디렉터리는 '/www/xe/widgets/login_info/skins'입니다. 업로드 경로가
> 틀릴 경우는 로그인 스킨이 적용되지 않습니다.

03 홈페이지 관리자 페이지로 접속한 후에 [확장기능] 메뉴의 [설치된 위젯] 메뉴를 클릭합니다.

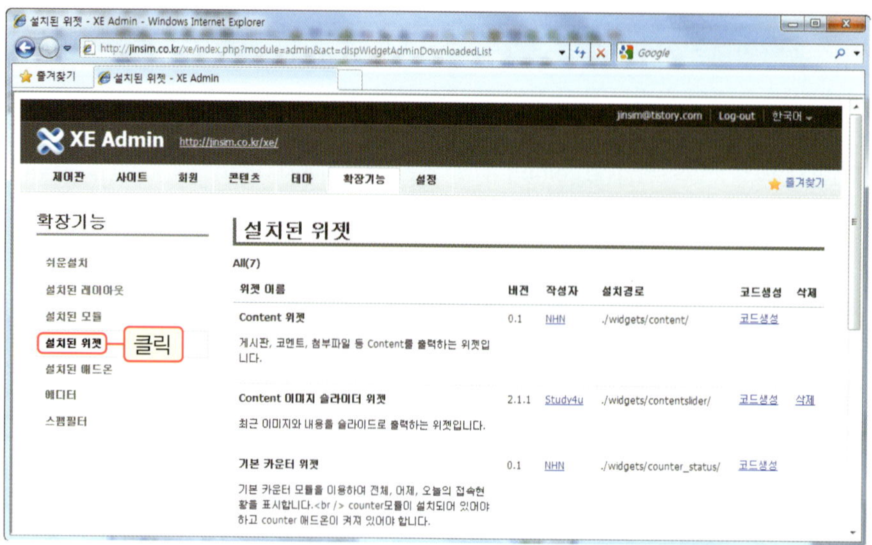

04 코드 생성 창에서 스킨의 목록 단추를 클릭한 후에 '웹미니 로그인 버전2.5'를 선택하고 [코드 생성] 버튼을 클릭합니다.

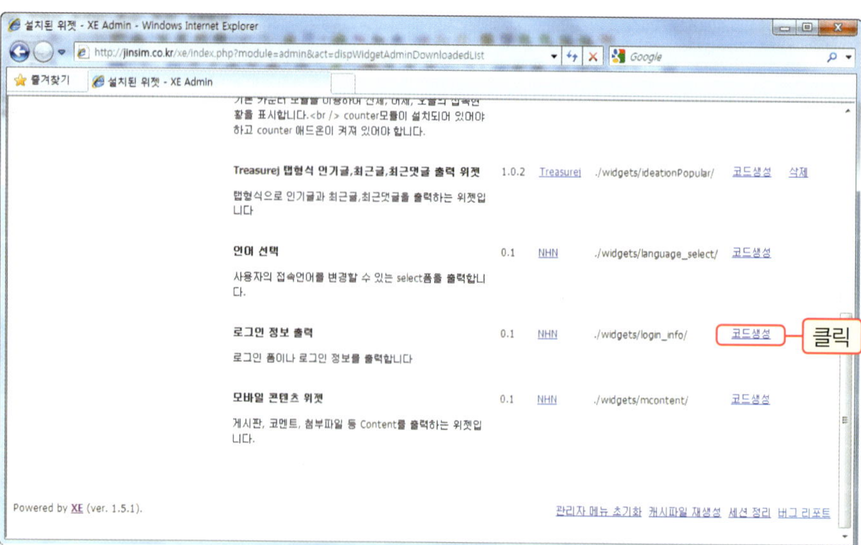

05 스킨항목에서 스킨을 선택하고 [코드생성] 버튼을 클릭하고 생성된 코드를 복사합니다.

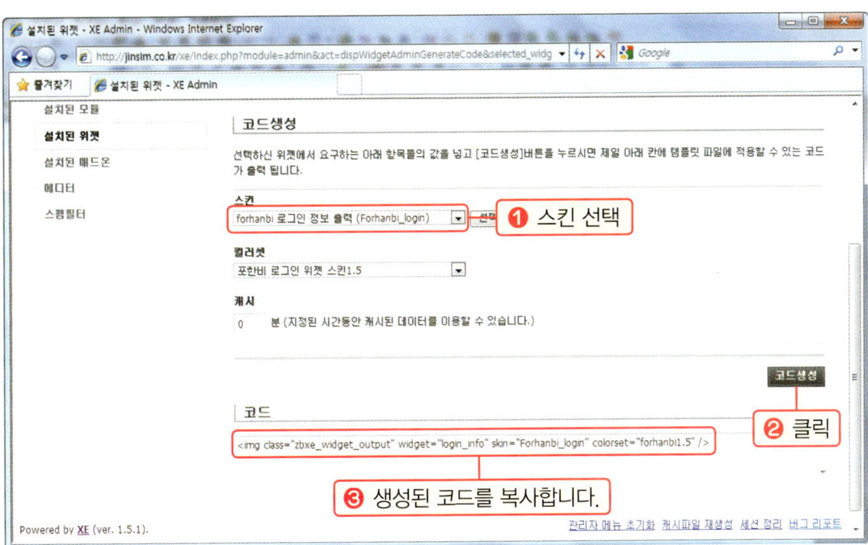

06 복사한 소스 코드를 레이아웃에 적용하기 위해 [설치된 레이아웃] 메뉴를 클릭하고 레이아웃 목록 중에 현재 사용하고 있는 [XE 공식 사이트 레이아웃]을 클릭합니다.

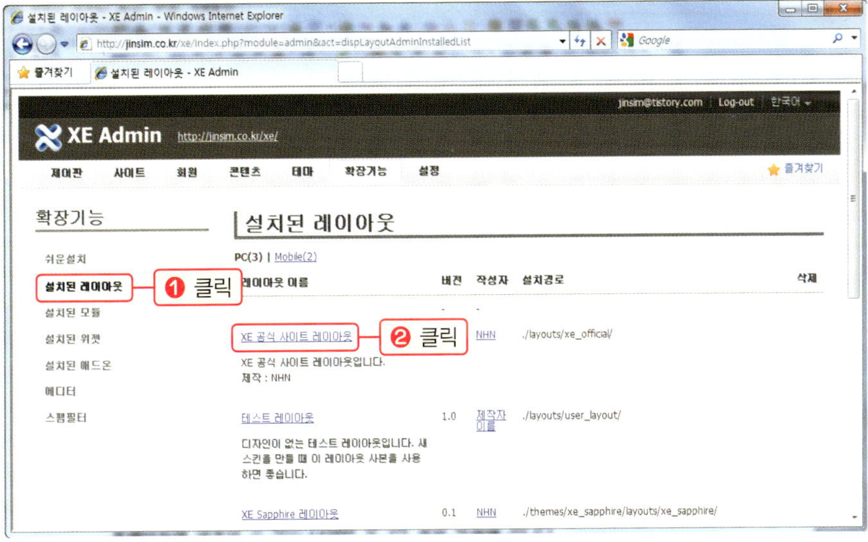

07 레이아웃 옵션 설정 창에서 [레이아웃 편집] 메뉴를 클릭합니다.

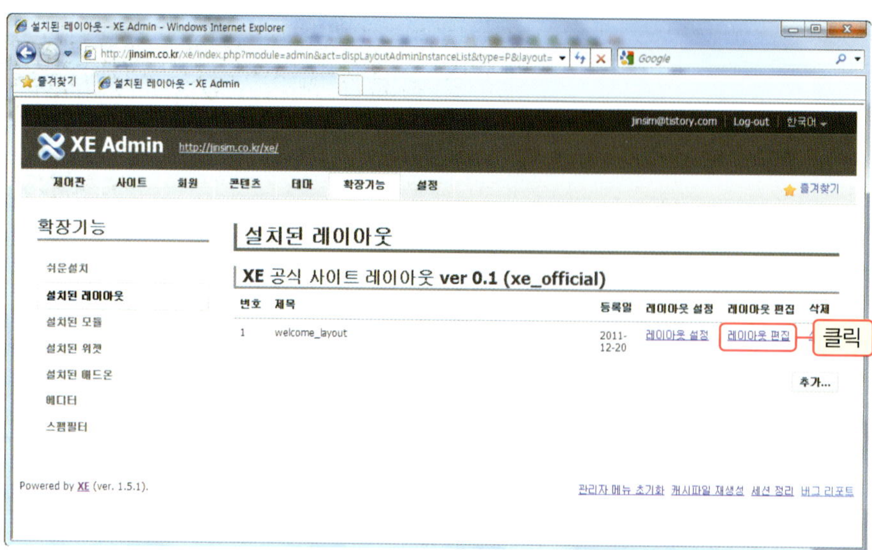

08 로그인에 관련된 소스 코드를 찾아서 기존 소스를 지운 후에 새로운 소스를 붙여넣기 합니다.

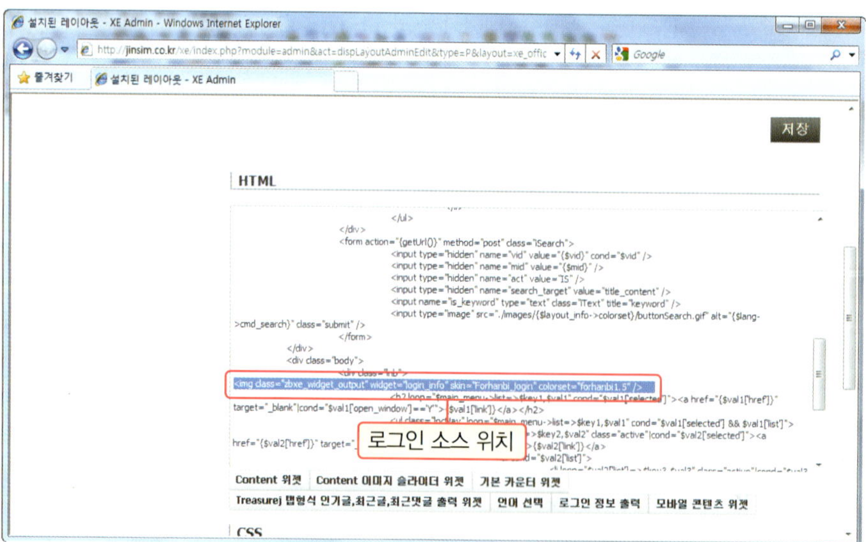

NOTE

기존소스

```
<img class="zbxe_widget_output" widget="login_info"
    skin="xe_official" colorset="default" />
```

새로 생성한 소스

```
<img class="zbxe_widget_output" widget="login_info"
    skin="Forhanbi_login" colorset="forhanbi1.5" />
```

09 로그인 스킨이 변경된 것을 볼 수 있습니다.

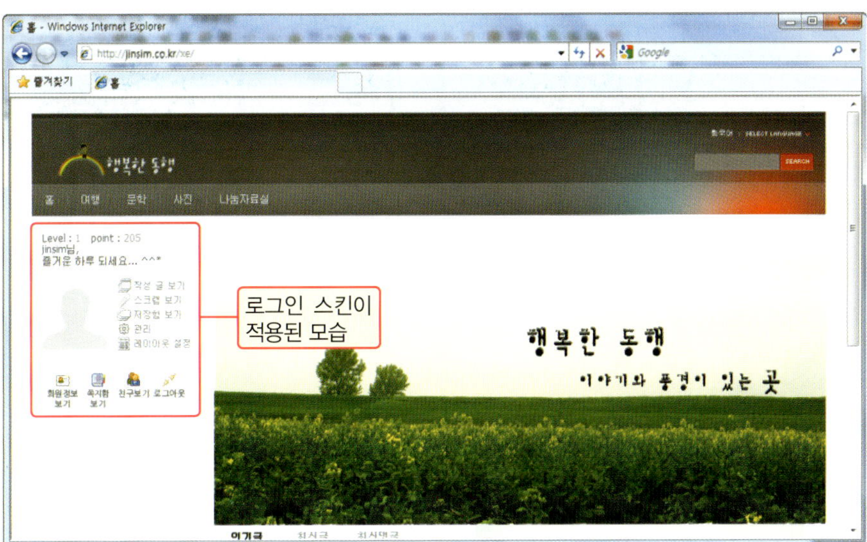

로그인 전의 모습과 로그인 후의 정보출력 화면을 살펴보면서 현재 홈페이지에 어울리는 스킨인지 확인한 후에 적용을 합니다.

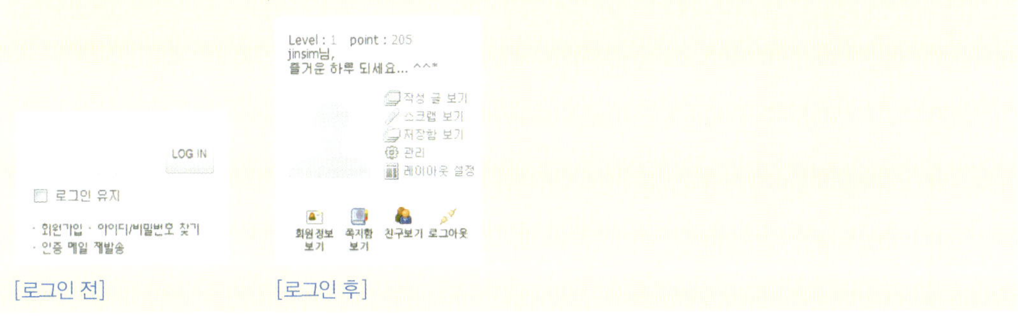

위젯 스타일과
레이아웃 적용하기

01　위젯 스타일을 다운받아 최근 게시물 업그레이드 하기

최근 문서 출력을 더욱 멋지게 꾸밀 수 있는 기능은 위젯 스타일을 활용하면 됩니다. 위젯 스타일은 XE
에서 제공하는 위젯(개체 또는 프로그램, 최근 게시물)에 스타일을 쉽게 적용할 수 있게 해 주는 기능
입니다.

01 XE 홈페이지에서 [Download]-[위젯 스타일]을 클릭한 후에 'XE 1.5 관리자 페이지 첫 화면 위젯 스
타일 ver. 0.1'을 클릭합니다.

검색란에 위젯 이름을 입력하고 검색해도 됩니다.

02 나타나는 화면에서 [다운로드] 버튼을 클릭하여 압축을 풀어줍니다.

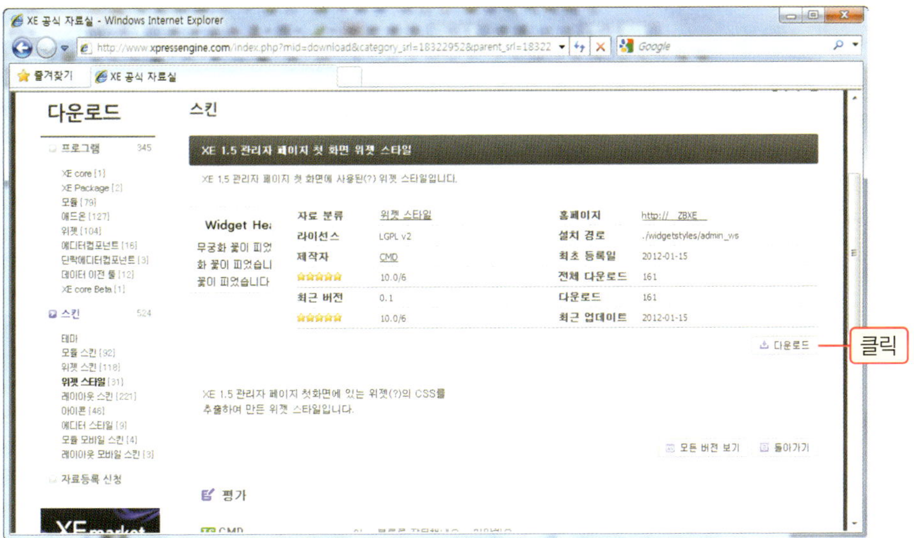

03 [알FTP]를 실행한 후에 호스트 디렉터리를 '/www/xe/widgetstyles'로 설정하고 로컬 디렉터리에서 'admin_ws'를 선택하고 [업로드] 버튼을 클릭합니다.

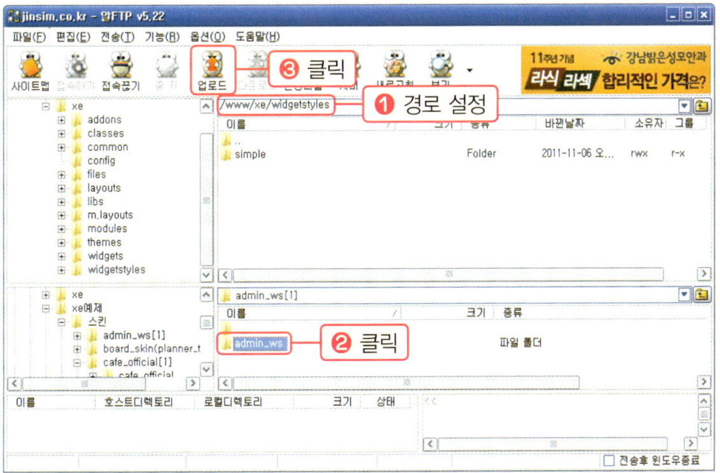

NOTE

위젯 스타일은 위젯의 외관을 꾸며주는 기능을 합니다. 위젯 스타일을 정상적으로 사용하기 위해서는 호스트 디렉터리 '/www/xe/widgetstyles' 폴더에 업로드 해야 합니다.

04 위젯 스타일을 적용하기 위해 첫 번째 최근 게시물에서 스타일( ) 아이콘을 클릭합니다.

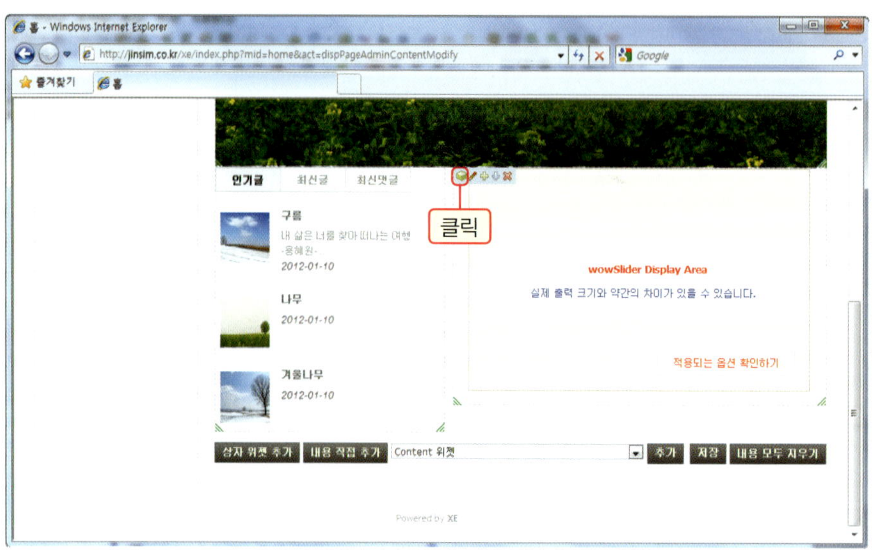

05 위젯 스타일 창에서 'XE 1.5 관리자 위젯'을 클릭합니다.

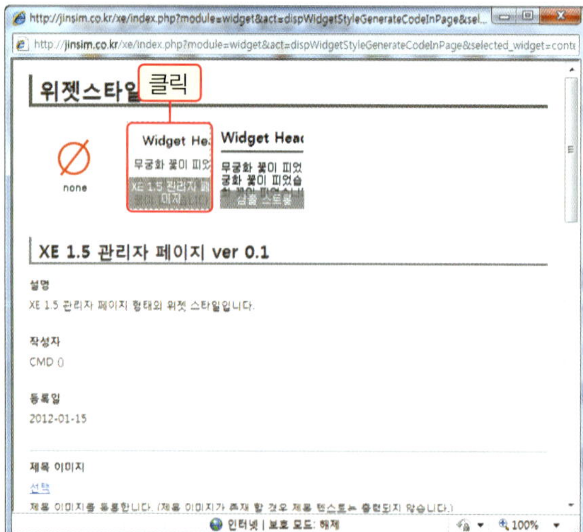

NOTE

사용자가 다른 위젯 스타일을 업로드 했을 경우는 위젯에 마우스 포인터를 올리면 이름이 나옵니다. 이름을
보고 구분하여 적용합니다.

06 위젯 스타일 창의 설정 항목에서 '제목텍스트: 최근이미지'를 입력합니다.

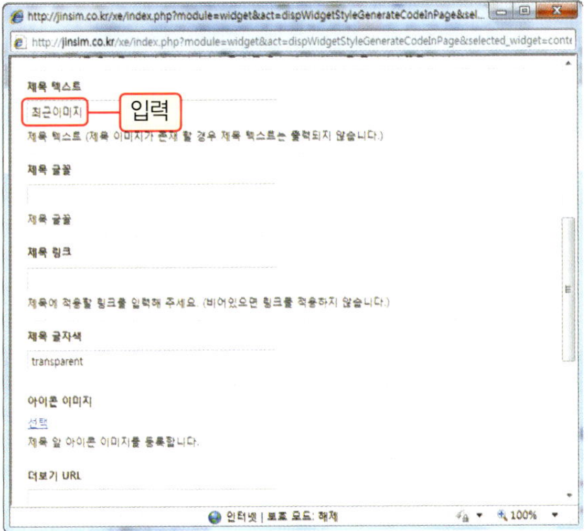

NOTE

제목의 경우는 최근 문서가 출력되는 상단에 표시될 제목입니다.
대부분 최근 문서를 추출하는 게시판의 제목을 입력하면 됩니다.

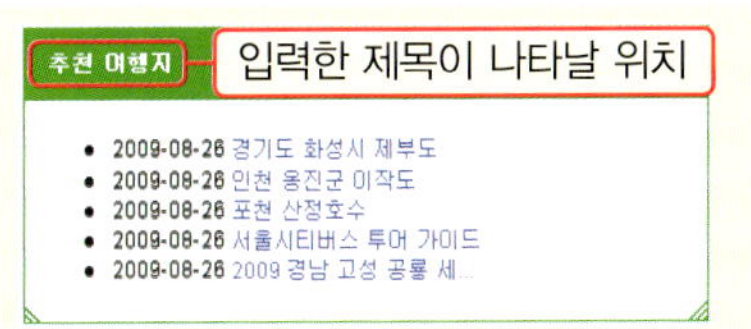

---

07 '더보기 URL: http://사용자ID.cafe24.com/xe/해당게시판이름', '더보기 텍스트: more'를 입력하고 [설정] 버튼을 클릭합니다.

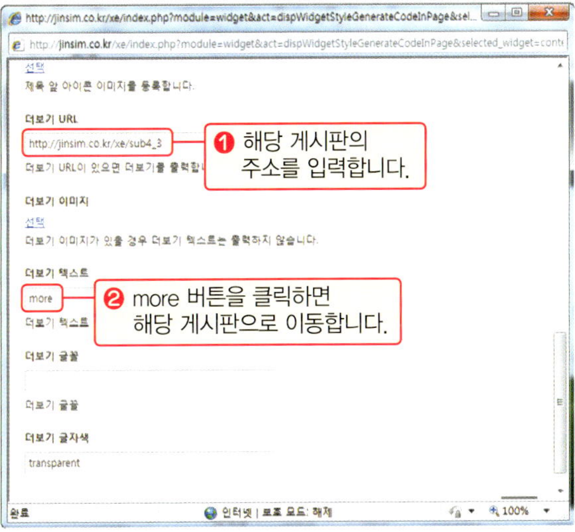

더보기 URL의 경우는 더보기 텍스트에서 입력한 글씨를 클릭하면 이동할 주소에 해당합니다. 최근 게시물을 추출한 게시판의 주소에 해당합니다. 주소를 모를 경우 관리자에서 게시판의 이름을 클릭하면 해당 게시판으로 이동하면서 주소 표시줄에 주소가 나타납니다.

08 위젯 스타일이 적용되어 최근 게시물이 완성된 것을 확인합니다.

09 위젯 스타일을 모두 적용한 후에 속성(⬇) 아이콘을 클릭하여 외부 여백 중에 위쪽을 '10'으로 설정합니다.

10 메인 페이지의 최근 게시물이 완성된 것을 확인합니다.

02 홈페이지 레이아웃 변경하기

지금까지 변경한 스킨의 경우는 게시판의 디자인을 변경하는 과정이라면, 레이아웃은 홈페이지의 구조를 변경하는 과정에 해당됩니다. 홈페이지를 제작할 때 다양한 레이아웃을 적용해서 어울리는 홈페이지 구조를 설정해 봅니다.

01 XE 홈페이지에서 [Download]-[레이아웃 스킨]을 클릭한 후에 레이아웃 목록에서 'XE Official Ver2'를 클릭하고 [다운로드] 버튼을 클릭하여 압축을 풀어줍니다.

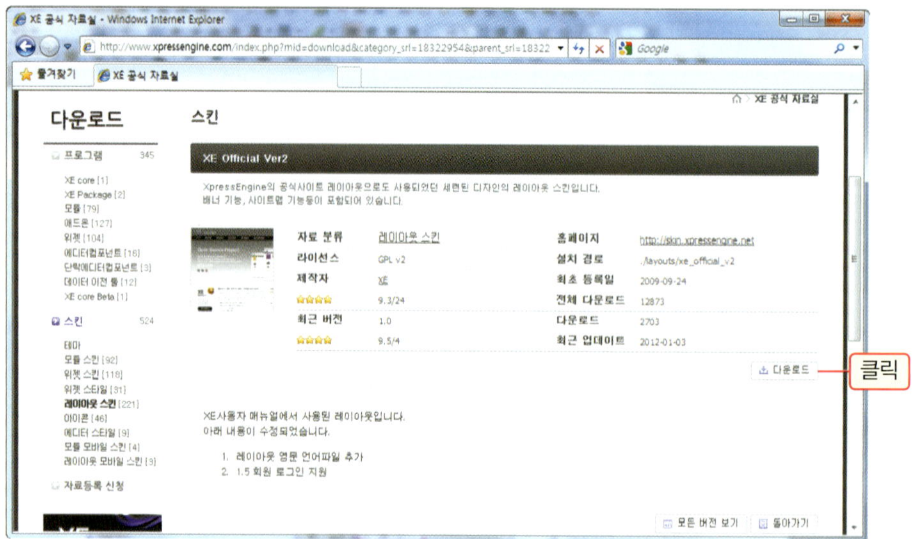

02 [알FTP]를 실행한 후에 호스트 디렉터리를 '/www/xe/layouts'로 설정하고 로컬 디렉터리에서 'xe_official_v2'를 선택한 후에 [업로드] 버튼을 클릭합니다.

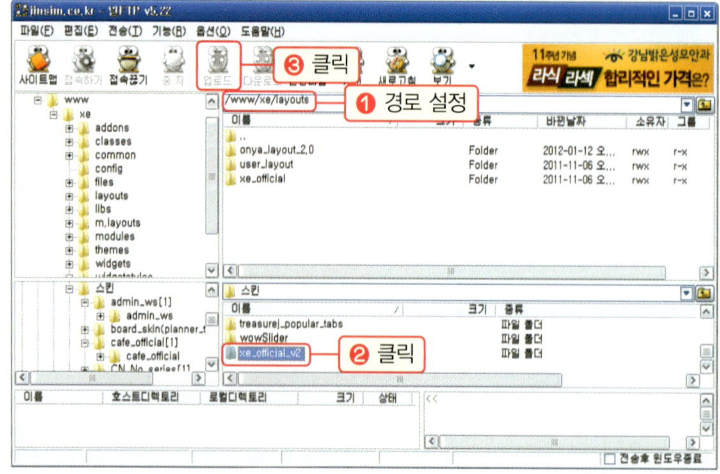

03 XE 관리자 페이지(사용자id.cafe24.com/xe/admin)로 [확장기능]−[설치된 레이아웃] 메뉴를 클릭하고 레이아웃 항목 중에 'xpressengine ver2'를 클릭합니다.

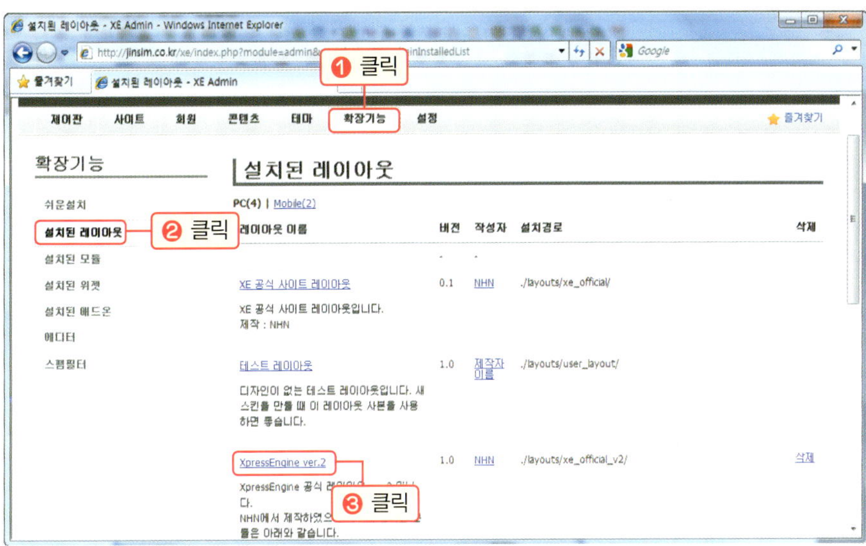

04 레이아웃 설정 창에서 [레이아웃 편집] 메뉴를 클릭합니다.

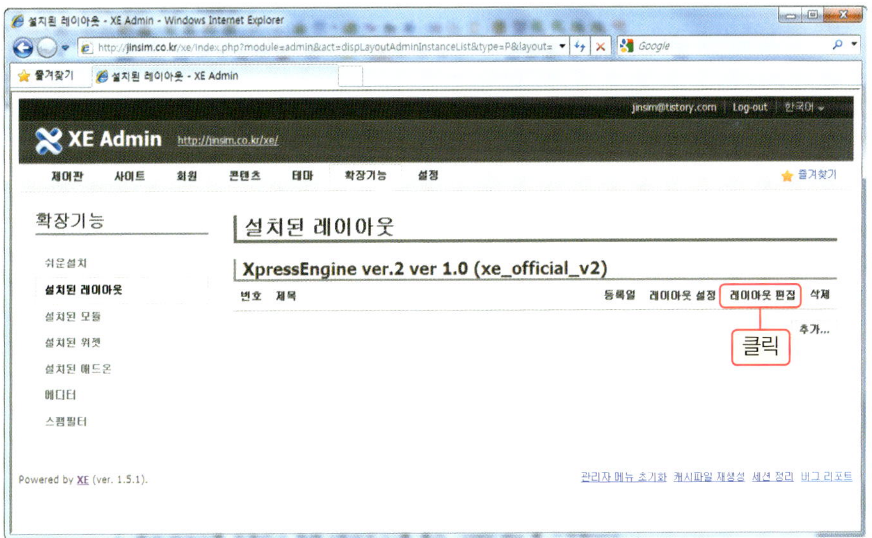

05 하나의 사이트를 구성할 때 여러 개의 레이아웃이 있을 수 있습니다. 레이아웃을 구분하는 제목을 입력합니다.

• 제목 : 행복한 동행2

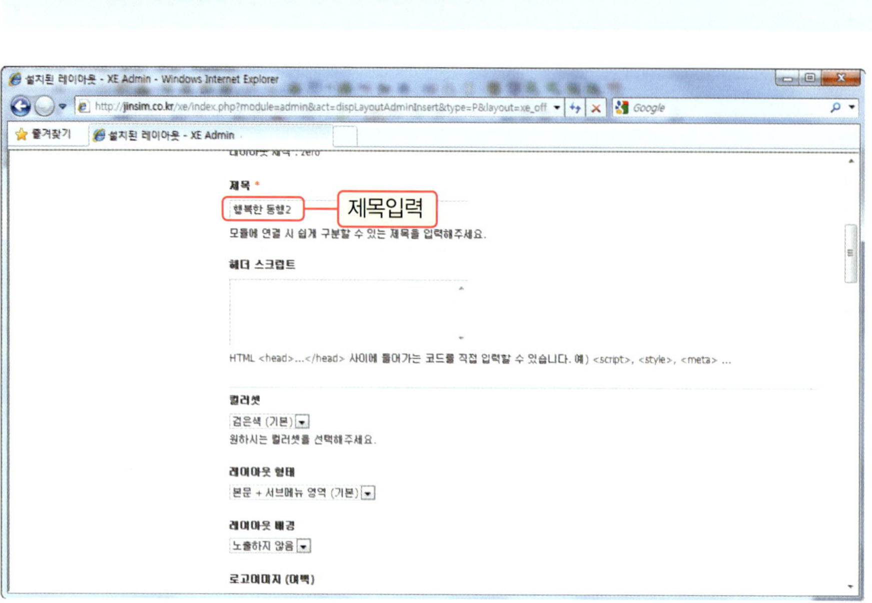

06 로고 이미지를 등록하기 위해 [찾아보기]를 눌러 'logo2.png'를 선택합니다.

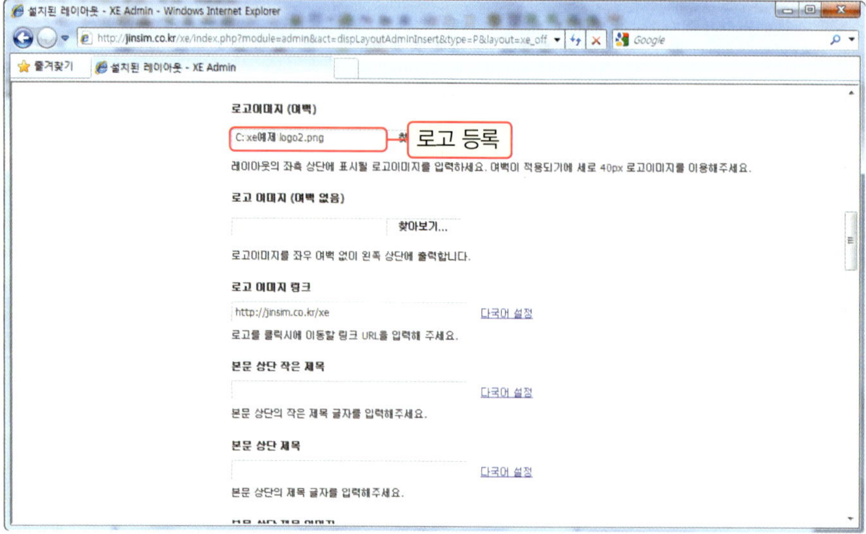

07 메뉴에서 '행복한 동행'을 선택하고 '레이아웃 일괄 적용'에 체크한 후에 [추가] 버튼을 클릭합니다.

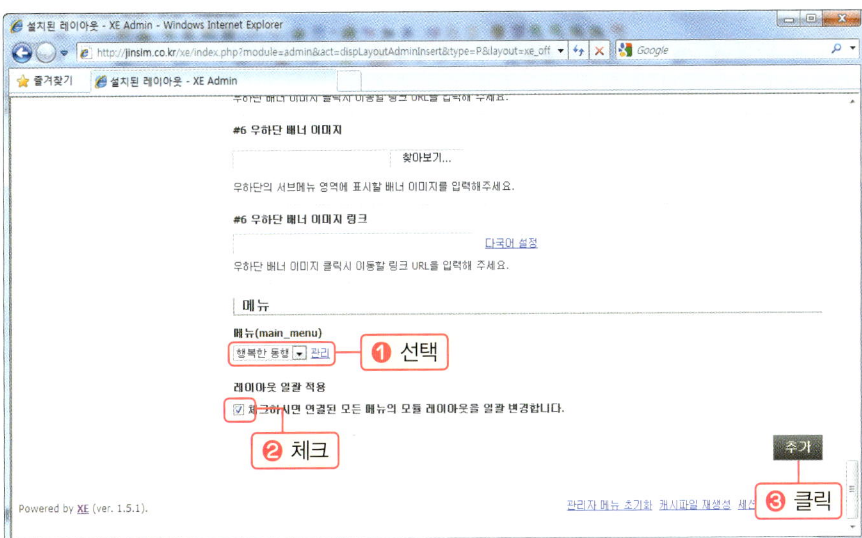

08 홈페이지 전체 레이아웃이 변경된 것을 확인합니다.

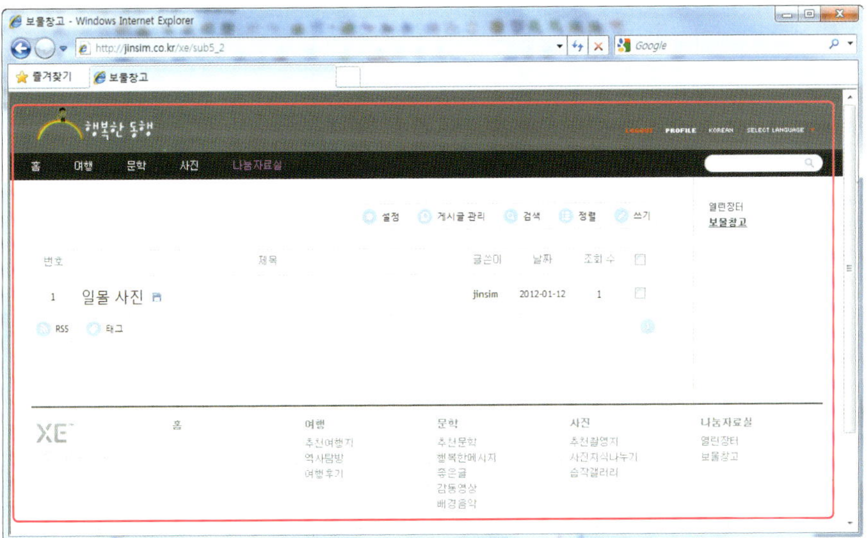

기본으로 설정되어 있던 게시판과 비교해 보면 많은 부분이 변경된 것을 알 수 있습니다.

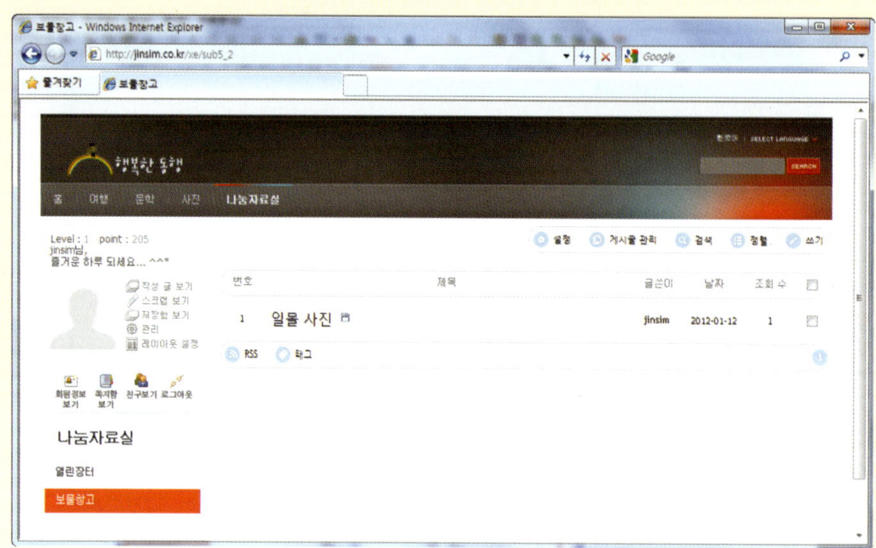

레이아웃은 홈페이지 전체 틀을 설정해줍니다. 처음 구성했던 틀의 위치나 크기 등이 변경될 수 있고 레이아웃 소스에 따라 오류가 날 수도 있습니다. 여러 가지 레이아웃을 적용해 보며 사용자에 맞는 레이아웃을 선택하고 수정해 가는 단계를 거쳐야 합니다.

Part 05 나모 웹에디터와 XE 연동하기

> 앞 단원에서 XE로 홈페이지를 만드는 방법에 대해 알아봤습니다. XE만을 활용해도 홈페이지를 만들 수 있지만 웹에디터 프로그램(나모 웹에디터, 드림위버)을 적용하면 더욱 다양한 기법의 홈페이지를 만들 수 있습니다. 이번 파트에서는 나모 웹에디터와 XE를 연동하여 다양한 기능이 적용된 홈페이지를 만드는 방법에 대해 알아보겠습니다.

Lesson 10   나모 웹에디터 설치 및 기본 문서 만들기
Lesson 11   홈페이지의 필수! 표 구성하기
Lesson 12   스크립트 마법사 활용하기
Lesson 13   XE의 빈 페이지와 외부 페이지 살펴보기
Lesson 14   나모 웹에디터 프레임 기능으로 홈페이지 만들기

나모 웹에디터 설치 및 기본 문서 만들기

01 나모 웹에디터 다운로드 및 설치

나모 웹에디터 프로그램은 나모 인터렉트브 홈페이지를 통해 다운받을 수 있고, 또한 이 책의 부록 CD에도 수록되어 있습니다.

01 인터넷 주소에 'http://namo.co.kr'를 입력하여 홈페이지로 이동한 후에 [웹저작 S/W]를 클릭하고 [나모 웹에디터2008]을 클릭합니다.

> 나모 웹에디터 다운로드 : http://namo.co.kr

02 다운로드 페이지에서 [다운로드] 메뉴를 클릭합니다.

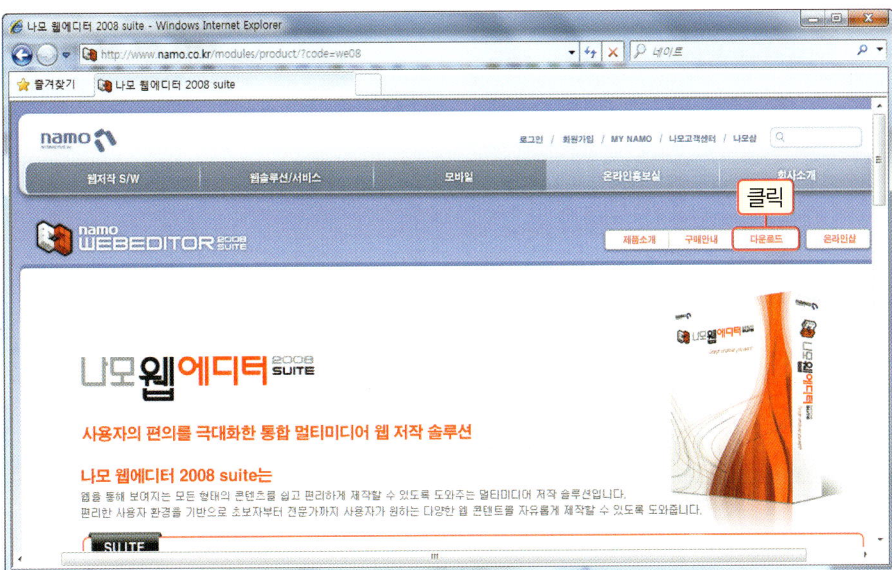

03 다운로드 페이지에서 [[체험판]나모 웹에디터 2008 suite] 링크를 클릭합니다.

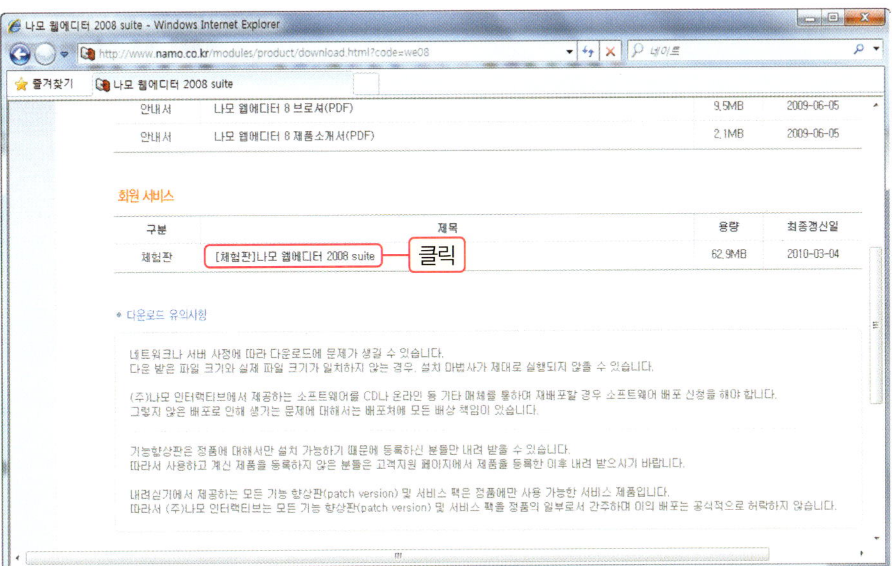

NOTE

체험판을 다운받기 위해서는 회원 가입을 하고 로그인을 해야 합니다.

---

04 체험판 사용 유의사항및 시스템 요구 사항등을 읽어 본 후에 [다운로드] 버튼을 클릭하여 다운로드를
진행합니다.

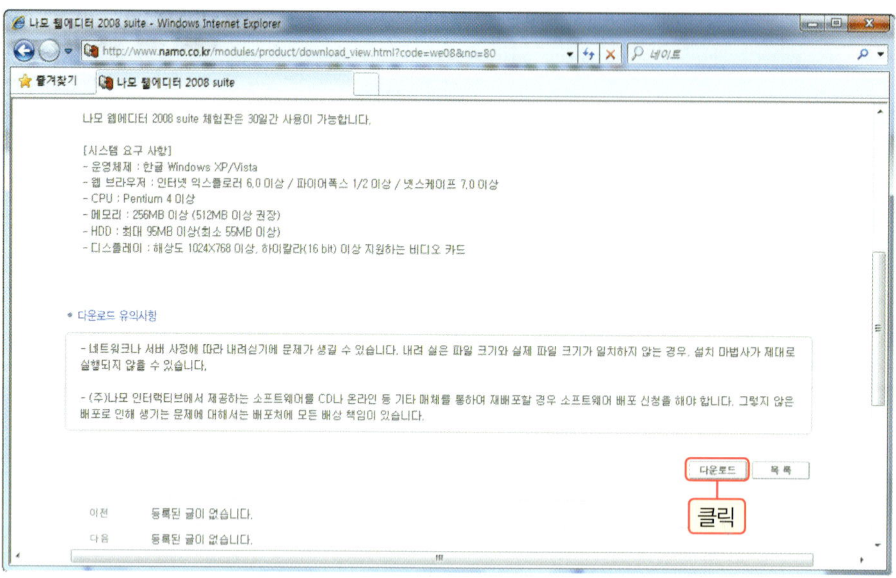

05 [파일 다운로드] 창에서 [실행] 버튼을 클릭합니다.

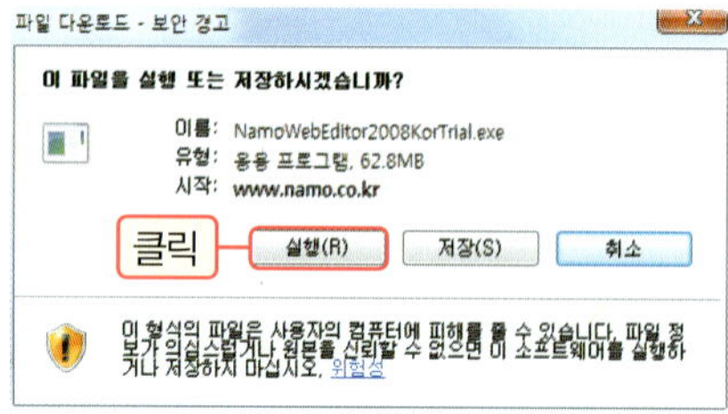

06 체험판 설치 마법사에서 [다음] 버튼을 클릭합니다.

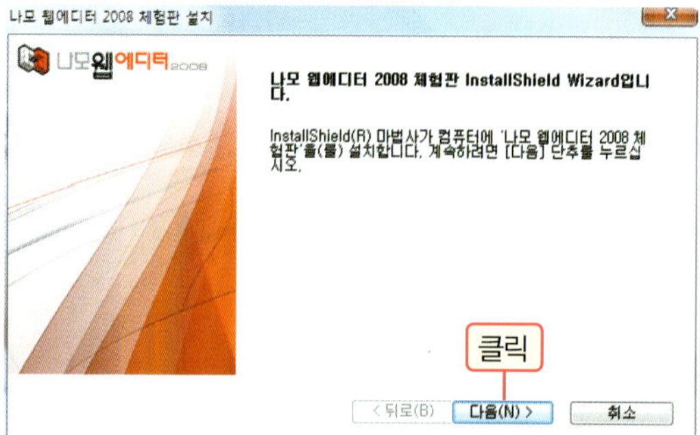

07 사용권 계약 페이지에서 [예] 버튼을 클릭합니다.

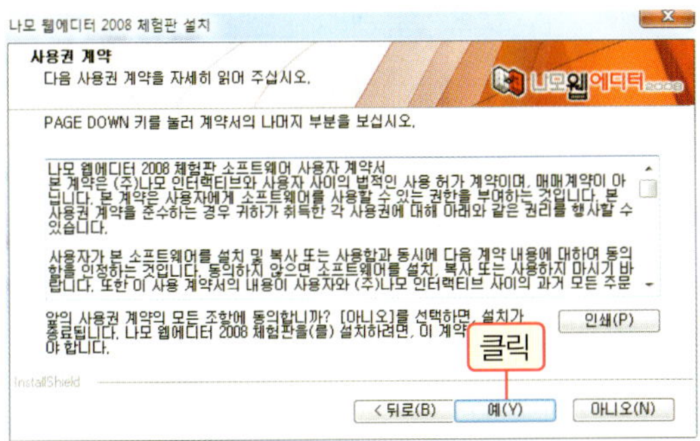

08 설치과정이 진행되고 설치가 완료된 후에 [예] 버튼을 클릭합니다.

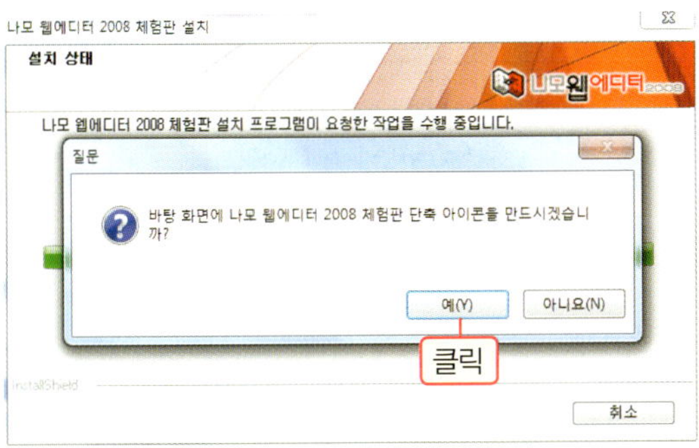

09 온라인 사용자 등록에서 [나중에] 버튼을 클릭합니다.

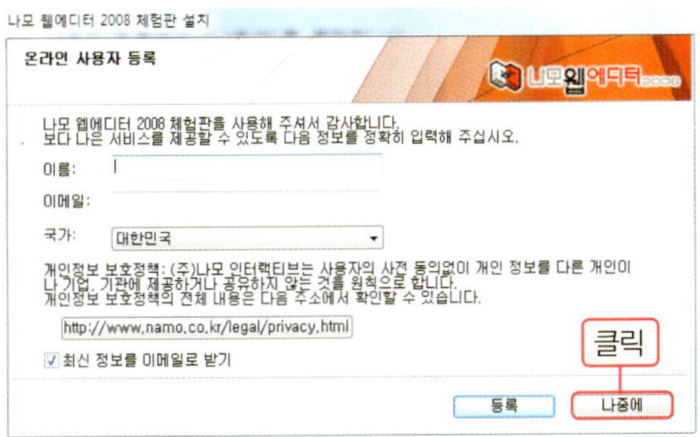

10 [완료] 버튼을 클릭합니다.

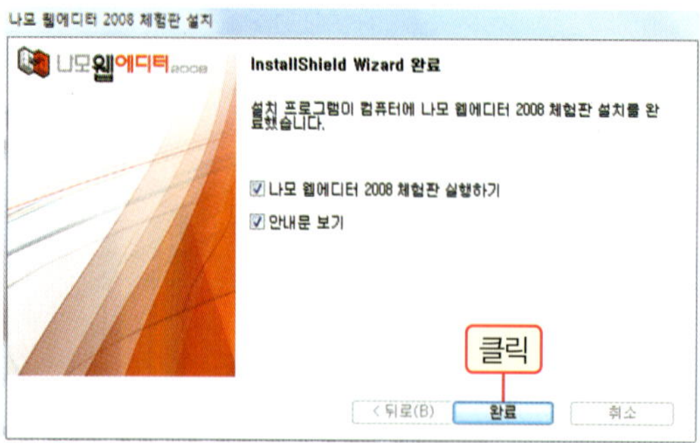

11 설치가 완료된 후에 나모 웹에디터가 실행된 모습입니다.

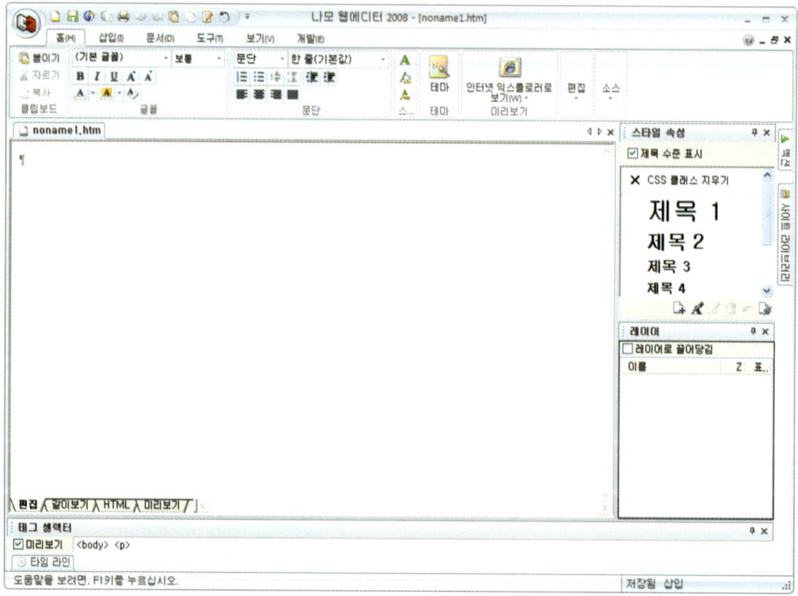

현재 다운받은 나모 웹에디터 2008은 2010년 3월에 최종 갱신된 프로그램입니다. 이전 버전에 비해 크게 변한 것이 있다면 기존 메뉴와는 다르게 리본 방식을 택하고 있습니다. 그렇지만 작업을 진행하는 단계 또는 자주 쓰이는 기능 등은 이전 버전과 유사합니다. 아직은 익숙지 않은 리본 메뉴 방식에 적응이 되면 기존 메뉴보다 더욱 편리하다는 것을 알 수 있습니다.

02 나모 웹에디터를 실행하여 문서 만들고 저장하기

나모 웹에디터를 설치하고 나면 바탕 화면에 바로 가기 아이콘이 생성됩니다. 바로 가기 아이콘을 더블클릭하여 실행하고 서식 도구 상자를 활용한 기본 문서 만들기를 진행해 보겠습니다.

01 바탕 화면에서 [나모 웹에디터] 아이콘을 더블클릭하여 실행합니다.

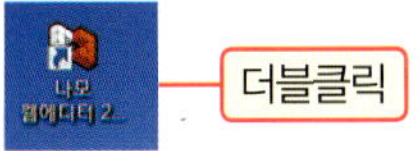

02 실행된 나모 웹에디터 화면에서 아래의 내용을 입력합니다.

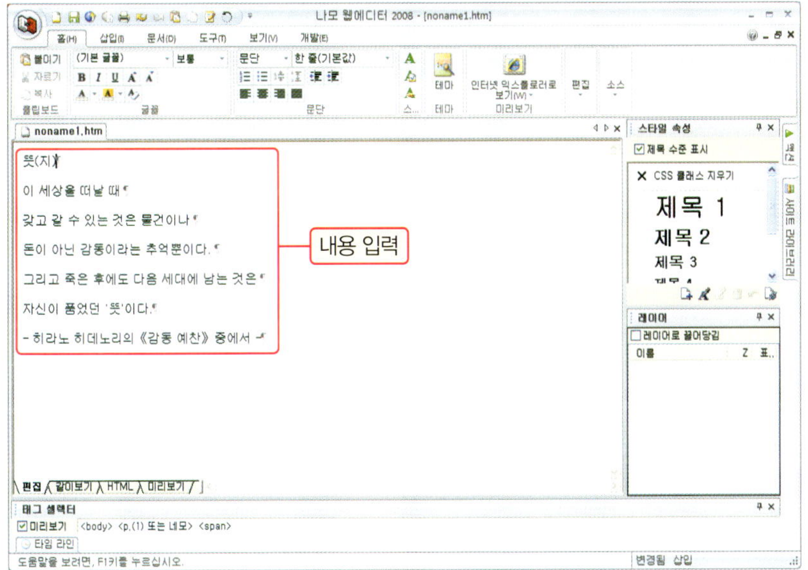

NOTE

페이지에 입력한 내용

뜻(志)
이 세상을 떠날 때
갖고 갈 수 있는 것은 물건이나
돈이 아닌 감동이라는 추억뿐이다.
그리고 죽은 후에도 다음 세대에 남는 것은
자신이 품었던 '뜻'이다.
– 히라노 히데노리의《감동 예찬》중에서 –

03 '지'를 한자로 변환하기 위해 이를 드래그해서 대상을 지정하고 키보드의 [한자] 키를 누른 후 '뜻지[志]'를 선택하여 변환합니다.

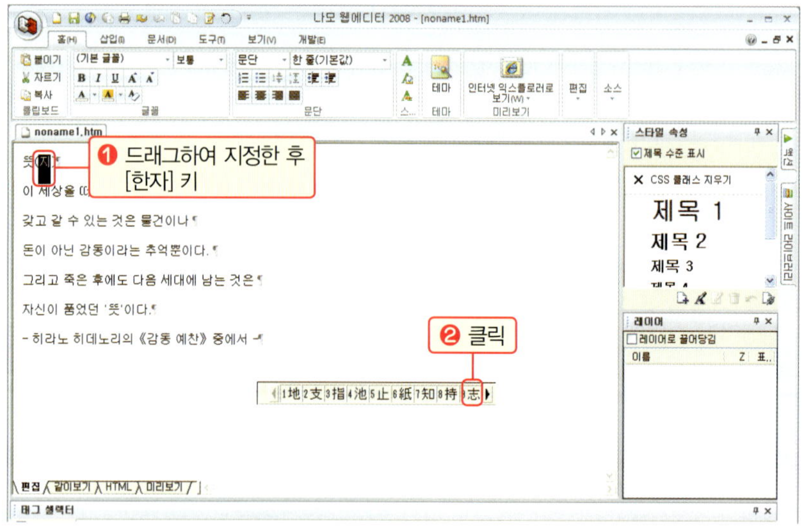

위 화면과는 달리 한자 변환 툴바는 대부분 윈도우 화면 우측 하단에 나타납니다.

04 작업할 영역을 드래그하여 지정한 후, [홈] 탭에 있는 서식 도구를 활용하여 아래와 같이 내용을 꾸며 줍니다.

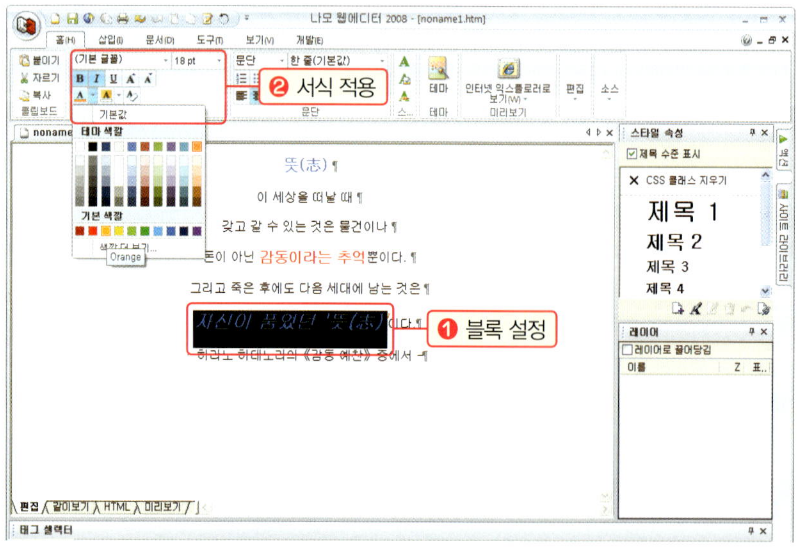

입력한 텍스트를 단어 단위로 블록 설정을 하고 서식 도구 모음에서 다양한 서식을 적용하는 연습을 합니다. 이러한 작업의 목적은 홈페이지에 방문한 사용자가 내용을 읽을 때 가독성을 높이기 위한 것입니다.

05 [미리보기] 버튼을 클릭하여 편집한 내용을 미리보기 합니다.

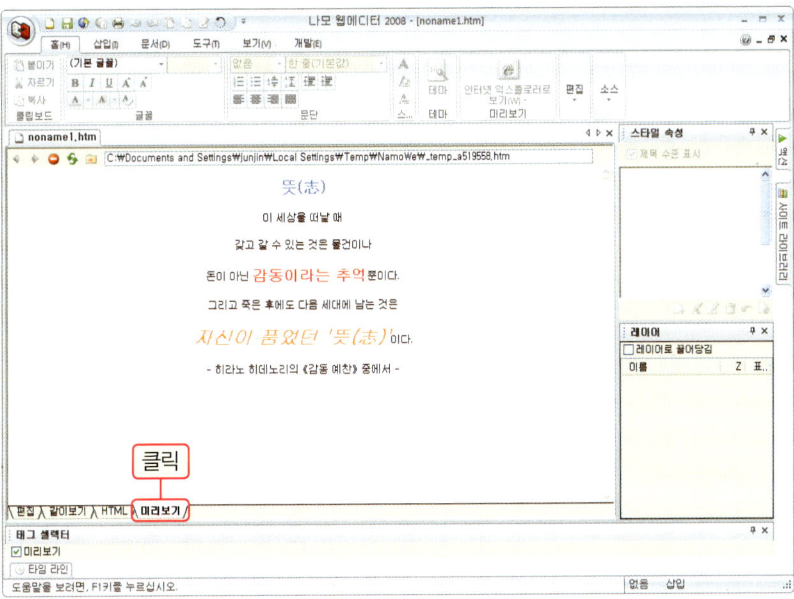

06 [나모 웹에디터 단추]를 클릭한 후에 [저장] 메뉴를 클릭합니다.

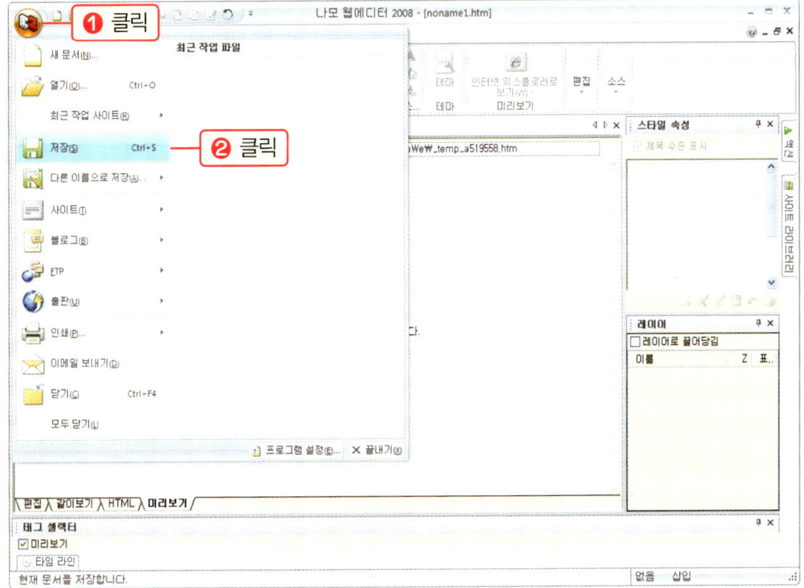

키보드의 Ctrl + S 를 눌러도 저장이 진행됩니다. 자주 쓰이는 단축키는 익혀 두는 것이 편리합니다. 다른 프로그램에서도 저장은 대부분 단축키로 Ctrl + S 를 사용합니다.

07 '파일 이름: 뜻'을 입력하고 '글 제목'을 확인한 후에 [저장] 버튼을 클릭합니다.

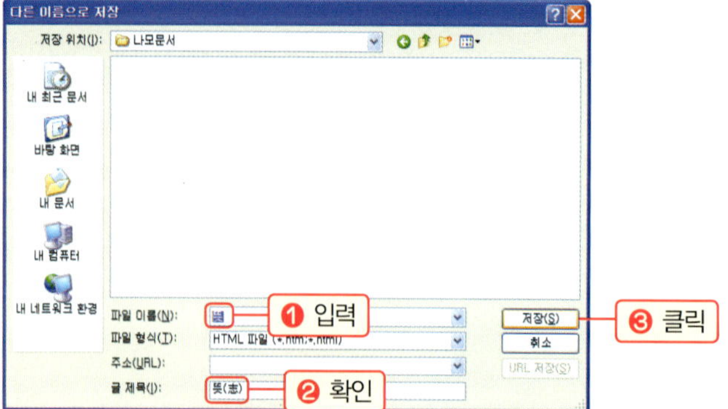

NOTE

글 제목은 나모 웹에디터에서 입력한 내용의 가장 첫 번째 줄의 내용이 자동으로 나옵니다. 글 제목은 차후 브라우저의 제목 표시줄에 출력되는 내용입니다. 다른 내용이 출력되기를 원하면 해당 내용을 직접 입력하면 됩니다.

08 저장한 위치로 이동한 후에 저장한 파일(뜻.htm)을 더블클릭하여 확인합니다.

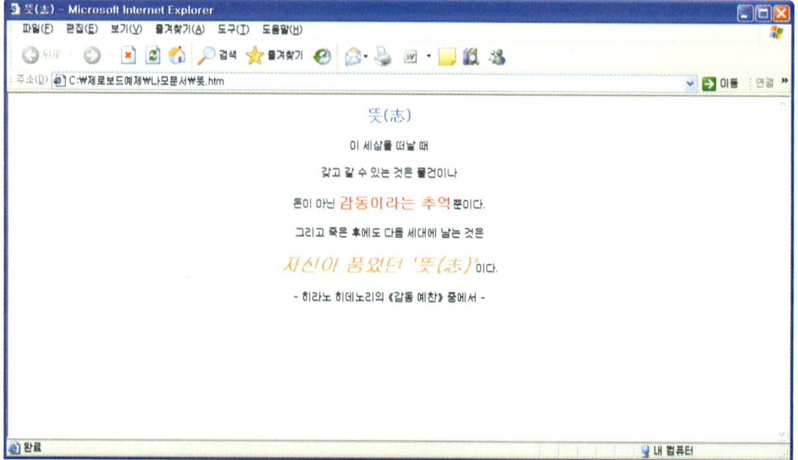

NOTE

저장한 파일을 찾지 못할 경우는 나모 웹에디터를 다시 실행하고 [나모 웹에디터 단추]를 클릭한 후에 [최근 작업 사이트] 메뉴를 클릭하면 저장한 파일의 이름이 나오는 것을 확인할 수 있습니다. 그 파일을 클릭하면 나모 웹에디터에서 열리면서 나모 웹에디터 제목 표시줄에 저장 경로가 나타납니다.

03 스마트 클립아트 삽입하기

스마트 클립아트는 나모 웹에디터 프로그램에서 미리 만들어 놓은 버튼 및 배너입니다. 전체적인 스타일이 구성되어 있어서 글씨 또는 색상 등을 변경하여 쉽게 멋진 버튼 및 배너 이미지를 만들 수 있습니다.

01 [나모 웹에디터 단추]를 클릭한 후에 [새 문서]를 클릭합니다.

02 [새 문서] 대화상자에서 [빈 문서01]을 선택하고 [만들기] 버튼을 클릭합니다.

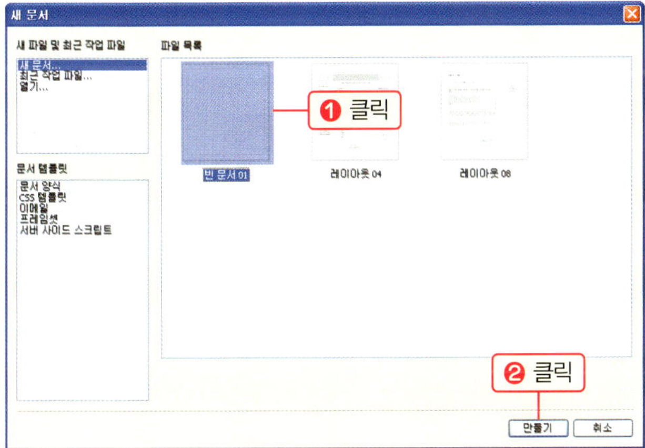

> **NOTE**
>
> 빈 문서 옆에 있는 레이아웃 문서를 클릭하면 페이지 구성이 되어 있는 문서가 열립니다. 이미 구성이 되어 있기 때문에 글씨만 바꾸고 그림 삽입 위치에 그림을 삽입하는 등의 작업만 하면 쉽고 빠르게 페이지를 제작할 수 있습니다.

03 스마트 버튼을 삽입하기 위해 [삽입]-[스마트 클립아트]를 클릭하고 [리소스 관리자] 창에서 [배너] 항목에서 원하는 버튼을 클릭합니다.

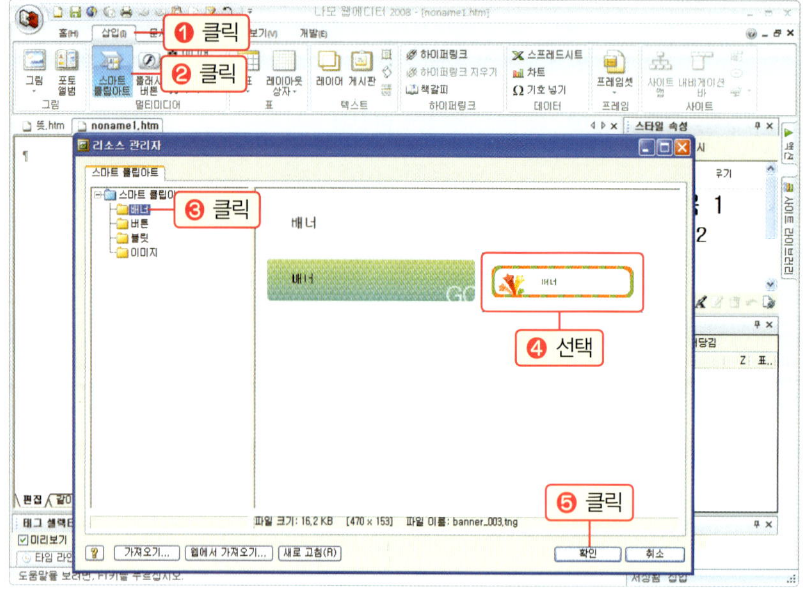

NOTE

스마트 버튼은 주로 홈페이지 메뉴를 구성하거나 타이틀을 만들 때 많이 사용됩니다. 주로 글씨만 변경하면 버튼이 완성되는 형태이고 배경 색 및 디자인되어 있는 크기 및 위치 등도 변경이 가능합니다.

04 페이지에 입력한 배너를 더블클릭한 후에 [스마트 클립아트] 편집 창에서 '배너' 글씨를 더블클릭합니다.

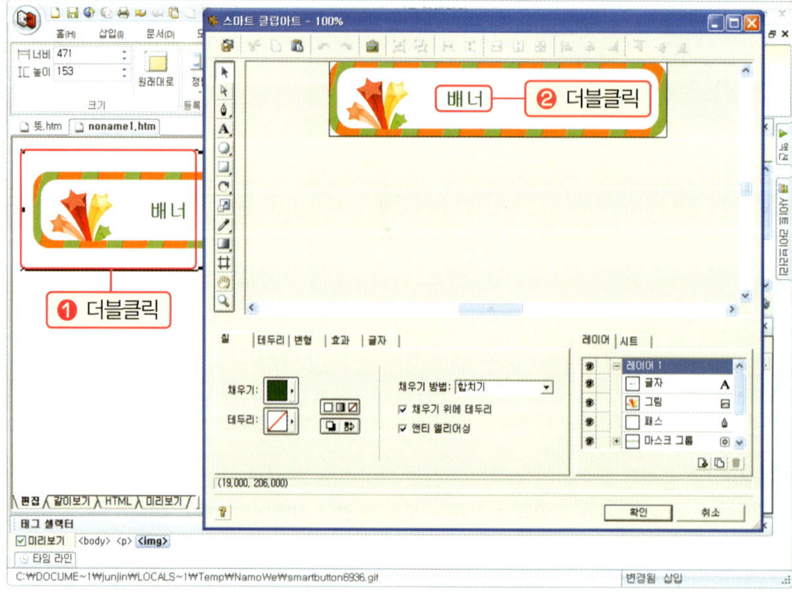

05 글상자에서 [내용]에 '행복한 동행'을 입력하고 [확인] 버튼을 클릭합니다.

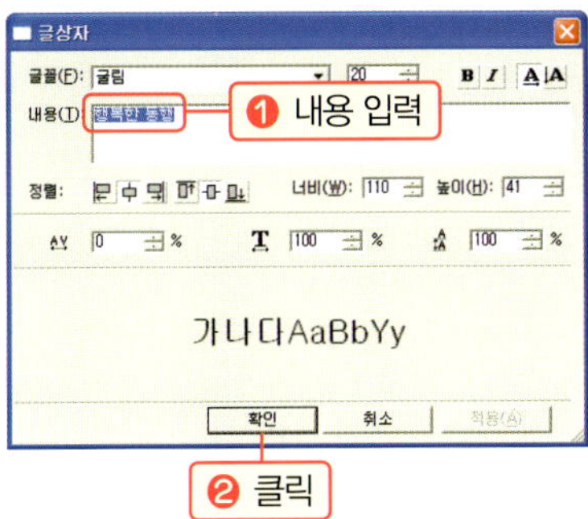

06 내용이 입력된 것을 확인하고 [확인] 버튼을 클릭합니다.

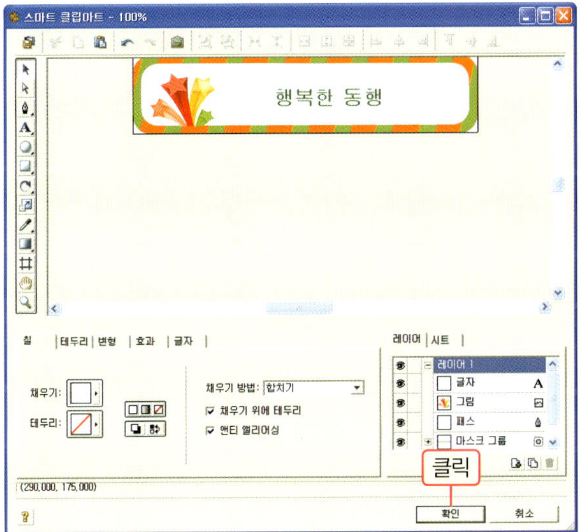

스마트 버튼에 입력된 '행복한 동행' 글씨를 원하는 위치로 드래그하여 수정할 수 있습니다. 현재 내용 외에 또 다른 위치에 새로운 내용을 추가하고 싶다면 도구 상자에서 A를 클릭하여 추가할 수 있습니다.

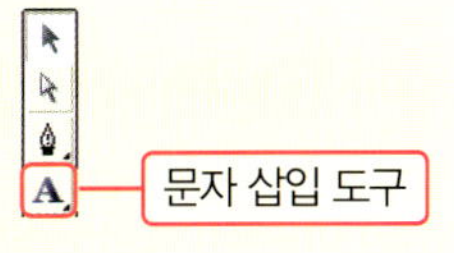

07 나모 웹에디터에 스마트 클립아트가 삽입된 것을 확인합니다.

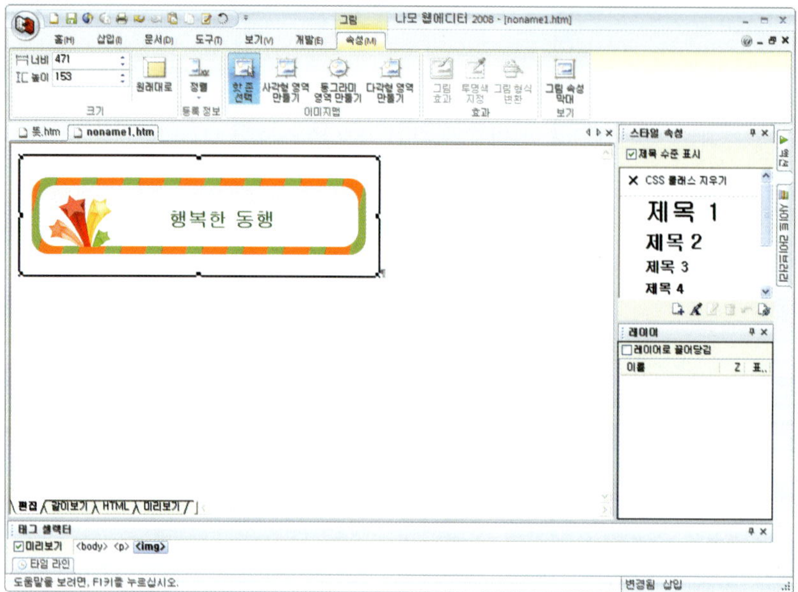

08 다른 스마트 클립아트도 삽입한 후에 [미리보기] 탭을 클릭하여 확인합니다.

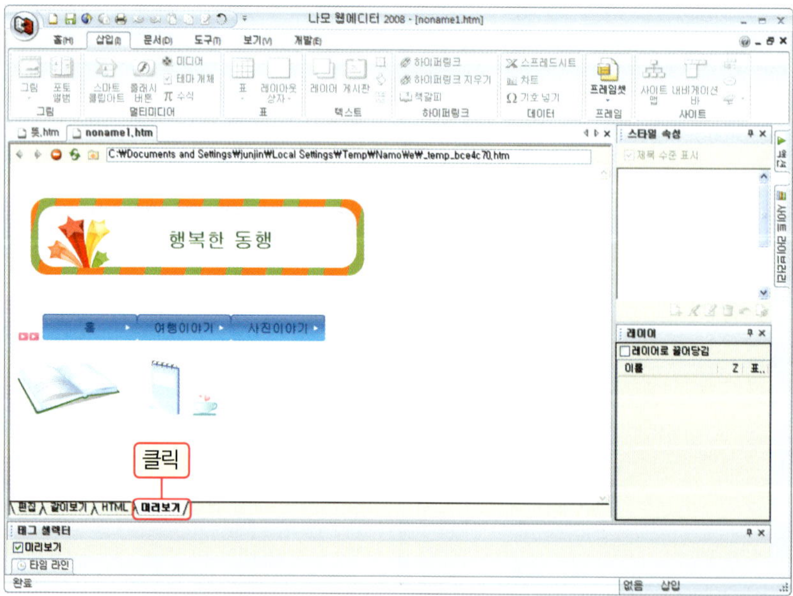

NOTE

나모 웹에디터에서는 작업한 내용을 확인할 때는 [미리보기]에서 합니다. 편집 창에서는 동적인 부분은 나타나지 않습니다. 현재 작업은 스마트 클립아트를 삽입하는 과정으로 이미지 파일이기 때문에 편집 창에서 보는 것과 미리보기 창에서 보는 것이 같지만 플래시 파일이나 동영상 파일, 스크립트 마법사 기능 등을 활용했을 때는 편집 창과 미리보기 창에는 차이가 있습니다.

04 플래시 버튼 삽입하기

스마트 클립아트는 나모 웹에디터에서 이미지 버튼 및 배너를 쉽게 만들 수 있도록 구성해 놓은 스타일이라 하면, 플래시 버튼은 동적인 플래시 버튼 및 배너를 쉽게 구현할 수 있도록 스타일로 만들어 놓은 기능입니다. 멋진 영상에 필요한 내용을 입력하고 바로 사용할 수 있습니다.

01 플래시 버튼을 삽입하기 위해 [삽입]-[플래시 버튼]을 클릭하고 [리소스 관리자]에서 [배너]의 플래시 배너를 선택하고 [확인] 버튼을 클릭합니다.

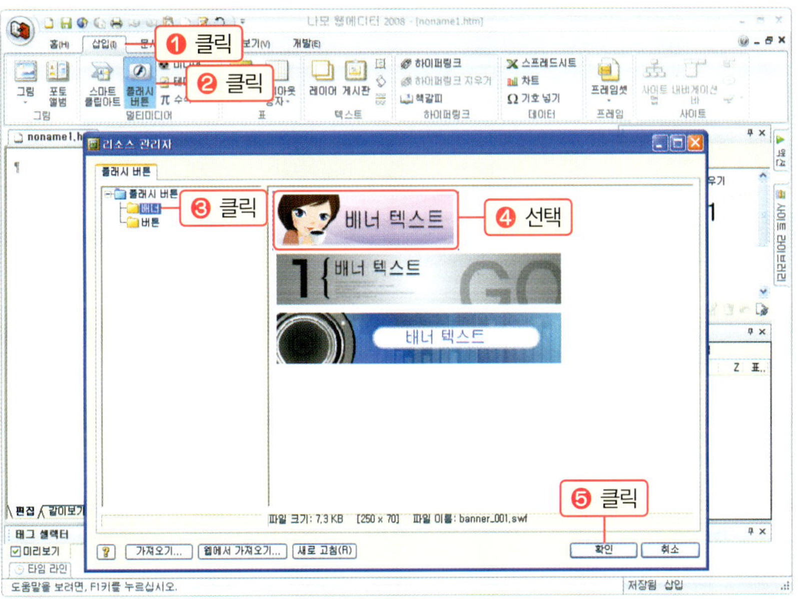

> **NOTE**
>
> [플래시 버튼]은 동적인 구현을 할 수 있는 애니메이션 기능입니다. [플래시 버튼]을 더욱 구체적으로 꾸미고 싶다면 '플래시 또는 스위시' 프로그램에서 직접 작성해서 사용하여야 효과적입니다.

02 [플래시 버튼 속성] 창에서 '내용: 차 한잔의 여유'를 입력하고 텍스트 속성을 설정한 후에 [확인] 버튼을 클릭합니다.

하이퍼링크 주소는 플래시 버튼을 클릭하면 이동될 주소입니다. 기본 값은 나모 웹에디터 홈페이지로 지정되어 있는데 사용자가 원하는 주소를 입력하여 사용하면 됩니다.

03 [미리보기] 탭을 클릭하여 움직이는 배너를 확인합니다.

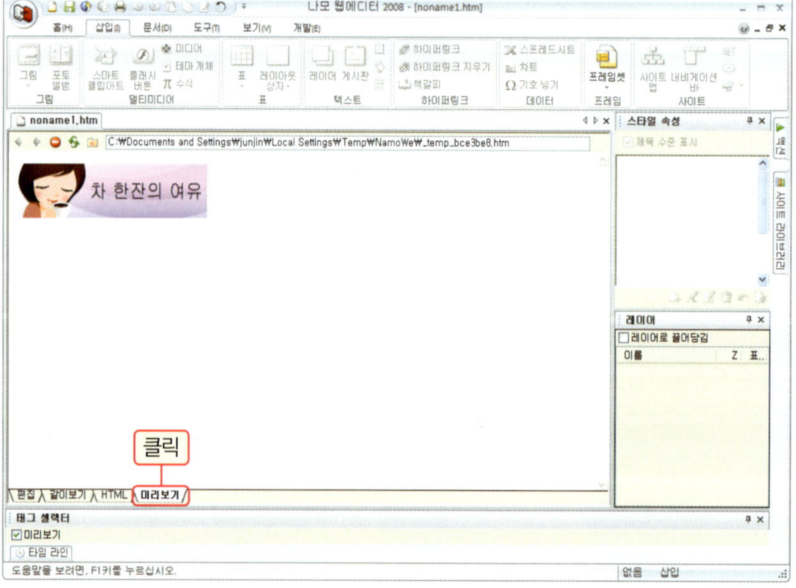

움직이는 플래시의 단계 이미지

04 다른 플래시 버튼을 입력해 보고 미리보기하여 결과를 확인합니다.

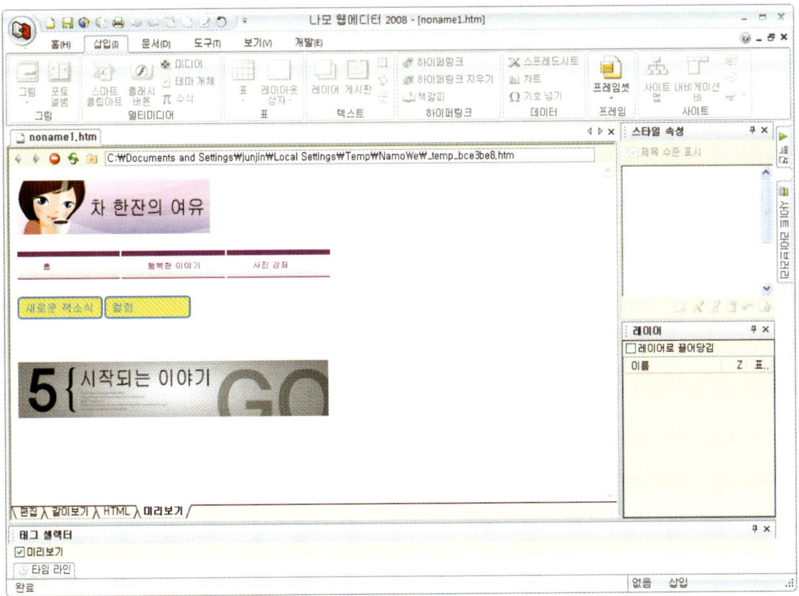

> **NOTE**
>
> 편집 상태에서는 플래시 버튼의 움직임이 없습니다. 꼭 미리보기 탭을 클릭하여 확인해야 합니다.

05 이미지 파일 삽입하기

홈페이지를 구성하거나 쇼핑몰을 구성할 때 이미지 파일을 삽입하게 됩니다. 이미지 파일은 대부분 그래픽 프로그램을 활용하여 미리 디자인 해놓는 경우가 많지만 간단한 디자인은 나모 웹에디터 프로그램에서도 가능합니다. 그렇지만 작업이 자유롭지 않기 때문에 미리 그래픽 프로그램에서 편집한 이미지를 불러오는 것이 좋습니다.

01 예제 파일을 불러 오기 위해 [나모 웹에디터 단추]를 클릭한 후에 [열기]를 누르고 '제로보드예제/추억.htm'을 선택하고 [열기] 버튼을 클릭합니다.

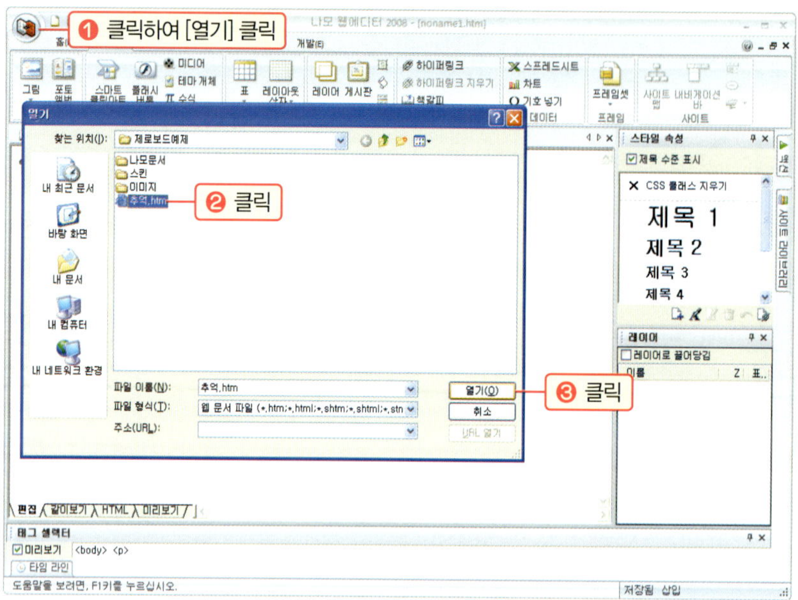

02 이미지를 삽입하기 위해 삽입할 위치에 커서를 놓고 [삽입] 탭의 [그림] 버튼을 클릭합니다.

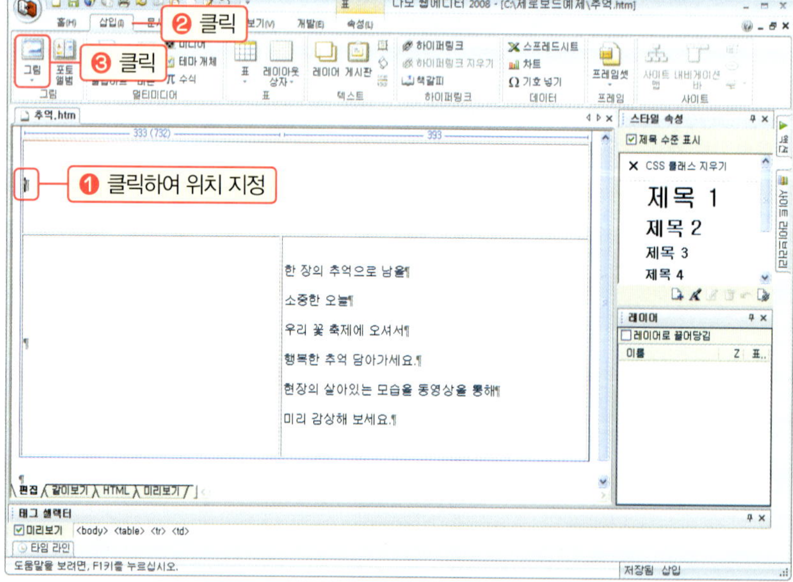

03 [그림 속성] 대화상자에서 [찾아보기] 버튼을 클릭합니다.

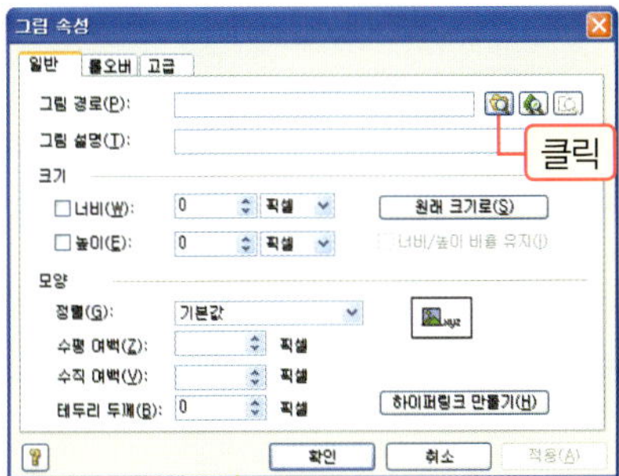

> **NOTE**
>
> [그림 속성] 대화상자에서 [롤오버] 메뉴도 많이 사용됩니다. 쇼핑몰 등의 홈페이지에서 메뉴에 마우스를 올렸을 때 다른 색이 나오거나 메뉴의 움직이는 있는 기능을 롤오버 메뉴 또는 롤오버 이미지라고 합니다. 롤오버 기능을 활용하기 위해서는 '처음에 보여지는 이미지'와 '마우스를 올렸을 때 보여지는 이미지' 이렇게 두 가지 이미지가 있어야 구현이 가능합니다.
>
> 

04 [열기] 대화상자에서 '제로보드예제/꽃축제.jpg' 파일을 선택하고 [열기] 버튼을 클릭합니다.

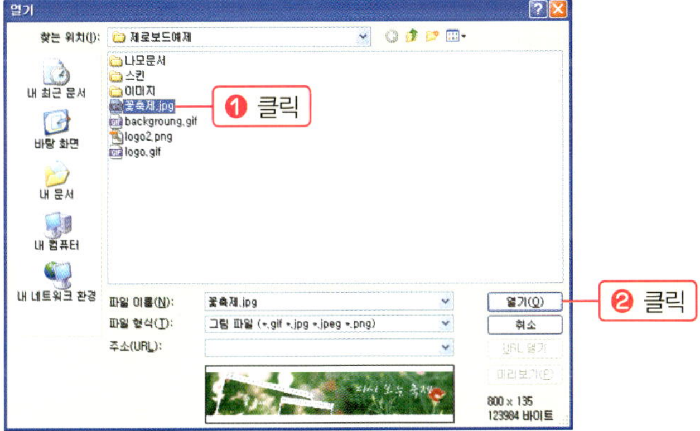

05 [그림 속성] 대화상자에서 [확인] 버튼을 클릭합니다.

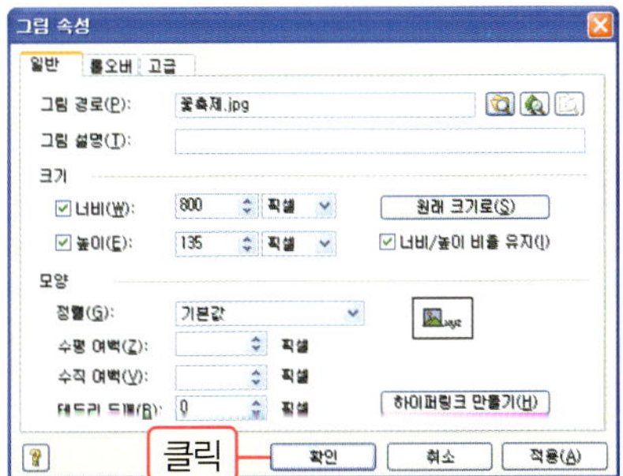

06 이미지가 삽입된 것을 확인합니다.

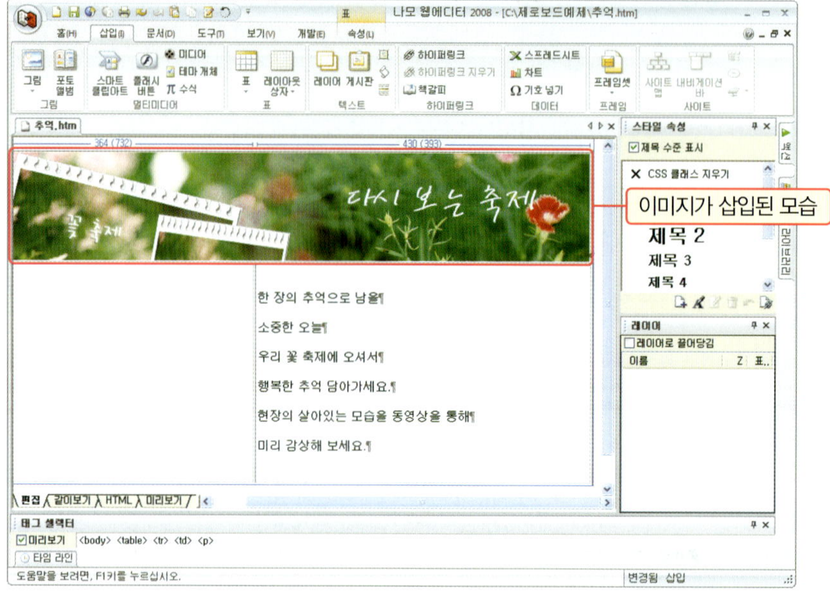

배경 이미지

이미지 삽입 중에 같은 이미지가 지정 공간에 반복되면서 연속해서 나오는 배경 이미지가 있습니다. 표의 배경 또는 페이지 전체 배경에 배경 이미지를 삽입할 수 있습니다.

표의 빈 공간에서 마우스 오른쪽 버튼을 클릭하고 [표 속성]을 클릭합니다.

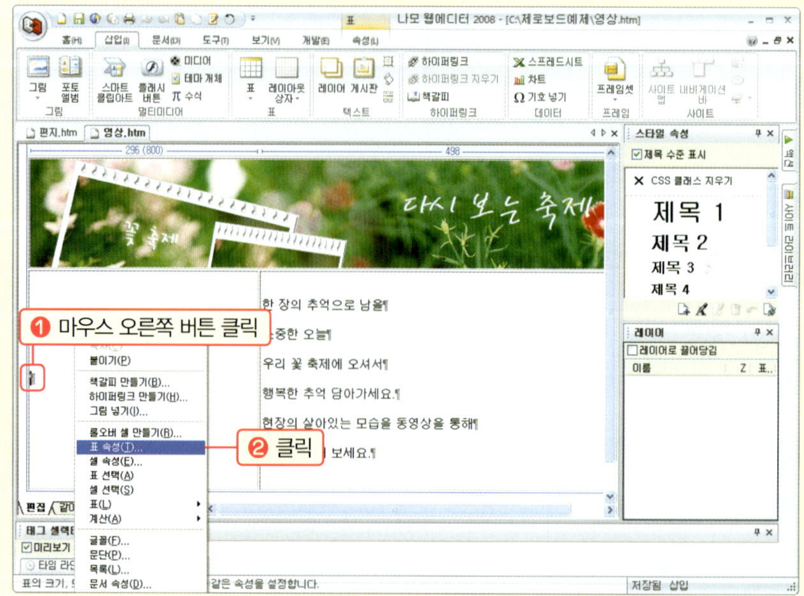

[표 속성] 대화상자에서 찾아보기를 클릭하여 예제 폴더에 있는 'backgroung.gif' 파일을 불러온 후 [확인] 버튼을 클릭하여 적용합니다.

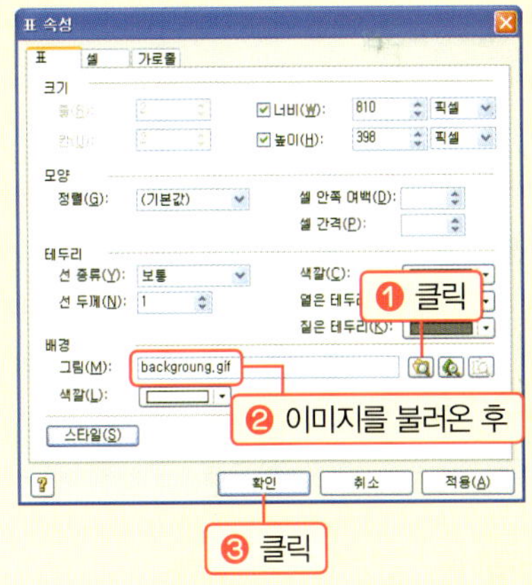

아래가 배경 이미지가 적용된 모습입니다.

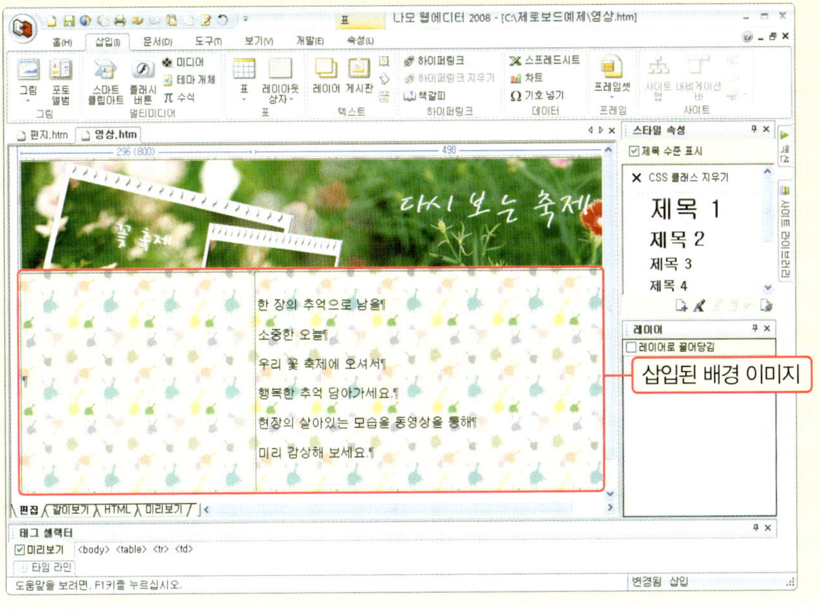

06 동영상 파일 삽입하기

멀티미디어의 개념이 중요시 되는 요즘은 홈페이지에서 동영상이 많이 나타나게 됩니다. 그렇지만 동영상 파일은 용량이 크므로 개인 홈페이지에 올리려면 호스팅 공간이 많이 필요하게 됩니다.

01 동영상 파일을 삽입하기 위해 예제 파일 '영상.htm' 파일을 불러온 후에 동영상 파일을 삽입할 위치를 클릭하고 [삽입]-[미디어]-[Windows 미디어 플레이어]를 클릭합니다.

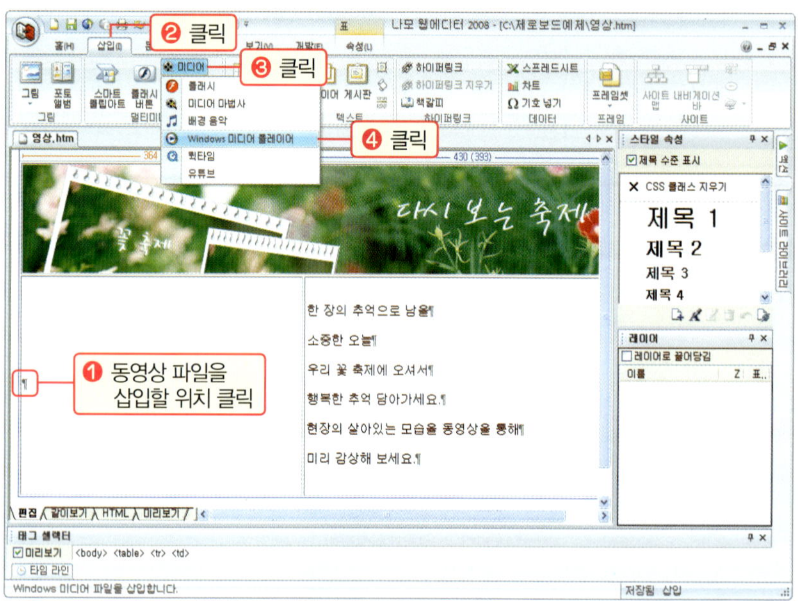

02 [미디어 속성] 대화상자에서 [찾기] 버튼을 클릭합니다.

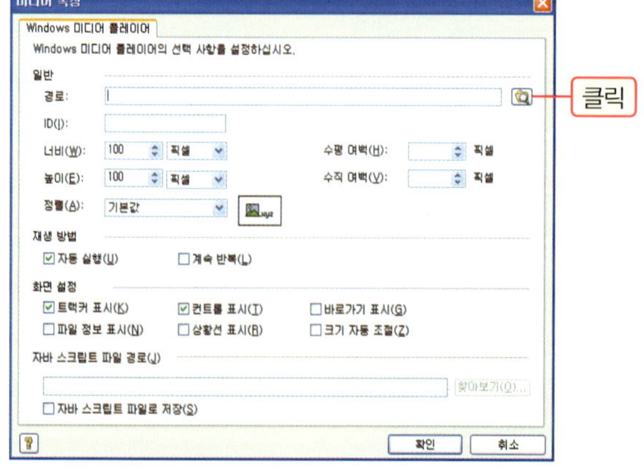

03 [열기] 대화상자에서 '제로보드예제/축제동영상.wmv'를 선택하고 [열기] 버튼을 클릭합니다.

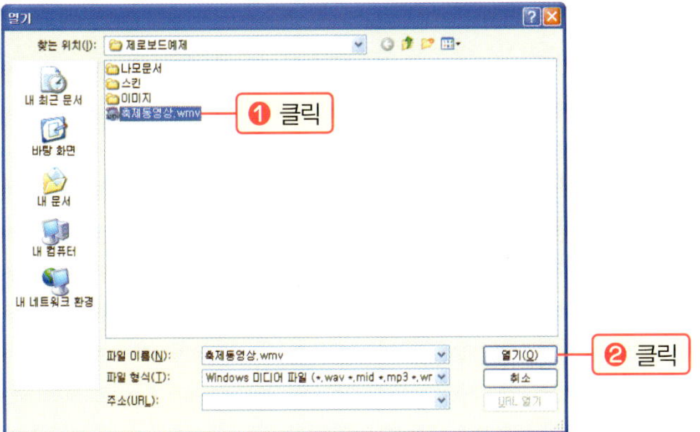

04 [미디어 속성] 창에서 '너비: 300px', '높이: 300px'를 입력하고, '재생 방법: 계속 반복'에 체크하고 [확인] 버튼을 클릭합니다.

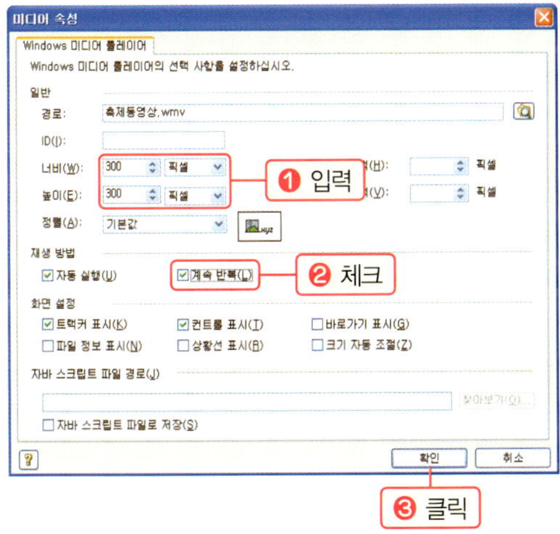

나모웹에디터에 삽입하여 사용할 수 있는 미디어 파일은
오디오 파일의 경우 'wav, mid, mp3, wma',
비디오 파일의 경우 'asf, asx, avi, mpg, mpeg, wax, wm, wvx, wmv' 파일이 있습니다.

05 [미리보기] 탭을 클릭하여 동영상이 재생되는 것을 확인합니다.

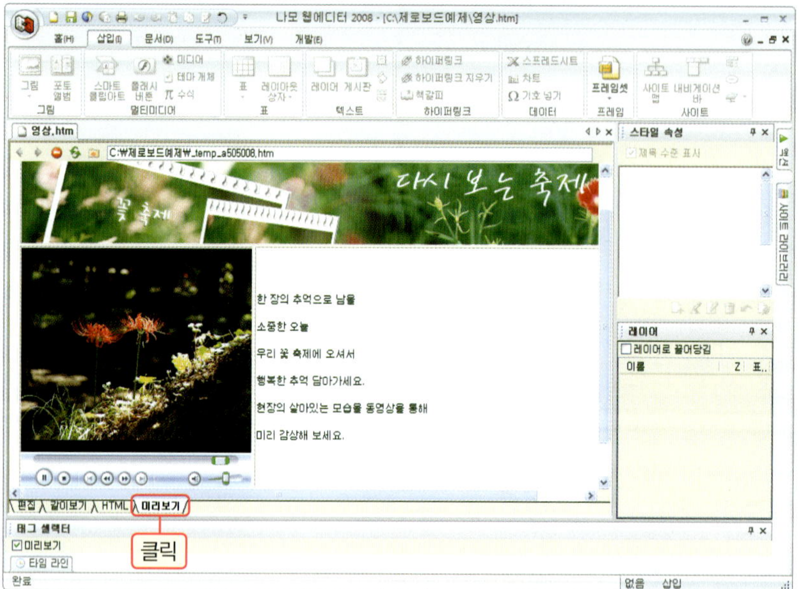

동영상을 삽입하는 방법과 같은 방법으로 음악 파일을 삽입할 수 있습니다.

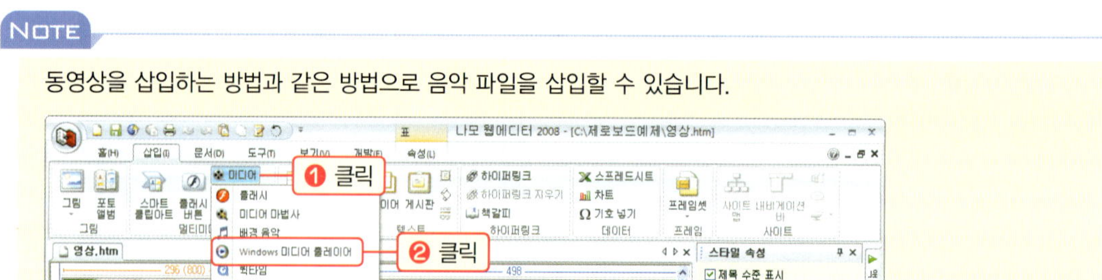

07 포토 앨범 만들기

그동안 찍어 놓은 사진으로 스토리가 있는 페이지를 만들 수 있습니다. 인터넷에 보면 많이 볼 수 있는
갤러리 형식은 썸네일 이미지가 보이고 있고 그 이미지를 클릭하면 크게 보이는 형식입니다. 나모 웹
에디터에서도 여러 유형의 포토 앨범을 만들 수 있습니다.

01 'photo.htm' 파일을 불러온 후 [삽입]–[포토 앨범]을 클릭하고 [새로 만들기]를 클릭합니다.

02 유형 선택에서 '프레임 스타일 1'을 선택하고 [다음] 버튼을 클릭합니다.

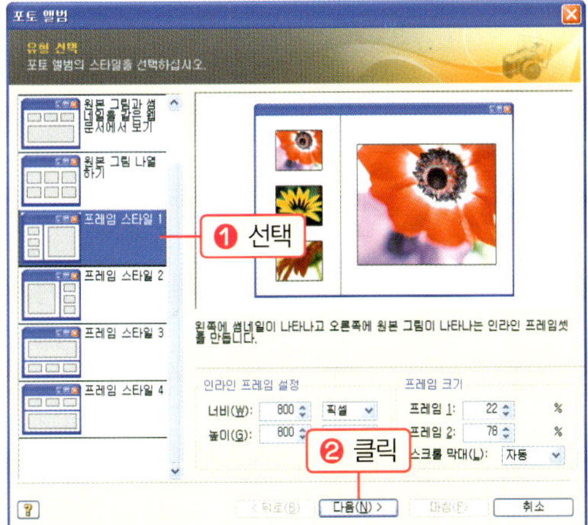

03 [파일 추가] 버튼을 클릭하고 '제로보드예제/이미지/img(1)~img(8)'을 선택하고 [열기] 버튼을 클릭합니다.

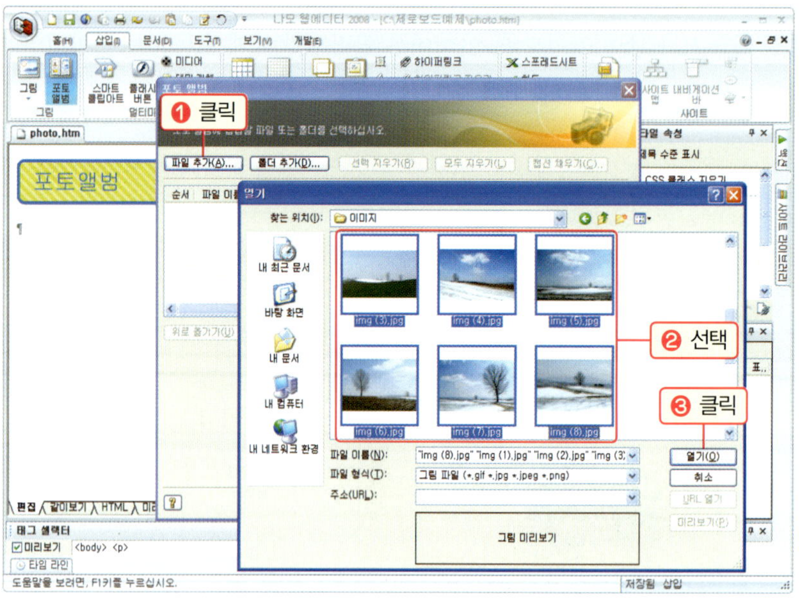

[열기] 대화상자에서 한 번에 여러 파일을 드래그하여 선택할 수 있습니다. 만약 떨어져 있는 이미지를 선택할 때는 Ctrl 키를 누른 상태에서 파일을 클릭하여 선택할 수 있습니다.

04 목록에 추가된 것을 확인하고 [다음] 버튼을 클릭합니다.

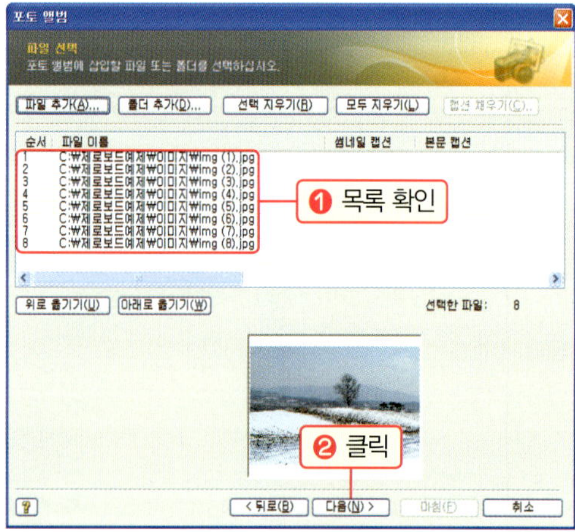

05 썸네일 효과에서 필름을 선택하고 '너비: 120', '높이: 120'을 입력한 후 [다음] 버튼을 클릭합니다.

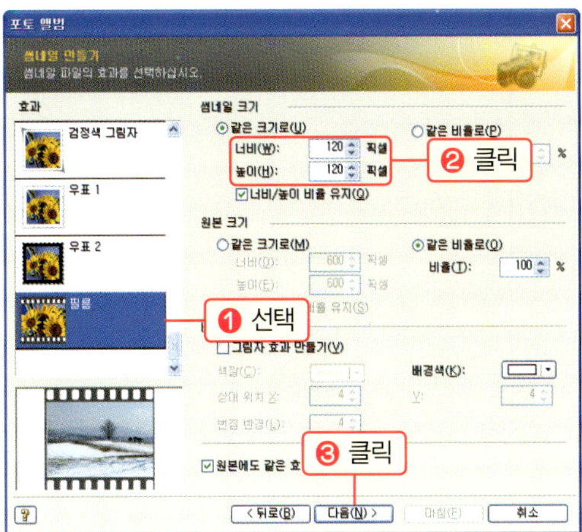

06 포토 앨범 레이아웃에서 '표의 칸 수: 4'로 설정하고 [다음] 버튼을 클릭합니다.

07 포토 앨범을 저장할 경로를 확인하고 [마침] 버튼을 클릭합니다.

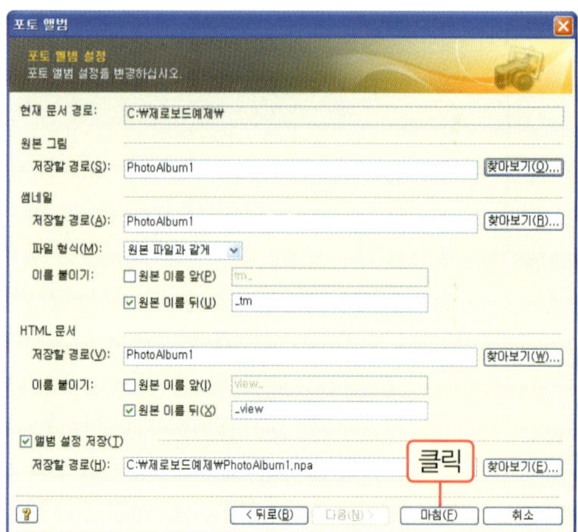

08 완성된 후에 [미리보기] 탭을 클릭하여 확인합니다. 왼쪽의 썸네일 이미지를 클릭하면 오른쪽으로 원본 이미지가 나오는 것을 확인합니다.

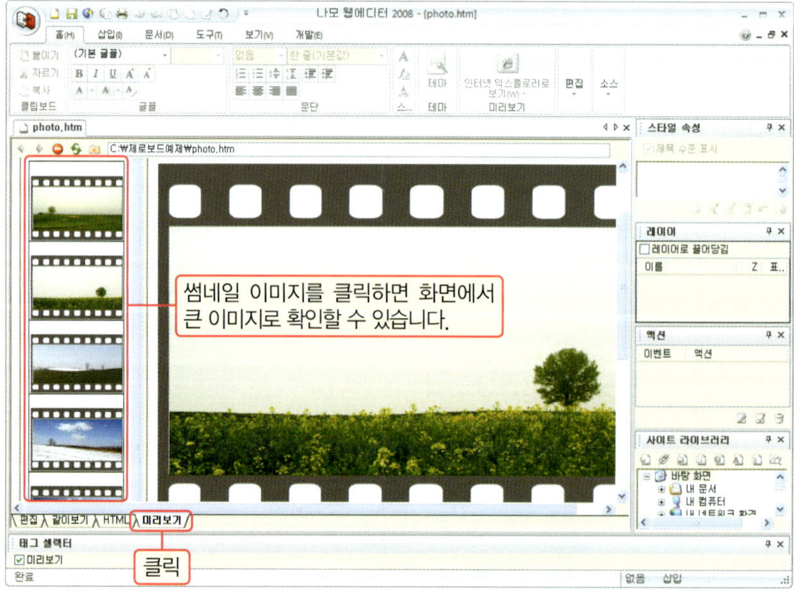

홈페이지의 필수!
표 구성하기

01 표 만들기와 삭제하기

홈페이지나 쇼핑몰을 만들 때 표 구성은 매우 빈번하게 발생하는 작업입니다. 일반적인 생각보다 훨씬 많은 곳에서 표를 사용하는데, 홈페이지의 큰 골격인 모든 레이아웃을 표로 구성하고 그곳에 디자인을 입혀 가는 과정이 웹 페이지를 만들어 가는 단계라고 할 수 있습니다.

나모 웹에디터에서 표를 만드는 방법은 3가지 방식이 있습니다.

❶ [삽입]-[표]-[표 삽입]-줄, 칸 입력
❷ [삽입]-[표]-표를 드래그해서 줄, 칸 지정
❸ [삽입]-[표]-[표 그리기]로 직접 그리기

01 새로운 페이지에 표를 삽입하기 위해 [삽입]-[표]-[표 삽입]을 클릭합니다.

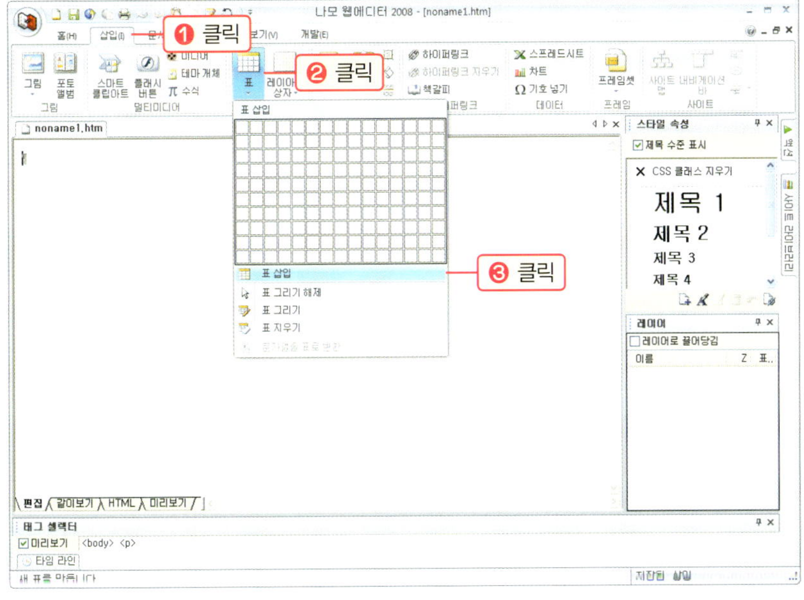

02 [표 속성] 대화상자에서 '줄: 10', '칸: 10'을 입력하고 [확인] 버튼을 클릭합니다.

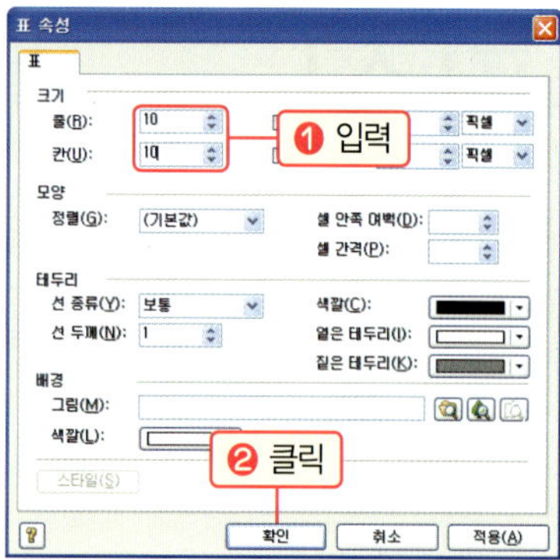

03 10줄 10칸의 표가 만들어진 것을 확인하고 다른 방법으로 표를 만들어 보기 위해 만들어진 표 다음 줄에 커서를 놓고 [표]의 표 만들기를 드래그하여 5×7의 표를 만듭니다.

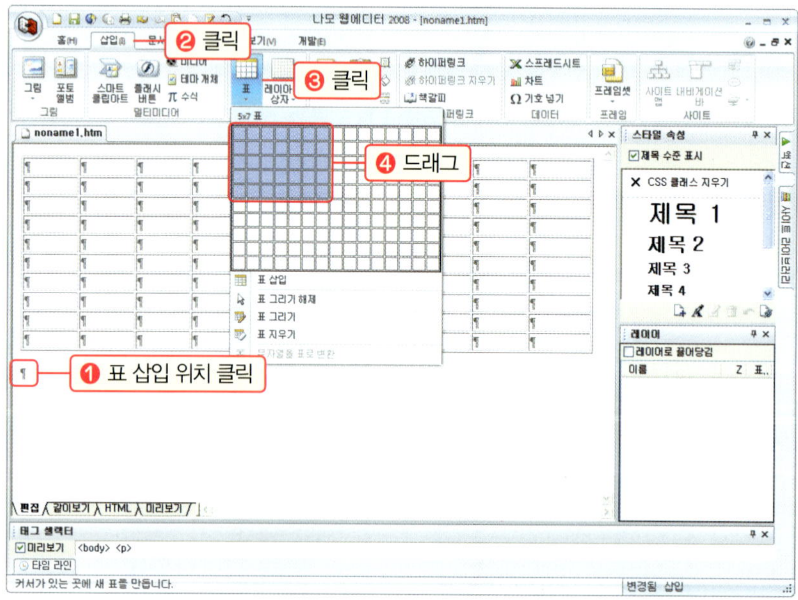

04 표를 만드는 세 번째 방법인 마우스로 드래그하여 표를 만드는 방법을 확인 해보기 위해 [표]의 [표 그리기]를 클릭합니다.

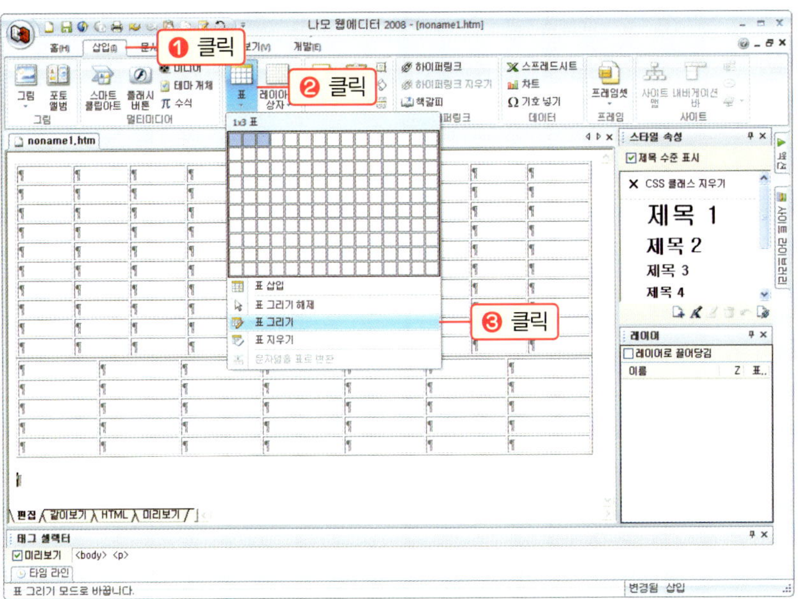

05 마우스로 드래그하여 표의 크기를 설정합니다.

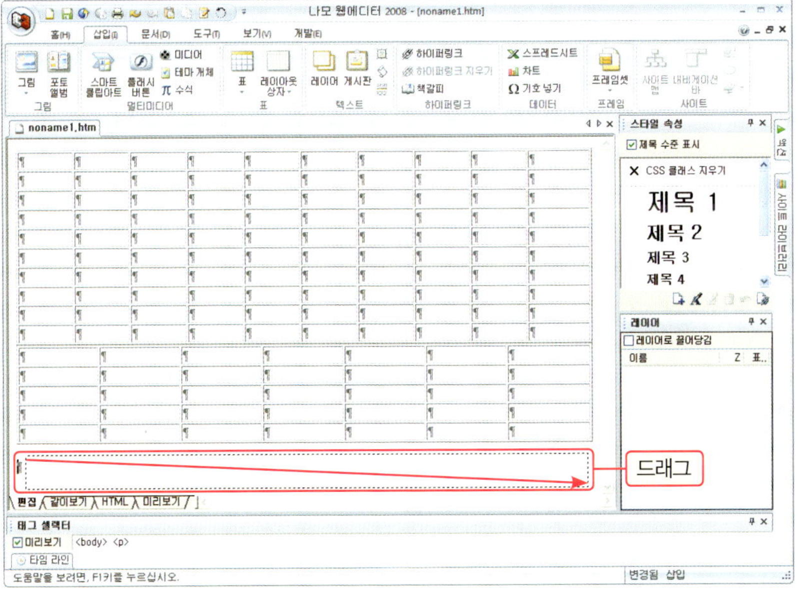

06 1×1의 표가 만들어지면 표 속에 마우스로 드래그하여 줄과 칸을 만들어 줍니다.

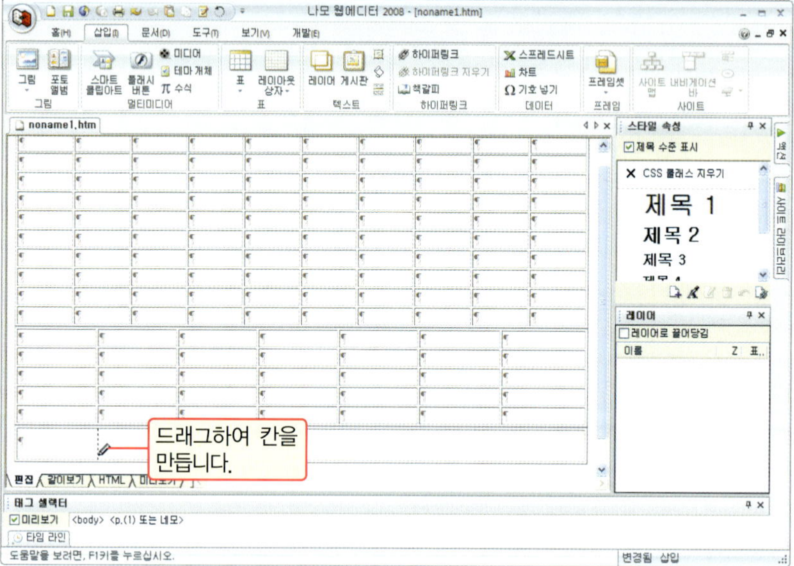

NOTE

- [표 그리기] 모드를 끝내려면 Esc 키를 누릅니다.
- 줄과 칸을 없애려면 [표]–[표 지우기]를 클릭한 후 마우스 모양이 지우개 형태가 되면 드래그해서 지웁니다.

07 표를 지우려면 표 앞에 커서를 위치시키고 키보드의 Delete 를 눌러 [예] 버튼을 클릭하여 지웁니다.

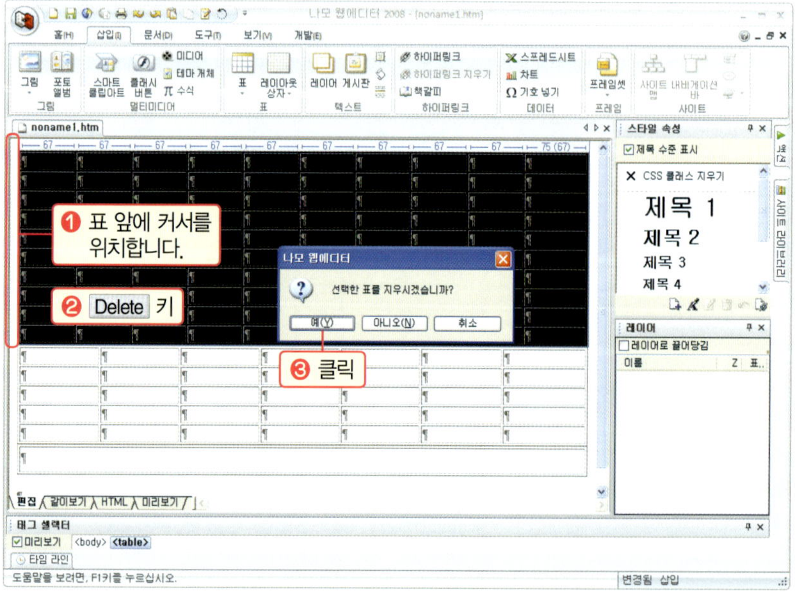

NOTE

표 전체를 드래그하여 선택하고 Delete 키를 눌러 표를 삭제할 수도 있습니다.

08 표가 지워진 것을 확인합니다.

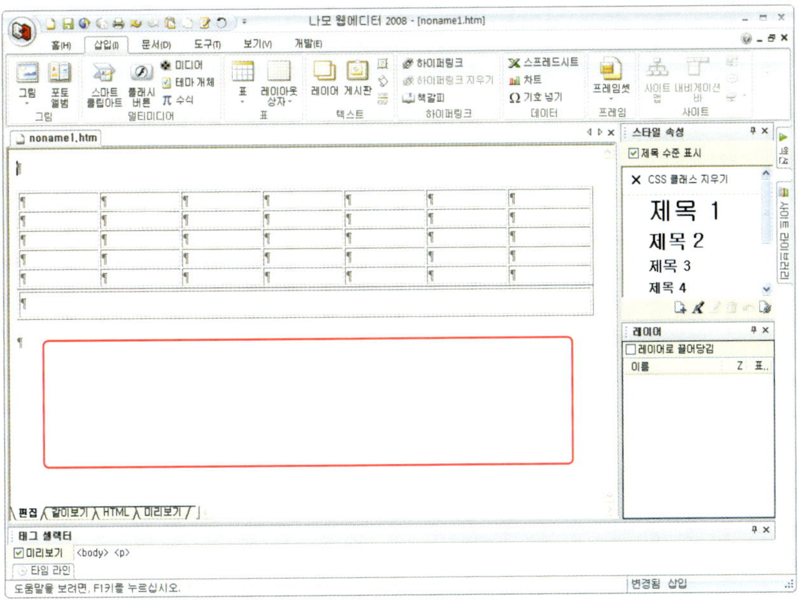

02 표로 편지지 만들기

표를 응용하여 편지지를 만들어 보겠습니다.

01 새 문서에서 표를 만들기 위해 [삽입]-[표]-[표 삽입]을 클릭합니다.

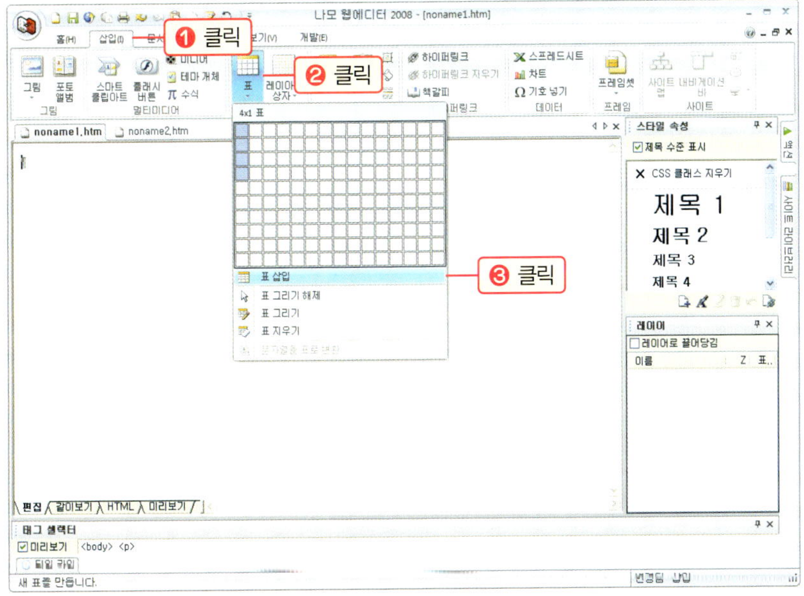

02 [표 속성] 대화상자에서 '줄: 3', '칸: 1', '너비: 600', '선두께: 0'을 입력하고 배경 그림을 삽입하기 위해 배경의 [찾아보기] 버튼을 클릭합니다.

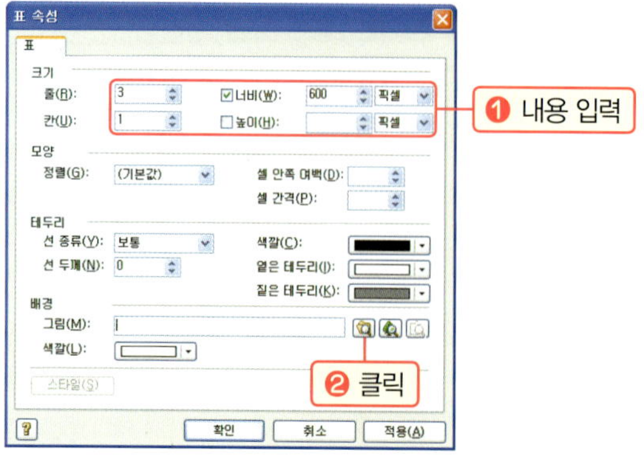

03 [열기] 대화상자에서 '제로보드예제/backgroung2.gif'를 선택하고 [열기] 버튼을 클릭합니다.

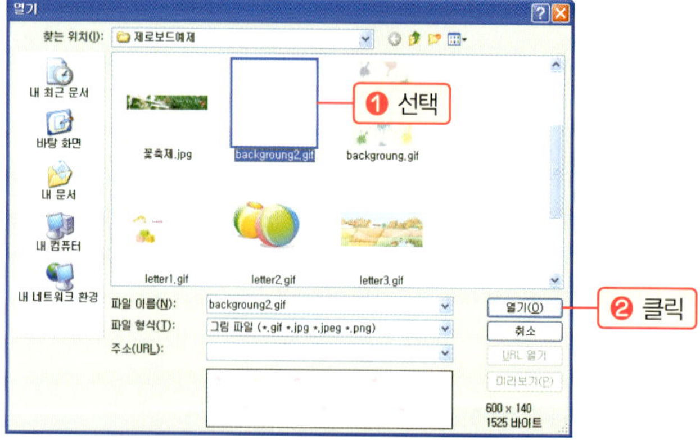

04 [표 속성] 대화상자에서 [확인] 버튼을 클릭합니다.

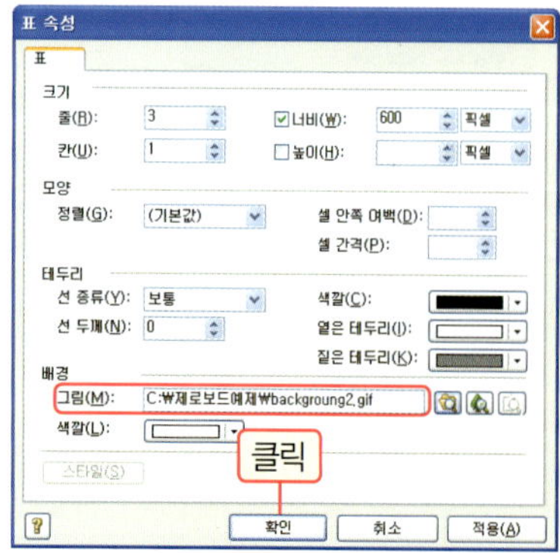

05 3줄 1칸의 표가 만들어진 것을 확인하고 Ctrl 키를 누른 상태에서 첫 번째 줄과 세 번째 줄을 클릭하면 동시에 선택됩니다.

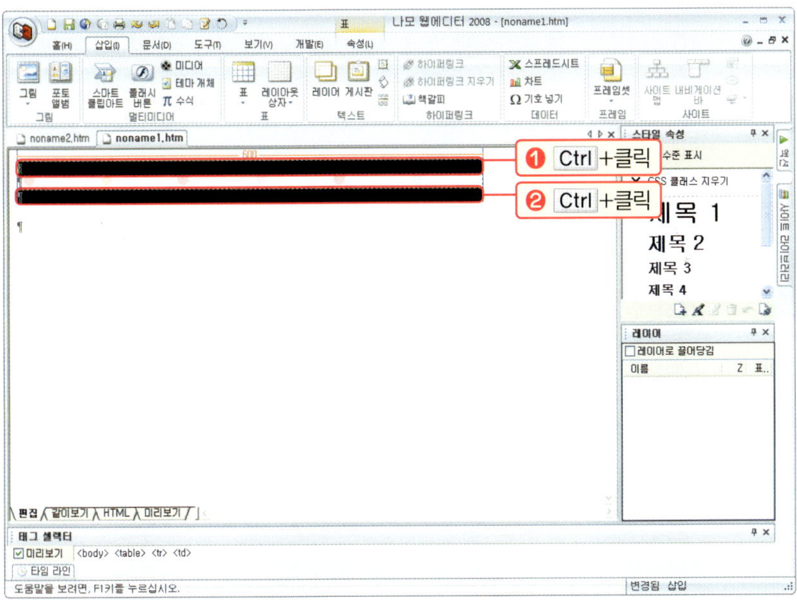

06 블록에서 마우스 오른쪽 버튼을 클릭하고 [셀 속성] 메뉴를 클릭합니다.

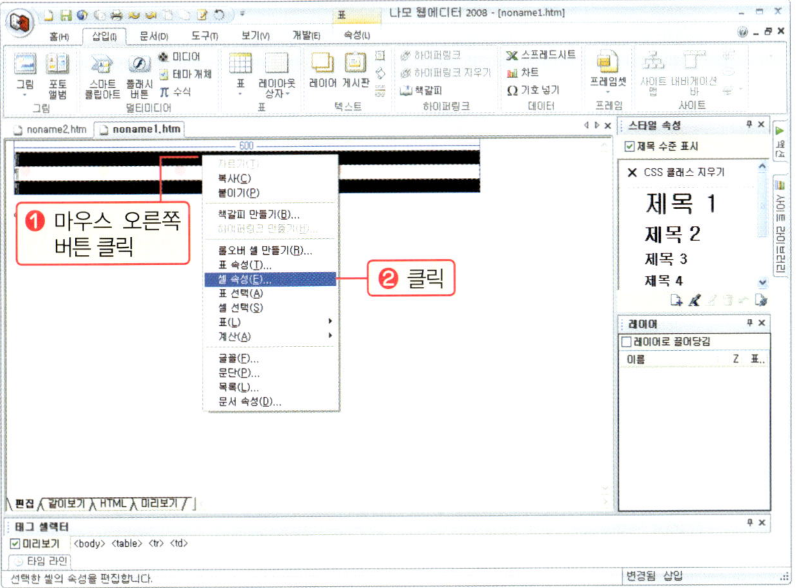

07 [표 속성] 대화상자에서 '높이: 5'를 입력하고 '색상: E55667'의 색을 선택합니다.

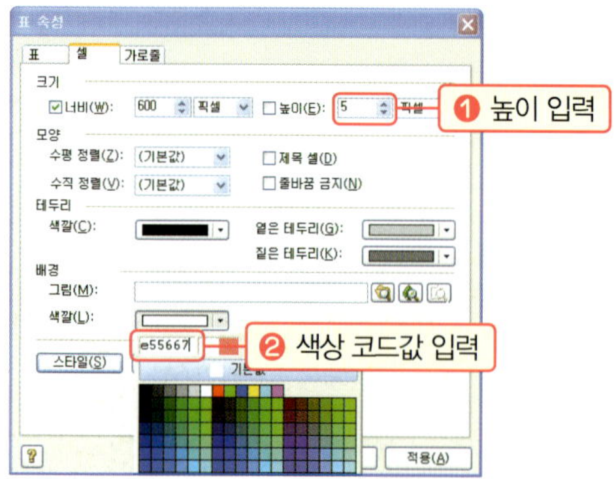

08 셀의 높이와 색상은 정상적으로 적용되었는데 높이가 적용되지 않은 것을 볼 수 있습니다. 높이를 설정하기 위해 [같이보기] 탭을 클릭하고 소스 중에 ' '를 찾아서 지웁니다.

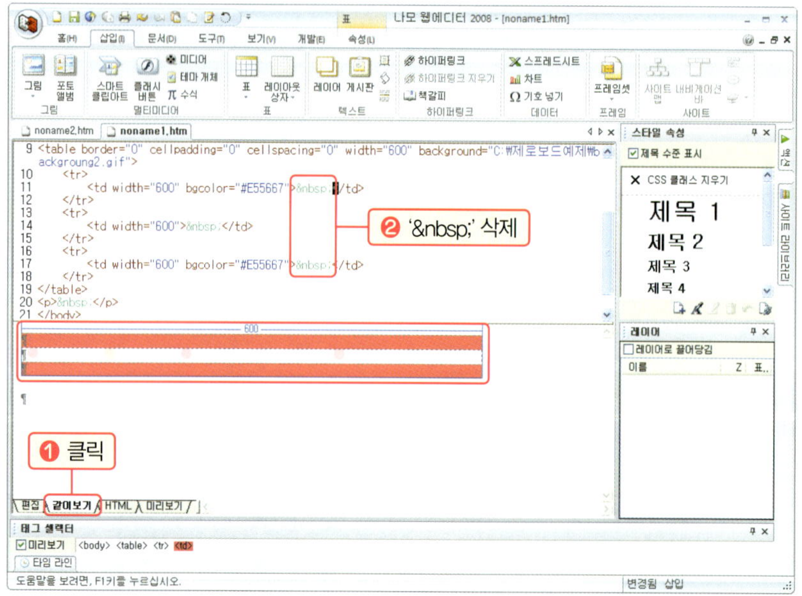

> **NOTE**
>
> ' '은 한 칸에 해당됩니다. 표의 높이를 기본 글자 크기보다 작은 값으로 지정하면 글자 크기때문에 작은 값으로 조절되지 않습니다. 옵션에서 설정하는 곳은 없고 HTML 소스에서 삭제해야만 수정이 됩니다.

09 높이와 색이 적용된 것을 확인하고 두 번째 줄에 표를 추가하기 위해 클릭하여 위치를 지정하고 [표] 메뉴의 [표 삽입]을 클릭합니다.

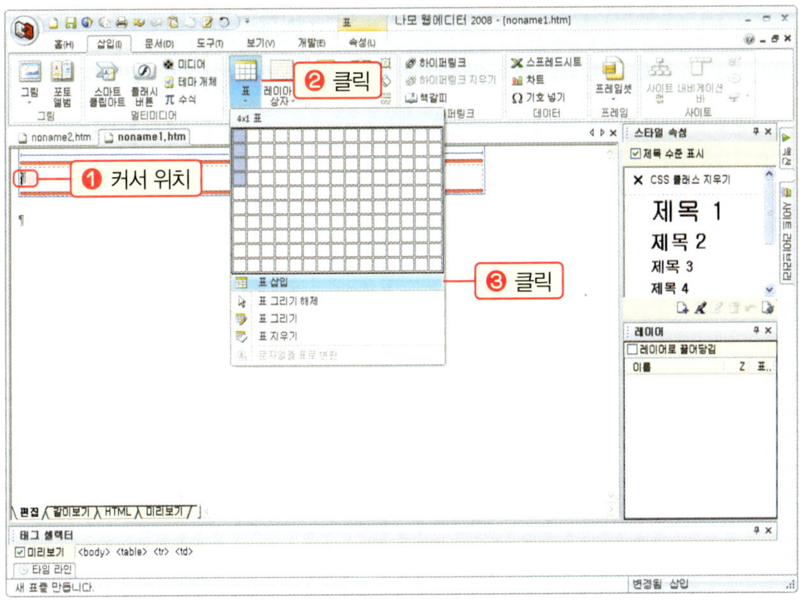

10 [표 속성] 대화상자에서 '줄: 3', '칸: 1', '선 두께: 0'을 입력하고 [확인] 버튼을 클릭합니다.

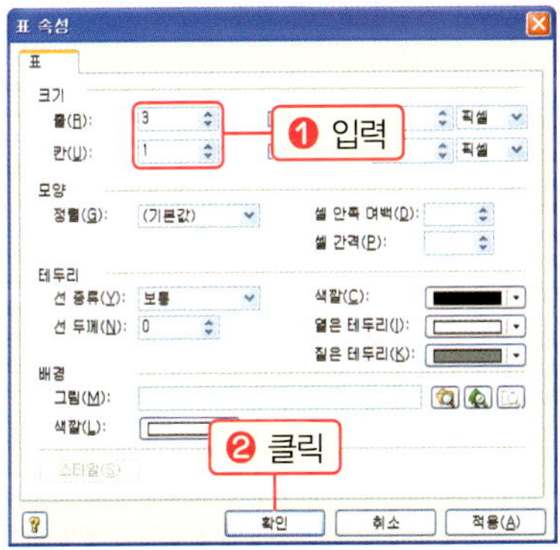

11 새로 만들어진 표의 첫 번째 줄에 이미지를 삽입하기 위해 [삽입]-[그림]을 클릭하고 [그림 속성] 대화상자에서 [찾아보기] 버튼을 클릭합니다.

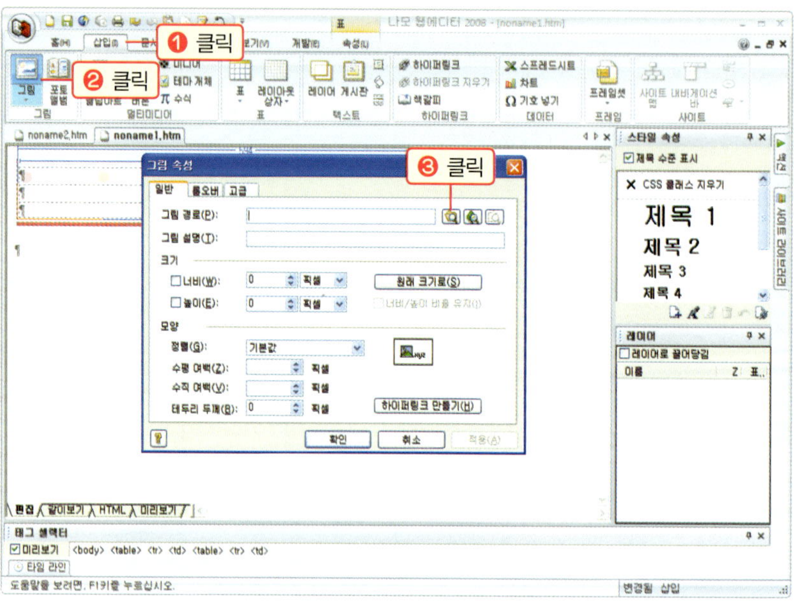

12 [열기] 대화상자에서 '제로보드예제/letter1.gif'를 선택하고 [열기] 버튼을 클릭합니다.

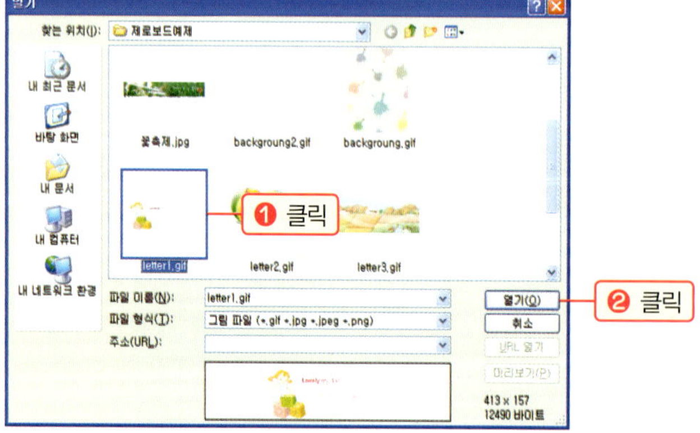

13 [그림 속성] 대화상자에서 '너비: 413', '높이: 157', '테두리 두께: 0'을 입력하고 [확인] 버튼을 클릭합니다.

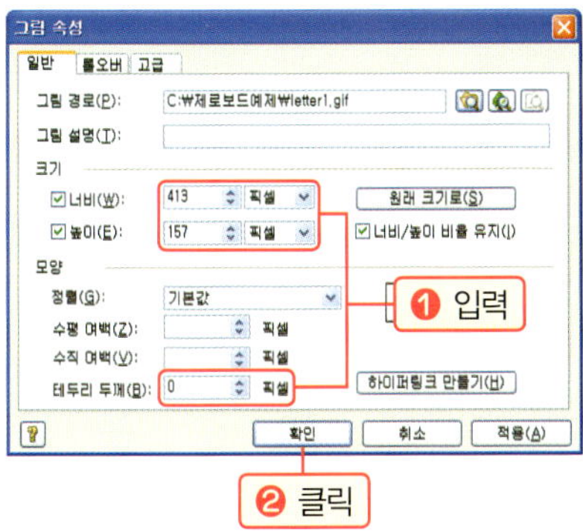

14 편지 내용을 쓰는 공간을 마련하기 위해 같은 방법으로 10줄 1칸의 표를 만들어 줍니다.

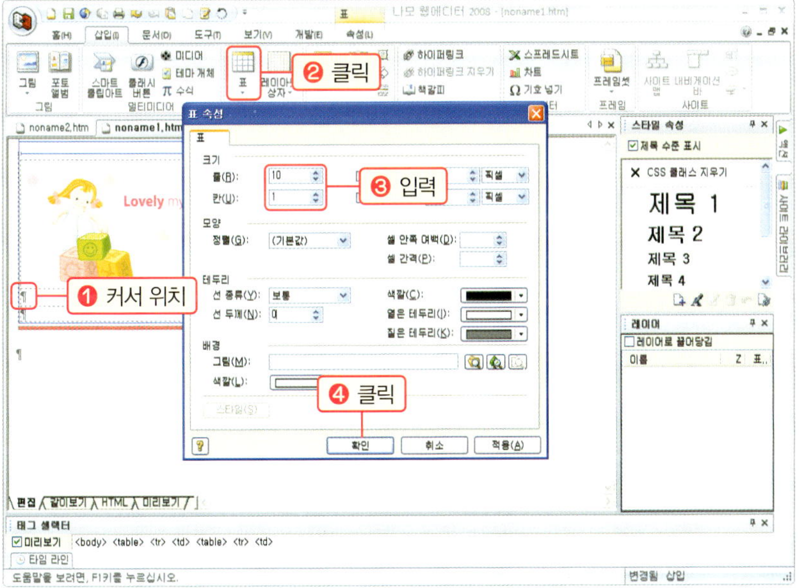

> **NOTE**
>
> 선 두께를 '0'으로 설정하여 레이아웃을 구성하는 것은 표 자체는 나타내지 않고 편지지의 모습만 보여주기 위한 방법입니다.

15 만들어진 표에서 마우스 오른쪽 버튼을 클릭한 후에 [표]-[셀 테두리] 메뉴를 클릭합니다.

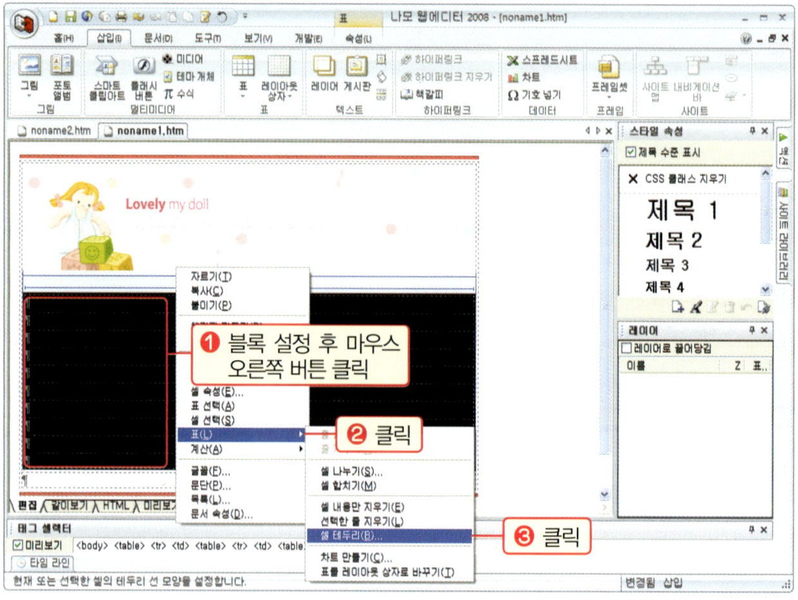

16 [셀 테두리] 대화상자에서 줄만 만들기 위해 줄 버튼을 클릭하고 색상을 선택한 후에 [확인] 버튼을 클릭합니다.

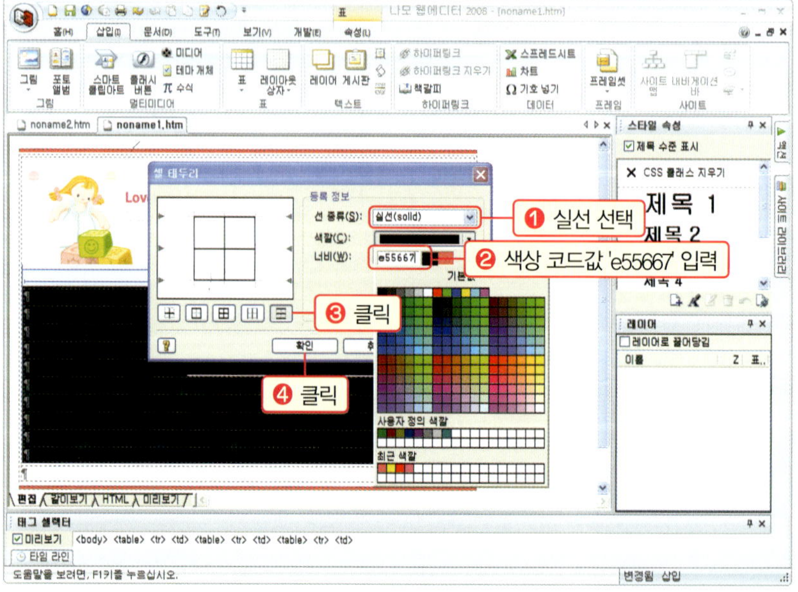

NOTE

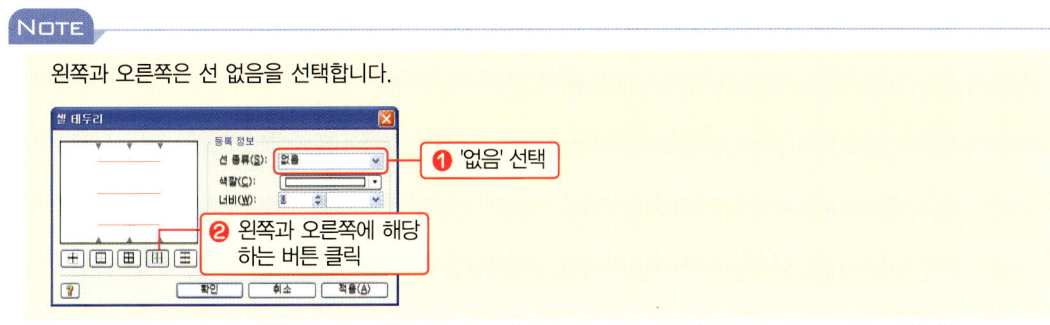

17 줄이 만들어진 것을 확인하고 맨 아랫줄에 이미지를 삽입한 후에 오른쪽 정렬을 합니다.

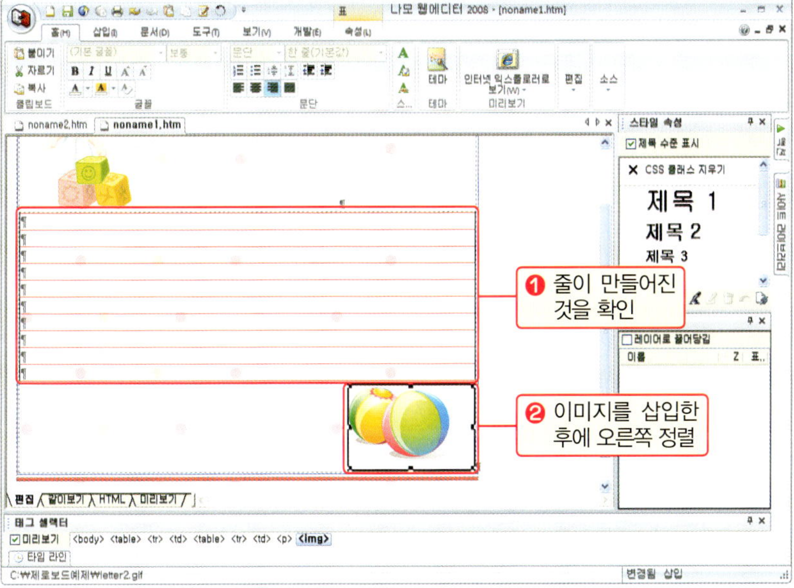

18 [미리보기] 탭을 클릭하여 완성된 편지지를 확인합니다.

스크립트 마법사 활용하기

01 텍스트 메뉴 만들기

스크립트 마법사는 나모 웹에디터에서 애니메이션 효과 등 자바스크립트에서 할 수 있는 효과를 쉽게 만들어 주는 기능입니다. 그중에 텍스트 메뉴는 메뉴에 마우스를 올려 놓으면 글씨 색이 변하거나 밑줄이 만들어지는 기능입니다.

01 빈 페이지에서 [삽입]–[스크립트]–[스크립트 마법사]를 클릭합니다.

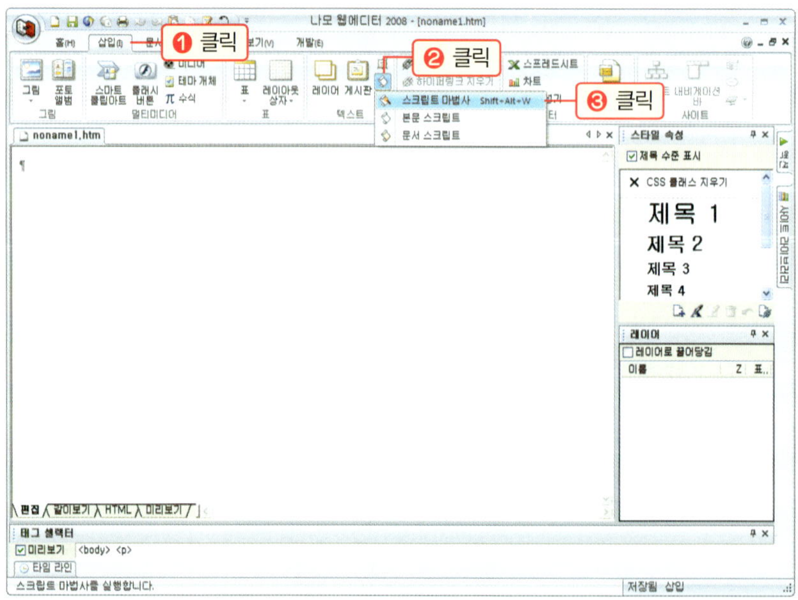

02 [스크립트 마법사] 대화상자에서 [텍스트 메뉴 만들기]를 선택한 후에 [다음] 버튼을 클릭합니다.

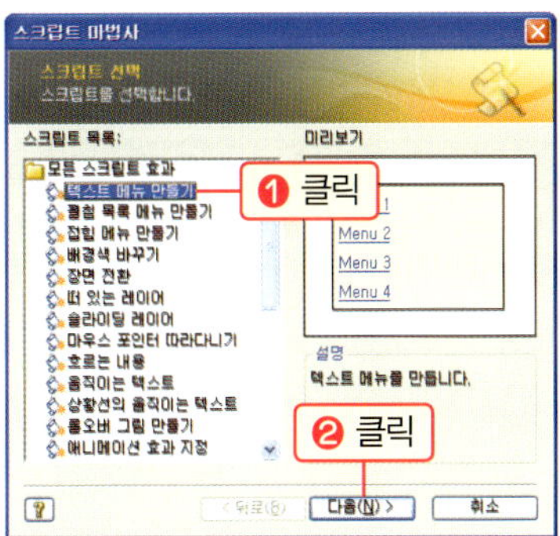

03 [텍스트 메뉴 만들기]에서 [추가] 버튼을 클릭한 후에 '항목 이름: 추천여행지', '주소: http://사용자 ID.cafe24.com/xe/sub2_1'을 입력하고 [확인] 버튼을 클릭합니다.

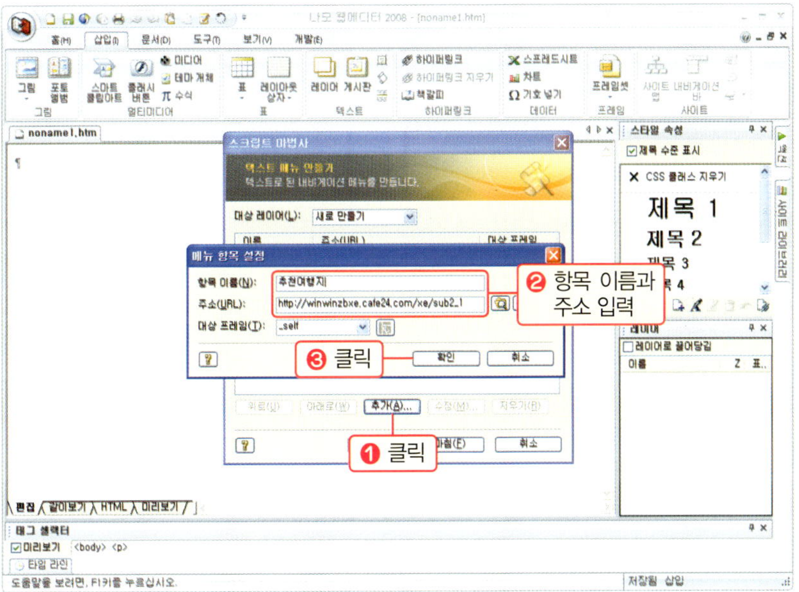

사용자ID를 그대로 입력하는 분들은 없으시겠지요? 본인 ID로 대체해서 입력하고, 게시판 주소는 XE 관리자(http://사용자id.cafe24.com/xe/admin)에 접속하여 확인해보기 바랍니다.

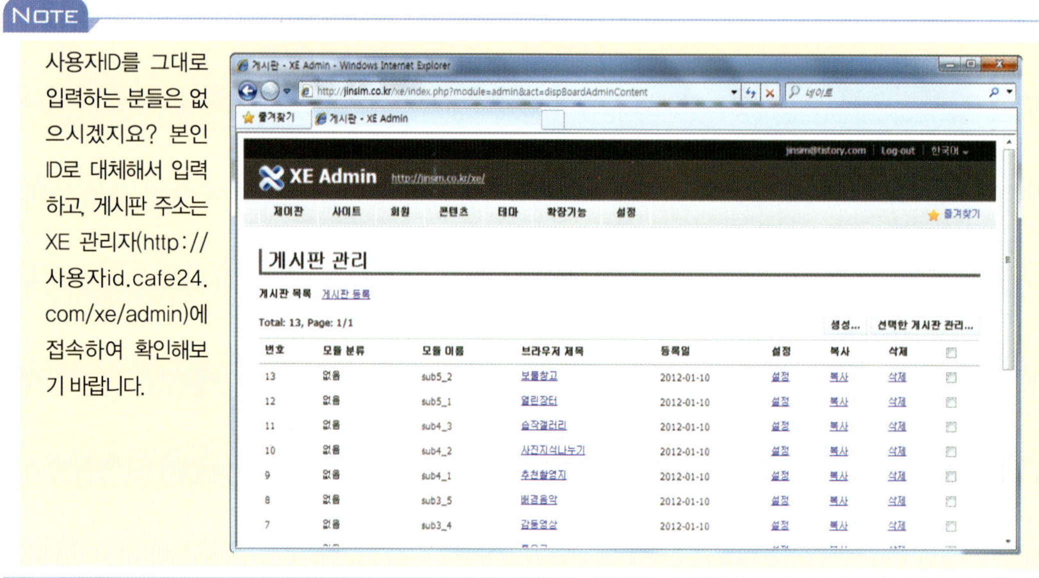

04 메뉴가 추가된 것을 확인하고 [다음] 버튼을 클릭합니다.

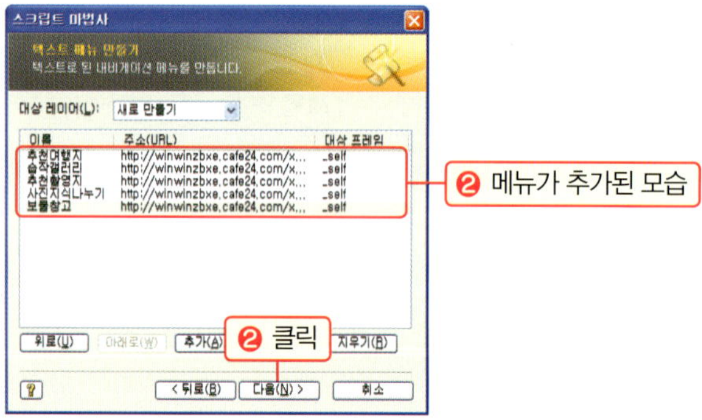

05 메뉴 모양을 설정하고 [다음] 버튼을 클릭합니다.

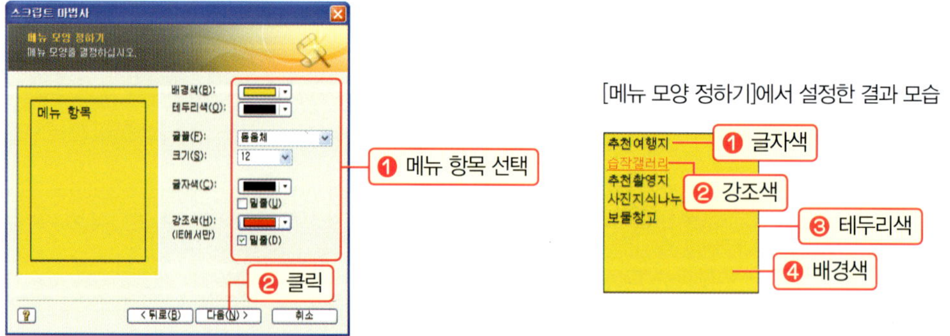

[메뉴 모양 정하기]에서 설정한 결과 모습

06 메뉴 동작 정하기 화면에서 [동작 없음]을 선택하고 [마침] 버튼을 클릭합니다.

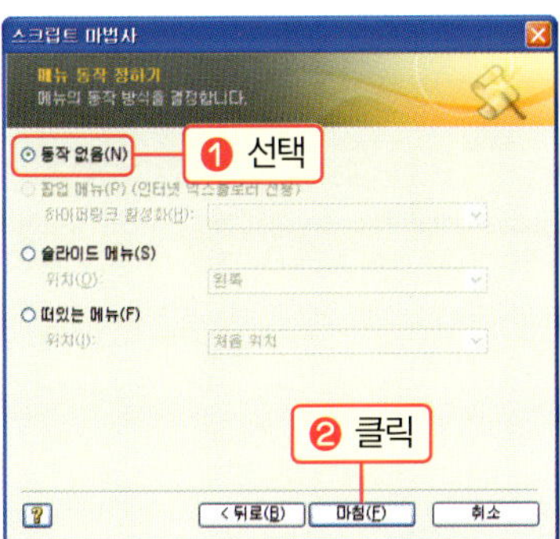

[메뉴 동작 정하기]는 메뉴가 등장하는 모습을 말합니다. [동작 없음]을 선택하면 만든 자리에 그냥 있게 되고 [슬라이드 메뉴]나 [떠있는 메뉴]를 선택하면 홈페이지에서 메뉴가 처음에는 없다가 지정한 방법으로 등장하는 기법을 말합니다.

07 편집 화면에서는 레이어만 보이는 것을 확인할 수 있습니다. [미리보기] 탭을 클릭하여 완성된 메뉴를 확인합니다.

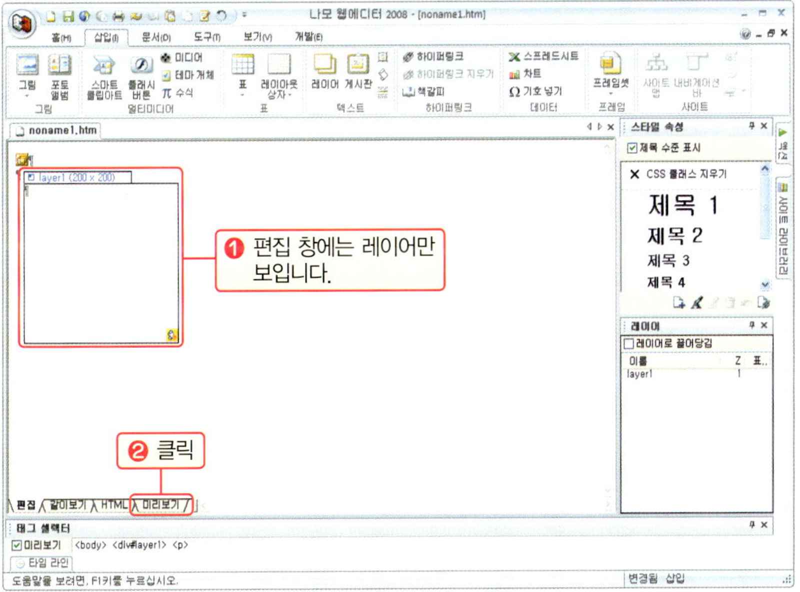

08 완성된 메뉴에 마우스를 올려놓으면 메뉴의 색상이 변경되고 밑줄이 생기는 것을 확인할 수 있습니다.

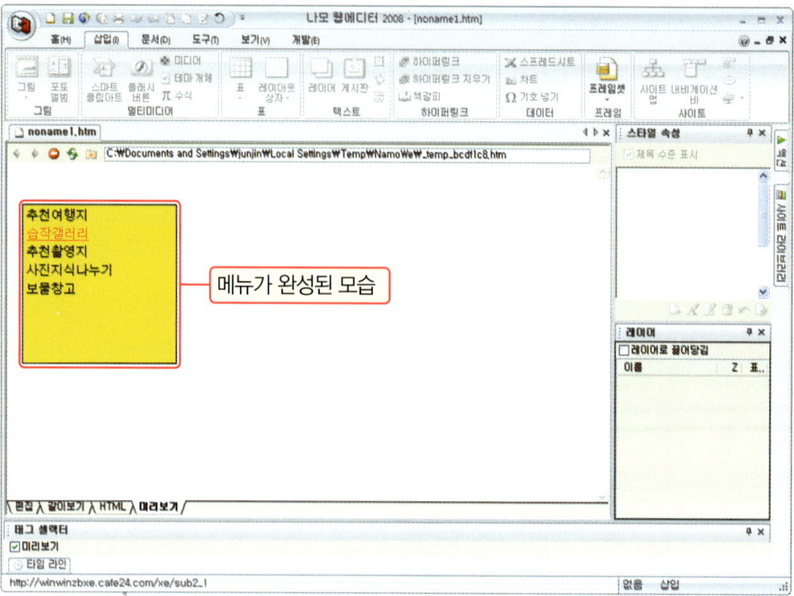

09 메뉴 클릭시 해당 페이지로 이동하는 모습을 확인합니다.

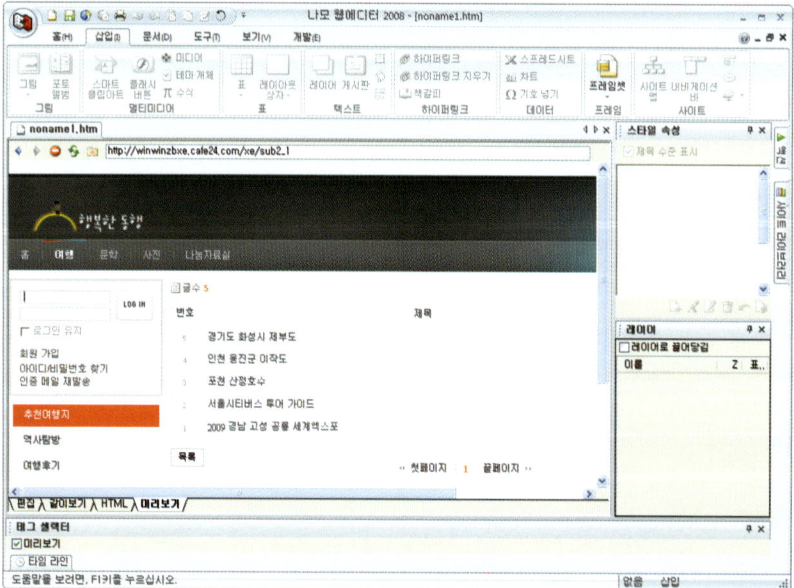

02 움직이는 텍스트 만들기

움직이는 텍스트는 홈페이지 내에 강조하고 싶은 내용을 표현하는 방법입니다.

01 [삽입]–[스크립트]–[스크립트 마법사]를 클릭한 후에 [움직이는 텍스트]를 선택하고 [다음] 버튼을 클릭합니다.

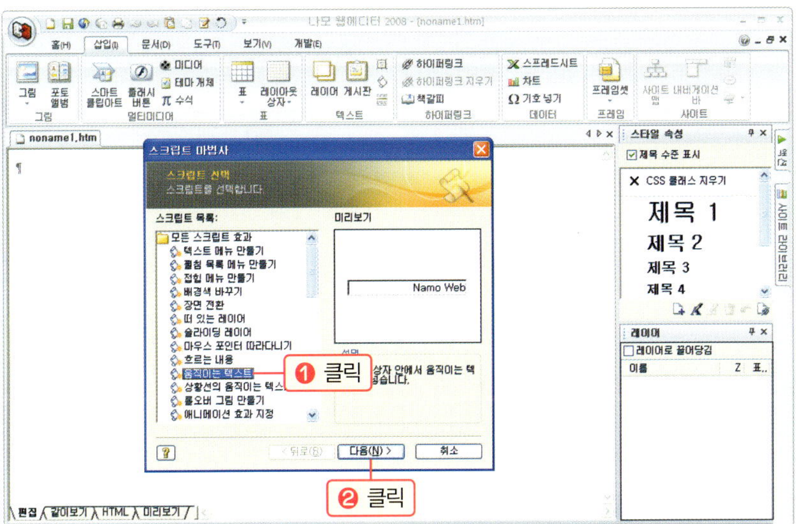

02 움직이는 텍스트 설정 창에서 [텍스트 내용]을 입력하고 [마침] 버튼을 클릭합니다.

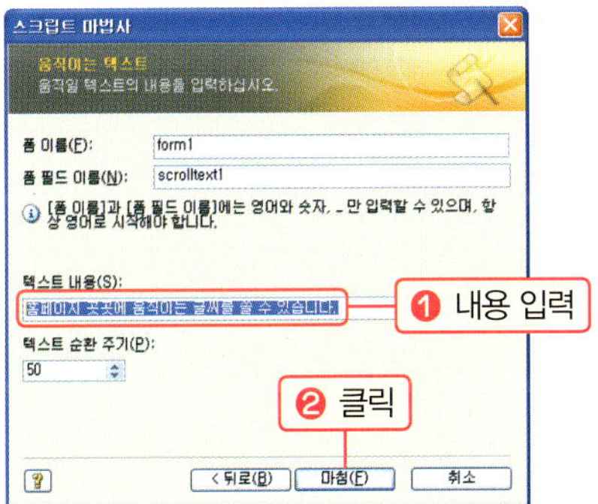

03 편집 창에 외곽선과 내용이 나오는 것을 확인할 수 있습니다. 편집 창에서는 움직이지 않으므로 [미리보기] 탭을 클릭하여 확인합니다.

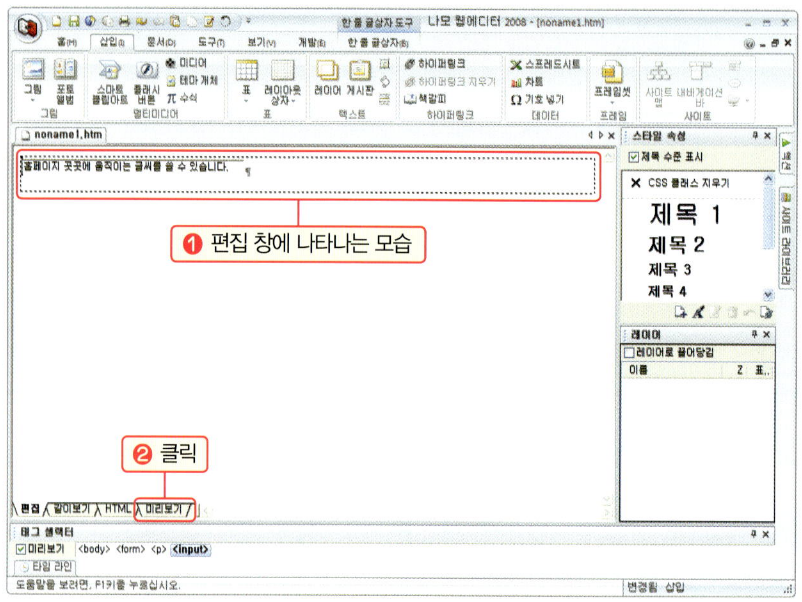

04 오른쪽에서 왼쪽으로 내용이 움직이는 것을 확인합니다.

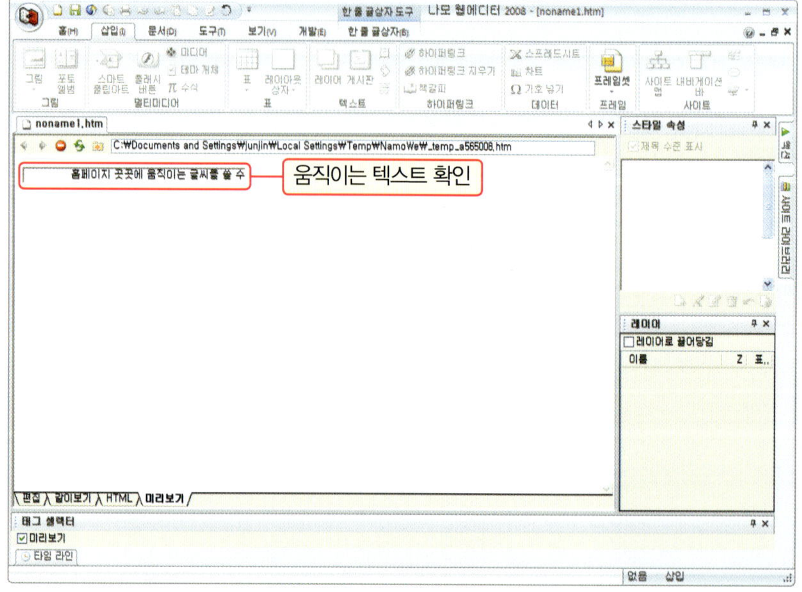

05 소스를 수정하여 폼 테두리를 없애보겠습니다. [같이보기] 탭을 클릭한 후 'input 폼'의 끝에 'style="border:0px'을 입력합니다.

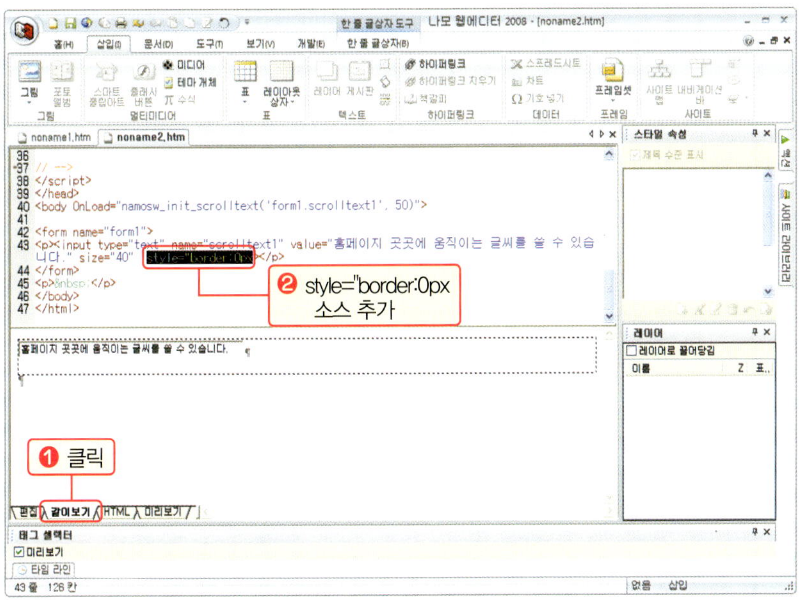

NOTE

수정된 소스

〈input type="text" name="scrolltext1" value="홈페이지 곳곳에 움직이는 글씨를 쓸 수 있습니다."
size="40" **style="border:0px**〉

---

06 폼 테두리 없이 흐르는 내용이 완성된 것을 확인할 수 있습니다.

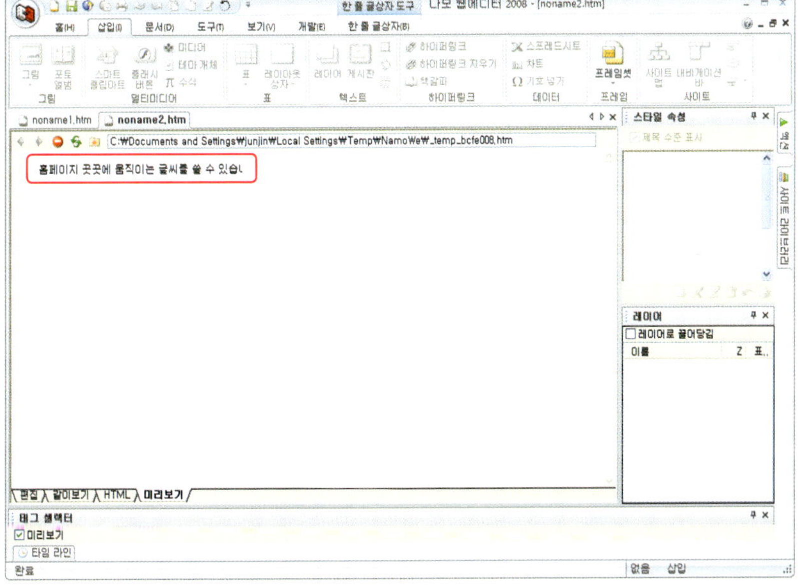

03 순환 배너 만들기

순환 배너 기능은 여러 장의 배너 사진이 연속으로 보여지는 기능을 말합니다. 각각의 배너에는 링크를 걸 수 있고 그 배너를 클릭하면 링크가 설정된 페이지로 이동하게 됩니다.

01 빈 페이지에서 [삽입]-[스크립트]-[스크립트 마법사]를 클릭하고 [순환 배너 만들기]를 선택한 후 [다음] 버튼을 클릭합니다.

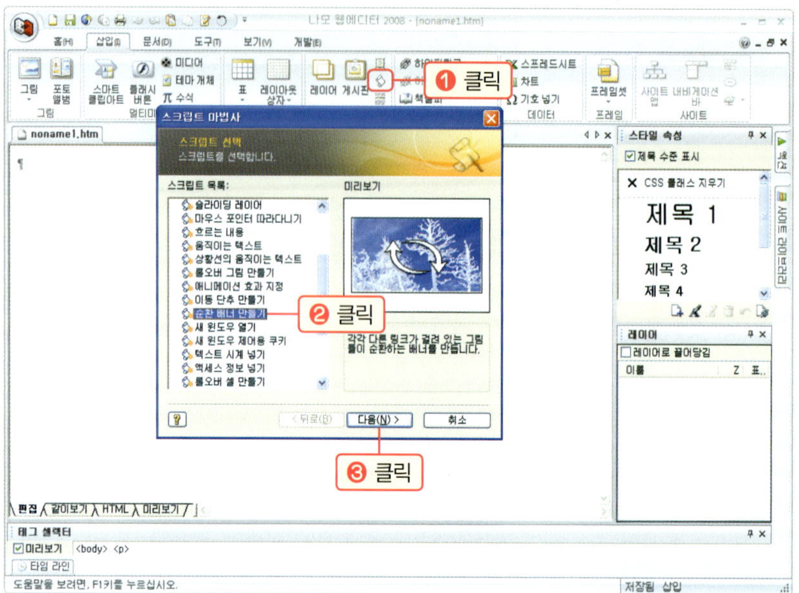

02 순환 배너 창에서 [추가] 버튼을 클릭한 후 그림을 삽입하기 위해 [찾아보기] 버튼을 클릭합니다.

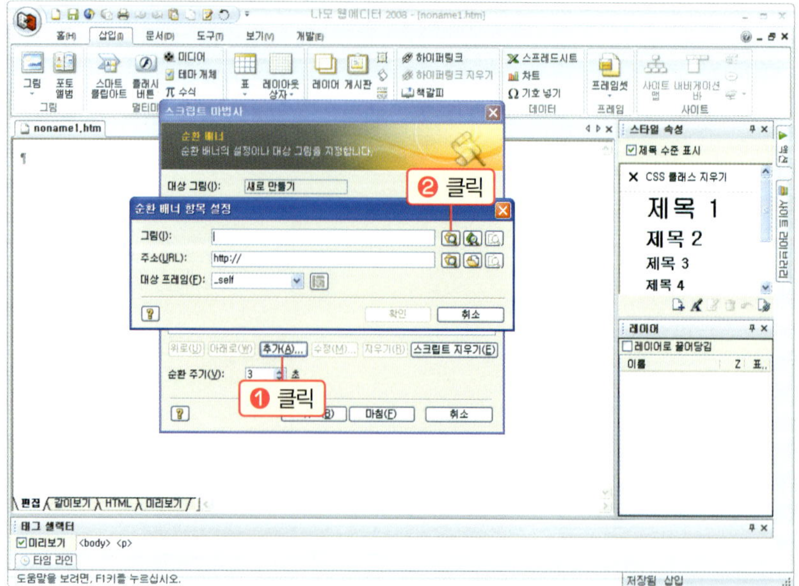

03 '제로보드예제/이미지/banner1.jpg'를 선택하고 [열기] 버튼을 클릭합니다.

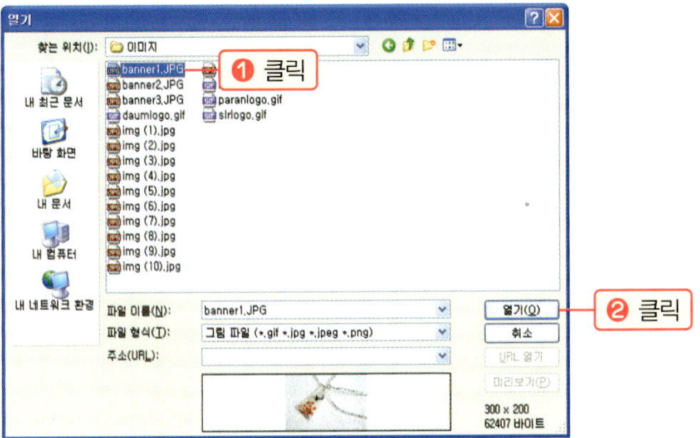

04 [순환 배너 항목 설정] 창에서 주소를 입력하고 [확인] 버튼을 클릭합니다.

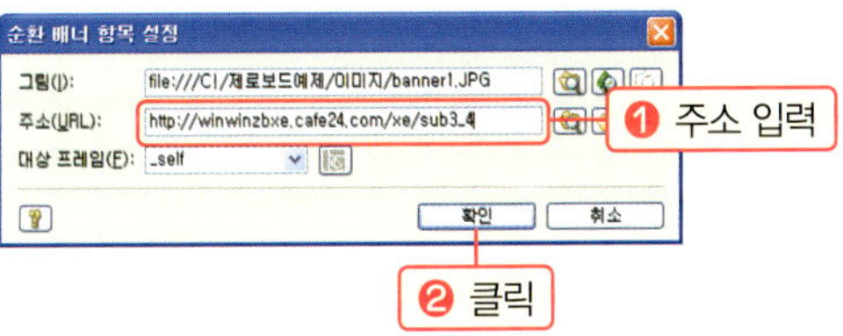

05 같은 방법으로 배너를 3개 추가하고 '순환 주기: 3'으로 설정한 후에 [마침] 버튼을 클릭합니다.

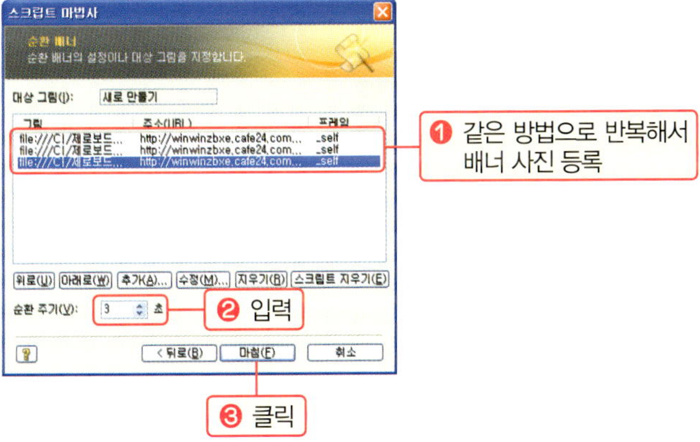

06 [미리보기] 탭을 클릭하여 이미지가 전환되는 것을 확인합니다.

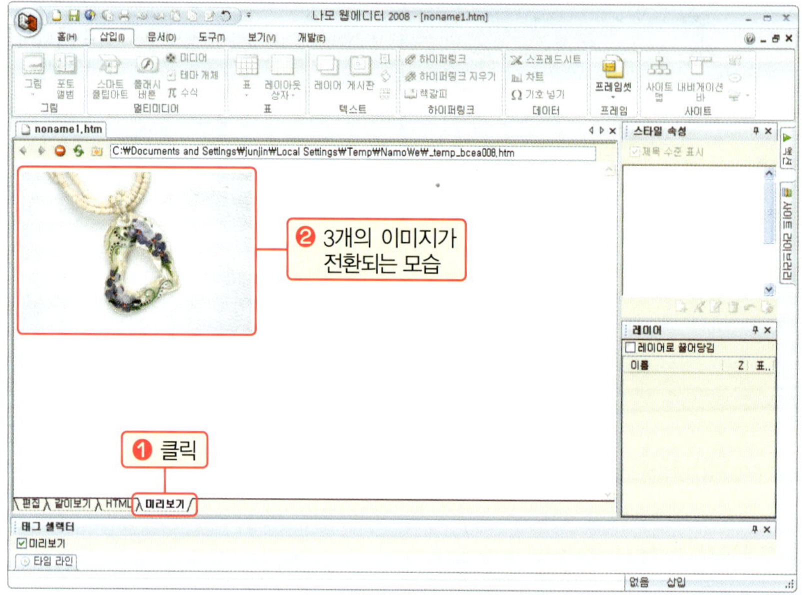

07 배너 이미지를 클릭하면 지정해둔 주소로 이동됩니다.

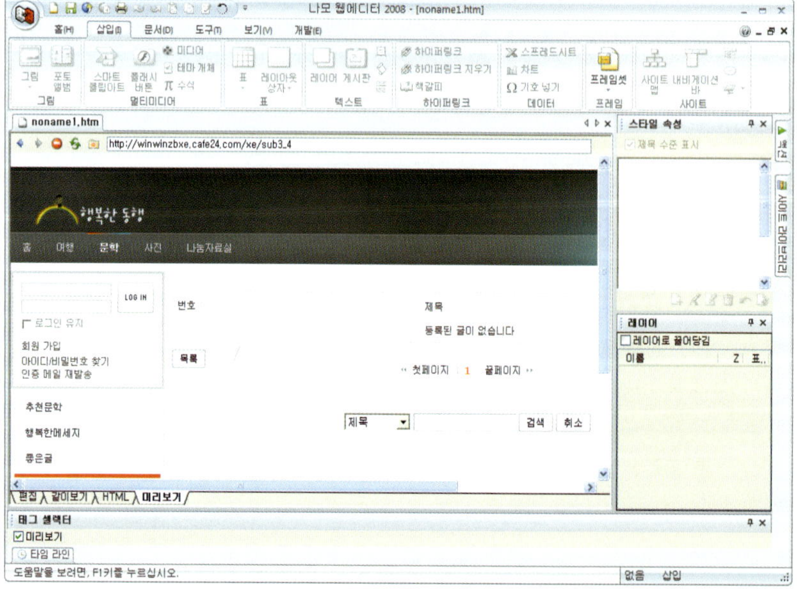

04 팝업 창 만들기

홈페이지를 방문했을 때 중요한 공지가 있거나 이벤트 등을 알릴 때 많이 사용하는 기능이 팝업 창을 띄우는 것입니다. 나모 웹에디터의 팝업 창 기능을 활용하면 원하는 팝업 창을 쉽게 띄울 수 있습니다.

01 [삽입]-[스크립트]-[스크립트 마법사]를 클릭하고 '새 윈도우 열기'를 선택한 후 [다음] 버튼을 클릭합니다.

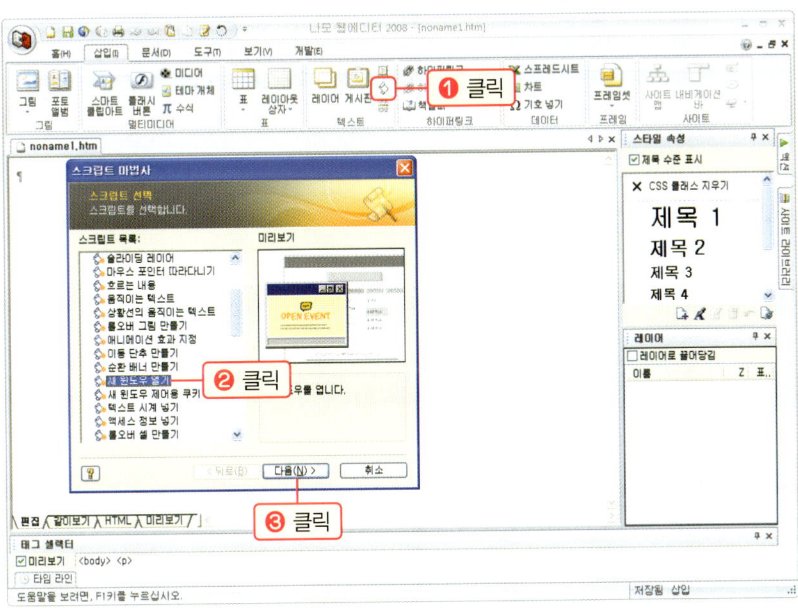

02 [찾아보기] 버튼을 클릭한 후 '제로보드예제/popup.htm'을 선택하고 [열기] 버튼을 클릭합니다.

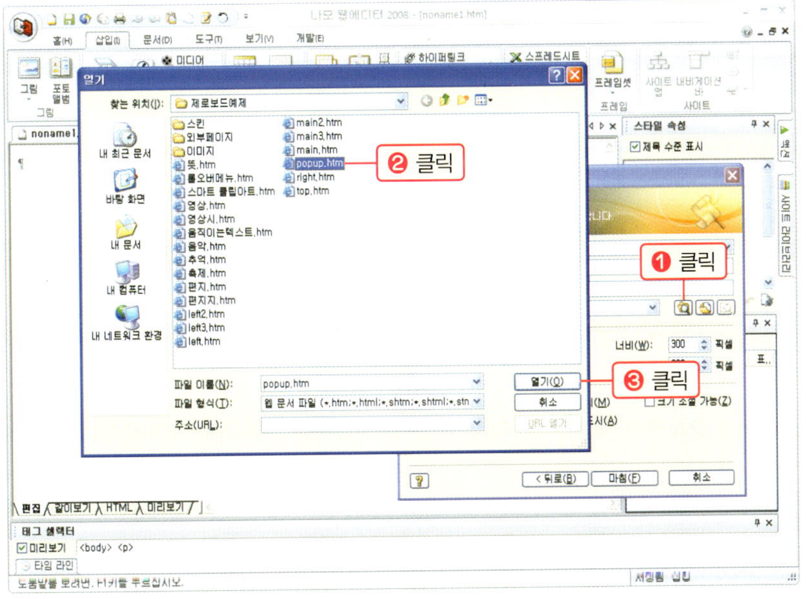

03 [위치와 크기]에서 '너비: 300', '높이: 500'을 입력하고 [마침] 버튼을 클릭합니다.

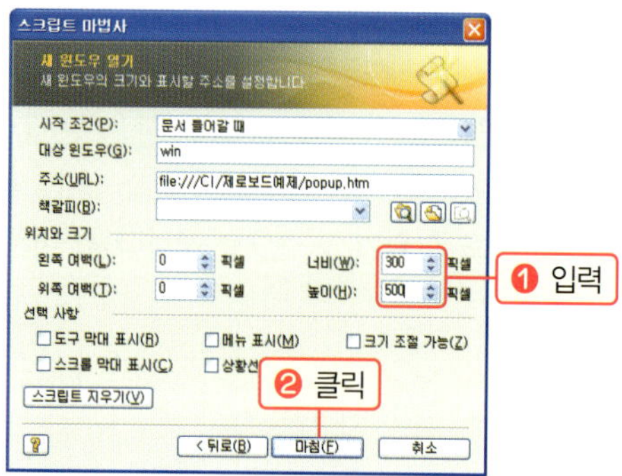

04 편집 창에서는 내용을 확인할 수 없습니다. [미리보기] 탭을 클릭하면 팝업 창이 뜨는 것을 확인할 수 있습니다.

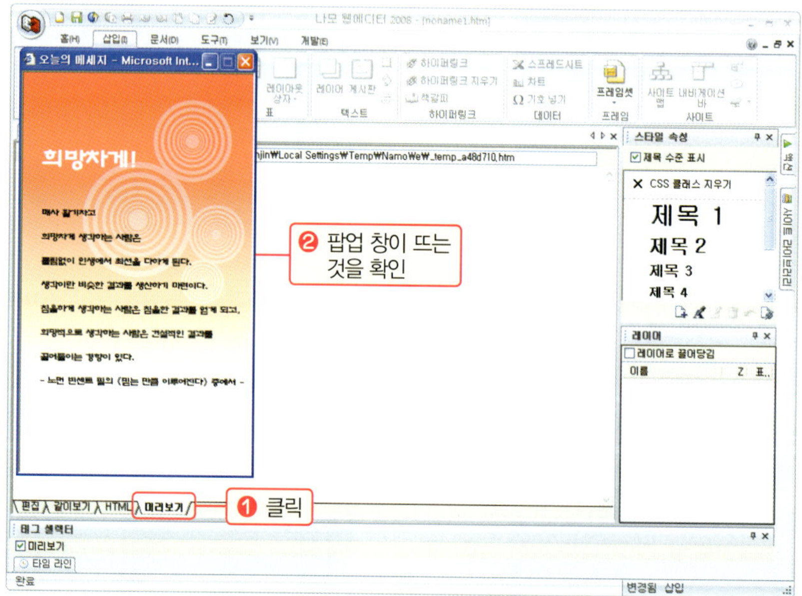

NOTE

팝업 창으로 띄울 창의 내용은 미리 만들어져 있어야 합니다. 미리 만들어서 HTML 파일로 저장해 두어야 연결할 수 있고, 미리 만들어진 페이지가 없으면 팝업 창을 띄울 수 없습니다.

05 사진 위에 흐르는 영상시 만들기

표의 기능과 스크립트 마법사 기능을 조합하면 사진 위로 흐르는 영상시를 만들어 볼 수 있습니다. 이 기능은 마치 영화가 끝날 때의 자막이 위로 올라가는 엔딩 크레딧과 유사합니다.

01 표를 만들기 위해 [삽입]-[표]를 누르고 한 줄 한 칸의 표를 만듭니다.

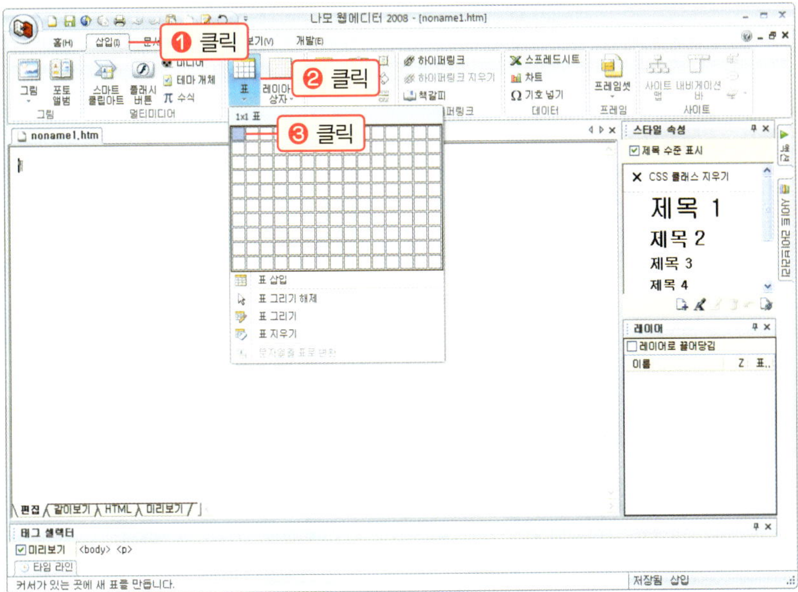

02 표에서 마우스 오른쪽 버튼을 클릭한 후에 [표 속성] 메뉴를 클릭합니다.

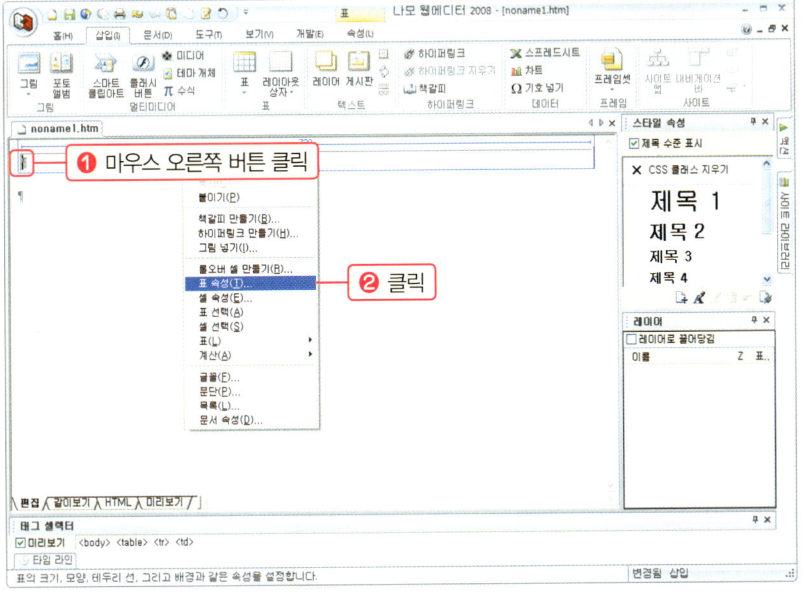

03 [표 속성] 대화상자에서 그림 [찾아보기] 버튼을 클릭한 후에 '제로보드예제/이미지/img(10).jpg'를 선택하여 [열기] 버튼을 클릭한 후 [확인] 버튼을 클릭합니다.

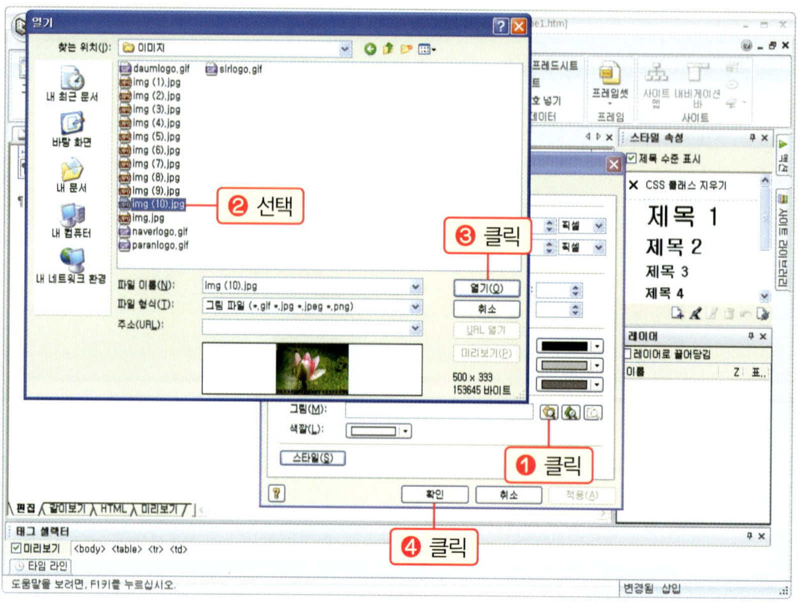

04 표의 크기를 그림 크기에 맞게 조절한 후 [삽입]−[레이어]를 클릭합니다.

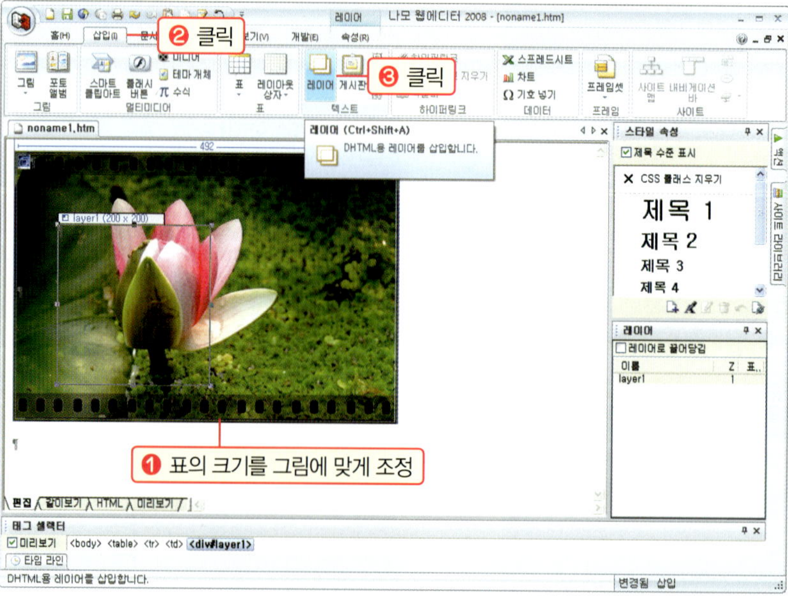

05 레이어 안에 글을 입력한 후 [홈]-[글꼴] 그룹에서 글꼴, 크기, 색상을 설정합니다.

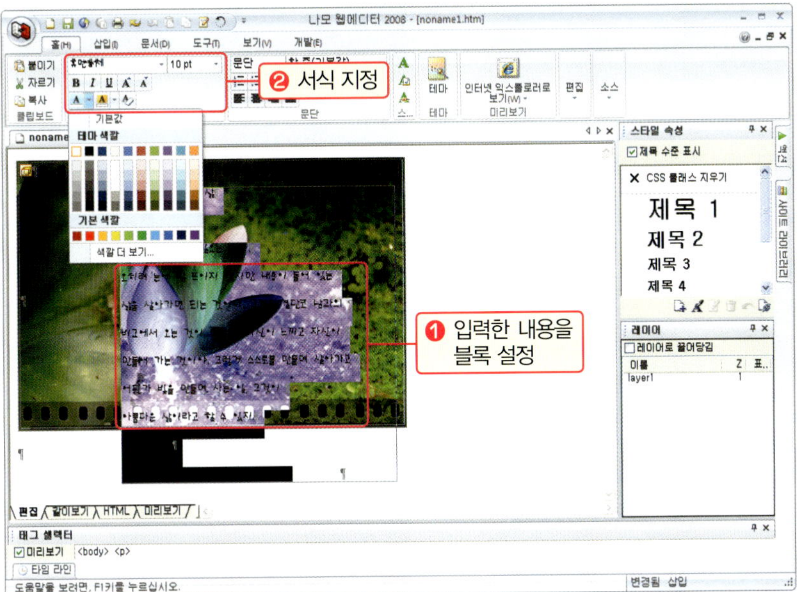

입력한 내용

세상에 빛이 되는 삶

인생이란
너무 눈부시게 살 필요는 없다.
오히려 눈에 잘 뜨이지 않지만 내용이 들어 있는
삶을 살아가면 되는 것이다. 그것은 결단코 남과의
비교에서 오는 것이 아니라 자신이 느끼고 자신이
만들어 가는 것이야. 그렇게 스스로를 만들며 살아가고
어딘가 빛을 만들며 사는 일, 그것이
아름다운 삶이라고 할 수 있지.

– 신달자의《나는 마흔에 생의 걸음마를 배웠다》중에서 –

06 레이어를 선택한 후에 [삽입]-[스크립트]-[스크립트 마법사]를 클릭합니다.

07 스크립트 마법사 창에서 [흐르는 내용]을 선택하고 [다음] 버튼을 클릭합니다.

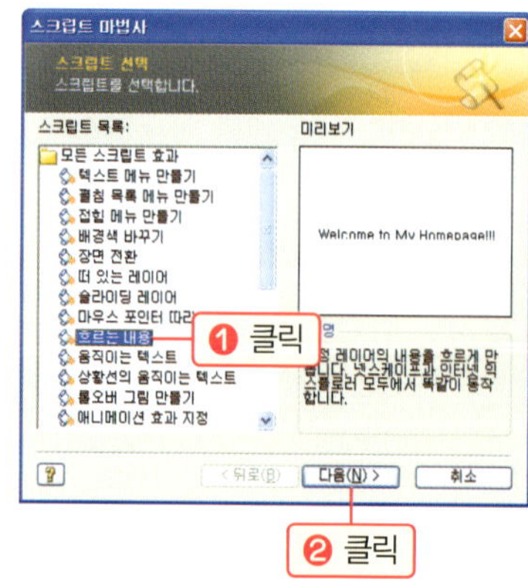

08 [흐르는 내용] 속성 창에서 '흐르는 방향: 위쪽', '움직이는 거리: 2', '지연 시간: 100', '보이는 길이: 200', '반복 횟수: –1'을 입력하고 [마침] 버튼을 클릭합니다.

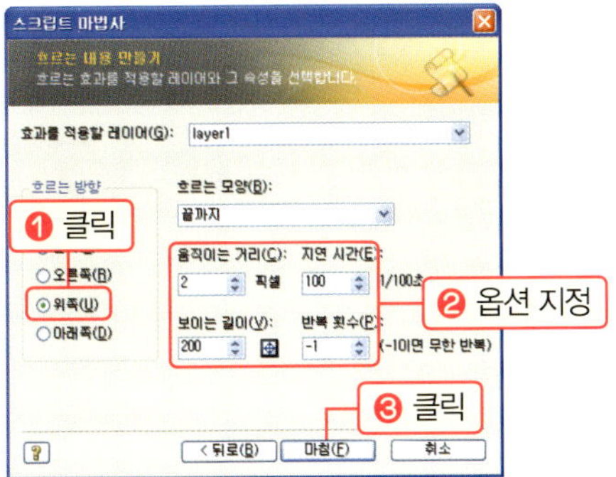

영상시 속도를 제어하는 필수 옵션

- 움직이는 거리: 시가 한 번에 올라가는 픽셀을 말합니다.
- 지연 시간: 올라가면서 멈춰 있는 시간을 말합니다.
- 보이는 길이: 시가 올라가기 시작해서 사라지는 시점까지의 거리를 말합니다.
- 반복 횟수: 시의 내용이 모두 올라갔을 때 다시 반복하는 횟수를 지정합니다.

09 [미리보기] 탭을 클릭하여 완성된 영상시를 확인한 후 저장하고 완료합니다.

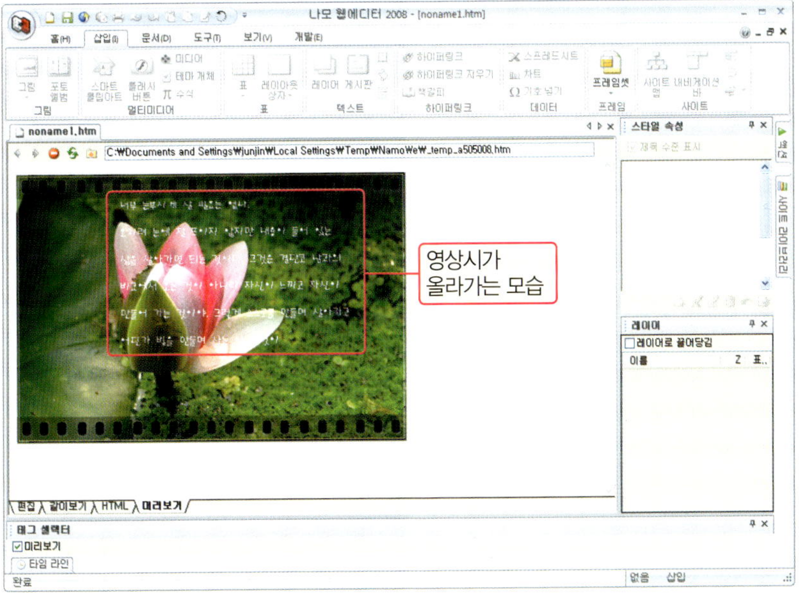

XE의 빈 페이지와 외부 페이지 살펴보기

앞 단원에서 만들어 놓았던 XE 빈 페이지에 나모 웹에디터에서 만든 문서의 소스를 삽입하는 과정을 해보겠습니다.

01 나모 웹에디터에서 [나모 웹에디터 단추]를 눌러 [열기]를 클릭해서 '제로보드예제/편지지.htm'을 불러옵니다.

02 [HTML] 보기 모드를 선택한 후에 HTML 소스 창에서 마우스 오른쪽 버튼을 클릭하고 [모두 선택]을 클릭합니다.(소스 안에서 단축키 Ctrl + A 를 눌러도 됩니다.)

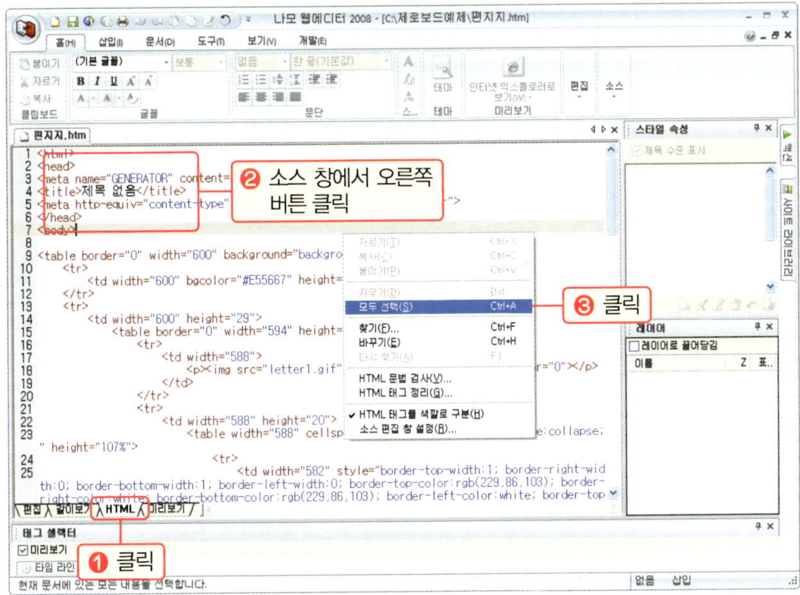

03 전체 선택된 후에 마우스 오른쪽 버튼을 눌러 [복사]를 클릭합니다.(단축키 Ctrl + C 를 눌러도 됩니다.)

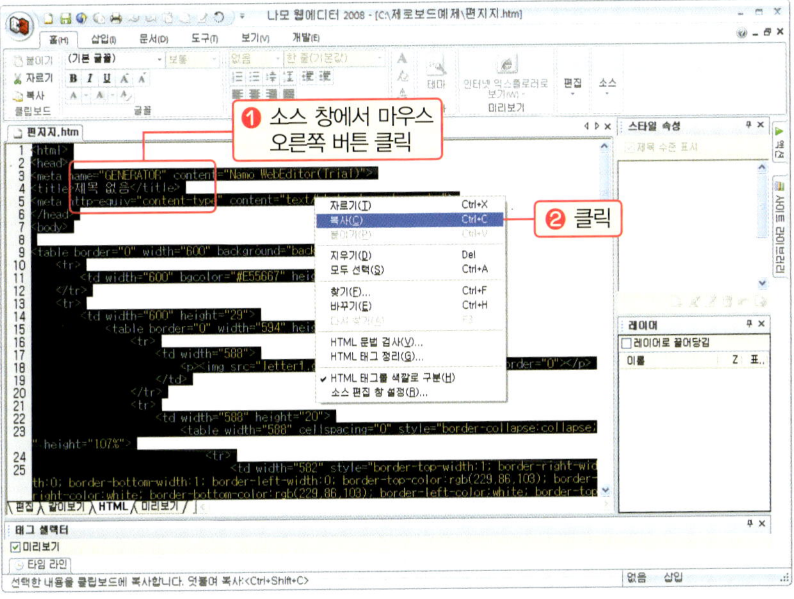

04 인터넷 주소줄에 XE 관리자 주소를 입력한 후에 관리자용 '아이디'와 '비밀번호'를 입력하여 로그인합니다.

> XE 관리자 주소 : http://사용자id.cafe24.com/xe/admin

XE 관리자에 접속한 후에 기존에 만들어 놓았던 [제어판]–[서비스 관리]–[페이지]–[문학]을 클릭합니다.

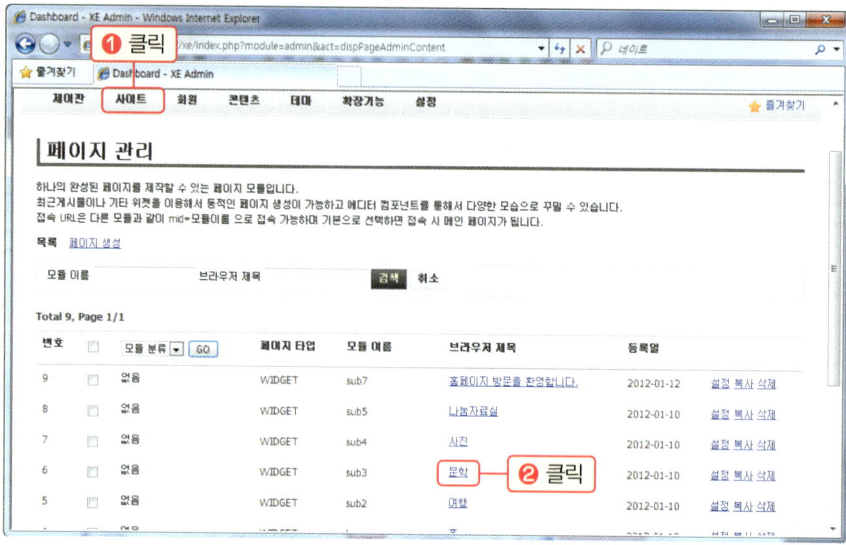

05 복사해 두었던 소스를 삽입하기 위해 [페이지 수정]을 클릭합니다.

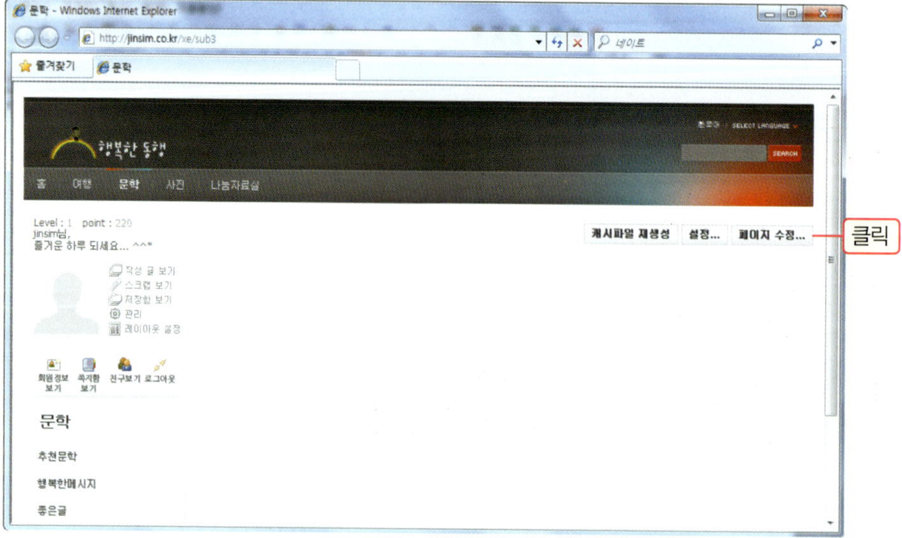

06 [내용 직접 추가]를 클릭한 후에 내용 입력 창에서 [HTML 편집기]를 클릭하고 마우스 오른쪽 버튼을 클릭하여 [붙여넣기] 한 후, [저장] 버튼을 클릭합니다.

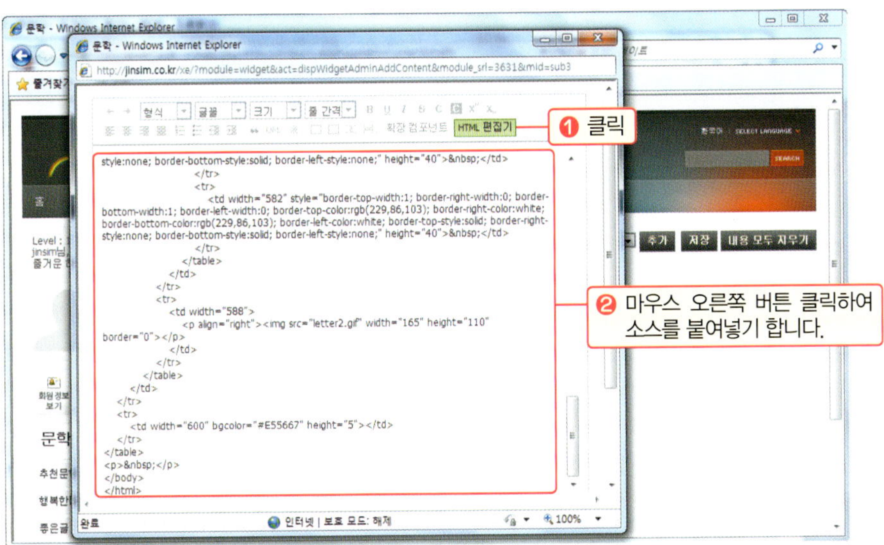

07 다시 [저장] 버튼을 클릭하고 내용을 확인합니다.

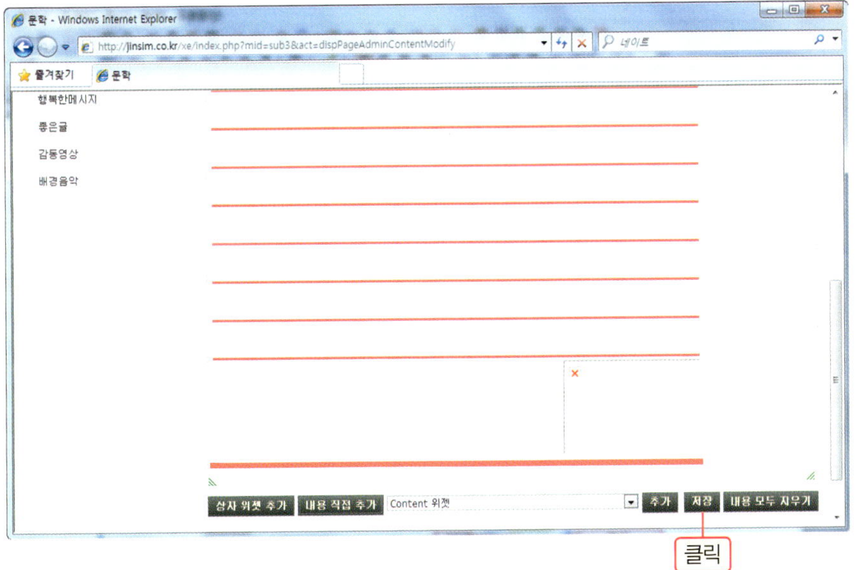

08 오류를 수정하기 위해 뜨지 않은 이미지에서 마우스 오른쪽 버튼을 클릭하고 [속성]을 클릭합니다.

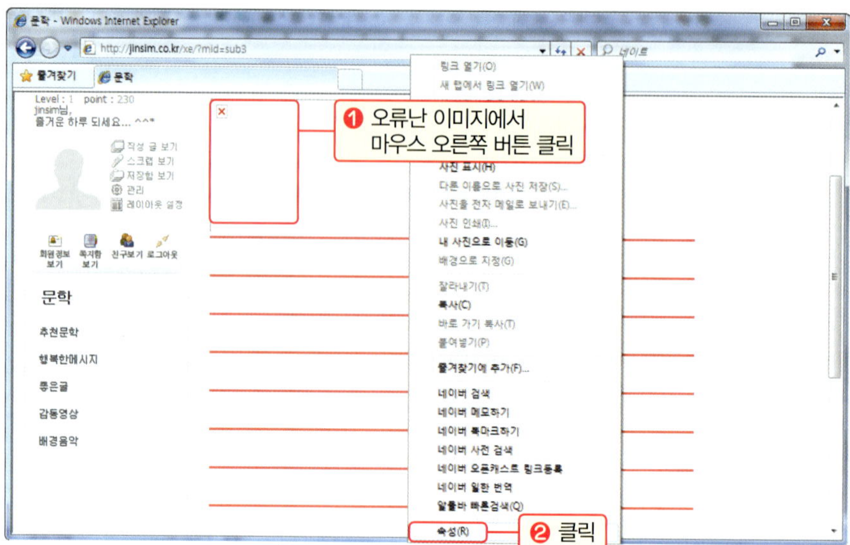

09 속성을 확인해 보면 이미지 파일의 '주소: http://사용자id.cafe24.com/xe/letter1.gif'로 인식하는 것을 알 수 있습니다. 같은 주소에 이미지 파일을 업로드 합니다.

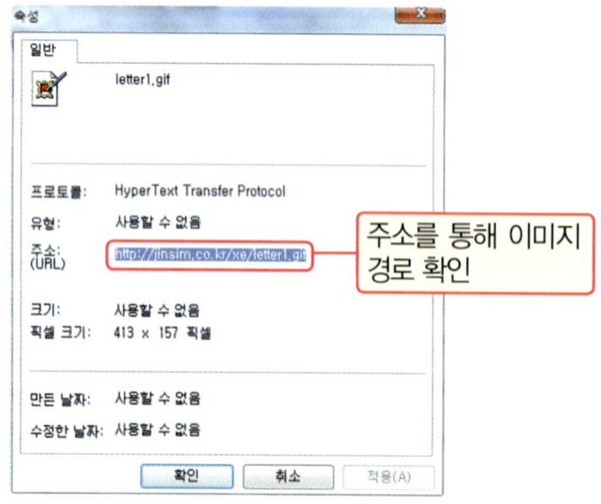

10 이미지 파일을 업로드 하기 위해 [알FTP]를 실행한 후 '호스트 디렉터리: xe', '로컬디렉터리: xe예제/'로 설정한 후 'letter1.gif~letter2.gif' 파일을 선택하고 [업로드] 버튼을 클릭합니다.

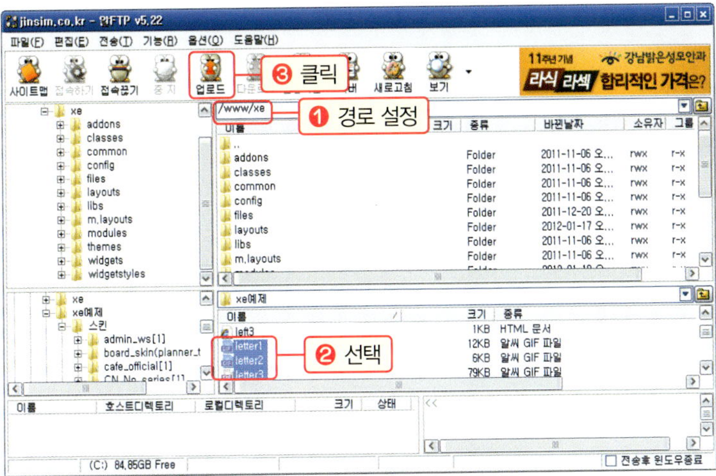

11 XE 홈페이지에서 [새로고침]을 클릭합니다.

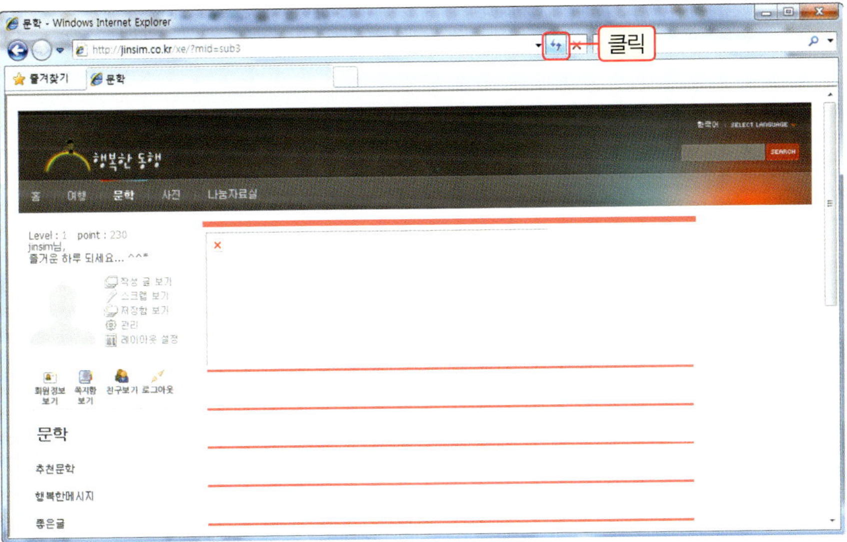

12 완성된 것을 확인합니다.

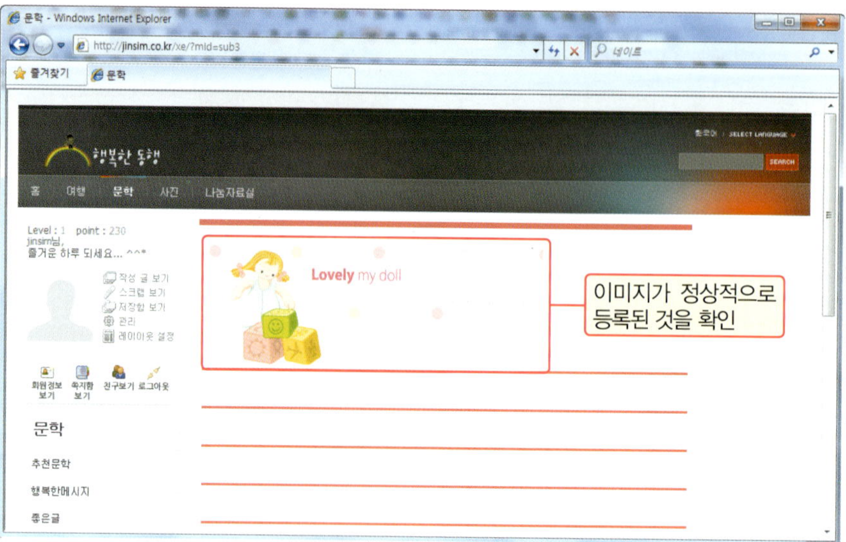

이미지가 정상적으로
등록된 것을 확인

나모 웹에디터에서 특정 개체를 삽입했다면 그 개체도 FTP로 업로드해야 웹페이지가 정상적으로 나타남을 알 수 있습니다.

02 나모 웹에디터에서 만든 문서를 XE에 연결하기

소스를 복사해서 올리는 방법도 있지만 나모 웹에디터에서 만든 페이지 자체를 XE에 링크를 걸어서 사용하는 방법도 있습니다. XE와 나모 웹에디터를 적절히 활용할 수 있는 좋은 방법입니다.

01 나모 웹에디터에서 만든 문서를 호스팅에 업로드 하기 위해 [알FTP]를 실행한 후 '호스트 디렉터리: xe', '로컬디렉터리: xe예제/'로 설정한 후 'festival.htm', 'festival2.wmv', 'festival1.jpg'를 선택한 후 [업로드]를 클릭합니다.

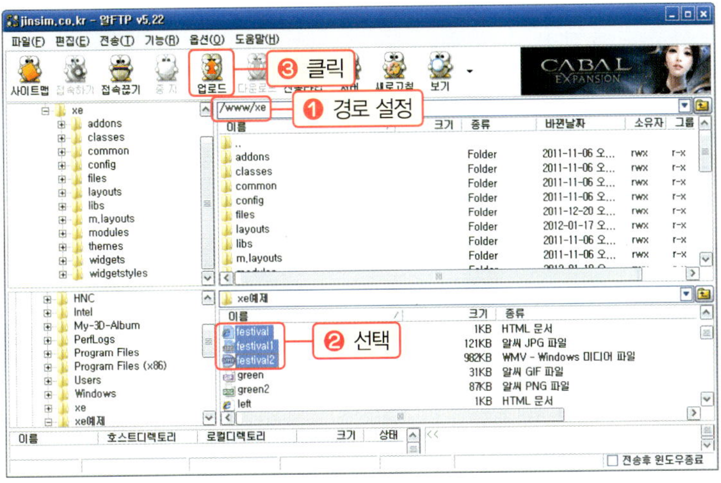

02 인터넷 주소줄에 xe 관리자 주소(http://사용자id.cafe24.com/xe/admin)를 입력한 후에 관리자용 '아이디'와 '비밀번호'를 입력하여 로그인합니다. 사이트 관리 페이지에서 역사탐방의 [설정] 메뉴를 클릭합니다.

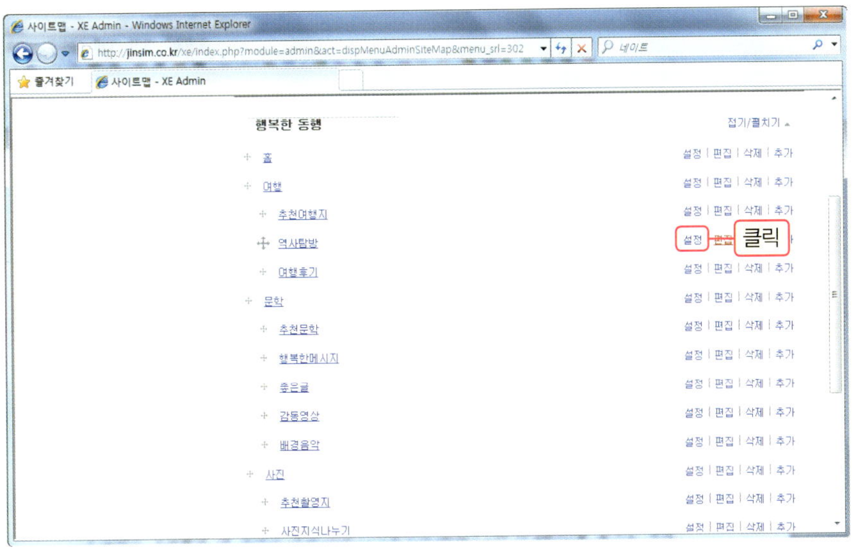

03 메뉴편집(Edit Menu) 창에서 모듈 또는 URL 항목에서 '연결 url'을 선택하고 연결 url 주소를 입력한 후에 하단에 있는 [저장] 버튼을 클릭합니다.

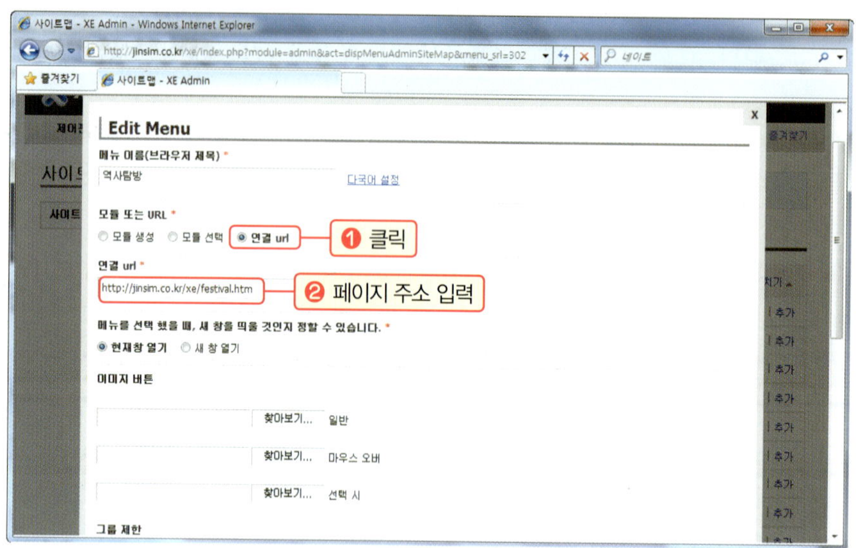

연결 url 주소의 경우 2가지가 나올 수 있습니다.

처음 아이디를 만들 때 도메인을 직접 연결한 경우는 아래와 같은 주소입니다.

http://도메인주소/xe/festival.html

예) http://jinsim.co.kr/xe/festival.htm

카페24의 id를 사용하여 홈페이지를 만들고 있을 경우는 아래와 같은 주소입니다.

http://사용자id.cafe24.com/xe/festival.htm

예) http://winwin.cafe24.com/xe/festival.html

04 사이트맵 관리 페이지에서 [역사탐방] 메뉴를 클릭합니다.

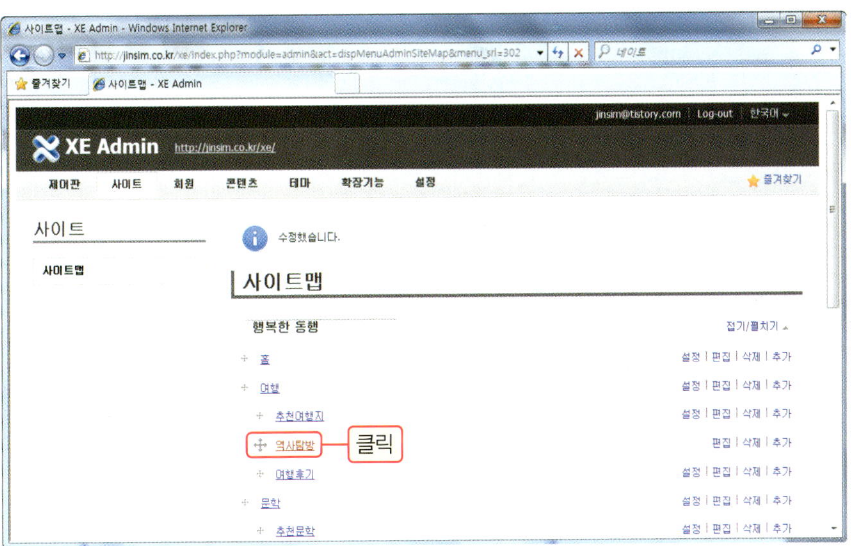

05 홈페이지에서 외부 페이지가 연결된 것을 확인합니다.

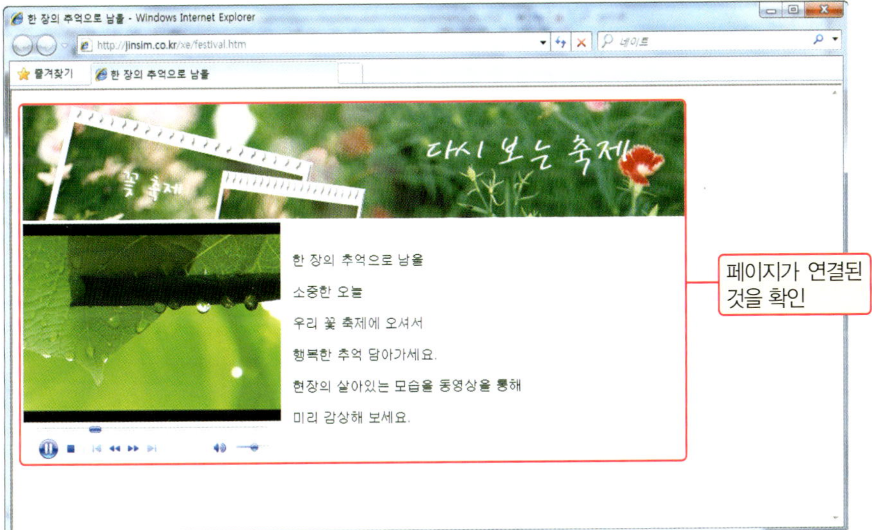

NOTE

외부페이지가 연결되어 정상적으로 작동되는 것을 볼 수 있습니다. 이렇게 만들어진 페이지를 홈페이지에서 완전하게 구현하기 위해서는 해당하는 메뉴를 만들고 그 메뉴를 클릭했을 때 사용하고 있는 XE의 레이아웃 속에서 나오게 하는 과제가 남아 있습니다. 다음 장에서 이 내용을 이어서 갈 수 있도록 하겠습니다. 그리고 오류가 나는 경우가 있다면 파일명이 한글로 되어 있을 경우 오류가 날 수 있습니다.

03 메뉴를 추가하고 외부 페이지 링크 걸기

메뉴 구성을 새로 하고 그 메뉴에 나모 웹에디터에서 만든 페이지를 링크시키는 방법에 대해 알아보겠습니다.

01 인터넷 주소줄에 XE 관리자 주소(http://사용자id.cafe24.com/xe/admin)를 입력한 후에 관리자용 '아이디'와 '비밀번호'를 입력하여 로그인합니다. 관리자 페이지에서 [사이트]를 클릭하고 [메뉴추가]를 클릭합니다.

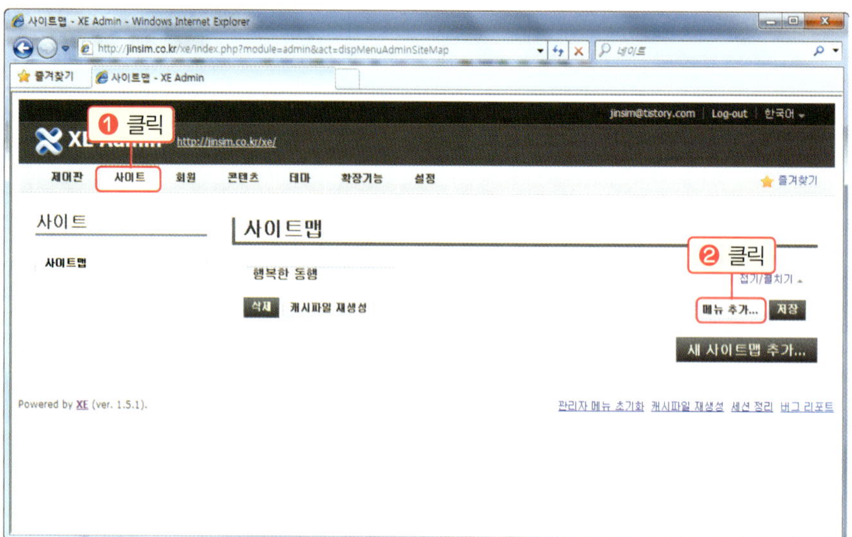

02 페이지 생성 옵션을 아래와 같이 설정한 후 하단에 있는 [저장] 버튼을 클릭합니다.

• 모듈 또는 url: 모듈생성　　• 모듈선택: 외부페이지　　• 모듈 아이디 생성: sub10

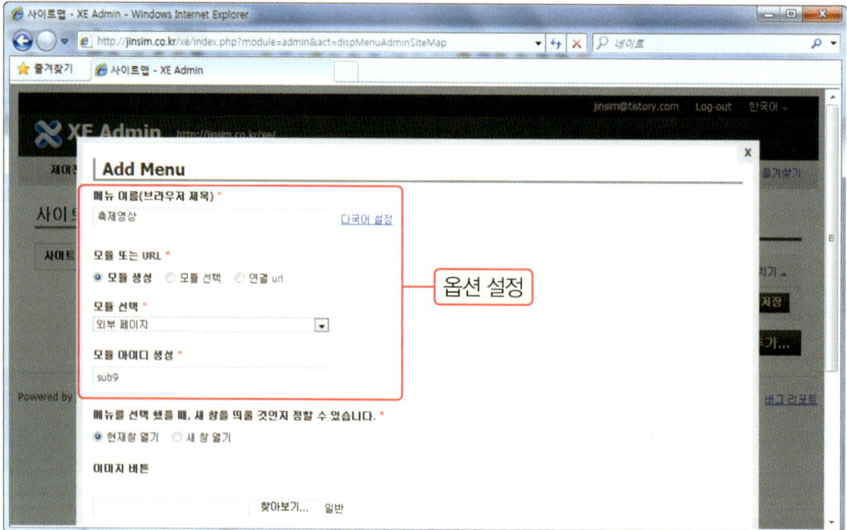

03 생성된 '축제영상' 메뉴의 [설정] 메뉴를 클릭합니다.

04 페이지 설정 창에서 레이아웃을 선택하고 외부 문서 위치의 주소를 입력하고 페이지 하단에 있는 [저장] 버튼을 입력합니다.

- 레이아웃: xe_offical
- 외부문서위치: http://사용자id.cafe24.com/xe/festival.htm

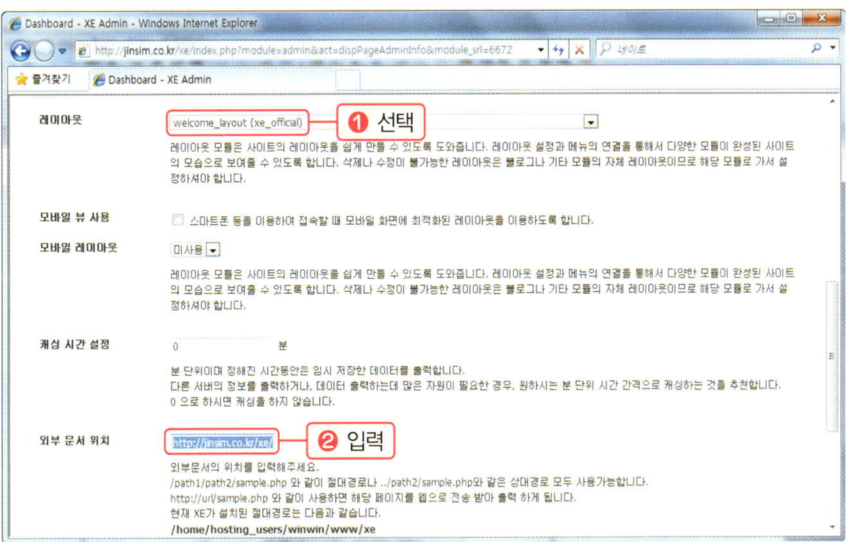

NOTE

레이아웃의 경우는 사용자가 현재 사용하고 있는 홈페이지의 레이아웃을 선택하면 됩니다. 다른 레이아웃을 선택할 경우 현재 페이지만 다른 디자인이 적용됩니다.

05 페이지 관리 화면에서 [보기] 버튼을 클릭합니다.

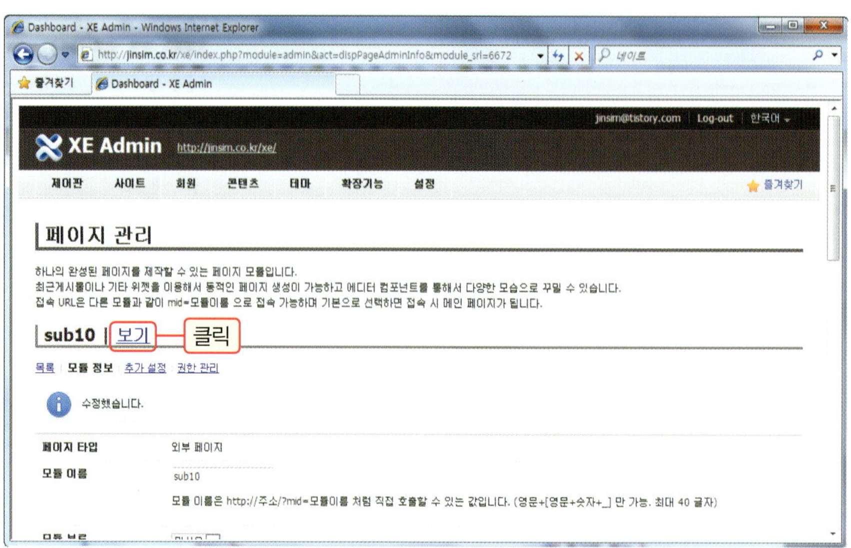

06 홈페이지에서 연결된 페이지가 정상적으로 나오는 것을 확인합니다.

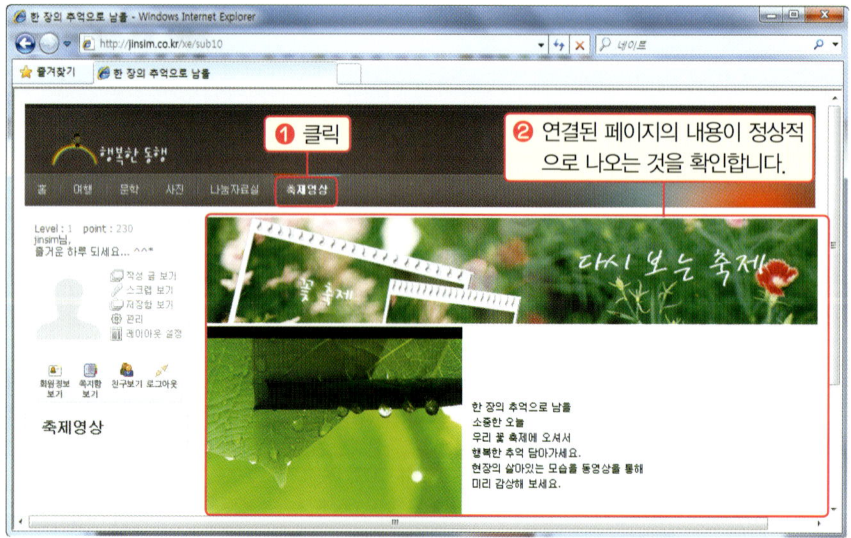

NOTE

XE가 나오기 전에는 나모 웹에디터나 드림위버를 중심으로 홈페이지를 제작하면서 게시판을 연결할 때에 제로보드를 활용했었습니다. 이전에도 지금과 같은 기능은 있었지만 기능을 활용하기에는 부족하였기 때문에 다른 웹에디터의 비중이 컸다면 지금은 XE를 기준으로 사이트를 제작하다 필요한 부분만 웹에디터를 활용해도 효과적으로 홈페이지를 제작할 수 있습니다.

나모 웹에디터 프레임 기능으로 홈페이지 만들기

01 나모 웹에디터에서 프레임 구성하고 저장하기

프레임 구성이란 홈페이지에서 영역을 구분하는 것과 같습니다. 상단 메뉴의 영역과 세부 메뉴의 영역 그리고 내용이 나오는 영역 등을 구분하는 작업에 해당됩니다.

01 [나모 웹에디터 단추]를 눌러 [새 문서]를 클릭합니다. [새 문서] 창에서 [프레임셋]-[프레임셋 15번]을 클릭하고 [만들기] 버튼을 클릭합니다.

02 프레임이 구성된 것을 확인합니다.

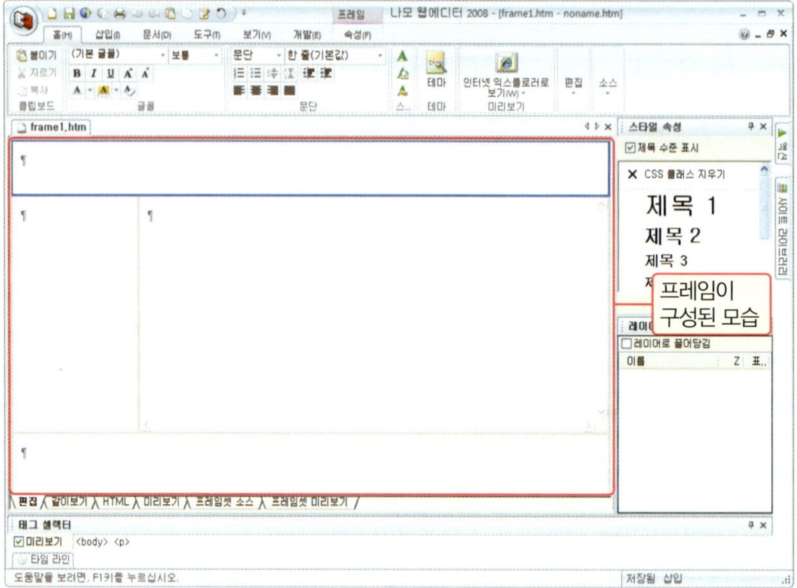

NOTE

3개의 프레임과 프레임셋으로 구성되었습니다. 하나 하나 나눠진 것을 프레임이라 하고 전체 구성을 프레임셋이라고 합니다.

03 상단 프레임에 배경 그림을 삽입하기 위해 마우스 오른쪽 버튼을 눌러 [문서 속성]을 클릭합니다.

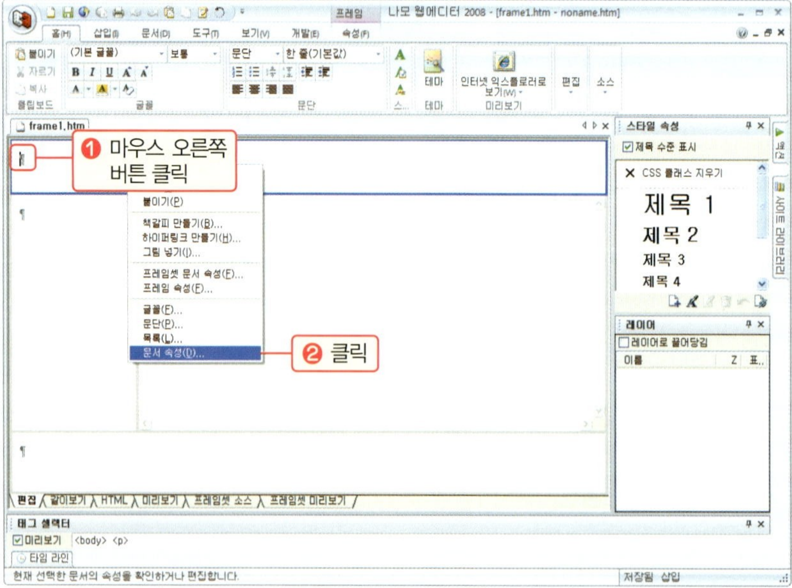

04 [문서 속성] 대화상자에서 [찾기] 버튼을 클릭한 후에 '제로보드예제/background.gif'를 선택하고 [열기]-[확인] 버튼을 클릭합니다.

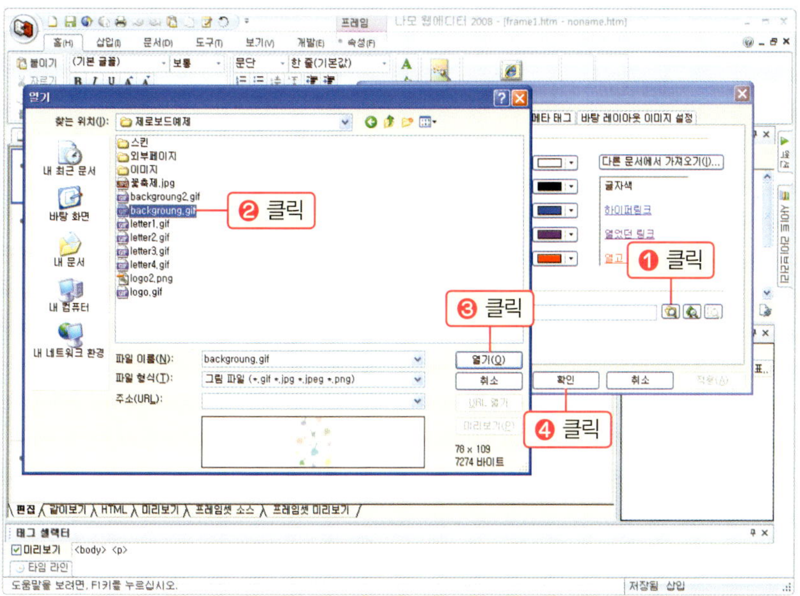

05 왼쪽 메뉴 영역에 색을 칠하기 위해 마우스 오른쪽 버튼을 눌러 [문서 속성]에서 배경색을 지정하고 [확인] 버튼을 클릭합니다.

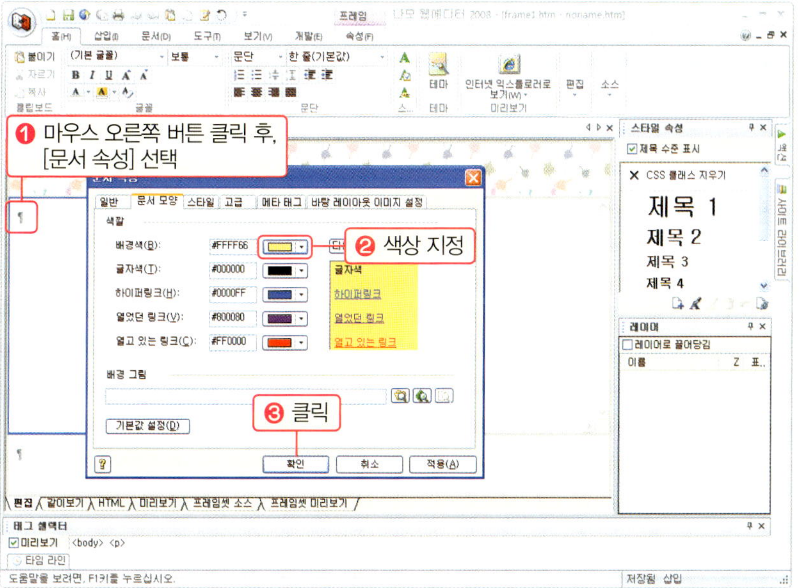

06 다른 프레임에도 배경 그림 및 색을 지정하여 아래와 같이 완성합니다.

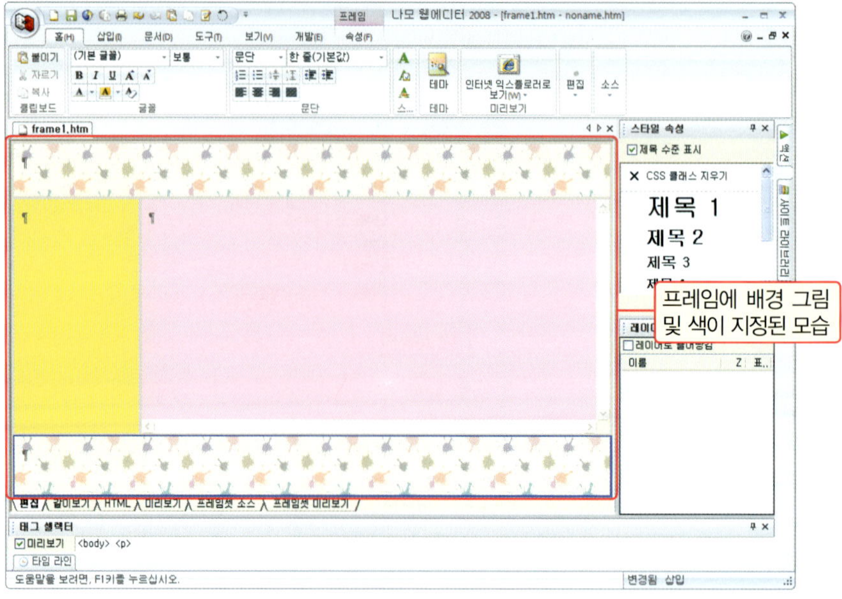

07 프레임의 크기를 조절할 때는 해당 프레임의 경계선을 드래그합니다.

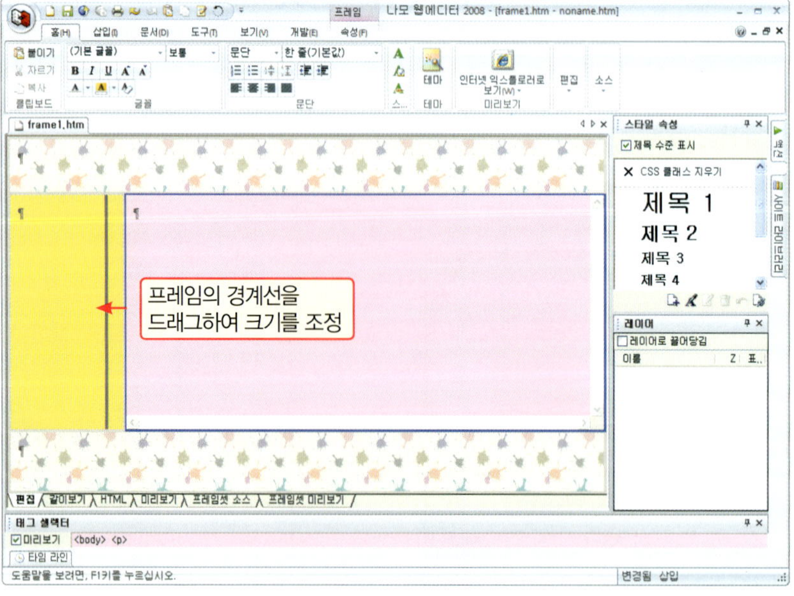

08 프레임을 삭제하려면 해당 프레임 경계선을 끝까지 드래그해서 놓고 확인 창에서 [예] 버튼을 클릭합니다.

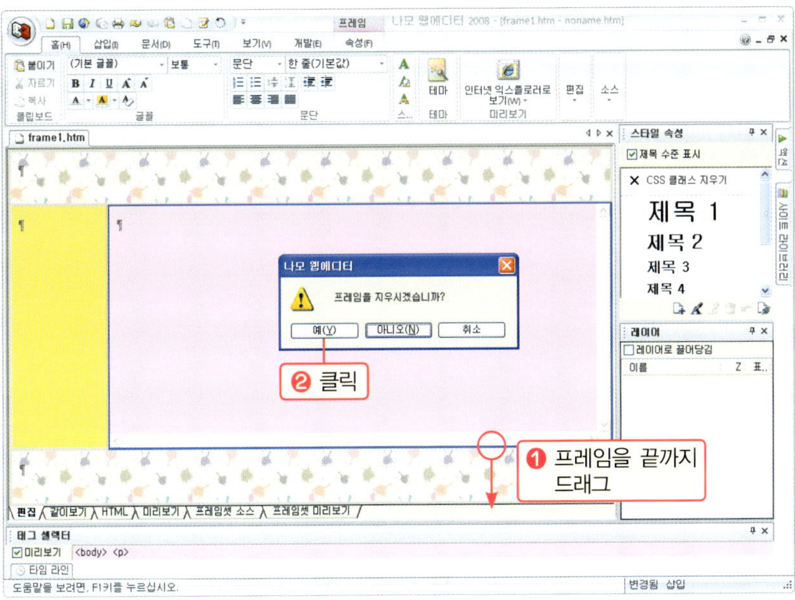

09 프레임의 경계선 두께를 투명하게 만들려면 해당 프레임에서 마우스 오른쪽 버튼을 클릭하고 [프레임 속성]을 클릭합니다.

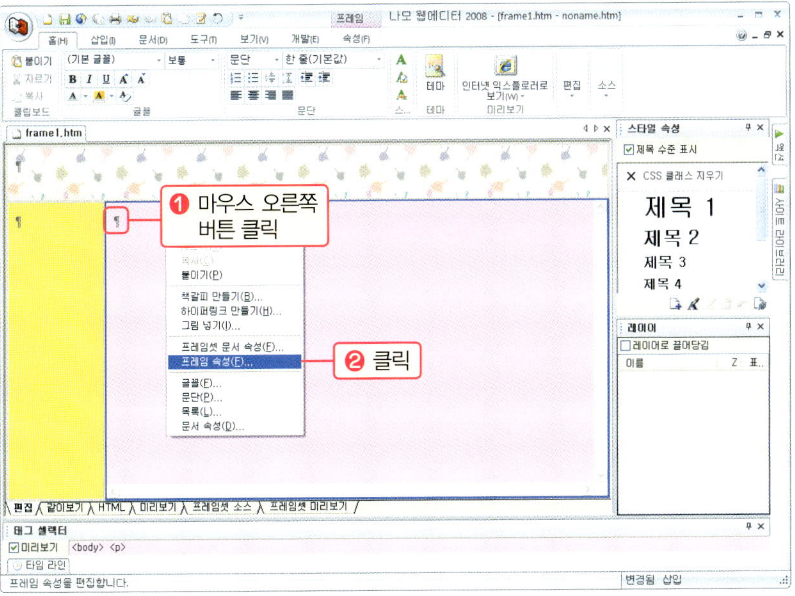

10 [프레임 속성] 대화상자에서 '경계선 두께: 0'을 입력하고 [확인] 버튼을 클릭합니다.

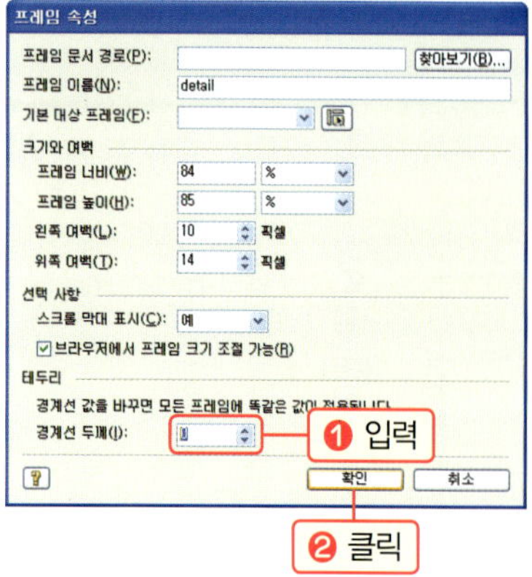

11 경계선 두께가 투명해진 것을 확인할 수 있습니다.

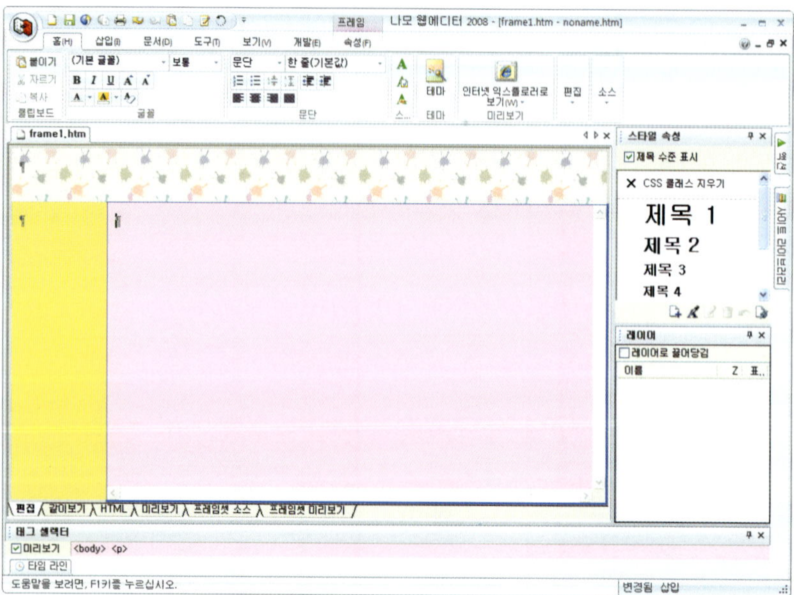

12 만든 전체 프레임을 저장하기 위해 [속성]-[모든 프레임]을 클릭합니다.

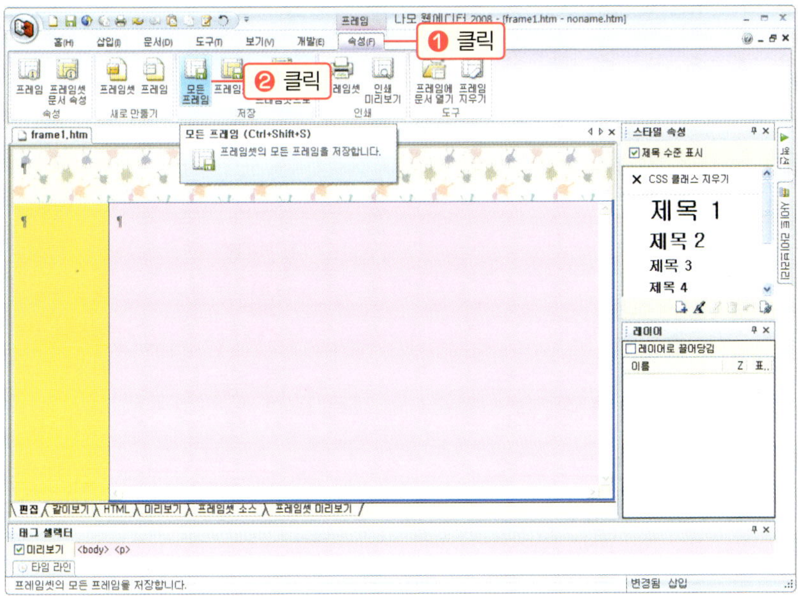

13 저장되는 페이지만 활성화 되고 나머지 페이지는 회색으로 변하는 것을 볼 수 있습니다. '파일 이름: top'을 입력하고 [저장] 버튼을 클릭합니다.

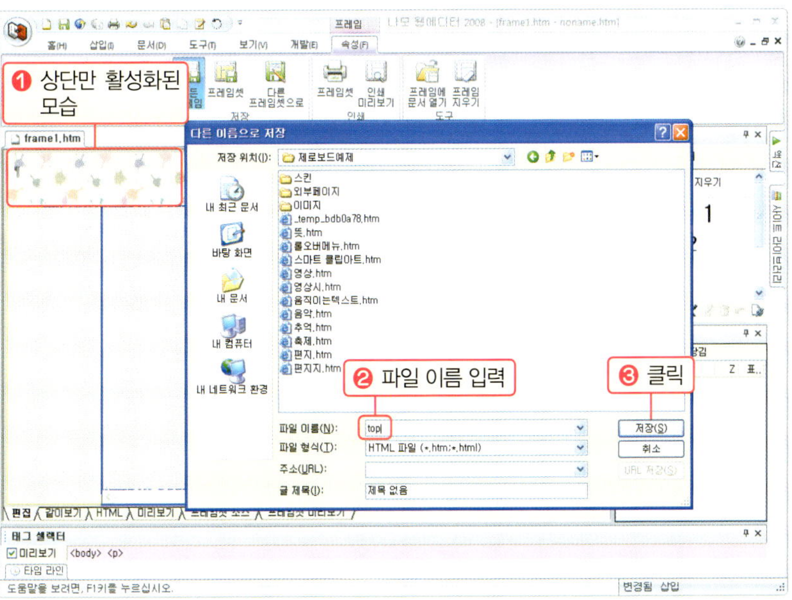

14 top이 저장된 후에 바로 이어서 자동으로 왼쪽 프레임 부분만 활성화 되는 것을 볼 수 있습니다. 왼쪽에 해당하는 '파일 이름: left'를 지정하고 [저장] 버튼을 클릭합니다.

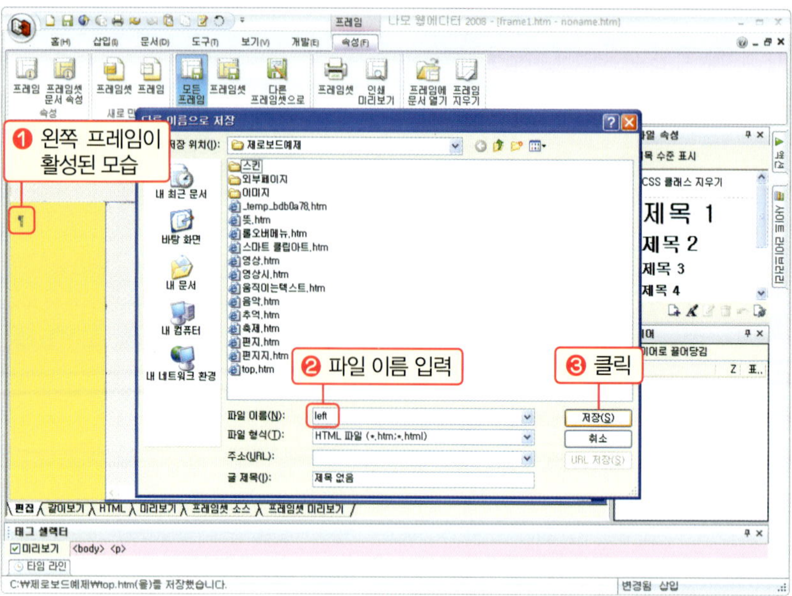

15 같은 방법으로 오른쪽 프레임에 해당하는 '파일 이름: right'를 입력하고 [확인] 버튼을 클릭합니다.

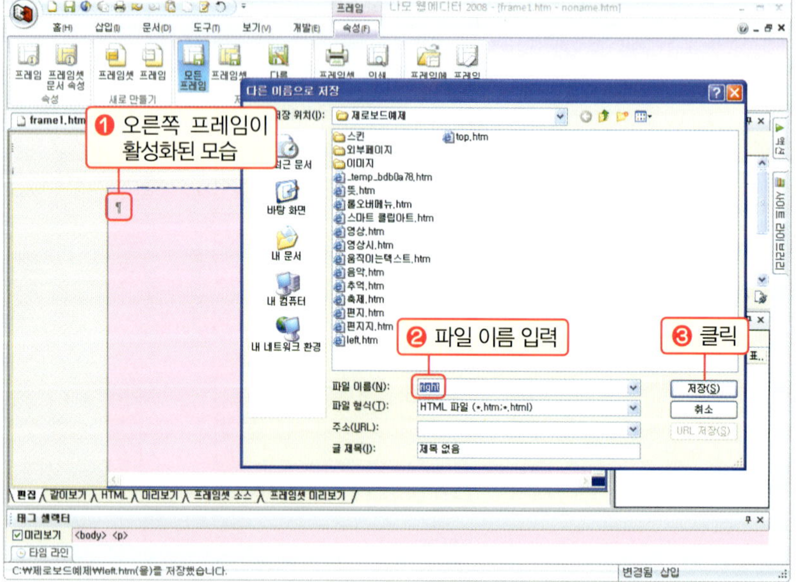

16 3개의 프레임을 모두 저장하고 나면 프레임 셋을 저장하는 저장 대화상자가 한번 더 나오게 됩니다. '프레임 이름: main'을 입력하고 [저장] 버튼을 클릭합니다.

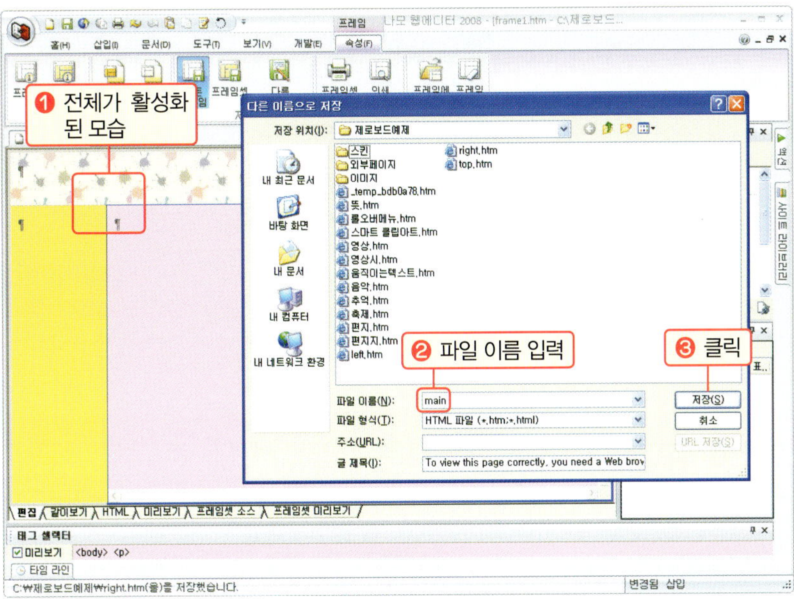

17 전체 프레임이 저장된 것을 확인합니다.

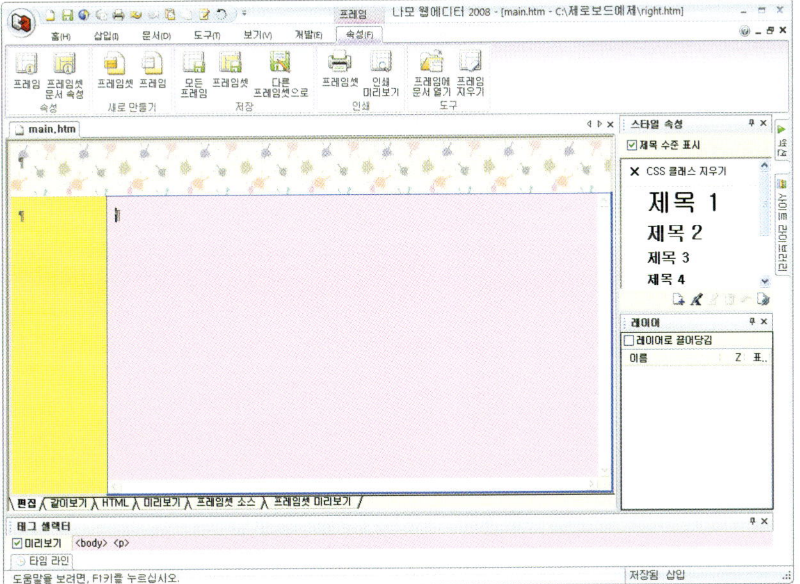

NOTE

저장된 각 프레임의 파일 이름은 다음과 같습니다.
- 전체 프레임: main.htm
- 상단 프레임: top.htm
- 왼쪽 프레임: left.htm
- 오른쪽 프레임: right.htm

02 셀에서의 롤오버 메뉴 구성하기

셀에서의 롤오버 메뉴는 표로 메뉴를 구성한 후에 특정 메뉴에 마우스를 위치시키면 셀에 색이 채워지는 기능을 말합니다. 많은 분들이 구현하고 싶어 했던 부분 중 하나입니다.

01 main.htm 문서를 불러온 후 왼쪽 프레임을 클릭해서 선택한 후, 롤오버 셀을 구성하기 위해 [삽입]–[표]를 클릭하고 1줄 5칸의 표를 만듭니다.

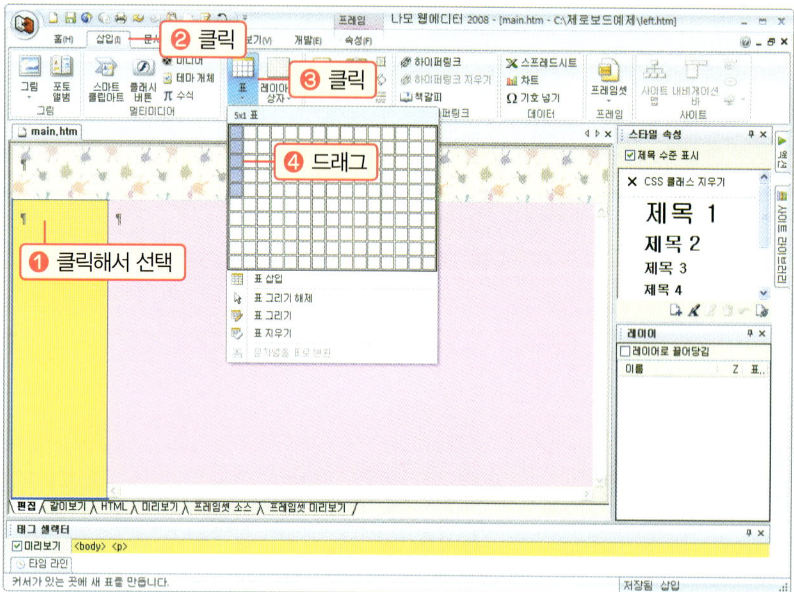

02 메뉴로 사용될 내용을 입력한 후에 블록 설정을 하고 [삽입]–[스크립트]–[스크립트 마법사]를 클릭합니다.

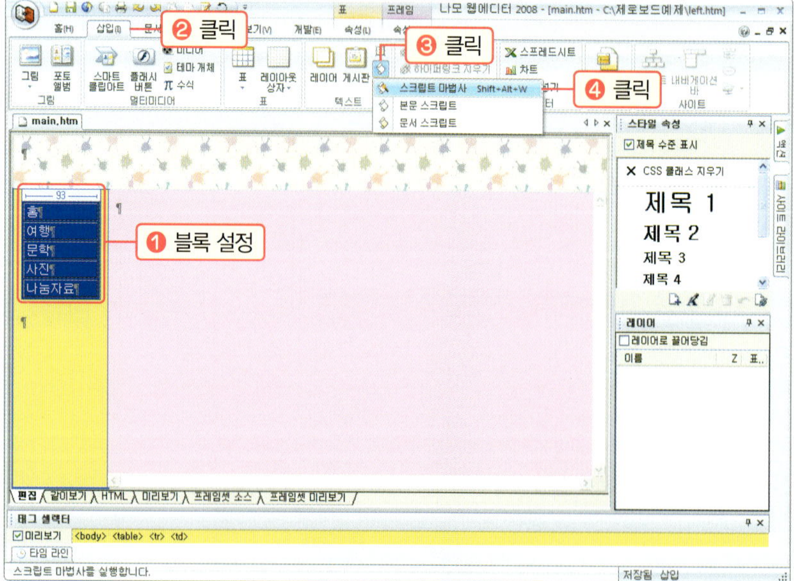

03 [스크립트 선택] 창에서 [롤오버 효과]-[롤오버 셀 만들기]를 클릭하고 [다음] 버튼을 클릭합니다.

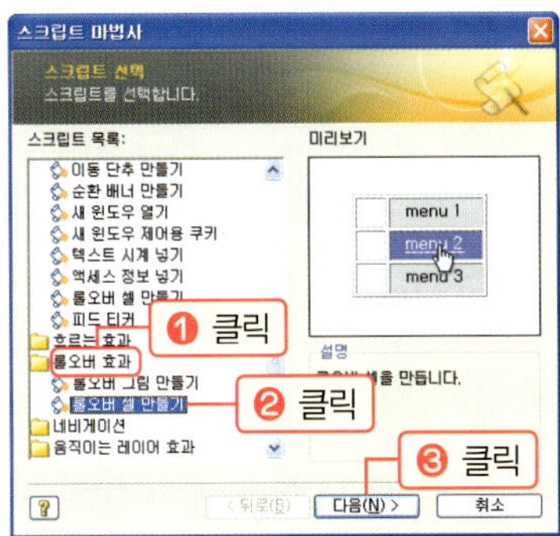

04 [롤오버 셀 만들기] 대화상자에서 [추가] 버튼을 클릭하고 이름으로 'a'를 입력하고 [확인] 버튼을 클릭합니다.

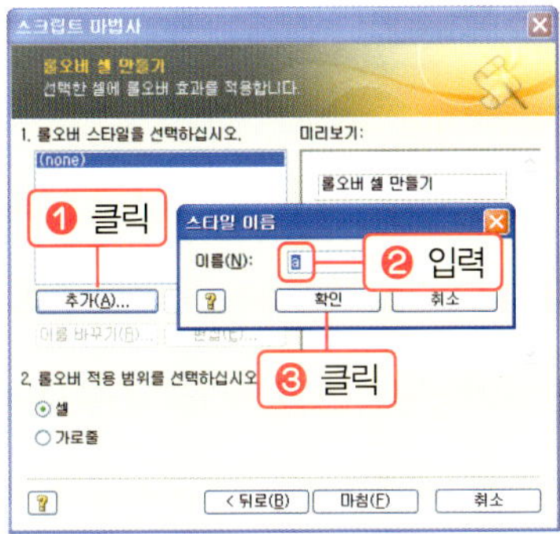

05 [스타일] 대화상자의 [테두리 배경] 탭에서 배경색을 '빨강'으로 설정하고 [확인] 버튼을 클릭합니다.

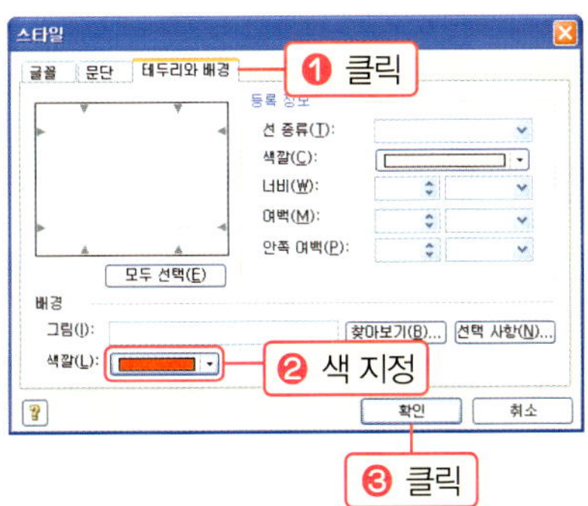

06 [마침] 버튼을 클릭하고 [프레임셋 미리보기] 탭을 클릭합니다.

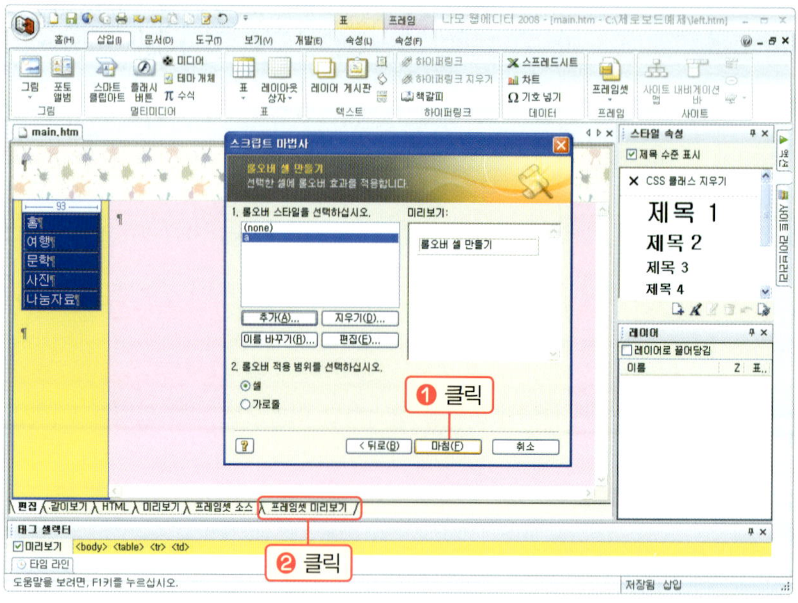

07 메뉴에 마우스를 올려 롤오버 셀이 완성된 것을 확인합니다.

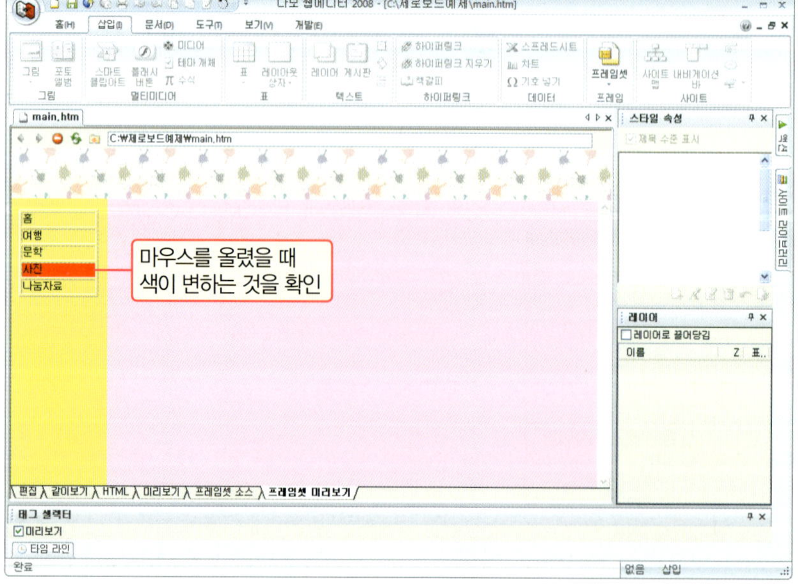

> **NOTE**
>
> 지금은 전체 셀을 한 번에 블록 설정하여 작업했기 때문에 메뉴에 마우스를 올리면 배경 전체가 빨강색으로 같게 나옵니다. 하나하나 다른 색이 나오게 하려면 각 셀 하나씩 따로 스타일을 지정하면 됩니다.

03 나모 웹에디터 프레임에서 XE 게시판 링크 걸기

XE 관리자에서 실습에 사용할 게시판을 몇 개 생성해 놓고 시작합니다.

01 main2.htm 문서를 불러온 후 프레임의 이름을 확인하기 위해 오른쪽 프레임에서 마우스 오른쪽 버튼을 눌러 [프레임 속성]을 클릭합니다.

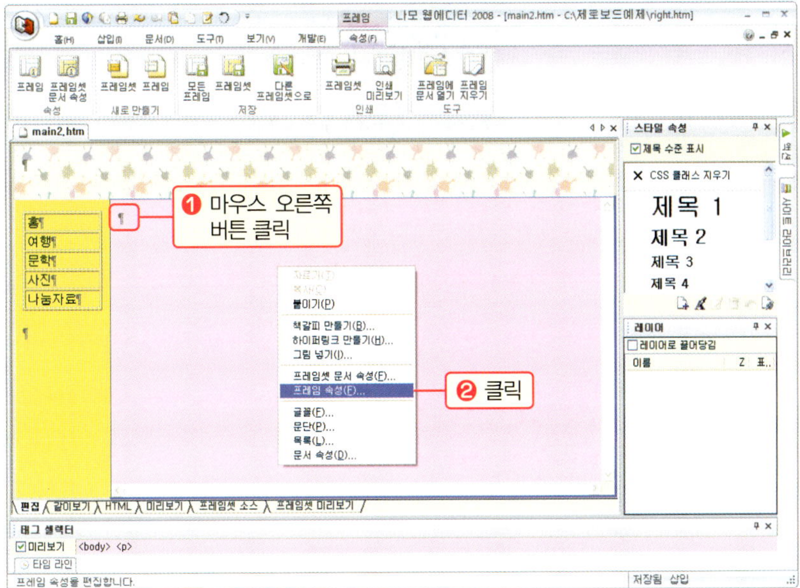

02 [프레임 속성] 대화상자에서 프레임 이름을 확인하고 [확인] 버튼을 클릭합니다.

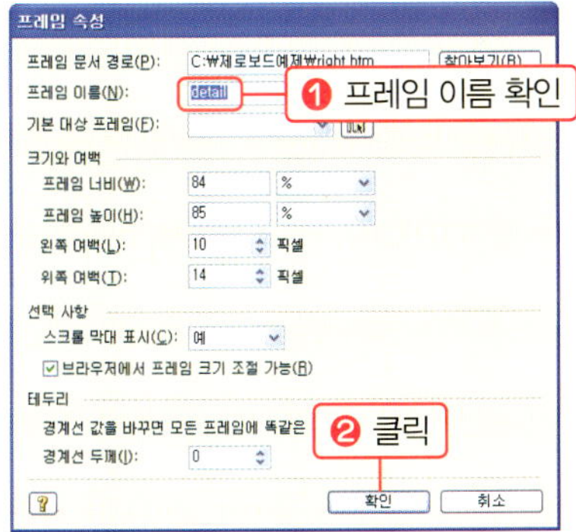

> **NOTE**
>
> 프레임 이름은 사용자가 원하는 이름으로 변경하여 사용해도 됩니다. 다른 프레임의 이름도 확인합니다.

03 왼쪽 메뉴를 클릭하면 나올 XE의 게시판 주소를 확인하기 위해 XE 관리자 주소(http://사용자id.cafe24.com/xe/admin)를 입력한 후에 관리자용 '아이디'와 '비밀번호'를 입력하여 로그인합니다.

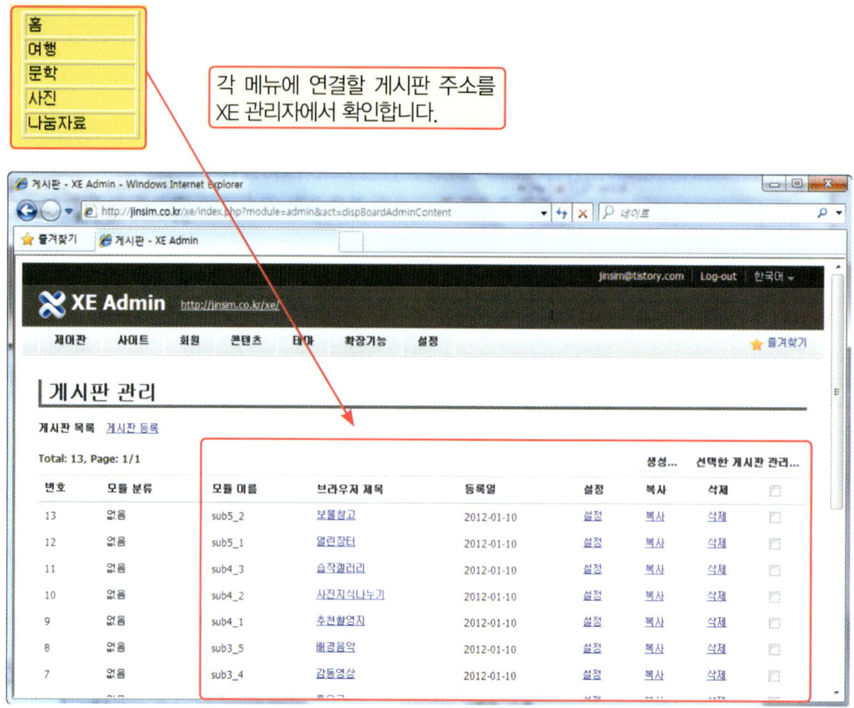

04 '여행' 메뉴를 클릭하면 '추천여행지'가 나오게 하기 위해 '추천여행지'에서 마우스 오른쪽 버튼을 눌러 [바로 가기 복사]를 클릭합니다.

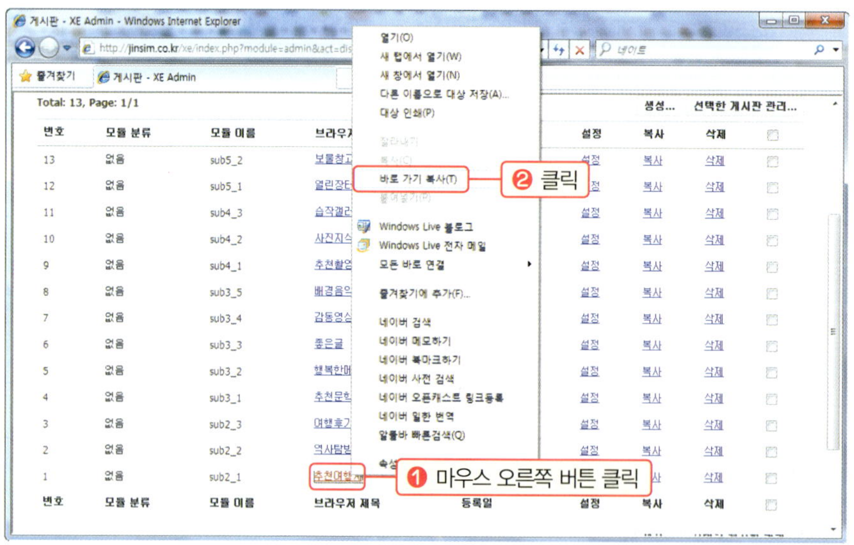

05 나모 웹에디터에서 '여행' 메뉴를 블록 설정하고 마우스 오른쪽 버튼을 클릭한 후에 [하이퍼링크 만들기]를 클릭합니다.

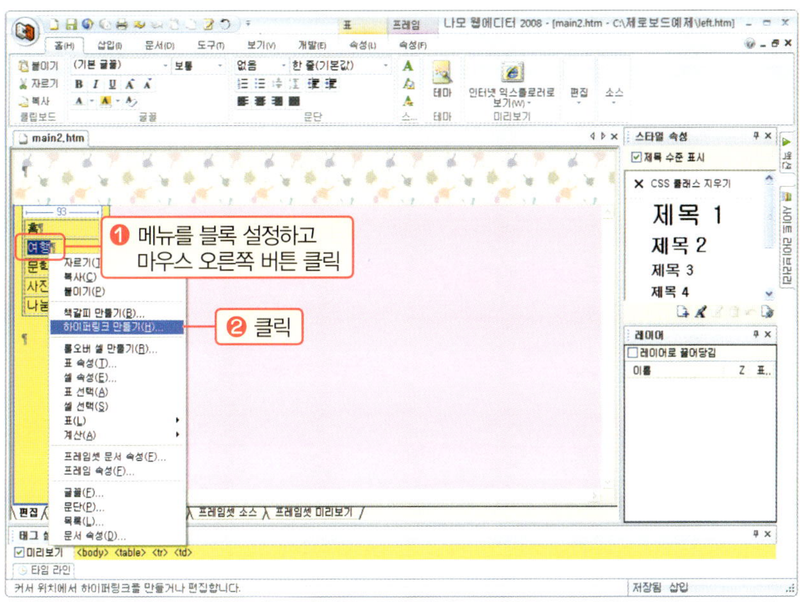

06 [하이퍼링크 만들기] 대화상자의 '주소'에서 마우스 오른쪽 버튼을 눌러 [붙여넣기]를 클릭하여 바로 가기 복사한 주소를 붙여넣기하고 대상 프레임을 'detail'로 설정하고 [확인] 버튼을 클릭합니다.

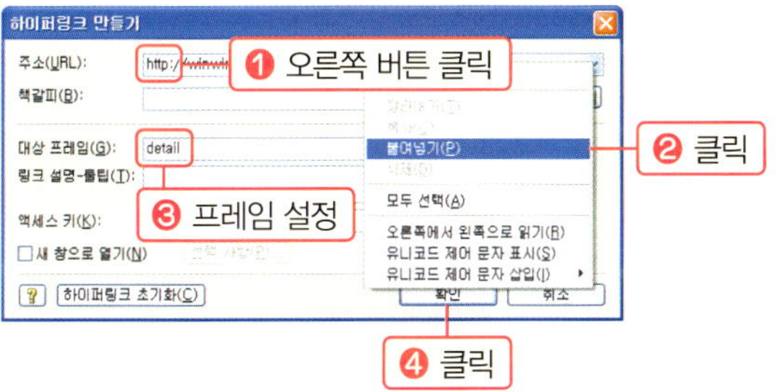

07 [프레임셋 미리보기] 탭을 클릭한 후 [여행] 메뉴를 클릭하여 해당 게시판이 오른쪽에 나타나는지 확인합니다.

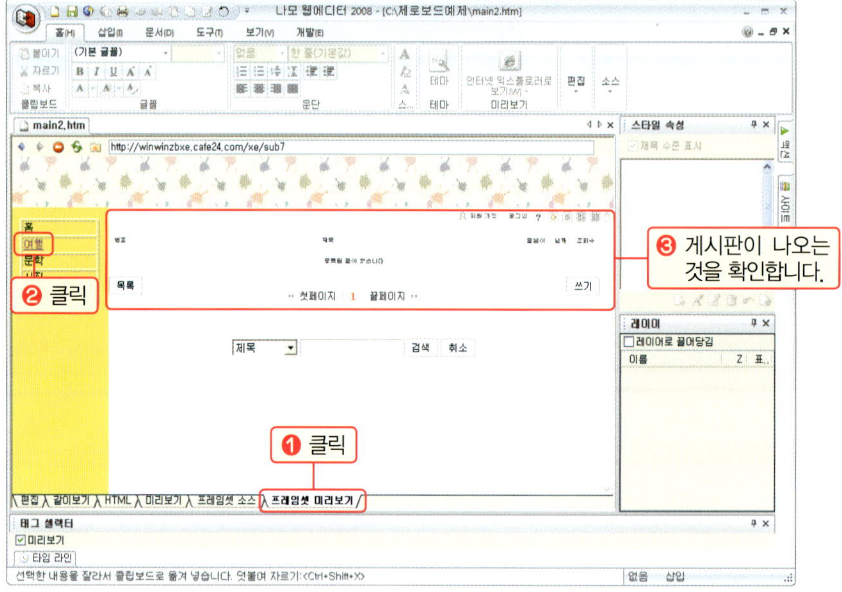

다른 메뉴도 같은 방법으로 링크를 설정합니다. XE 자체에서 홈페이지를 구성할 수도 있지만 나모 웹에디터에서 프레임이라는 기능을 활용하여 홈페이지를 구성하고 게시판만 XE로 연결하여 사용하는 방법도 있습니다. 단원별로 살펴본 2가지 방법 모두를 익혀서 활용한다면 다양한 홈페이지를 만들어 낼 수 있습니다.

08 알FTP를 실행한 후에 지금까지 만든 내용을 업로드합니다.

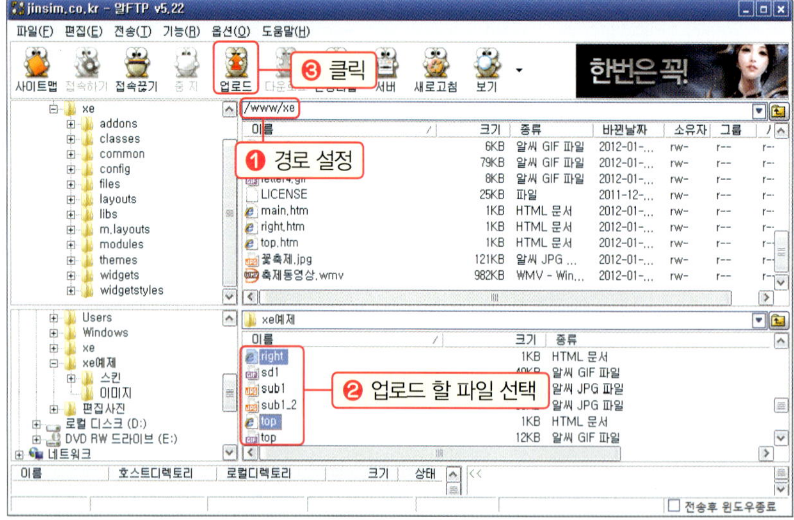

예제에서 사용된 파일 모두를 Ctrl +[클릭]하여 선택합니다.

left3.htm, top.htm, right.htm, main3.htm

09 인터넷 주소에 주소를 입력하고 나모 웹에디터에서 만든 내용이 나타나는지 확인합니다.

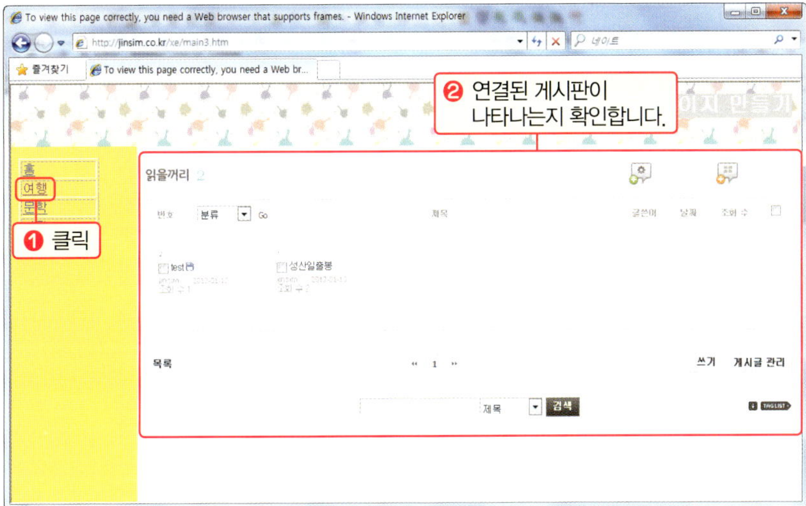

업로드 한 파일의 주소를 입력합니다.

http://사용자id.cafe24.com/xe/main3.htm

04 나모 웹에디터의 원격 관리 기능 활용하기

원격 관리 기능이란 인터넷에 올려놓은 즉, 업로드된 파일에 직접 접속하여 수정하는 기능을 말합니다. 홈페이지의 일부를 수정하거나 업그레이드 할 때 유용하게 사용되는 기능입니다.

01 [나모 웹에디터 단추]–[FTP]–[FTP에서 열기]를 클릭합니다.

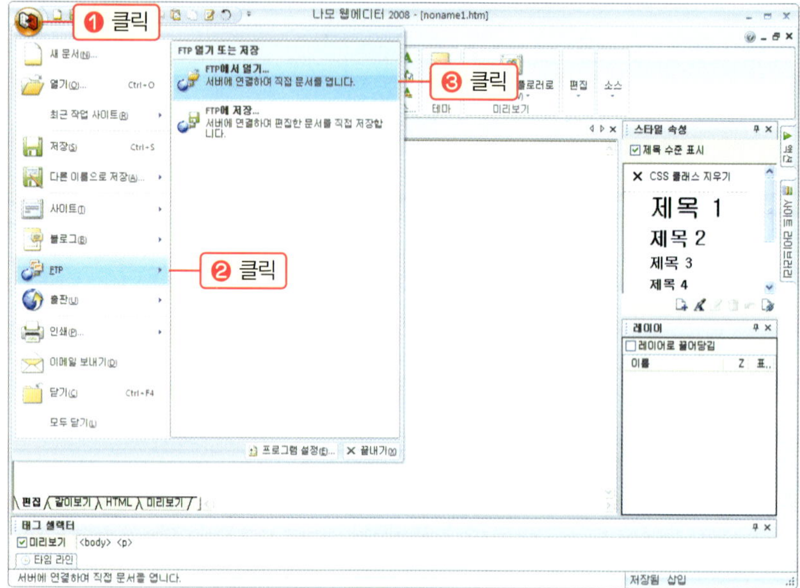

02 [사이트 목록 보기] 단추를 클릭한 후에 [추가] 버튼을 클릭합니다.

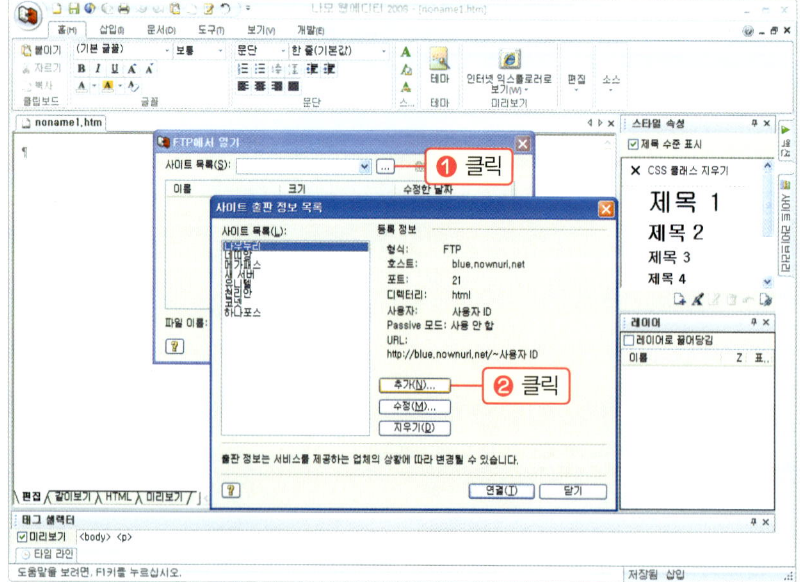

03 사이트 출판 정보를 입력하고 [확인] 버튼을 클릭합니다.

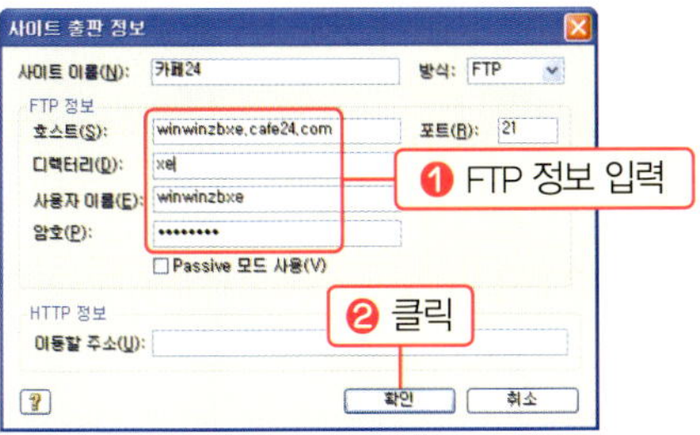

04 사이트 목록에 추가된 것을 확인하고 [연결] 버튼을 클릭합니다.

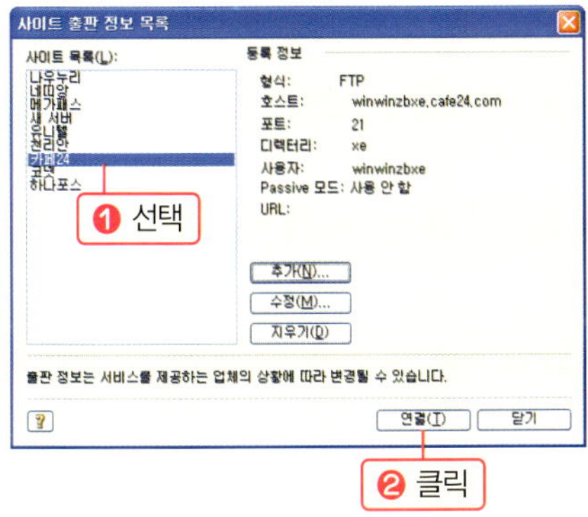

05 [FTP에서 열기] 대화상자에 카페24 호스트 디렉터리로 연결된 것을 확인할 수 있습니다. 앞에서 올렸던 'main3.htm' 파일을 선택하고 [열기] 버튼을 클릭합니다.

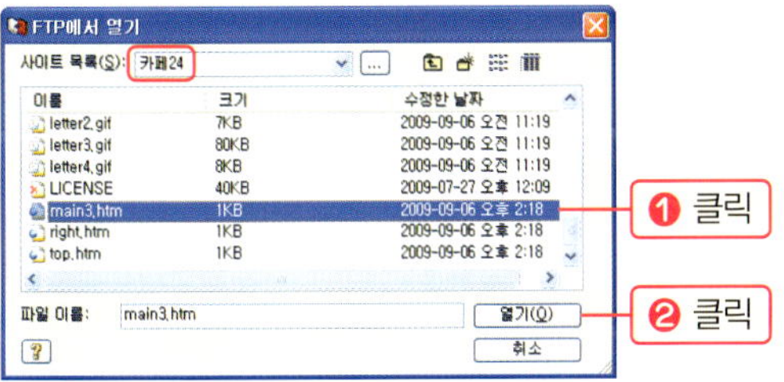

06 FTP를 통해 호스트 디렉터리에 올려져 있는 파일을 직접 연 모습입니다.

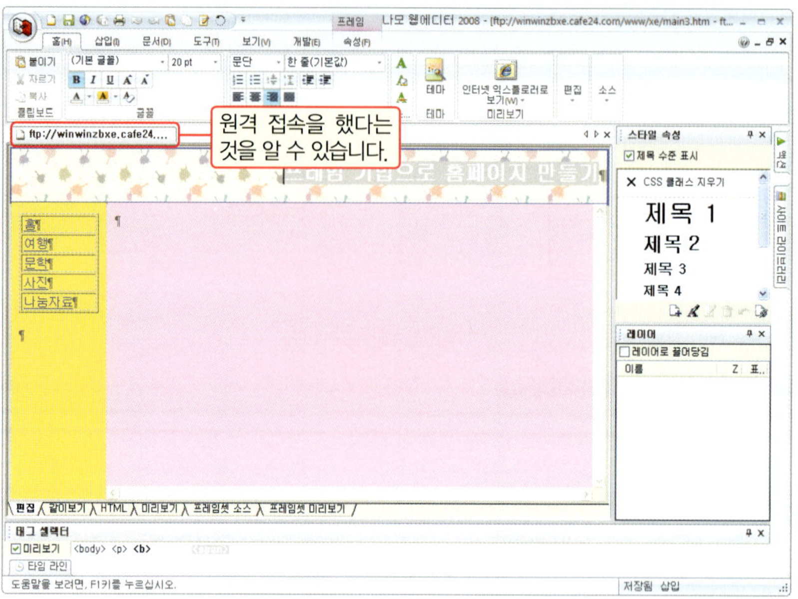

07 파일을 간단히 수정하고 저장해 봅니다.

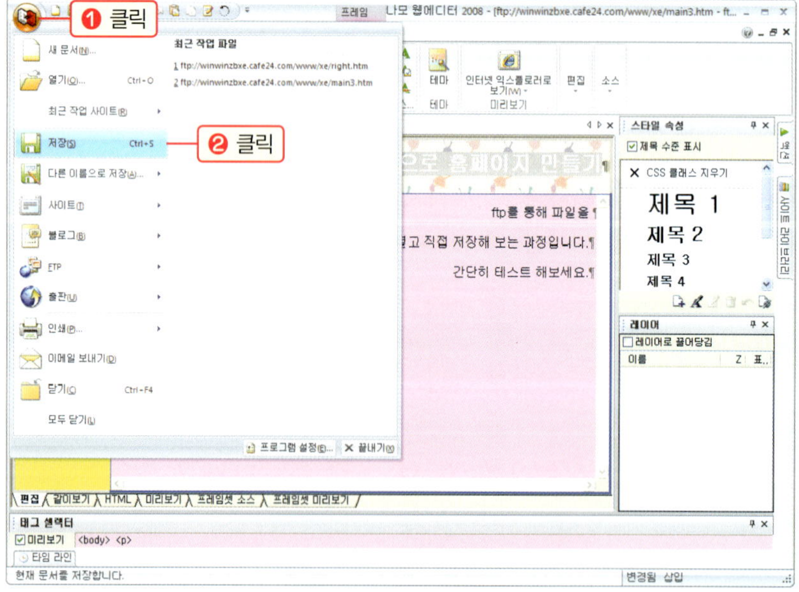

08 홈페이지를 통해 수정된 것을 확인합니다.

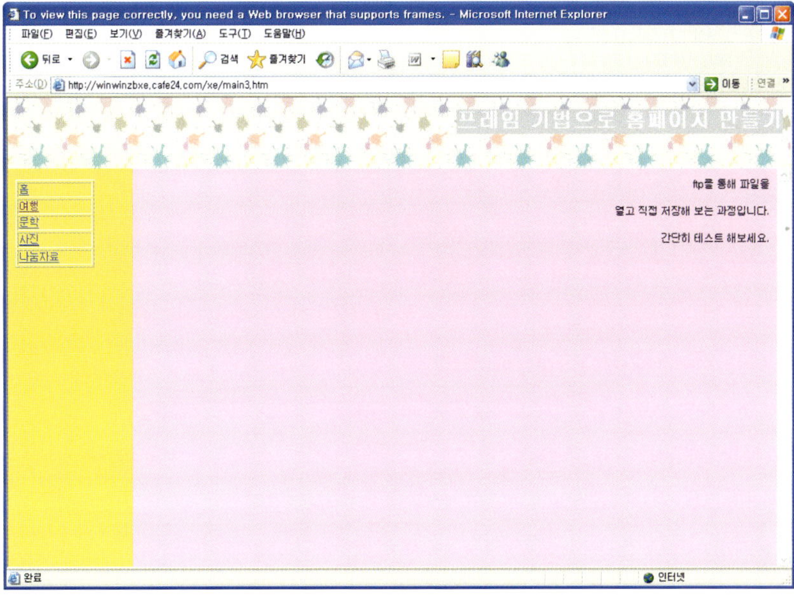

NOTE

기존에 홈페이지를 업그레이드 하던 방법보다 많이 쉬워진 것을 알 수 있습니다. 처음 만들어서 올릴 때는 알FTP를 사용하여 올려야겠지만 한번 올려놓은 파일을 수정할 때는 지금처럼 원격 FTP를 통해 수정하는 방법이 훨씬 쉬울 것입니다.

05 에디트 플러스 설치

원격 관리를 할 때 제일 가볍고 편리하게 많이 쓰는 프로그램은 에디트 플러스입니다. 프로그램 개발자 및 소스 편집자들이 많이 사용하고 간단한 홈페이지를 편집할 때도 에디트 플러스를 사용하곤 합니다.

01 프로그램을 다운받기 위해 'http://editplus.com/kr'에 접속합니다. [Download Now]를 클릭하여 다운로드 창이 나타나면 [실행] 버튼을 클릭합니다.

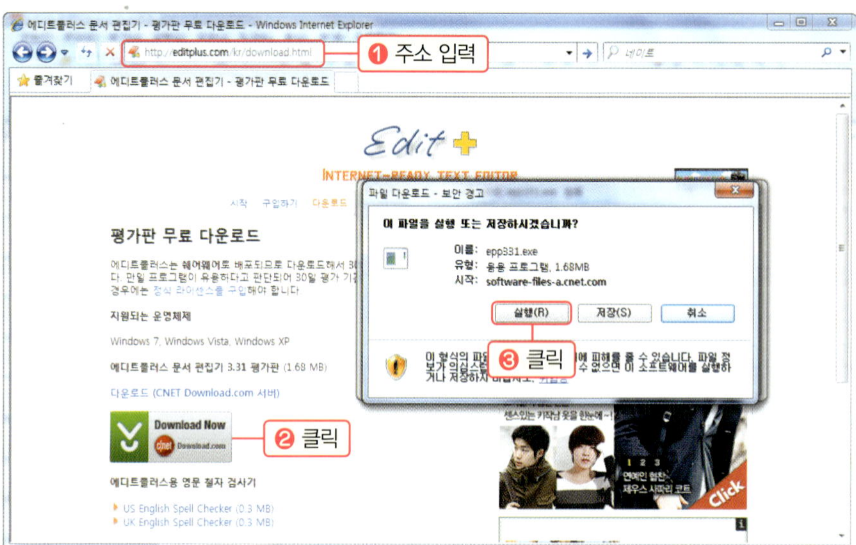

02 설치를 완료한 후에 에디트 플러스를 실행하고 [파일]-[FTP]-[FTP 설정]을 클릭합니다.

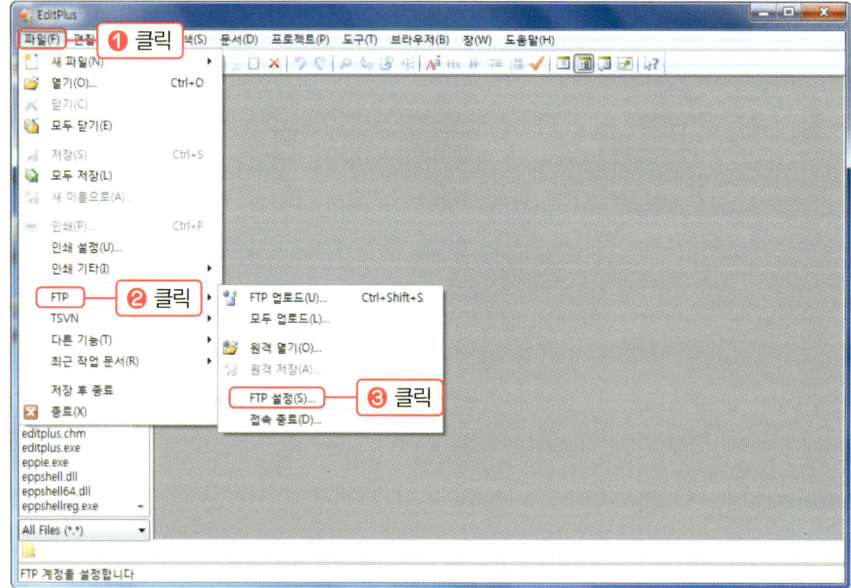

03 [FTP 설정] 창에서 FTP 정보를 입력하고 [확인] 버튼을 클릭합니다.

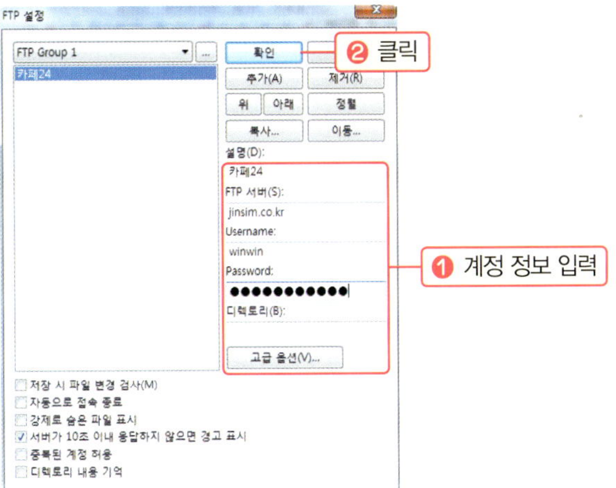

04 목록에서 [카페24]를 선택하여 접속하고, 원하는 파일을 더블클릭하여 소스를 수정합니다.

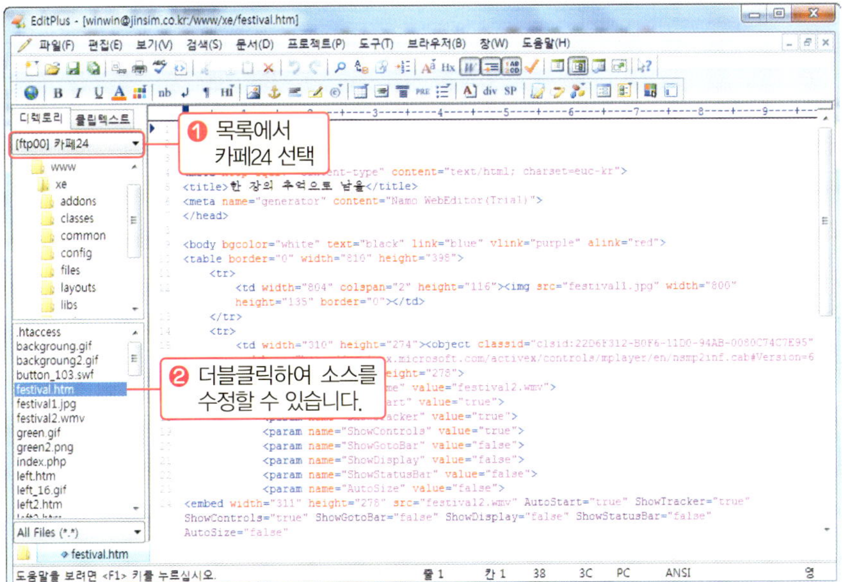

memo

Part 06 홈페이지 & 쇼핑몰 디자인을 위한 포토샵

> 디자인에 대한 기본을 알고 있으면 홈페이지나 쇼핑몰을 만들고 운영할 때 편리한 점이 많습니다. 지금 다루려고 하는 내용은 포토샵으로 디자인을 할 때 꼭 알고 있어야 하는 기본 요소와 응용을 한 번에 연습하려고 합니다. 책에서 XE뿐만 아니라 쇼핑몰에 관한 내용도 다루고 있으므로 디자인에 관한 몇 가지 사항은 꼭 필요할 것 같은 생각에 약간이라도 포함하려고 했습니다.

Lesson 15 포토샵 기본과 활용

포토샵 기본과 활용

01 포토샵 다운로드 및 설치

작업에 사용할 포토샵 프로그램을 Adobe 홈페이지에 방문하여 시험판을 다운받아 설치하겠습니다.

01 인터넷 주소에 'http://www.adobe.com/kr'을 입력하고 [다운로드]를 클릭합니다.

Adobe 홈페이지: http://www.adobe.com/kr

02 'Adobe Photoshop CS5 Extended'의 [시험버전]을 클릭합니다.

03 다운로드 페이지에서 [지금 다운로드] 버튼을 클릭합니다.

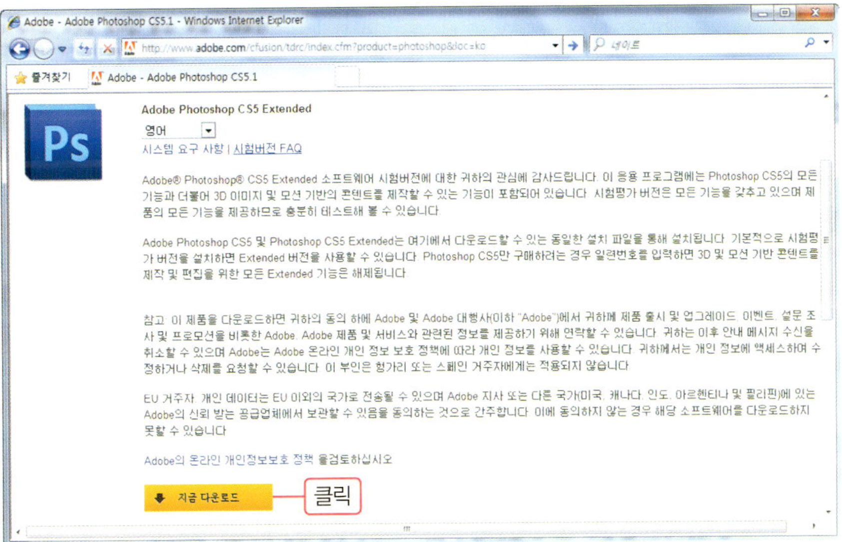

04 계정 정보를 물어보는 화면에서 '아이디'와 '비밀번호'를 입력하고 [로그인] 버튼을 클릭합니다.

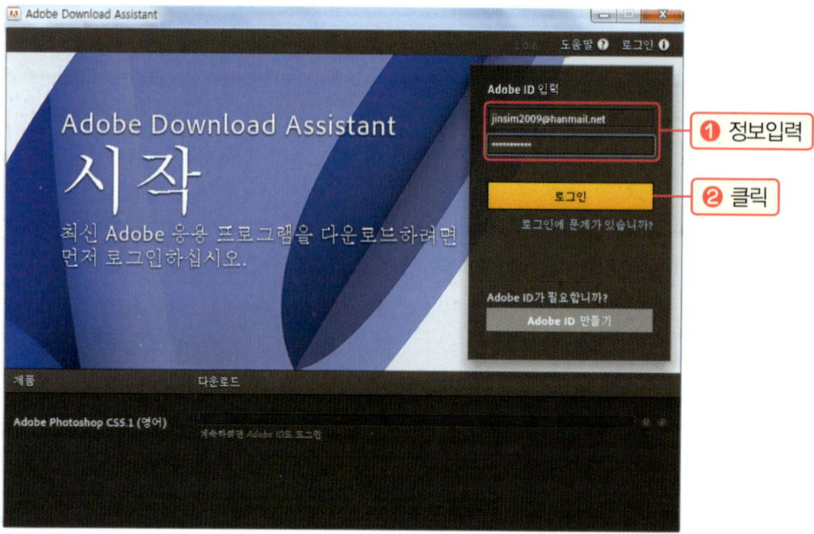

포토샵을 다운 받기 위해서는 Adobe계정이 있어야 합니다.
[Adobe ID 만들기]를 클릭한 후에 몇 가지 개인 정보를 입력하면 바로 계정을 만들 수 있습니다.

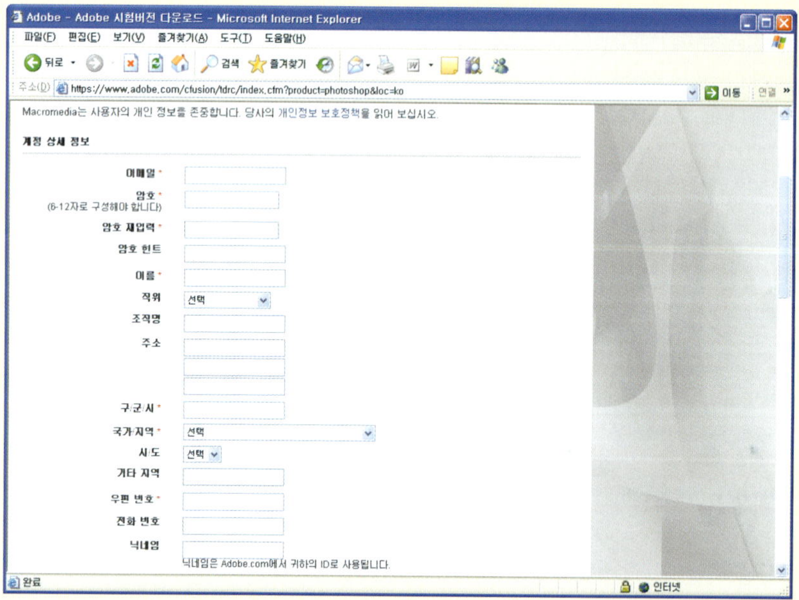

05 다운로드가 진행되는 것을 볼 수 있습니다.

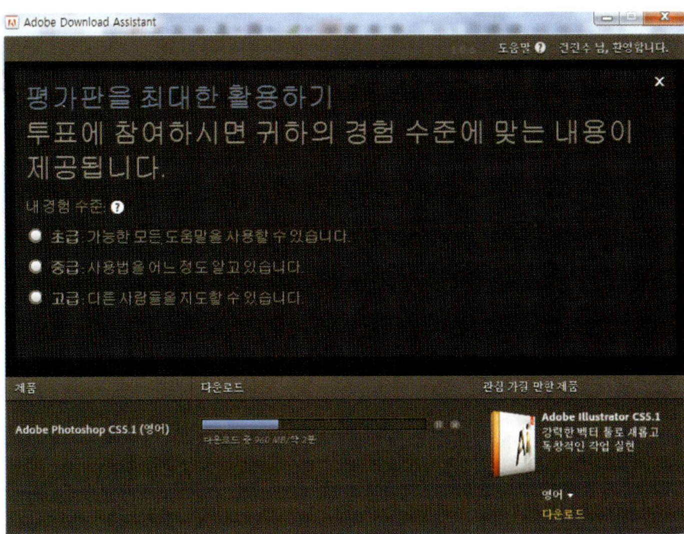

6 다운로드가 완료된 후에 설치가 자동으로 진행됩니다. [동의함] 버튼을 클릭하여 기본적인 설치과정을 진행합니다.

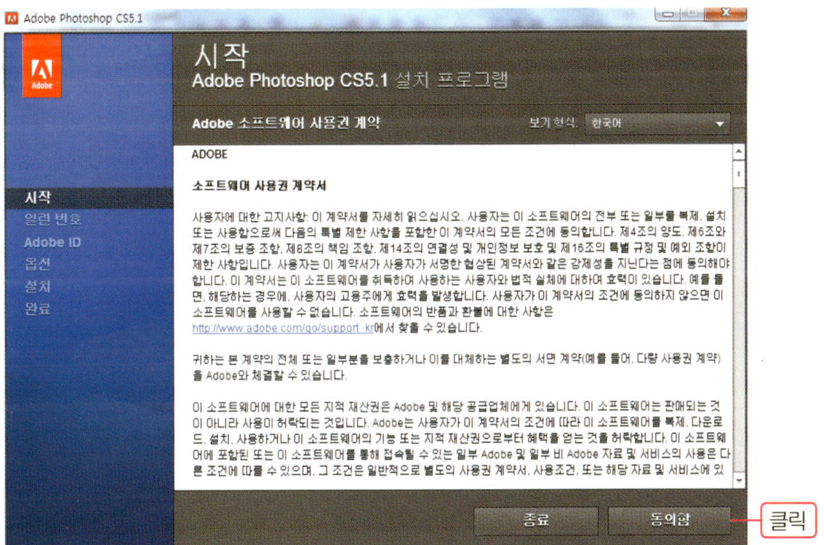

07 설치 시작 화면에서 [시험 버전]을 선택하고 [다음]을 클릭합니다.

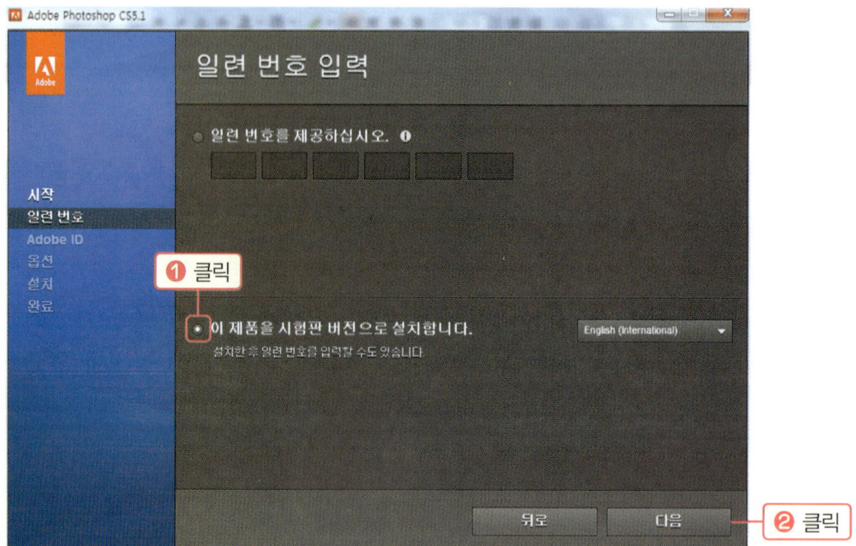

08 설치 옵션 화면에서 설치 버튼을 클릭하여 설치를 진행합니다.

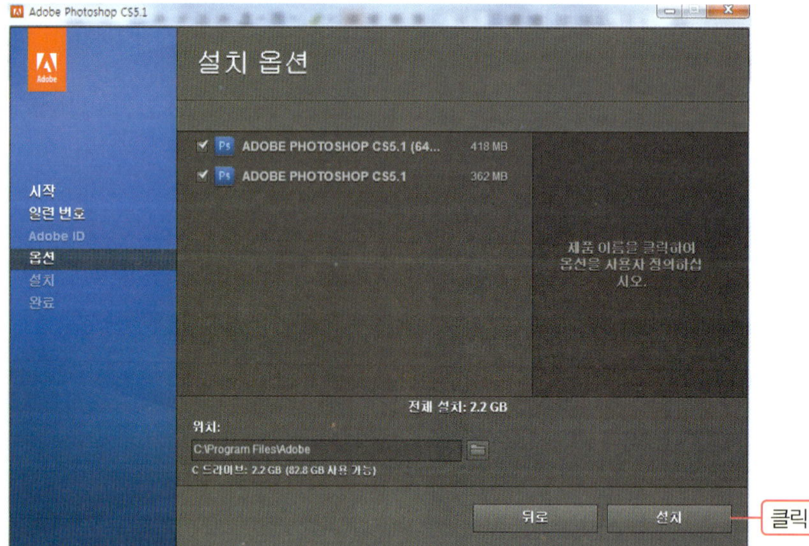

02 새로운 파일 만들고 저장하기

포토샵을 설치하였으면 새로운 문서를 만드는 과정을 살펴보겠습니다.

01 윈도우의 [시작] 버튼-[모든 프로그램-[Adobe Photoshop CS5]를 클릭하여 포토샵을 실행하고 메뉴 [File]-[Open]을 클릭합니다.

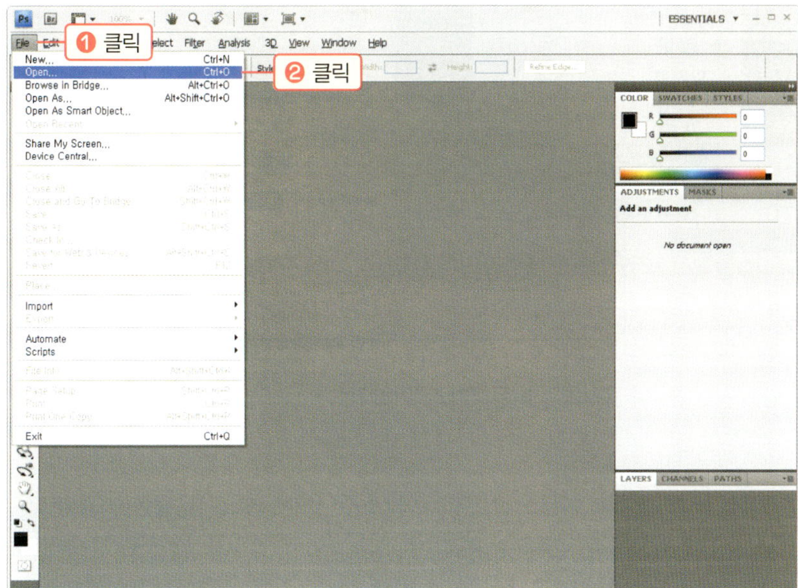

02 [Open] 대화상자에서 '제로보드예제/이미지/Photo (36).jpg'를 선택하고 [열기] 버튼을 클릭합니다.

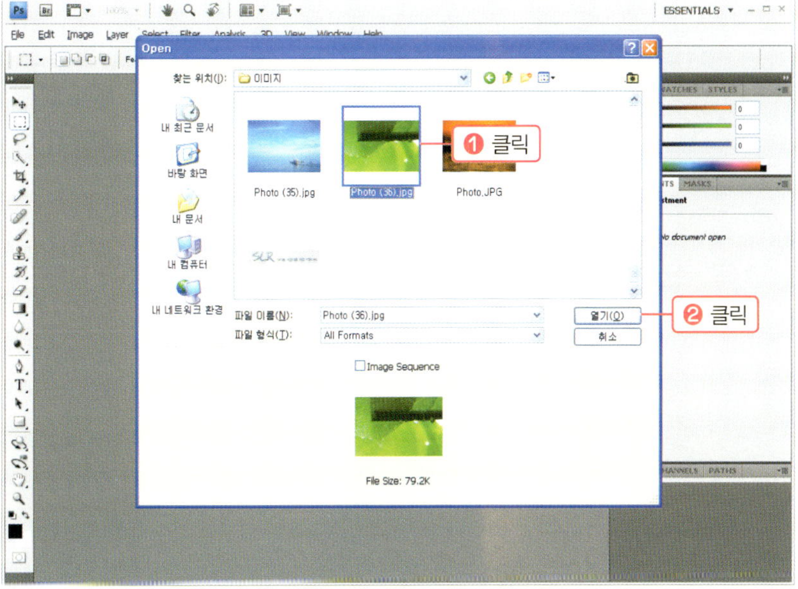

03 파일에 간단한 변화를 주기 위해 [Filter]-[Artistic]-[Dry Brush]를 클릭합니다.

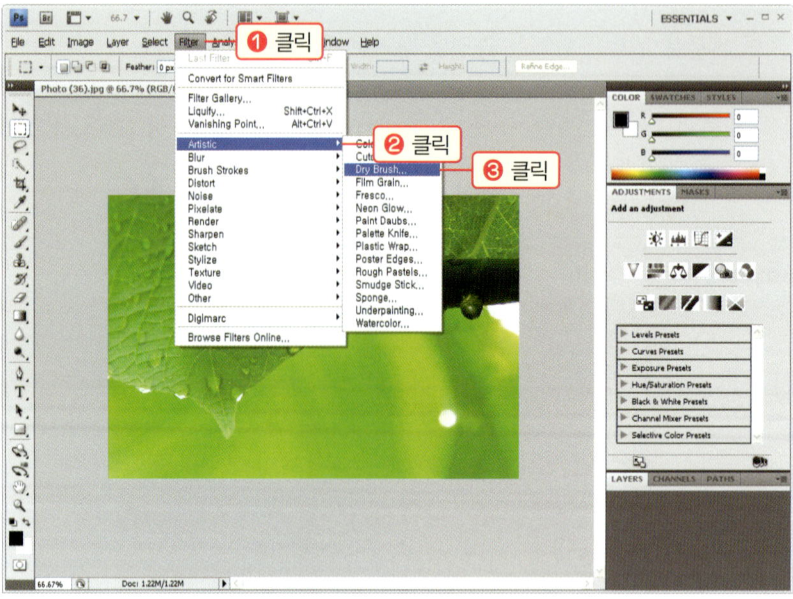

NOTE

실습에서 필터 기능을 사용하여 효과를 주는 이유는 간단한 변화를 주고 저장하는 단계를 진행하기 위해서입니다. 효과는 사용자가 원하는 다른 효과를 적용해도 됩니다.

04 [Dry Brush] 대화상자에서 'Brush Size: 2', 'Brush Detail: 8', 'Texture: 1'을 입력하고 [OK] 버튼을 클릭합니다.

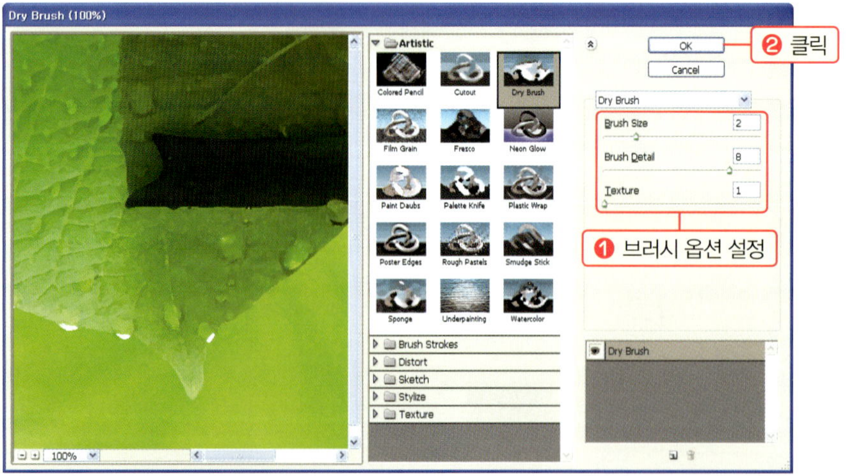

05 이미지에 효과가 적용된 것을 확인하고 파일을 저장하기 위해 [File]−[Save As]를 클릭합니다.

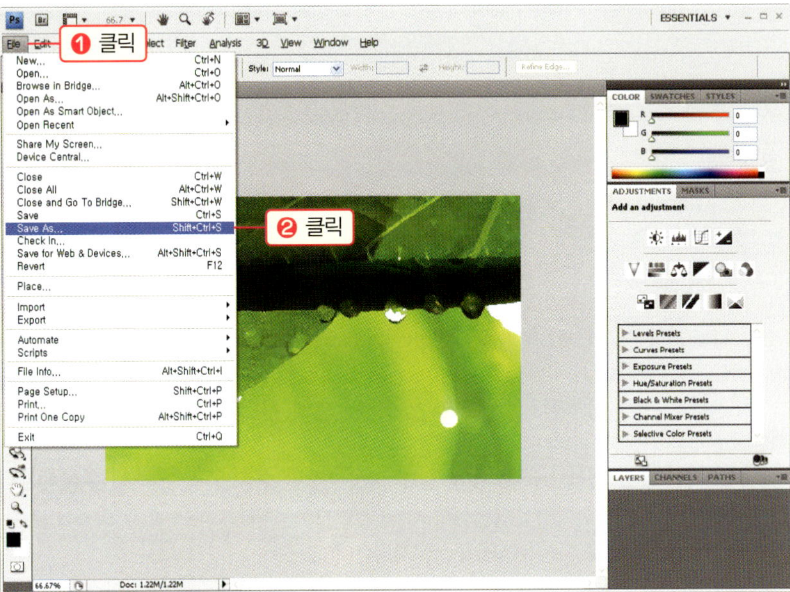

06 [Save As] 대화상자에서 원하는 파일 이름을 입력하고 [저장] 버튼을 클릭합니다.

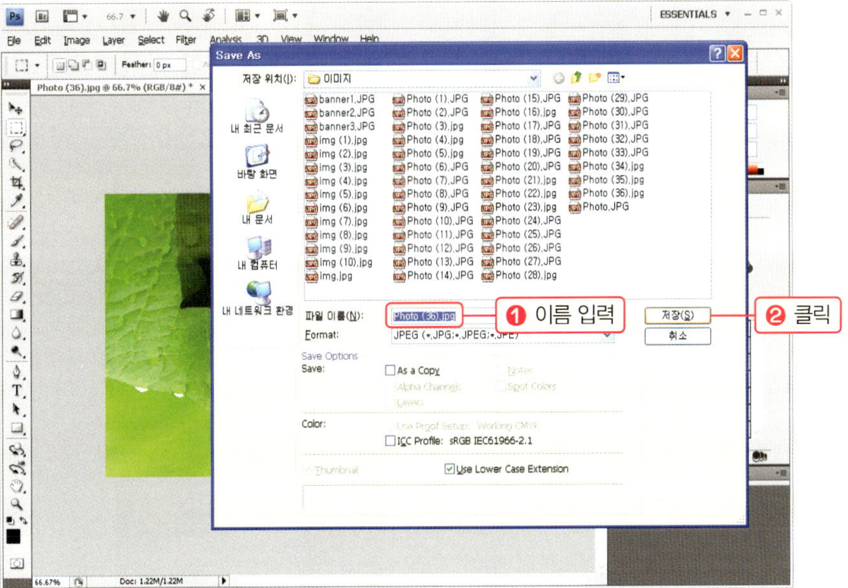

NOTE

포토샵에서 저장할 때 파일 Format을 설정하게 됩니다. 대표적으로 'PSD, GIF, JPEG, TIF' 형식으로 저장하게 됩니다.

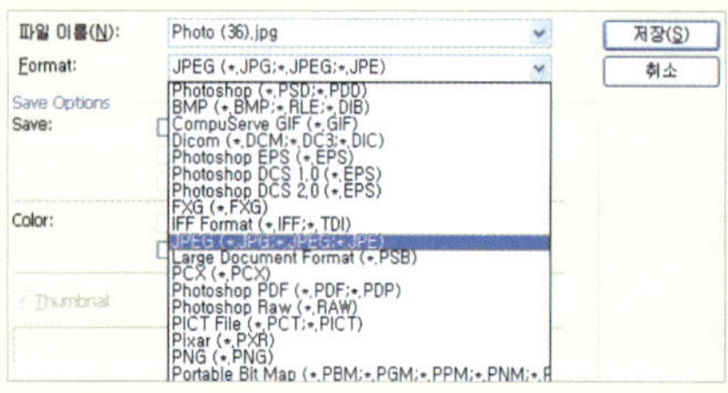

- PSD는 포토샵 원본 파일 포맷입니다. 포토샵에서 레이어 작업을 했을 때 작업한 내용을 그대로 저장하기 때문에 나중에 불러서 수정이 가능합니다.
- GIF는 8비트의 색상 정보로 256가지 색상을 표현할 수 있습니다. 홈페이지 등에 쓰이는 작은 아이콘이나 애니메이션 등을 제작할 때 주로 사용합니다.
- JPG는 주로 256색 이상을 표현해야 할 때 사용하며 최대 16만 컬러를 표현할 수 있는 웹 표준 형식입니다.
- TIF는 비손실 압축 방식이라고 하며 이미지 손상을 시키지 않고 저장하는 형식입니다. 다른 파일에 비해 용량을 많이 차지하며 편집 디자인 또는 전문 사진 편집을 할 때 사용합니다.

03 그레이디언트 툴로 배경색 만들기

한 가지 색이 아닌 여러 가지 색을 표현할 때 그레이디언트 툴을 많이 사용합니다. 주로 배경색을 만들거나 규칙적인 패턴을 만들 때 사용합니다.

01 새로운 문서를 작성하기 위해 [File]-[New]를 클릭한 후에 [New] 대화상자에서 'Width: 500', 'Height: 500'을 입력하고 [OK] 버튼을 클릭합니다.

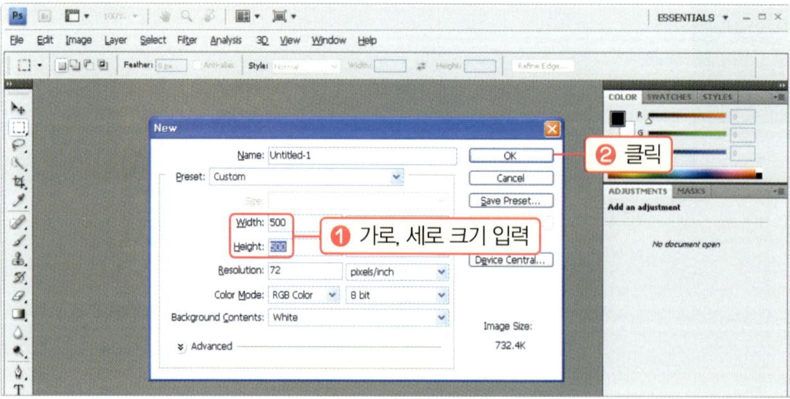

02 [그레이디언트] 툴을 클릭한 후에 [Swatches] 팔레트에서 '전경색'과 '배경색'을 설정한 후에 화면을 드래그하여 색을 채웁니다.

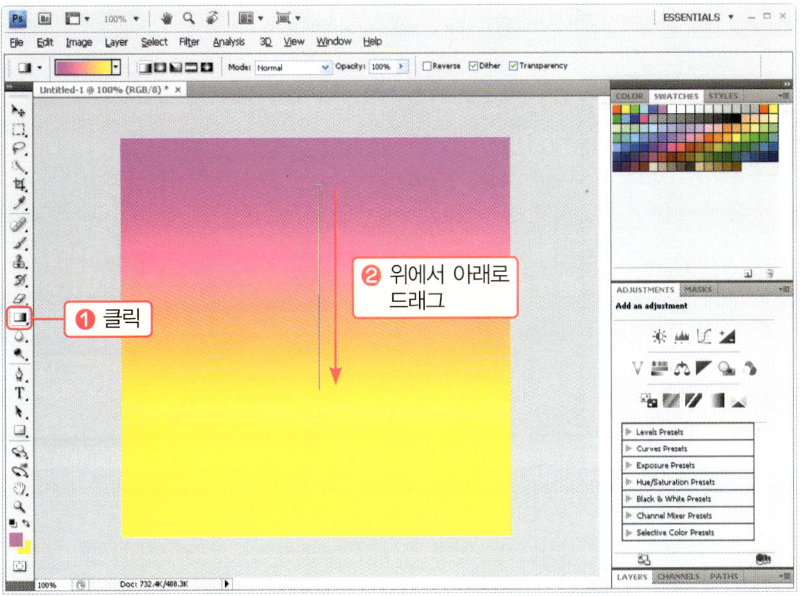

NOTE

그레이디언트 방향을 어떤 것을 선택하냐에 따라 느낌이 많이 달라집니다.

그레이디언트를 잘 만들기 위해서 연습을 할 때 드래그하는 방향을 다양하게 해보는 것이 좋습니다. 화면의 안쪽에서 바깥쪽으로, 왼쪽에서 오른쪽, 또는 길게 짧게 등 다양한 방법으로 드래그하면 좋은 아이디어를 얻을 수 있습니다.

03 2가지 색이 아니라 더 다양한 색을 채우기 위해 [그레이디언트 편집기]를 활성화한 후에 그레이디언트 맵의 특정 부분을 클릭하여 [Color Stop]을 추가하고 색을 바꾸기 위해 [Color] 옵션의 색을 클릭합니다.

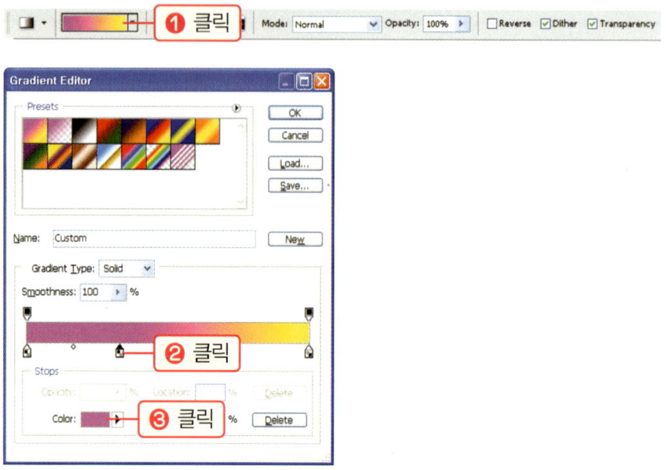

04 [Select stop color] 대화상자에서 원하는 색을 선택하고 [OK] 버튼을 클릭합니다.

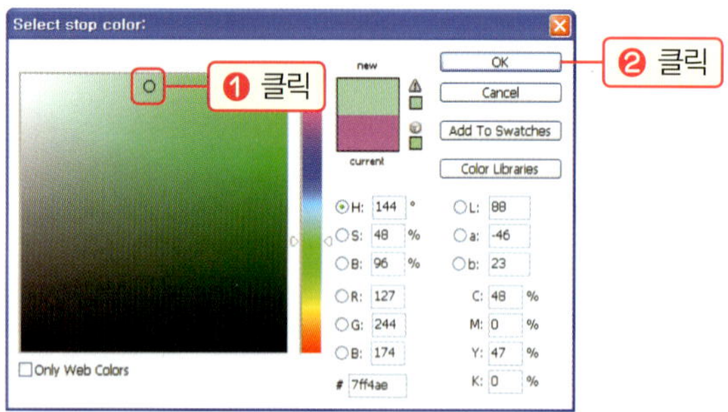

05 같은 방법으로 [Color Stop]을 추가하고 추가한 컬러 스톱을 드래그하여 색의 위치를 정합니다.

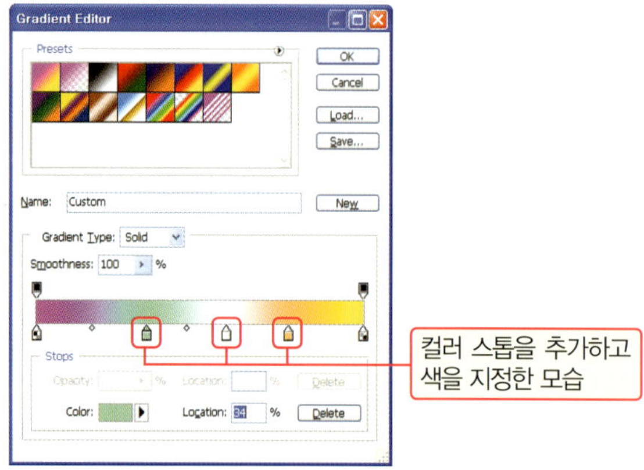

NOTE

컬러 스톱을 삭제하려면 컬러 스톱을 아래쪽으로 드래그합니다.

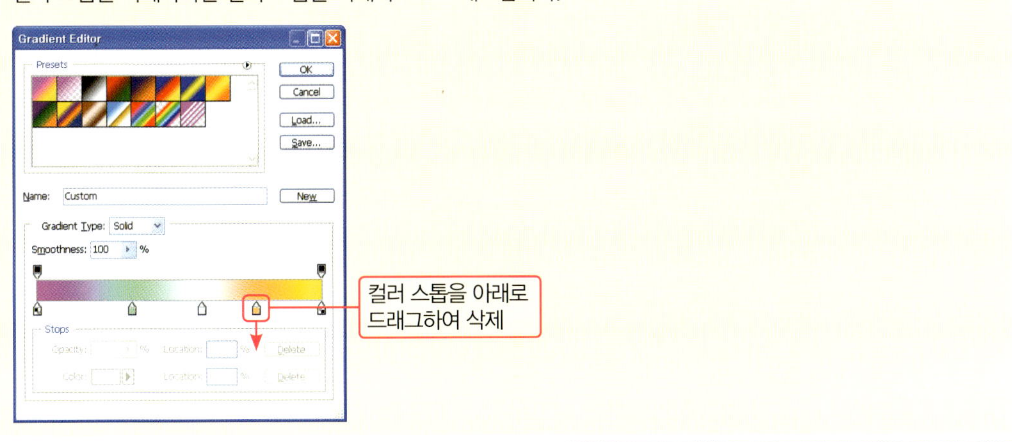

06 현재 만든 색을 저장하기 위해 'Name'란에 색 이름을 입력하고 [New] 버튼을 클릭하면 [Presets]에 그레이디언트가 추가됩니다. 삭제는 해당 그레이디언트에서 오른쪽 버튼을 클릭하고 [Delete Gradient]를 클릭합니다. 편집이 끝난 후에 [OK] 버튼을 클릭합니다.

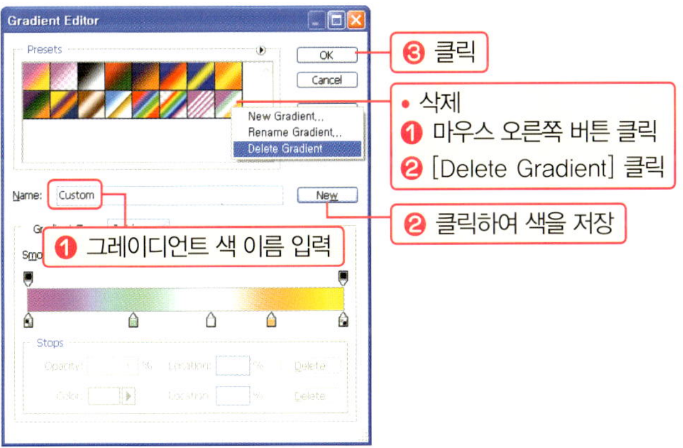

07 화면에 드래그하여 새로 만든 그레이디언트를 적용해 봅니다. 일반적으로 그레이디언트를 적용하면 이전에 적용했던 색이 지워지고 다시 칠해집니다. 이전 색과 겹쳐서 적용하고 하고 싶다면 투명도를 설정하여 처리하면 됩니다.

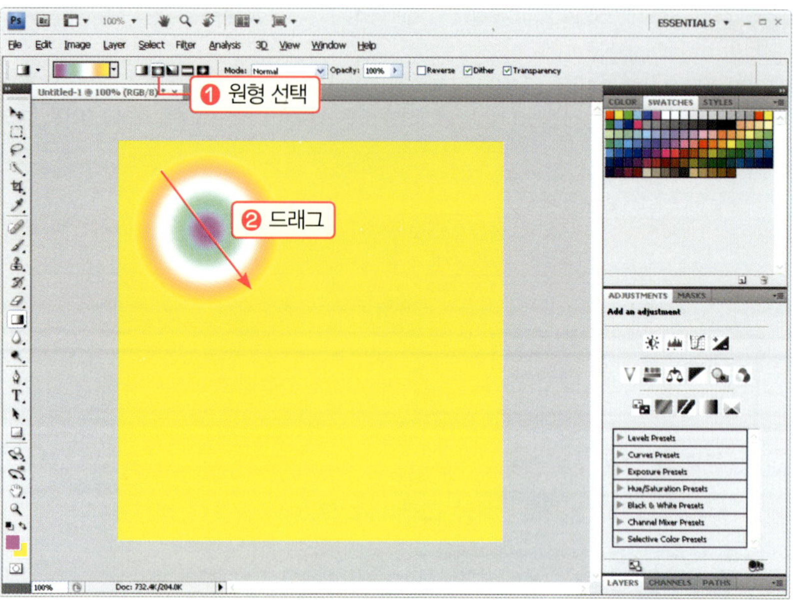

08 투명도를 조절하기 위해 [그레이디언트 편집기]를 클릭하여 활성화하고 그레이디언트 맵의 위쪽을 클릭하여 [Opacity Stop]를 추가합니다.

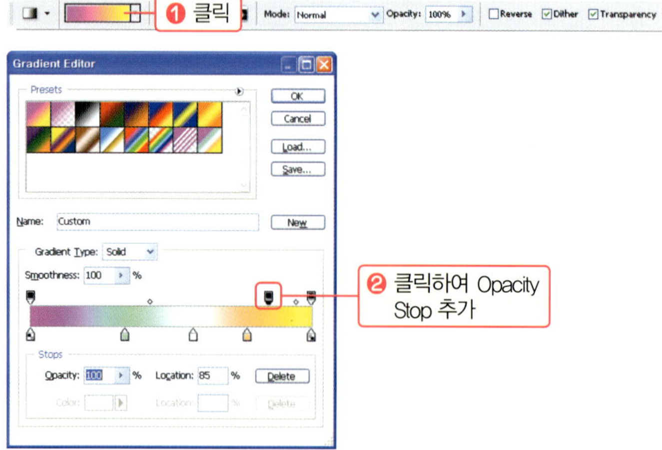

09 다시 그레이디언트 맵의 위쪽을 클릭하여 새로운 [Opacity Stop]을 추가하고 'Opacity: 0'으로 조절하여 투명하게 만듭니다.

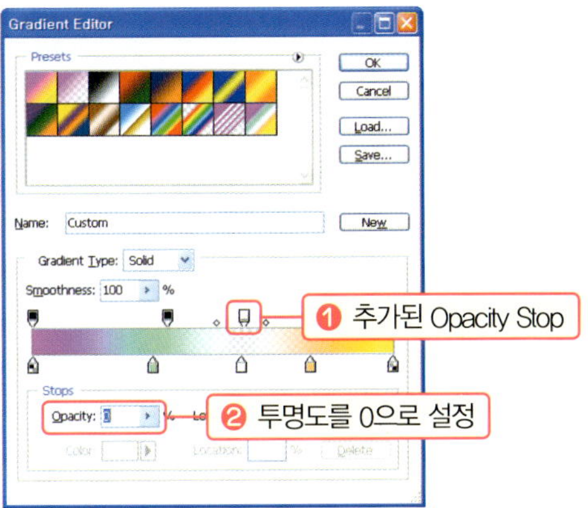

10 같은 방법으로 마지막 [Opacity Stop]의 투명도 값도 'Opacity: 0'으로 조절하고 [OK] 버튼을 클릭합니다.

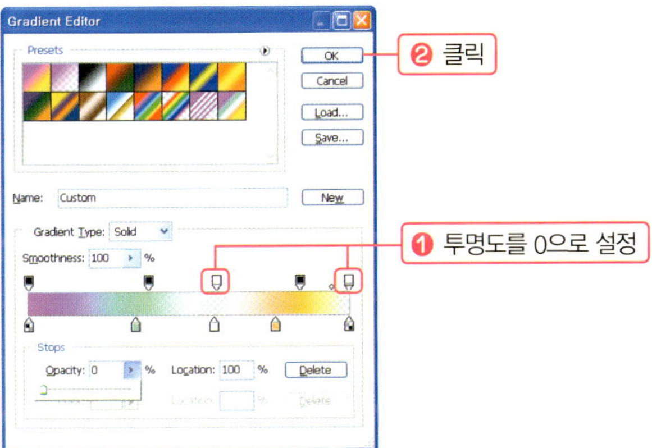

11 그레이디언트 맵에서 색상을 제어하는 [Color Stop] 및 불투명도를 제어하는 [Opacity Stop]의 설정 값을 변경하였으면 아래와 같이 드래그하여 적용합니다.

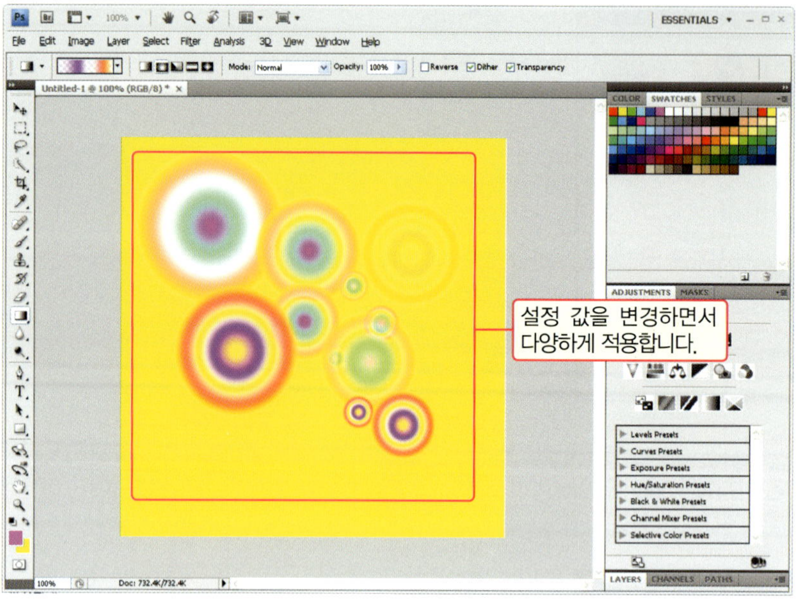

NOTE

제작한 그레이디언트를 저장하여 다른 컴퓨터로 옮겨서 사용할 수 있습니다.
그레이디언트 편집기에 있는 [Save] 버튼을 클릭하여 원하는 위치에 저장합니다.

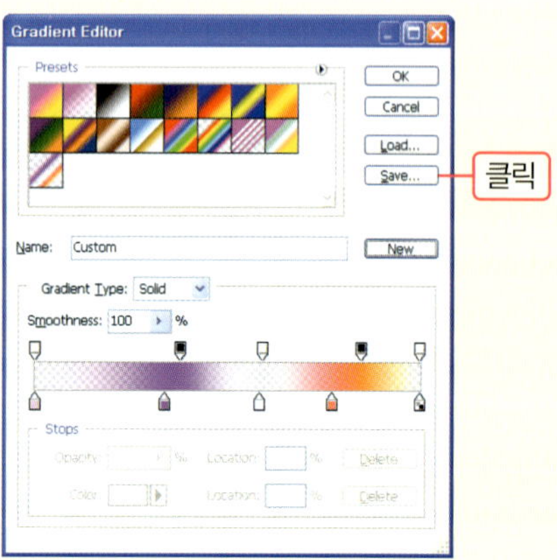

저장한 그레이디언트를 사용하기 위해서는 이동한 컴퓨터의 'C:\Program Files\Adobe\Adobe Photoshop CS5\Presets\Gradients' 위치에 붙여넣기 해야 합니다. 저장한 그레이디언트는 [Presets]의 세부 옵션 단추를 클릭하여 저장한 그레이디언트 이름을 선택하면 presets 항목이 선택한 그레이디언트로 바뀌게 됩니다.

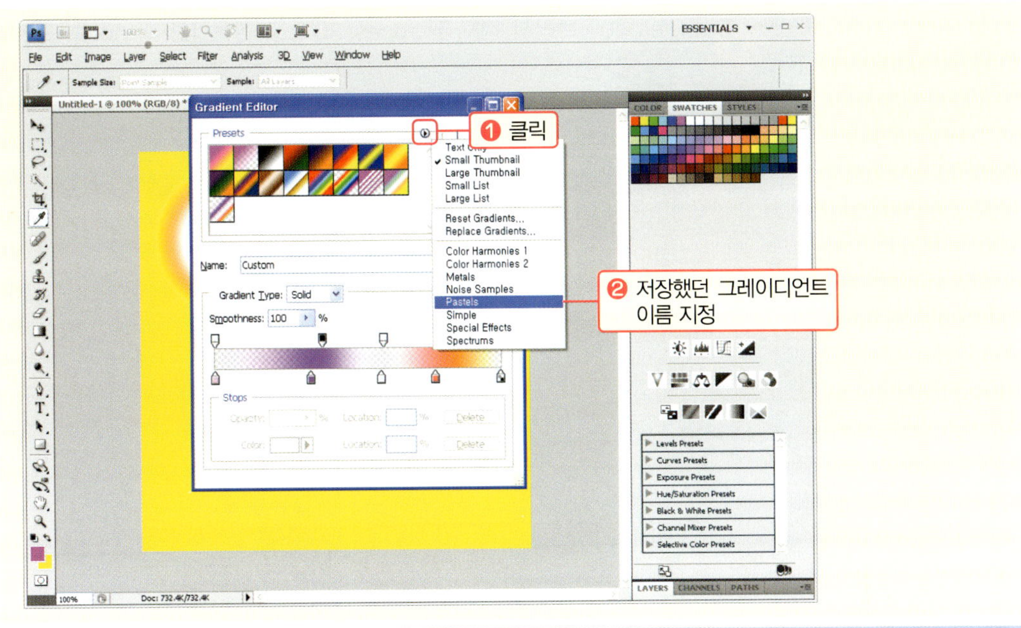

04 브러시 도구 활용하기

브러시 툴은 포토샵에서 그림을 그리기 위한 가장 기본적인 툴입니다. 다양한 브러시를 제공하고 있어서 조금만 응용할 수 있다면 예쁜 그림을 직접 그릴 수 있습니다.

01 새로운 문서를 만든 후에 도구 상자에서 '브러시' 도구를 선택하고 브러시 선택 창을 활성화 합니다.

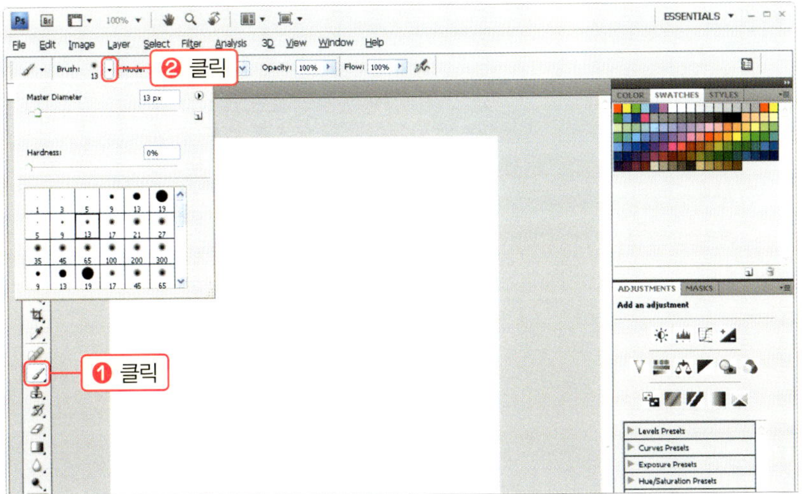

02 브러시 크기 'Master Diameter: 50', 브러시 경도 'Hardness: 0'으로 설정하고 마우스를 드래그하여 선을 그려 줍니다.

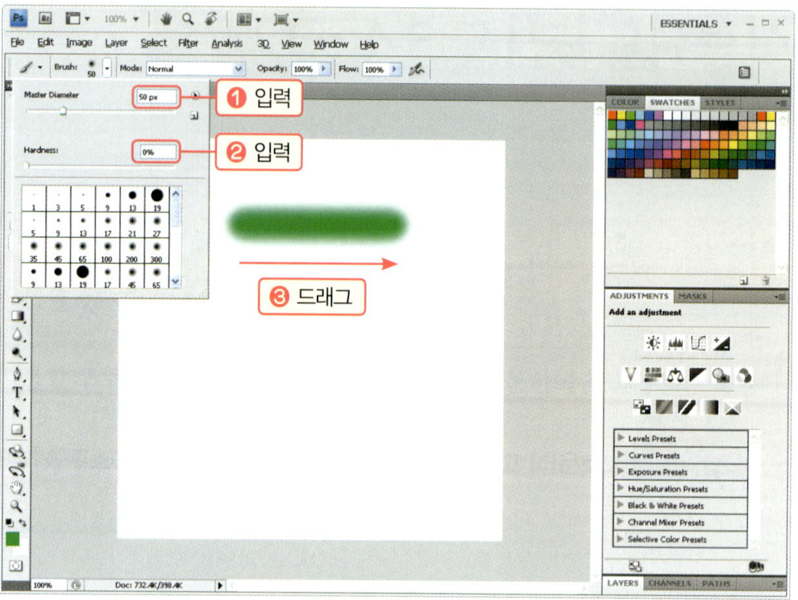

03 옵션 값을 다양하게 변경하며 화면에 드래그합니다.

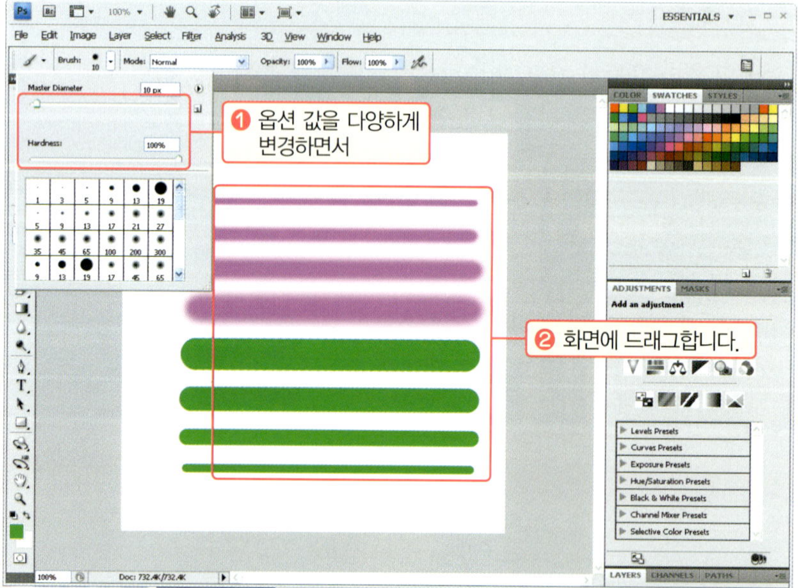

브러시 크기 'Master Diameter'와 브러시 경도 'Hardness'의 의미를 정확히 이해하고 다양하게 조절하며 연습합니다.

• Master Diameter: 브러시 크기를 말합니다.
• Hardness: 브러시 외곽의 부드럽기를 말합니다.

04 새로운 문서에서 'Opacity'와 'Flow' 값을 조절하며 선을 그려 줍니다.

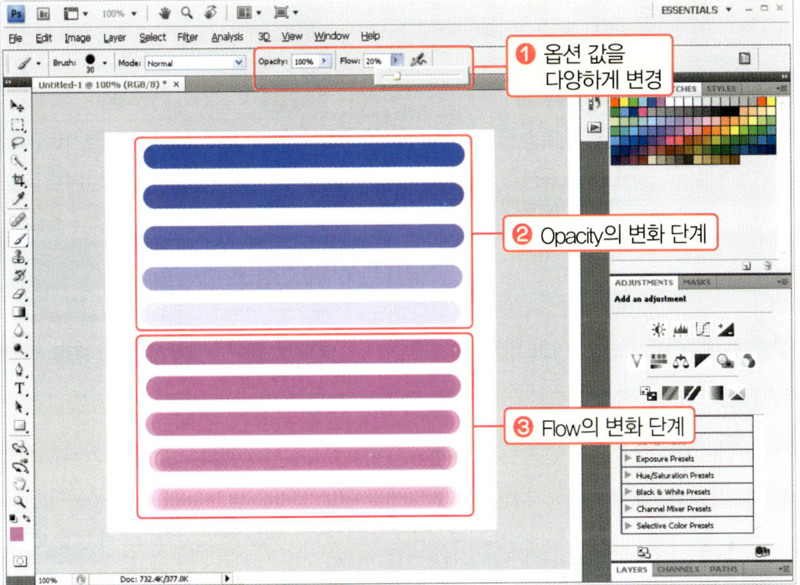

• Opacity: 브러시의 불투명도를 조절할 때 사용합니다. 불투명도 값을 높여 주면 색상이 진하게 칠해지고, 불투명도 값을 낮추면 흐리게 칠해집니다.
• Flow: 드래그할 때 마우스 반응 정도를 나타냅니다. 값이 크면 전체적으로 진한 선이 되고 값이 작으면 연하게 복제되어 칠해집니다.

05 새로운 문서에서 브러시를 선택한 후에 'Airbrush' 옵션을 선택했을 때와 선택하지 않았을 때를 비교하며 색을 칠해봅니다.

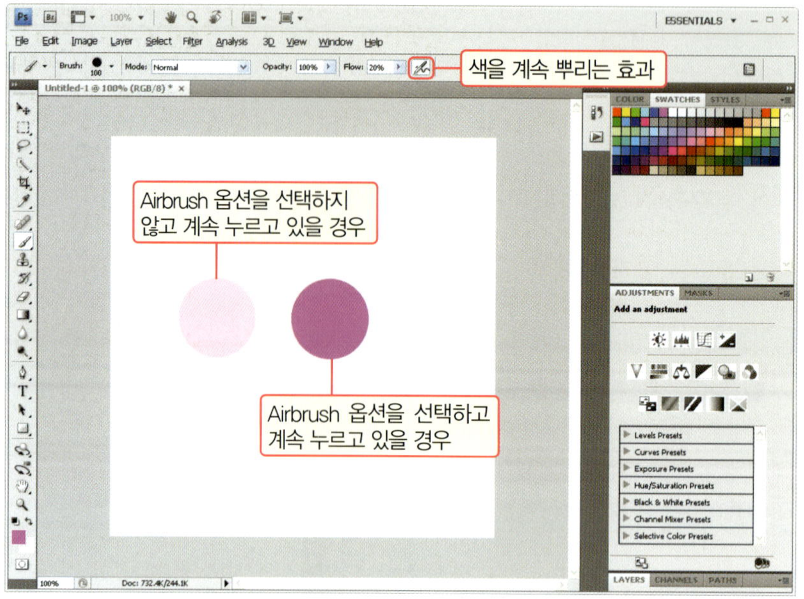

> **NOTE**
>
> Airbrush를 선택하지 않았을 때는 마우스 왼쪽 버튼을 계속 누르고 있어도 색이 진해지지 않습니다.
> Airbrush를 선택하고 같은 실습을 했을 때는 색이 점점 진해지는 것을 확인할 수 있습니다. Airbrush 옵션을 선택했을 때는 현재 선택한 브러시의 속성을 에어 브러시로 지정하여 누르고 있는 동안 계속적으로 색을 뿌려 주므로 진하게 칠해지게 됩니다.

06 다양한 브러시 모양을 적용해 봅니다.

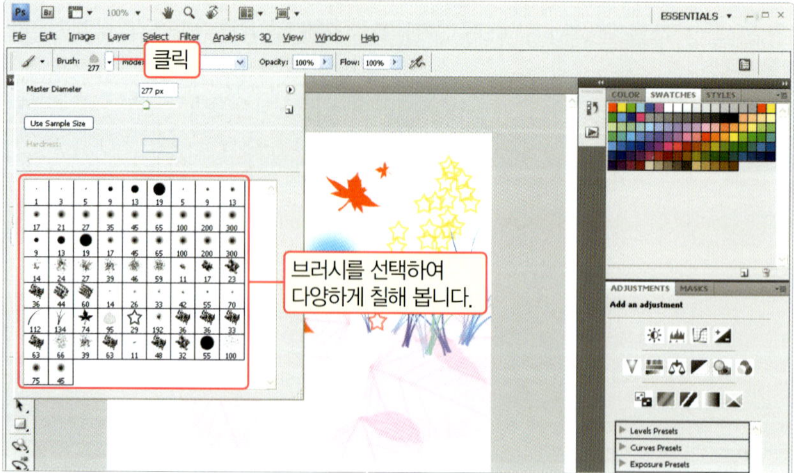

07 브러시 표현을 더욱 세부적으로 하기 위해 메뉴 [Window]-[Brushes]를 클릭합니다.

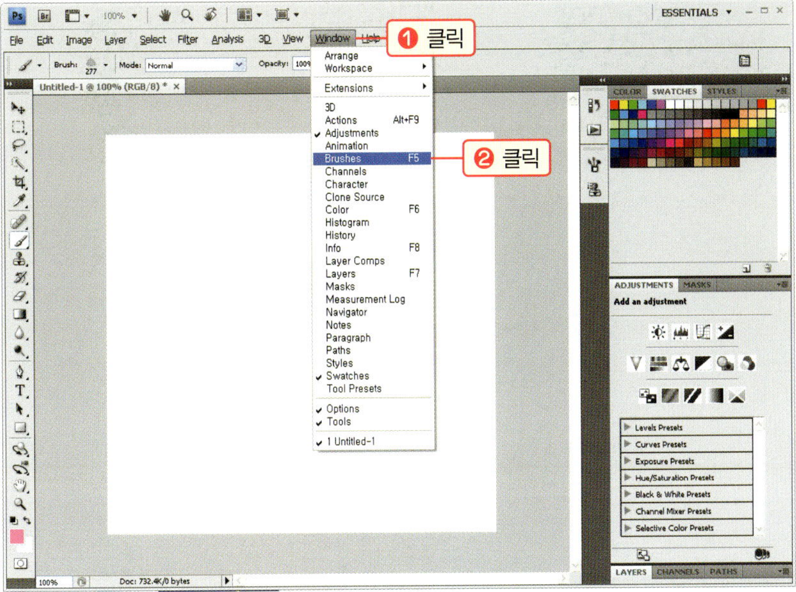

08 브러시 세부 옵션 창에서 원하는 브러시 모양을 선택하고 [Brush Tip Shape]을 클릭한 후에 'Diameter: 20px', 'Spacing: 255%'로 설정합니다.

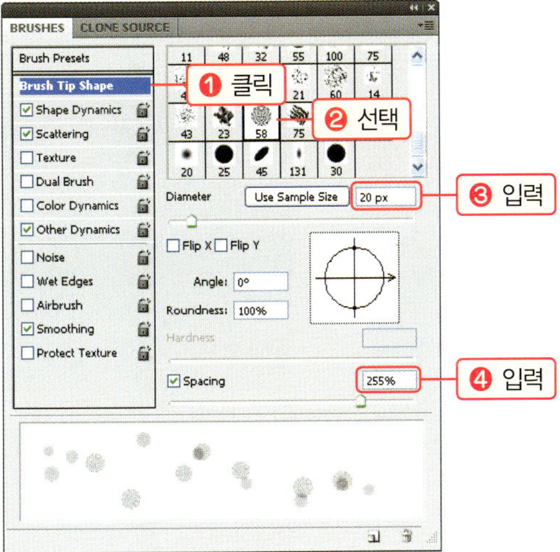

09 브러시 크기와 불투명도를 조절해 가며 화면에서 드래그해보면 세부 옵션에서 설정한 일정 거리를 유지하며 브러시가 그려지는 것을 볼 수 있습니다.

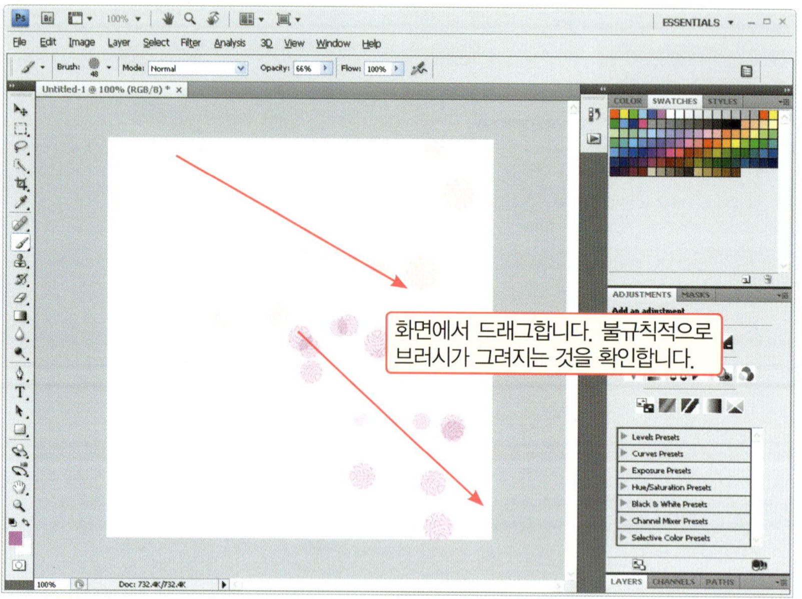

> **NOTE**
>
> 브러시의 다양한 모양과 위에서 살펴본 4가지 옵션 'Master Diameter', 'Hardness', 'Opacity', 'Flow'을 활용하여 아래와 같이 만들어 봅니다. 처음에는 아이디어가 잘 떠오르지 않아 고민스러울 수 있습니다. 그러나 많은 이미지를 따라 만들다 보면 다양한 표현이 가능해질 것입니다.

05 펜 도구를 활용하여 선택 영역 만들기

벡터 디자인을 할 수 있는 툴을 처음 배우는 사용자에게는 어려움이 느껴지지만 결과적으로 펜 툴을 잘 다뤘을 때 원하는 디자인을 할 수 있습니다. 정밀하고 깨끗한 선택을 할 수 있다는 것은 완성도가 높은 결과물을 얻을 수 있다는 것과 같습니다.

01 메뉴 [File]−[Open] 명령으로 'Photo(29).jpg' 파일을 불러온 후 툴바에서 펜 도구를 선택합니다.

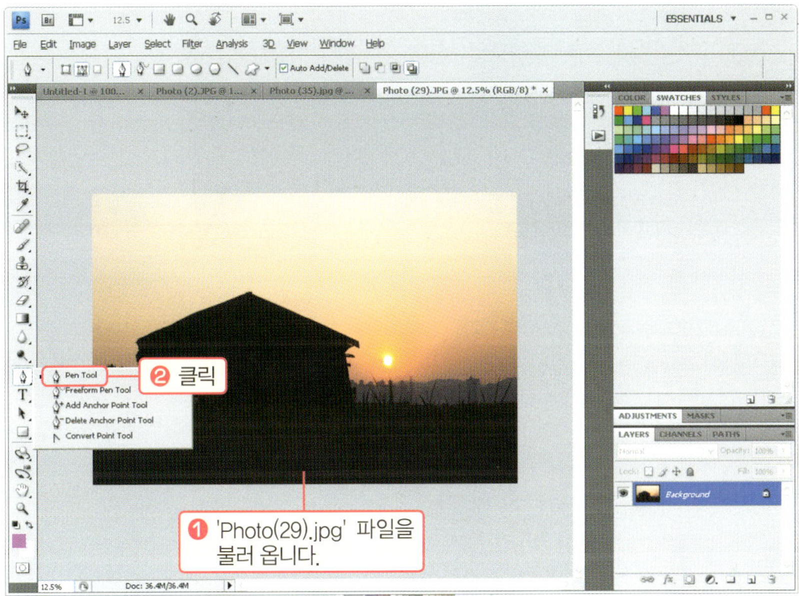

02 1번 자리를 클릭한 후에 2번 자리를 클릭하여 선택 영역을 만들어 갑니다.

 같은 방법으로 나머지 위치도 클릭하며 선택 영역을 만듭니다.

NOTE

펜 툴을 사용할 때 직선의 경우는 쉽게 해결이 됩니다. 그런데 곡선을 그릴 때는 다소 많은 어려움이 느껴질 것입니다.

• 직선 그리기

직선을 그릴 때는 1번에 해당하는 부분을 클릭하고 2번에 해당하는 부분을 클릭하면 직선이 만들어 집니다. Shift 를 누르고 2번 점을 클릭하면 좀 더 쉽게 직선을 그릴 수 있습니다.

• 곡선 그리기

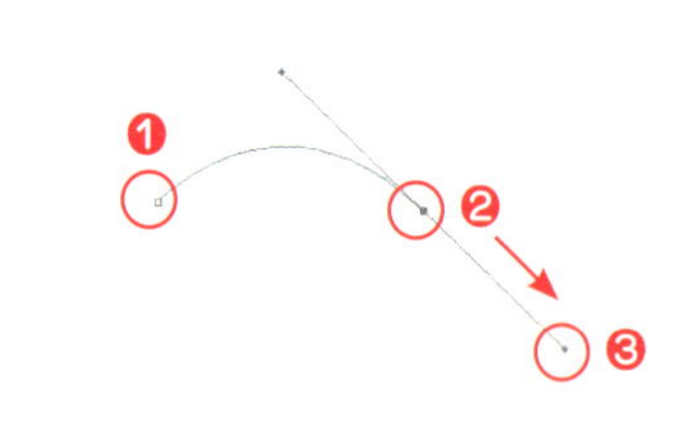

곡선을 그릴 때는 1번 점을 클릭한 다음에 2번 점을 클릭하고 마우스에서 손을 떼지 않은 채 화살표 방향으로 드래그하면 3번과 같은 방향선이 생기면서 곡선이 됩니다.

● 패스를 만들 때 쓰이는 몇 가지 용어

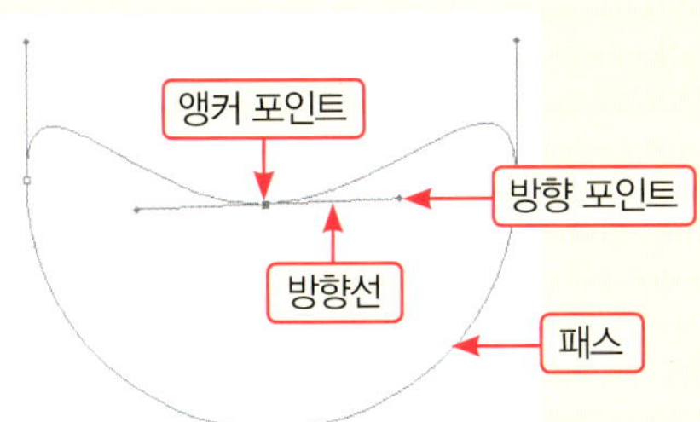

❶ 앵커 포인트: 펜 툴로 클릭할 때 생기는 점을 앵커 포인트라고 합니다.

❷ 패스: 앵커 포인트와 앵커 포인트 사이에 생기는 선을 패스라고 합니다.

❸ 방향선과 방향 포인트: 곡선을 그릴 때 앵커 포인트 자리에서 드래그하면 생기는 선이 방향선이고 앵커 포인트와 같이 방향선 끝에 생기는 점을 방향 포인트라고 합니다.

❹ 핸들: 방향 포인트를 클릭하고 드래그하여 모양을 변경할 수 있다고 하여 방향선과 방향 포인트 전체를 핸들이라고 합니다.

04 모두 선택한 다음에 [패스] 팔레트를 클릭합니다. 현재 작업 패스를 알려주는 'Work Path'가 있습니다. Work Path를 저장하기 위해 더블클릭합니다.

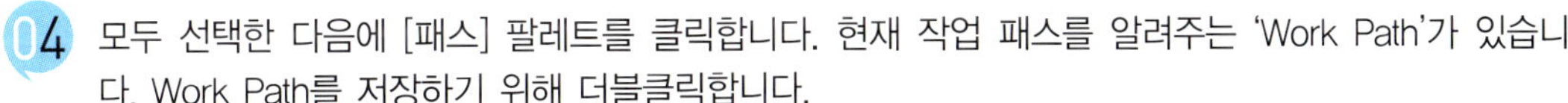

NOTE

[패스] 팔레트 나타내기

포토샵 화면에 [패스] 팔레트 창이 나타나 있지 않으면 메뉴 [Windows]를 눌러 [Paths]를 체크해주면 됩니다. 작업에 필요한 다른 윈도우도 같은 방법으로 체크하여 나타냅니다.

05 패스의 이름을 입력하고 [OK] 버튼을 클릭합니다.

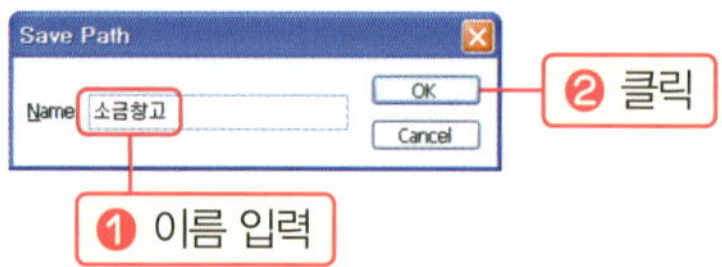

06 선택 영역에 효과를 주기 위해 패스 썸네일 이미지를 Ctrl 키를 누른 상태에서 클릭하고 밝기를 조절하기 위해 [Image]-[Adjustments]-[Shadows/Highlights]를 클릭합니다.

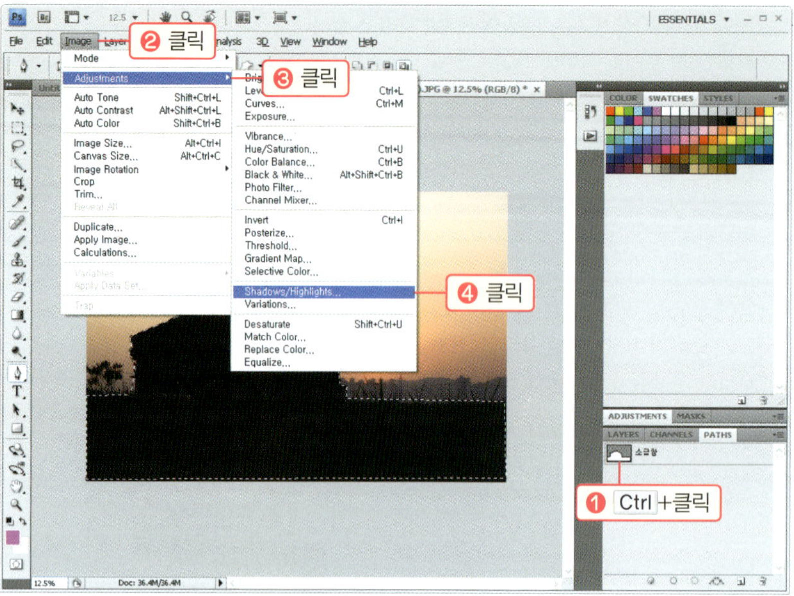

07 'Shadows' 값을 조절하여 밝기를 설정한 후 [OK] 버튼을 클릭합니다.

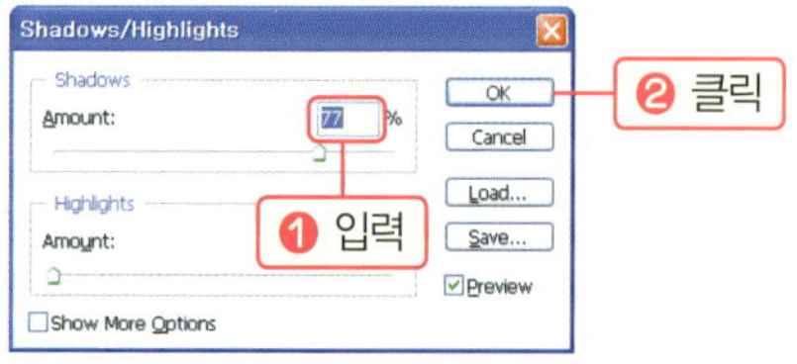

08 효과를 모두 적용하였으면 선택 영역을 없애기 위해 [Select]-[Deselect]를 클릭합니다.

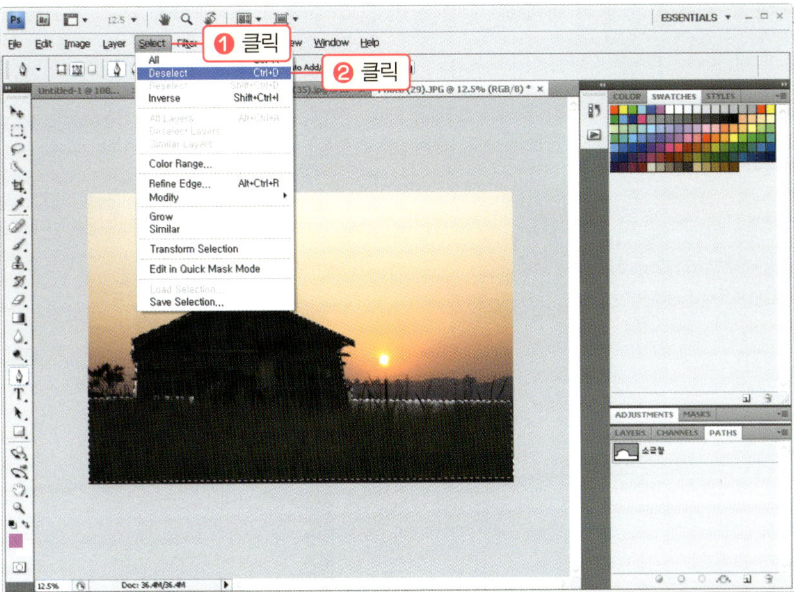

09 어두웠던 소금 창고와 들판이 조금 밝게 보정된 것을 확인합니다.

■ 펜 도구 활용하기

도형과 직접 패스 선택 도구를 활용하면 다양한 모양을 만들 수 있습니다. 예제로 원을 그린 후 이를 활용하여 하트로 바꾸는 과정을 살펴보겠습니다.

01 Shape 툴을 누르고 있으면 나타나는 도구에서 원형을 선택하고 화면에 드래그하여 그려 줍니다.

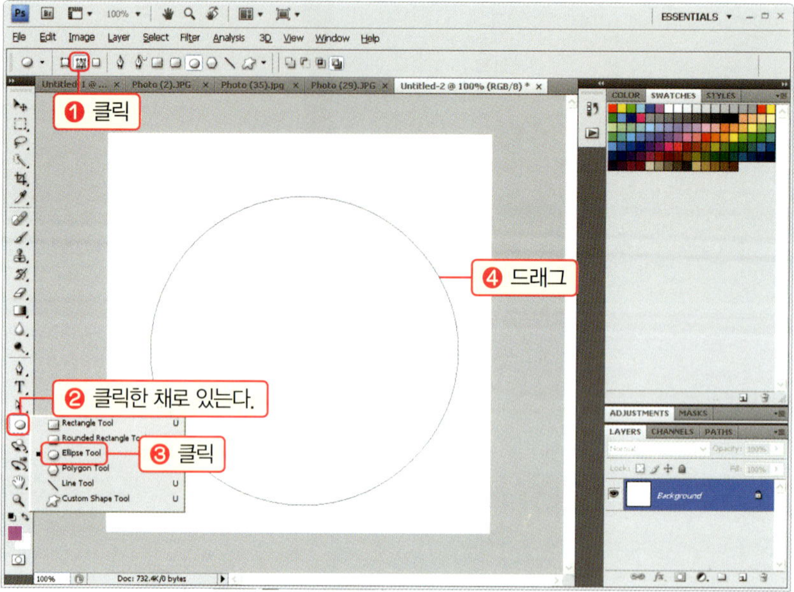

02 직접 선택 툴을 클릭한 후에 원의 가장 위를 드래그하여 아래로 내려 줍니다.

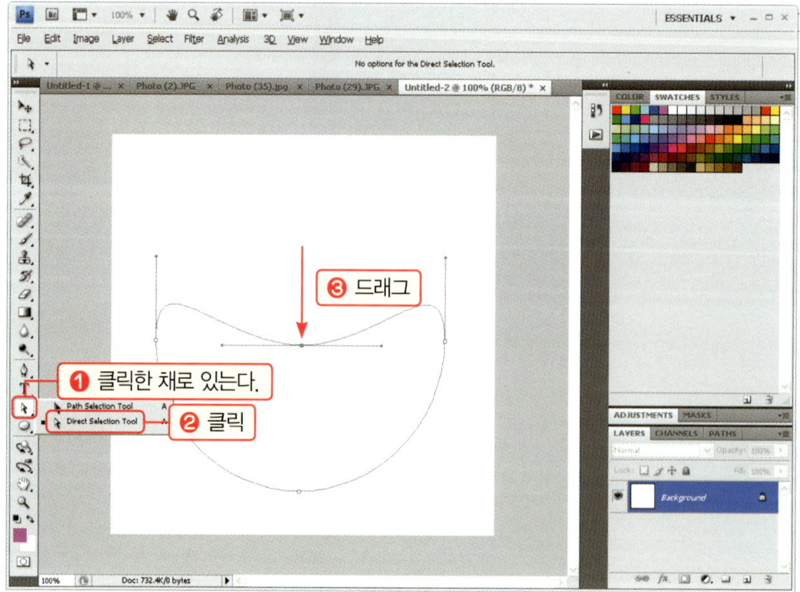

03 하트 모양을 만들기 위해 중심에 있던 왼쪽 핸들을 위쪽으로 올려 줍니다.

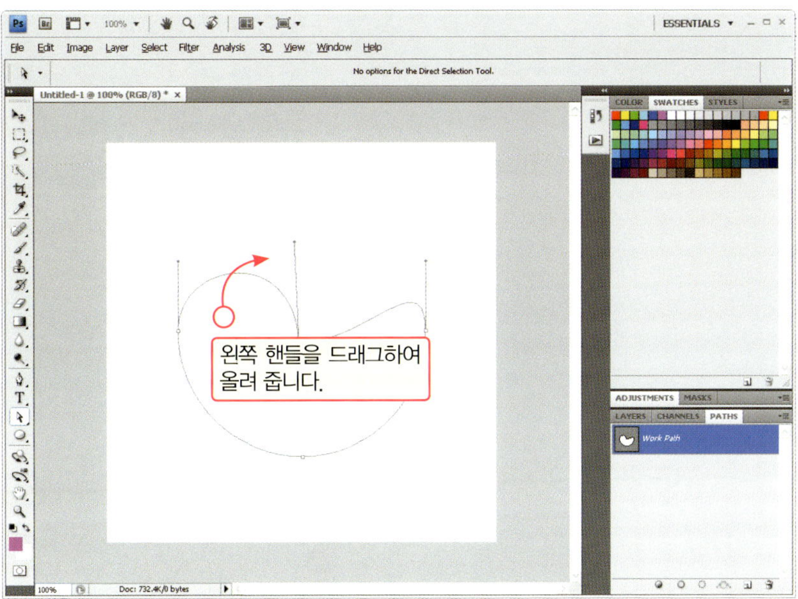

04 오른쪽 핸들도 위쪽으로 올려 줍니다.

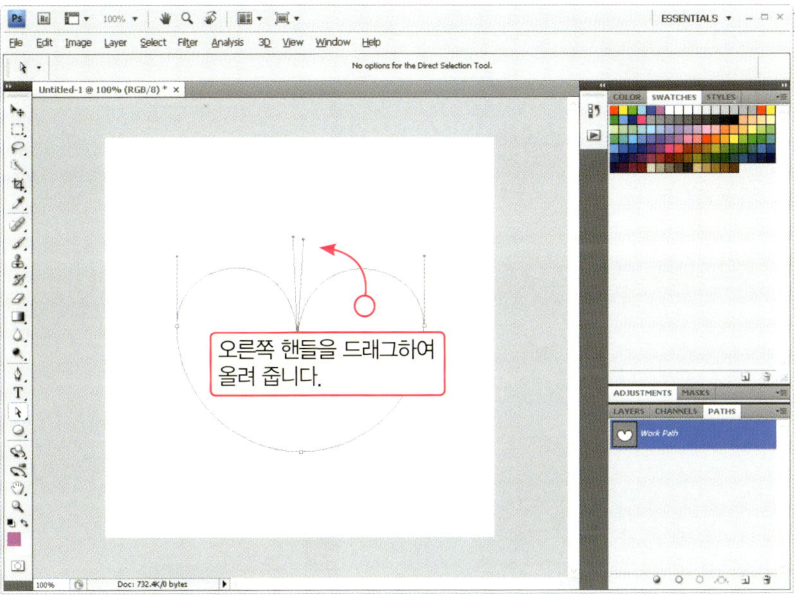

05 다른 앵커 포인트도 클릭하여 패스를 다듬어서 하트를 완성합니다.

06 문자 툴을 활용하여 내용 입력하기

사진 등의 이미지에 글자를 입력할 때 문자 툴을 활용합니다. 문자 툴은 이미지적인 부분보다는 벡터와 같은 속성을 갖고 있기 때문에 자유로운 변형이 가능합니다. 문자를 입력하고 문자 왜곡 기능을 활용하는 방법을 알아보겠습니다.

01 예제 이미지 '제로보드예제/이미지/photo(9).jpg'를 불러온 후에 문자 도구를 선택합니다.

02 내용을 입력하고 블록을 설정한 후에 '글꼴' 및 '크기' 등을 설정한 후 [문자 왜곡] 버튼을 클릭합니다.

03 [Warp Text] 대화상자에서 'Style: Flag'를 선택하고 'Horizontal Distortion: 80'으로 설정하고 [OK] 버튼을 클릭합니다.

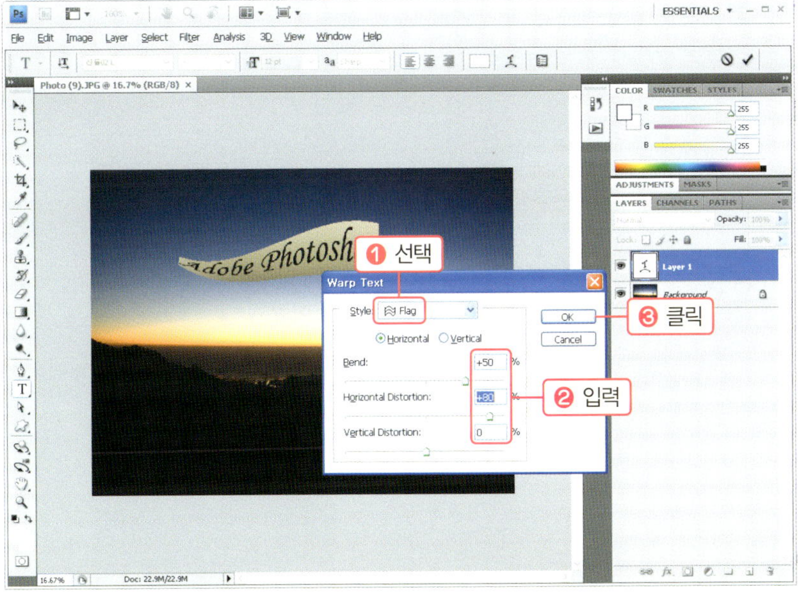

04 [Warp Text] 효과가 적용된 것을 확인하고 [Layers] 팔레트에서 [레이어 스타일]을 클릭한 후에 [Gradient Overlay]를 선택합니다.

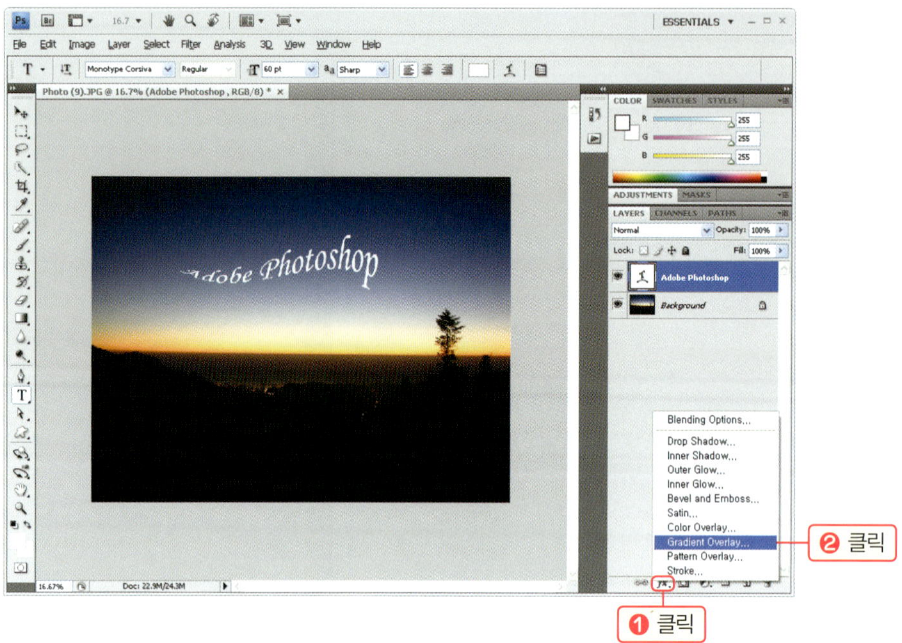

05 [Layer Style] 대화상자에서 Gradient Overlay를 클릭한 후 'Gradient' 색과 'Angle: 0'도를 설정하고 [OK] 버튼을 클릭합니다.

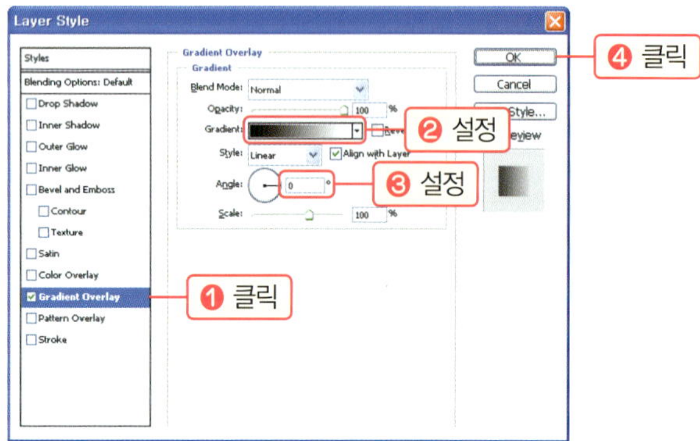

06 [Warp Text] 효과와 [Layer Style] 효과가 적용되어 완성된 것을 확인합니다.

NOTE

[Warp Text] 효과 미리 보기

Arc	Arc lower	Arc upper
Arch	Bulge	Shell lower
Shell upper	Flag	Wave

07 사용자 정의 도형 툴 활용하기

사용자 정의 모양에 포함되어 있는 도형은 일러스트에서 만든 것처럼 벡터 도형입니다. 확대를 하거나 펜 도구를 활용하여 모양을 변경하여 사용자가 원하는 방향으로 다시 편집하여 사용할 수 있습니다.

01 새로운 페이지에서 [Custom Shape] 툴을 클릭합니다.

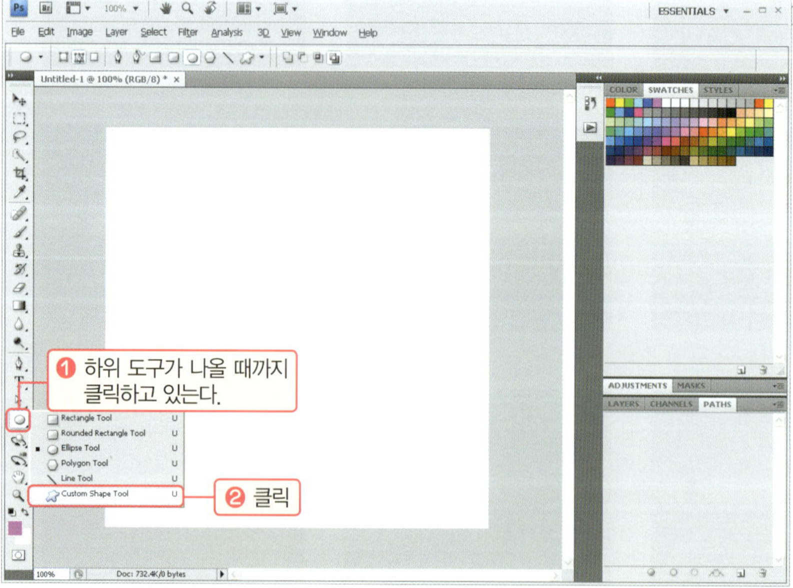

02 사용자 정의 대화상자를 활성화하고 모든 모양을 표시하기 위해 오른쪽에 있는 세부 옵션 버튼을 클릭하여 'All'을 선택합니다.

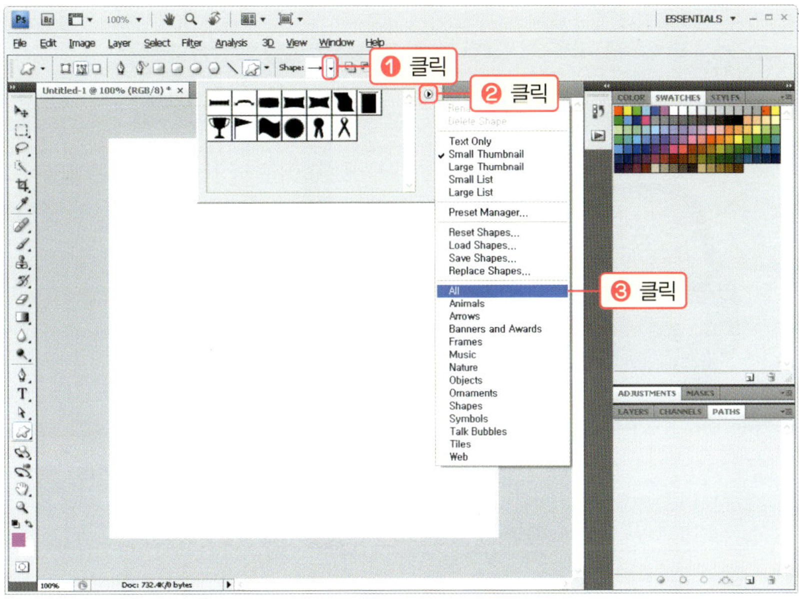

03 현재 등록되어 있는 모든 모양이 나타나는 것을 확인하고 '자동차' 모양을 선택합니다.

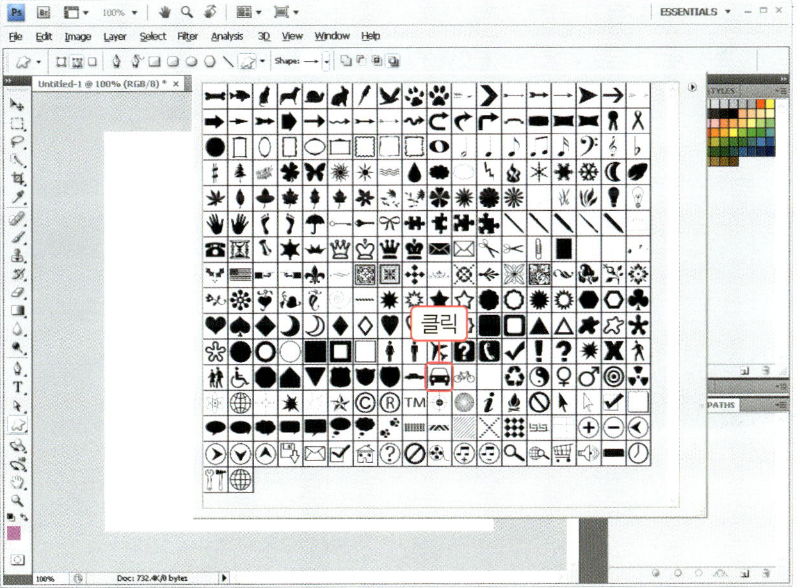

04 화면에 드래그하여 자동차를 그려 줍니다.

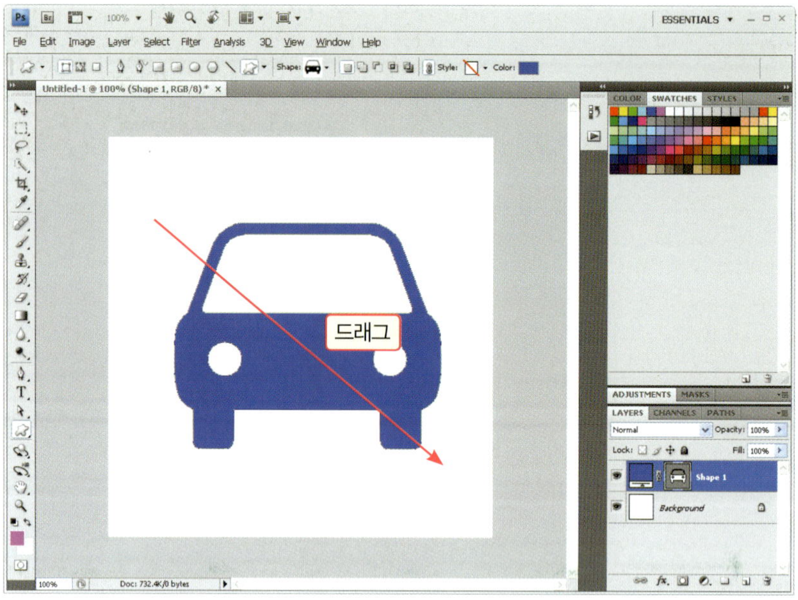

05 만들어진 자동차의 색을 변경하기 위해 [Shape] 레이어의 '썸네일'을 클릭하고 색상 대화상자에서 원하는 색을 선택한 후에 [OK] 버튼을 클릭합니다.

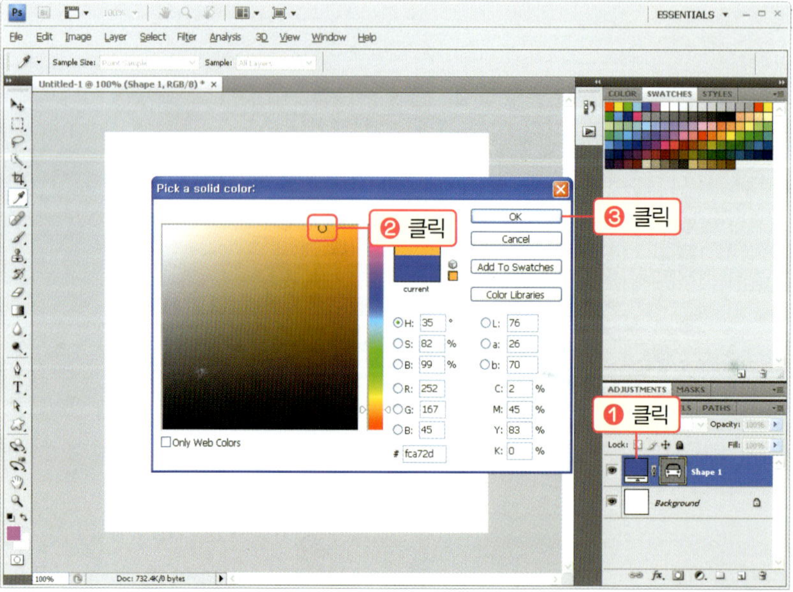

06 자동차에 입체감을 주기 위해 [스타일] 팔레트를 클릭하고 팔레트 오른쪽에 있는 세부 옵션 메뉴를 클릭한 후 [Glass Buttons]를 클릭합니다.

07 [스타일] 팔레트에서 원하는 스타일을 선택해 보면 도형이 입체적으로 변하는 것을 볼 수 있습니다.

08 적용된 입체적인 느낌을 원하는 방향으로 수정할 수 있습니다. [레이어] 팔레트에서 [Effects]를 더블 클릭하여 [Layer Style] 대화상자를 활성화합니다.

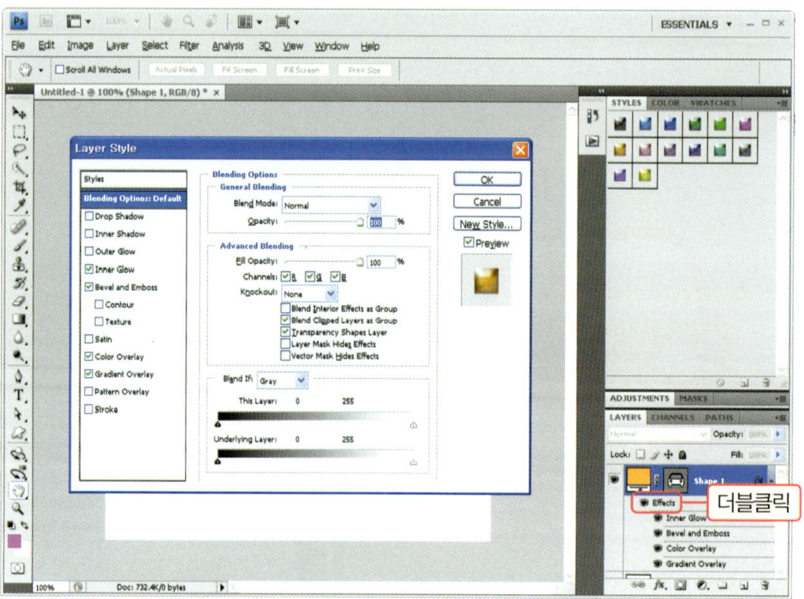

09 [Layer Style] 대화상자에서 'Gradient Overlay'를 클릭한 후에 그레이디언트 색을 다른 색으로 변경 하고 [OK] 버튼을 클릭합니다.

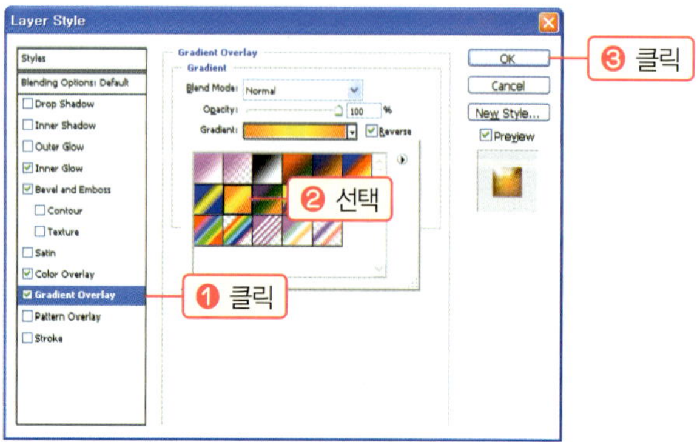

10 그려진 자동차의 모양을 사용자가 수정하여 다른 모양으로 만들 수 있습니다. 툴바에서 [Direct Selection Tool]을 선택합니다.

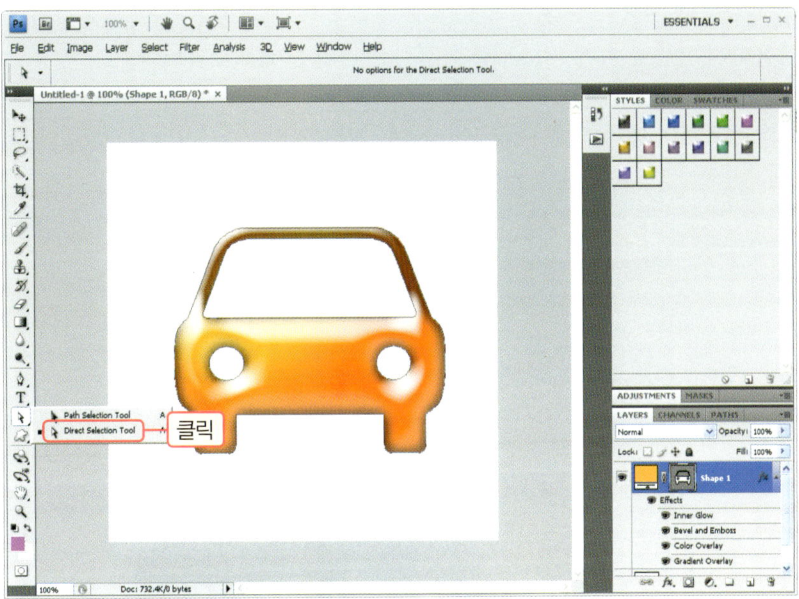

11 자동차를 클릭하면 앵커 포인트가 생성됩니다. 앵커 포인트를 드래그하여 자동차의 모양을 변경할 수 있습니다.

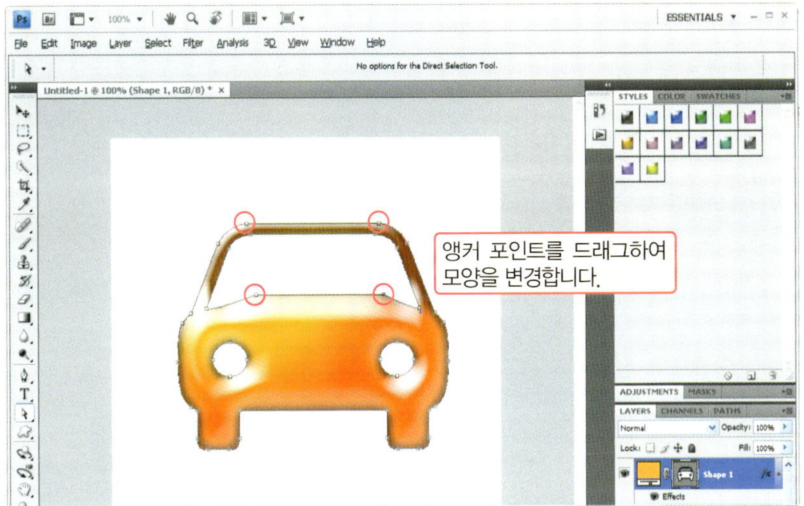

> **NOTE**
>
> 벡터 도형의 장점은 지금 살펴본 것처럼 모양 및 여러 가지 색상 등을 변경해도 깨지지 않고 처음처럼 깨끗한 도형을 만들 수 있습니다. 무엇보다 직접 선택 도구 등을 활용하여 모양을 쉽게 변경할 수 있고 복잡한 디자인을 세부적으로 할 수도 있다는 장점이 있습니다.

08 마스크 기법을 활용한 이미지 표현

마스크 기법은 특정 모양으로 그림을 자를 때나 부드럽게 합성할 때 많이 쓰이는 기능입니다. 이번에는 마스크 기법을 활용하여 말풍선 속에 이미지를 삽입하는 과정을 해보겠습니다.

01 [File]-[Open]을 클릭하여 예제 파일 'Photo(35).jpg'를 불러옵니다.

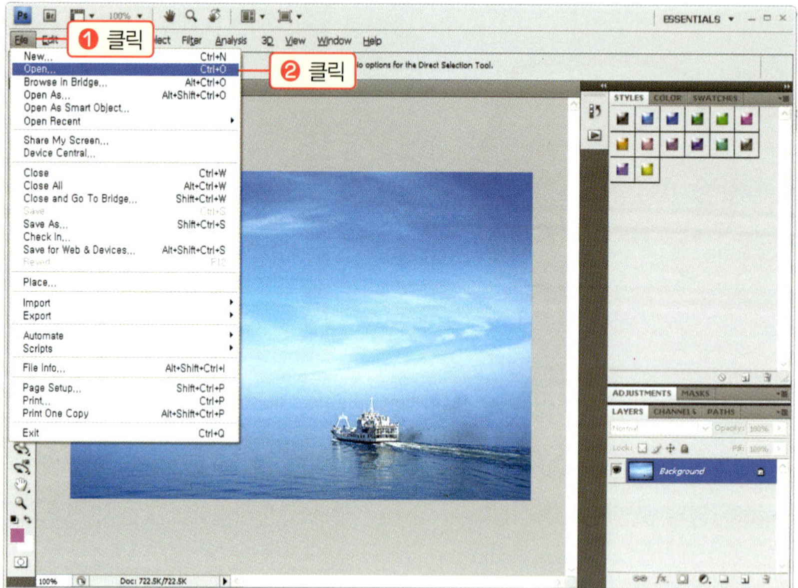

02 툴바에서 [Custom Shape Tool]을 클릭하고 '말풍선' 모양을 선택합니다.

03 화면에 드래그하여 말풍선을 그리고 말풍선의 모양을 좌우 반전시키기 위해 메뉴 [Edit]–[Transform]
–[Filp Horizontal]을 클릭합니다.

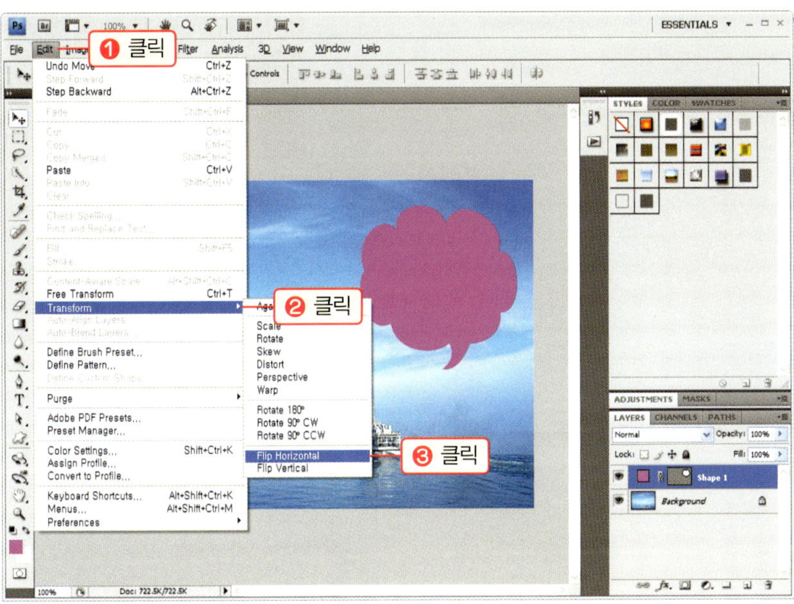

04 말풍선의 모양이 좌우 반전된 후에 [File]–[Open]을 클릭하여 말풍선 속에 합성할 이미지 '제로보드
예제/이미지/photo(2).jpg'를 불러옵니다.

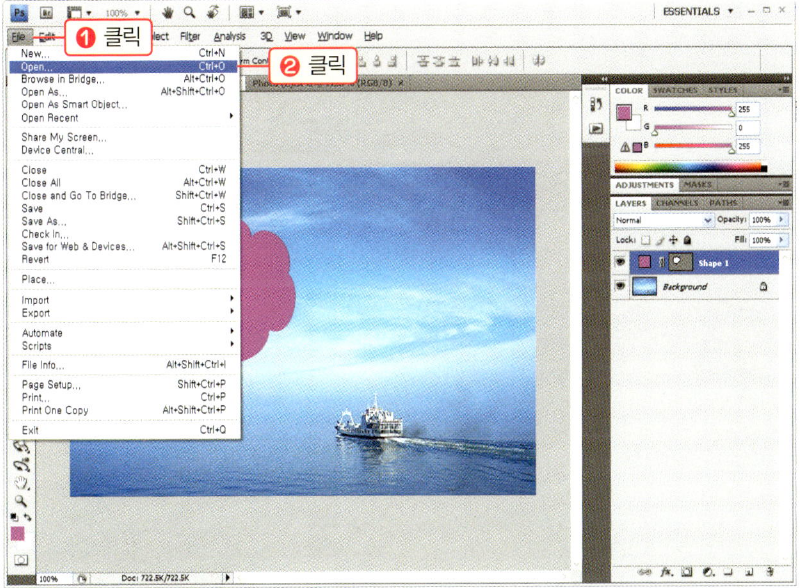

05 [Window]-[Arrange]-[Tile]을 클릭하여 2개의 이미지를 나란히 배열합니다.

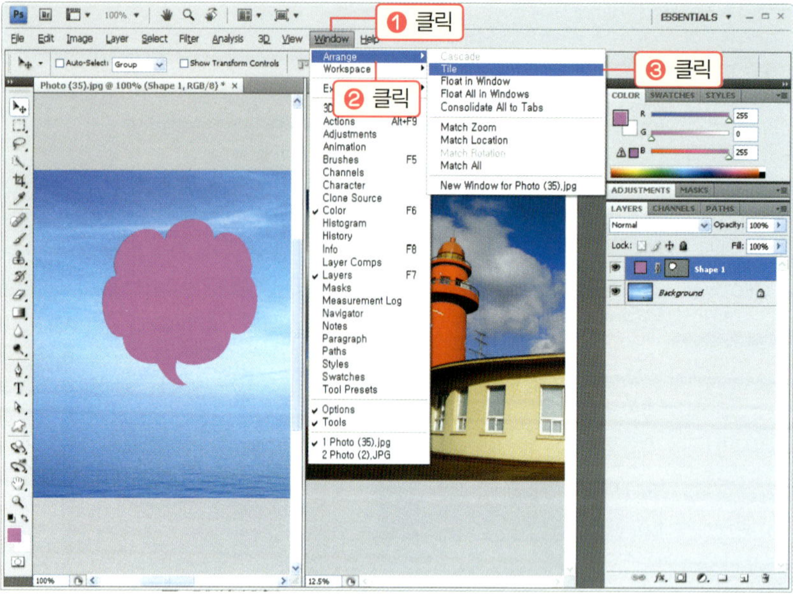

06 이동 도구로 오른쪽 등대 사진을 왼쪽 창으로 드래그한 후에 오른쪽 등대 사진은 닫기 버튼을 클릭하여 닫아 줍니다.

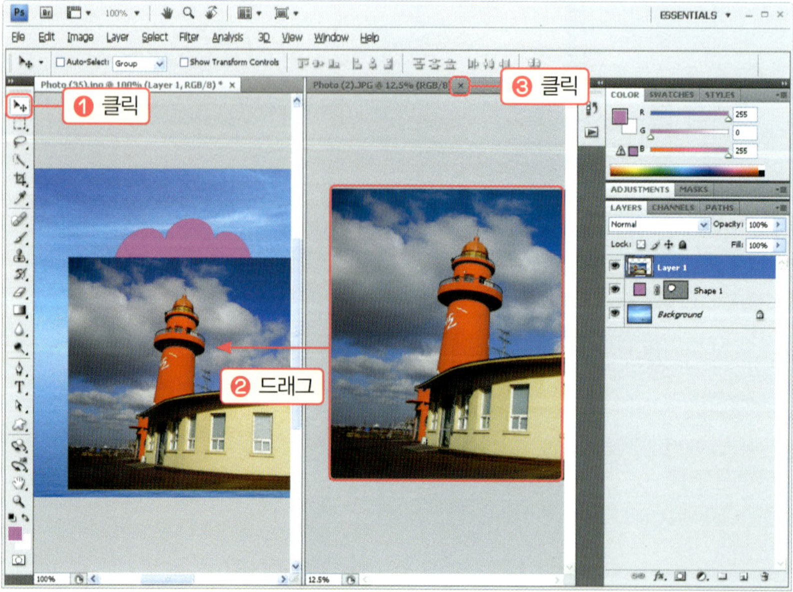

07 복사된 등대 사진의 크기를 조절하기 위해 [Edit]-[Free Transform]을 클릭합니다.

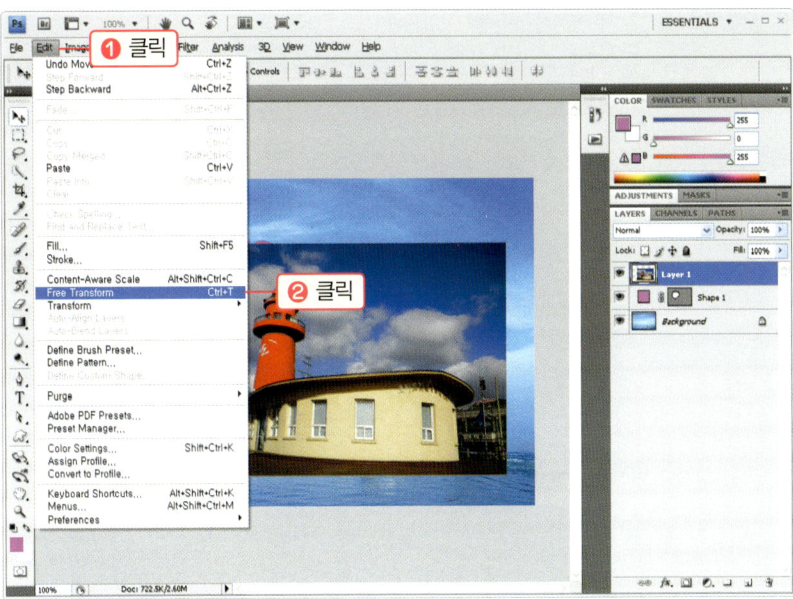

08 크기 조절점을 드래그하여 말풍선 위쪽으로 이동하여 겹쳐 놓습니다.

09 [레이어] 팔레트에서 'Layer1'과 'Shape1' 사이에서 Alt 키를 누른 상태에서 클릭합니다.

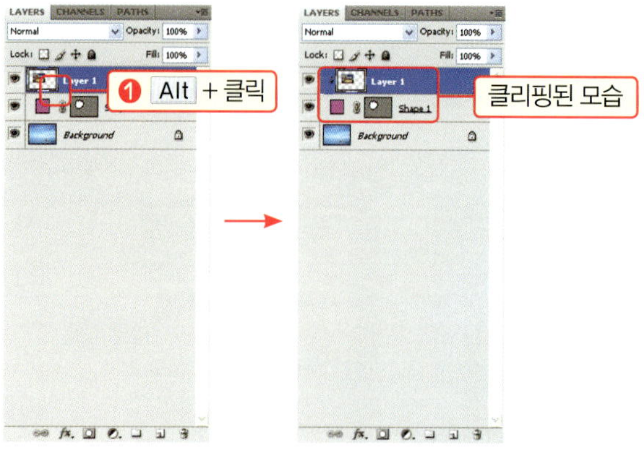

10 레이어 마스크가 적용되어 완성된 모습입니다.

09 홈페이지 로고 디자인하기

홈페이지의 로고는 사이트 전체의 분위기를 결정하는 중요한 요인이 됩니다. 홈페이지나 쇼핑몰 등을 구상하고 있다면 우선 로고를 먼저 정하고 디자인 작업을 하기를 권장합니다.

01 [File]-[New]를 클릭하여 새로운 작업 창을 만든 후에 툴바의 '문자 도구'로 내용을 입력하고 '문자 속성'을 설정합니다.

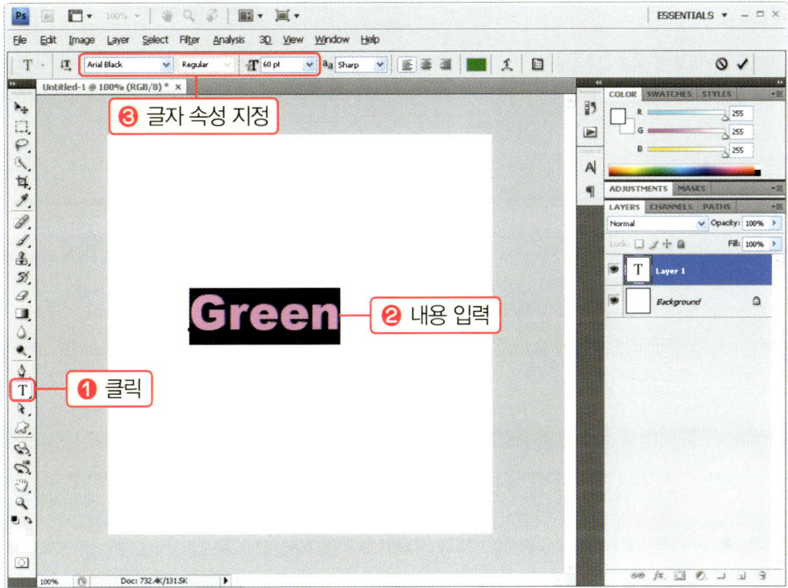

02 [레이어] 팔레트에서 [Create new layer] 버튼을 클릭하여 새로운 레이어를 추가합니다.

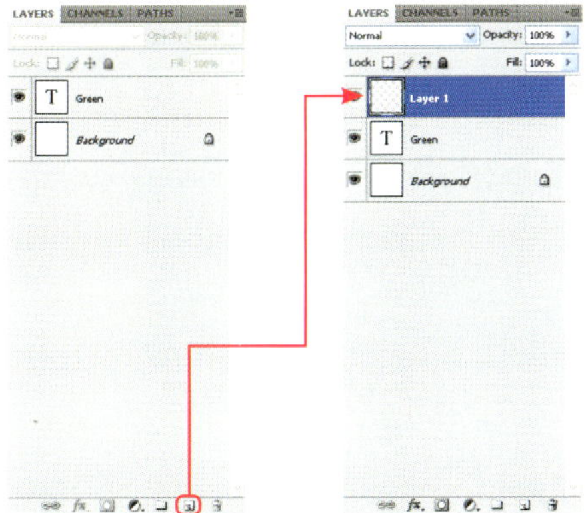

03 새로 만든 레이어에서 Ctrl 키를 누른 상태에서 'Green' 레이어를 클릭하여 선택 영역을 추출합니다.

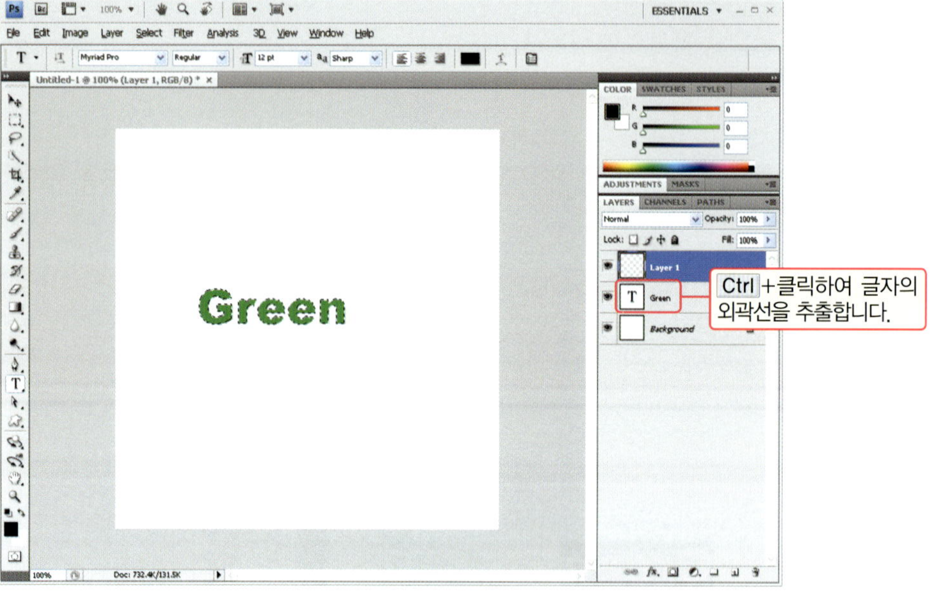

Ctrl 키를 누른 상태에서 레이어를 클릭하면 레이어의 외곽선을 추출합니다.

04 [Paths] 팔레트를 활성화하고 [Make Work Path From Selection]을 클릭하여 선택 영역을 패스로 만듭니다.

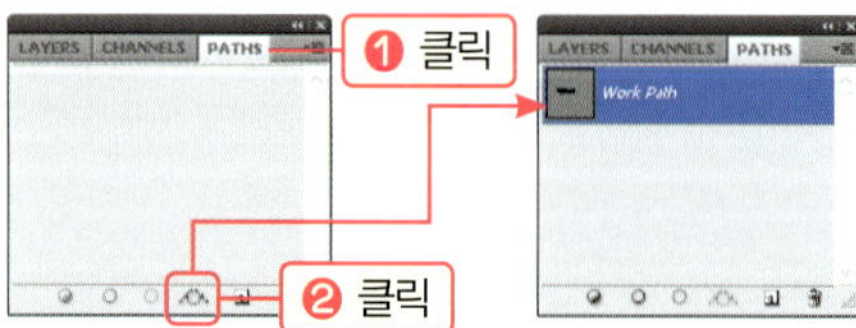

05 툴바에서 브러시를 선택한 후에 브러시 옵션 창을 활성화하기 위해 [Window]-[Brushes]를 클릭합니다.

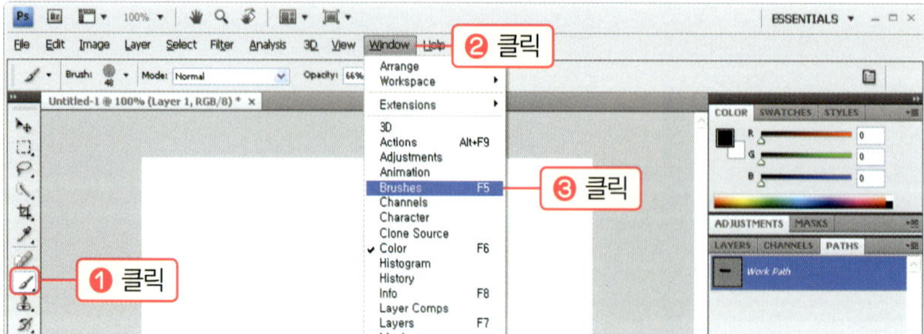

06 [Brushes] 대화상자에서 [Brush Tip Shape] 항목을 클릭한 후에 '브러시 모양: 나뭇잎', 'Diameter: 20px', 'Spacing: 100%'로 설정합니다.

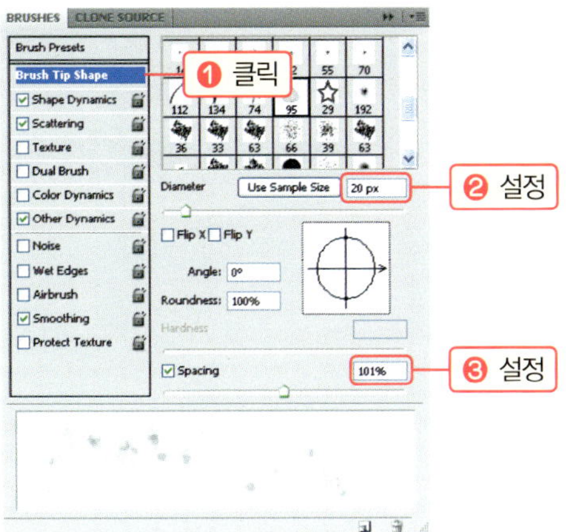

07 [Shape Dynamics] 항목을 클릭하고 'Size Jitter: 50%', 'Angle Jitter: 100%'로 설정합니다.

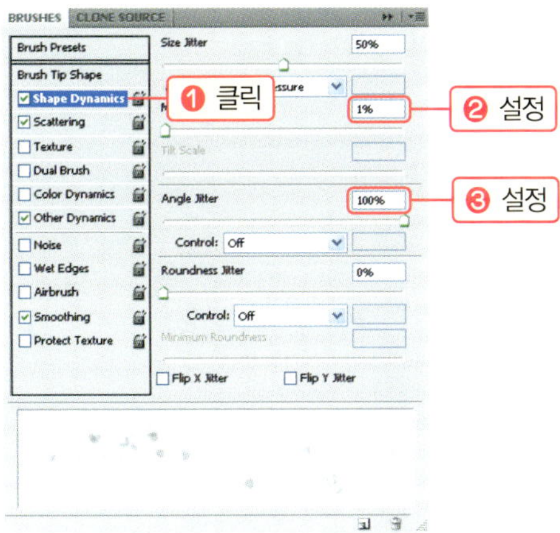

08 [Scattering] 항목을 클릭하고 'Scatter: 100%'로 설정합니다.

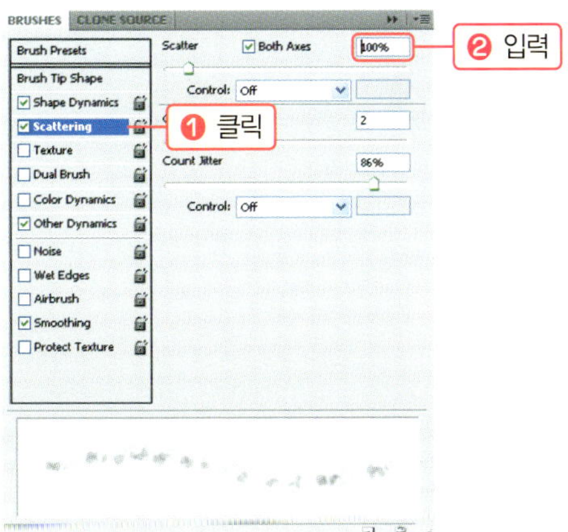

09 [Other Dynamics] 항목을 클릭하고 'Opacity Jitter: 100%'로 설정합니다.

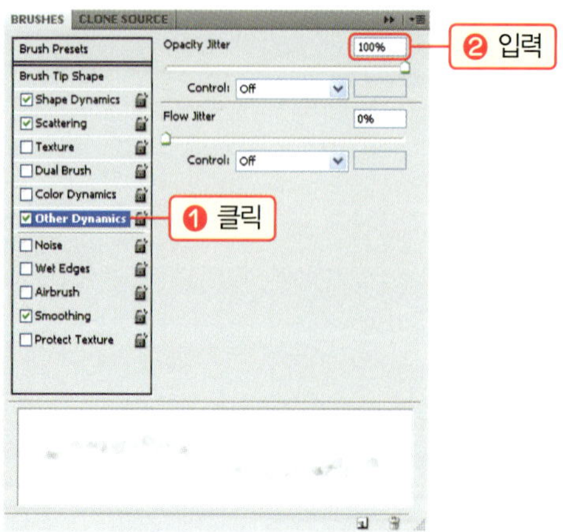

10 [Paths] 팔레트에서 [Stroke path with brush] 버튼을 클릭하여 패스선을 따라 설정한 브러시가 적용되게 합니다.

11 브러시 모양을 변경하면서 자연을 상징할 수 있는 느낌으로 만들어 줍니다.

12 글씨 레이어를 선택한 후에 글씨를 부드럽게 만들기 위해 [Filter]-[Blur]-[Gaussian Blur]를 클릭합니다.

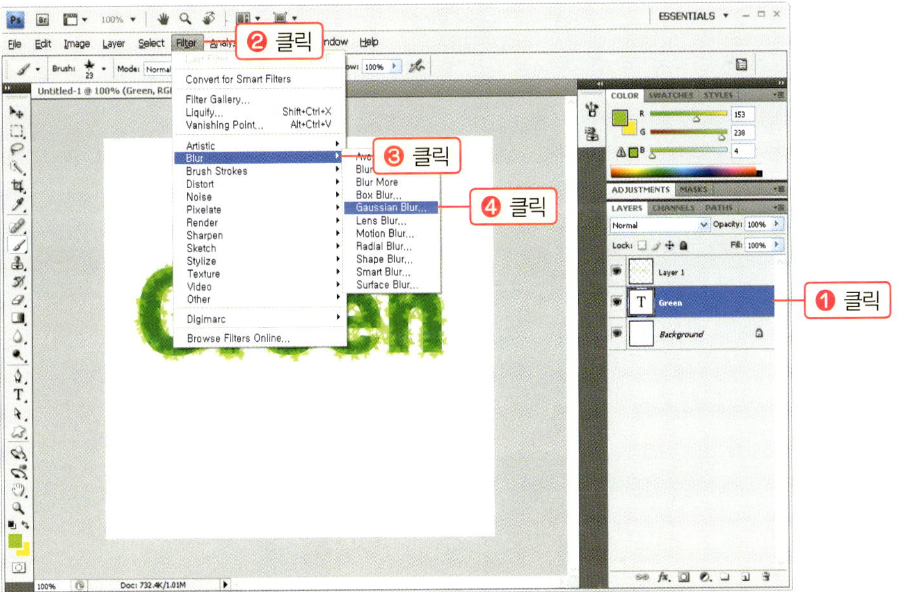

13 [Gaussian Blur] 대화상자에서 'Radius: 2'로 설정하고 [OK] 버튼을 클릭합니다.

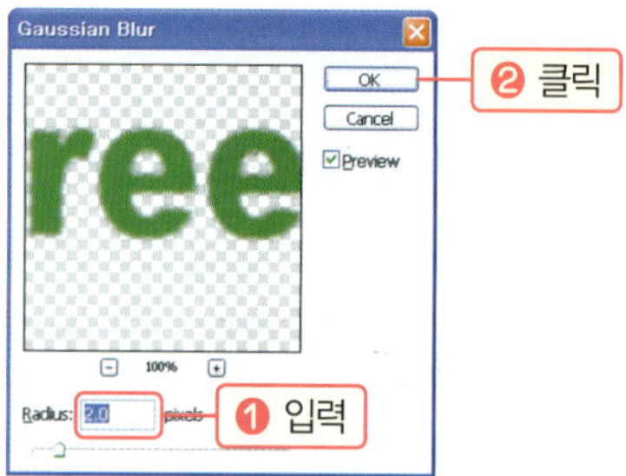

14 배경에 원하는 색을 칠하고 툴바에서 '자르기' 도구를 선택한 후 로고의 영역을 드래그하고 [완료] 버튼을 클릭합니다.

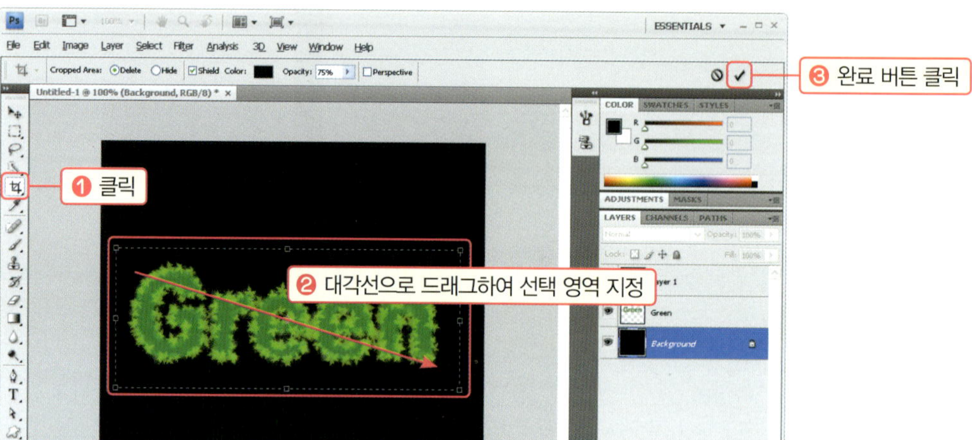

15 추가할 내용이 있을 경우 툴바의 텍스트 도구를 활용하여 내용을 입력하고 완성합니다.

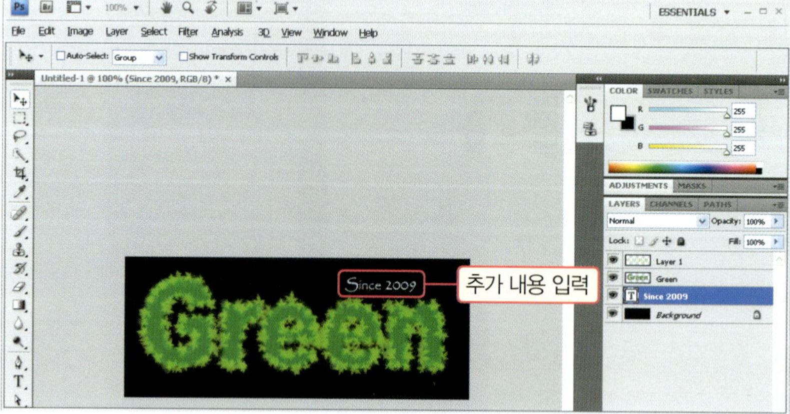

Part 07 카페24 쇼핑몰 만들기

> 카페24에서 제공해주는 무료 쇼핑몰 솔루션이 있습니다. 그 솔루션을 활용하여 쇼핑몰을 개설하는 작업을 진행해 보겠습니다.

Lesson 16 상점 개설 및 기본 필수 사항
Lesson 17 쇼핑몰 디자인 관리
Lesson 18 쇼핑몰 상품 관리
Lesson 19 상품 등록 및 진열 관리 기법 익히기
Lesson 20 옵션 설정하는 기법 익히기
Lesson 21 주문 관리

상점 개설 및 기본 필수 사항

01 cafe24 무료 쇼핑몰 신청하기

쇼핑몰을 운영하기 위해 처음으로 해야 할 일이 쇼핑몰 계정을 만드는 일입니다. 우리가 XE를 학습할 때 카페24에서 제공하는 계정을 이용하여 설치 및 홈페이지를 만들었는데, 쇼핑몰 또한 카페24에서 제공하는 무료 쇼핑몰 솔루션을 활용할 것이므로 XE를 설치하며 만들었던 카페24 계정으로 로그인하고 쇼핑몰을 신청합니다.

01 www.cafe24.com에서 무료 쇼핑몰 아이콘을 클릭해서 접속하거나 처음부터 카페24의 쇼핑몰인 'http://echosting.cafe24.com'으로 직접 접속해도 됩니다.

Cafe24 무료 쇼핑몰: http://echosting.cafe24.com

02 로그인이 정상적으로 된 후에 [쇼핑몰 만들기] 버튼을 클릭합니다.

03 정보입력 페이지에서 쇼핑몰 아이디와 비밀번호를 입력합니다.

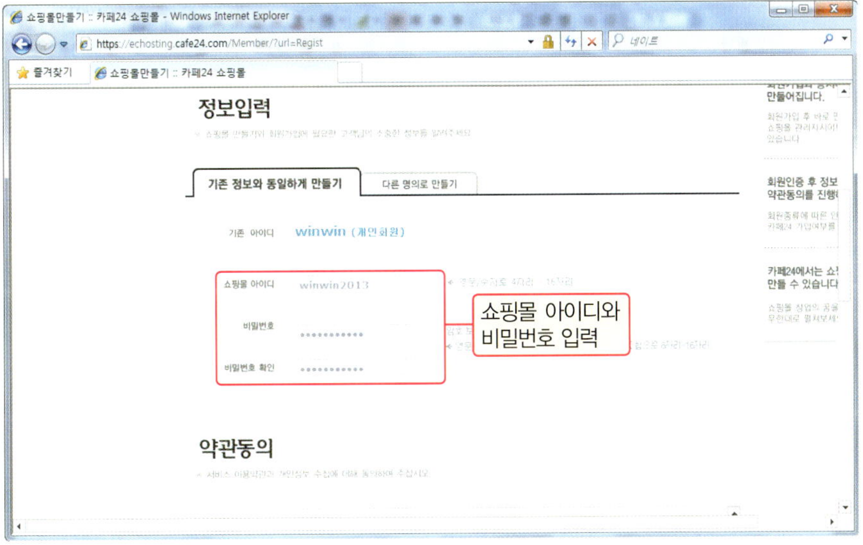

04 쇼핑몰 이용 약관을 읽고 [동의]에 체크한 후에 화면 하단에 있는 [다음단계로] 버튼을 클릭합니다.

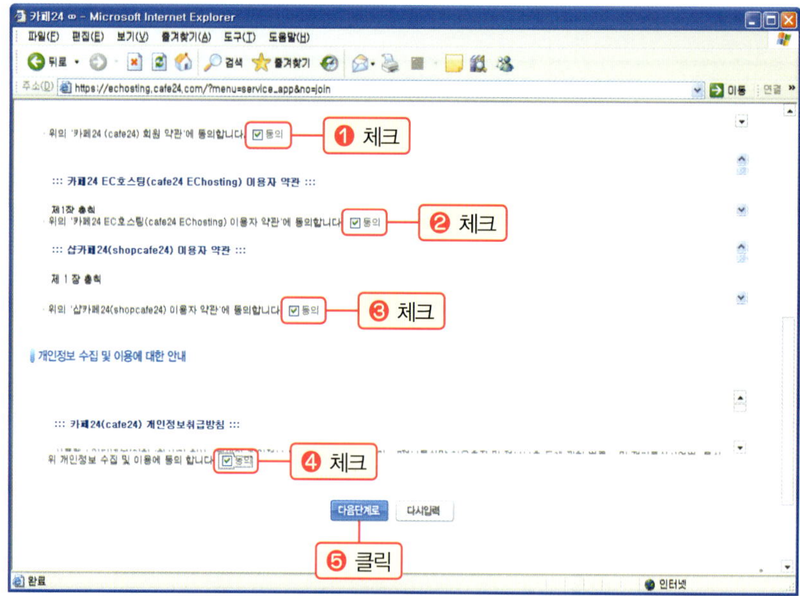

05 [디자인 선택] 페이지에서 [유아/아동] 메뉴에 있는 '지니몰/러블리 블루'를 선택하고 화면 하단에 있는 [다음단계로] 버튼을 클릭합니다.

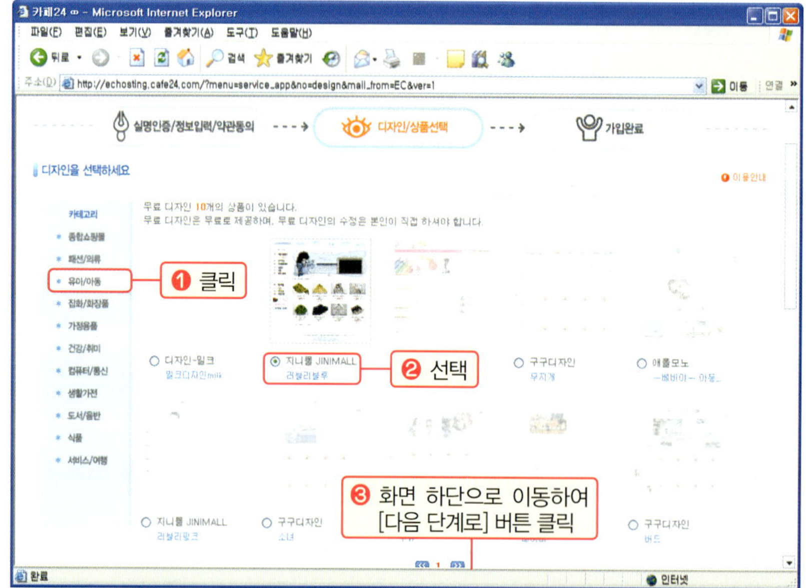

> **NOTE**
>
> 실습에서는 쇼핑몰의 카테고리로 [유아/이동] 분야를 선택하고 있습니다. cafe24 쇼핑몰 솔루션은 해당 카테고리마다 무료로 디자인된 샘플을 제공하고 있습니다. 초보자는 무료 디자인 샘플을 선택한 후, 이를 본인에게 맞게 수정해서 사용하는 것이 좋습니다.

06 [추가 입력사항] 페이지에서는 [나중에 등록]에 체크하고 [확인] 버튼을 클릭하여 쇼핑몰 신청을 완료합니다.

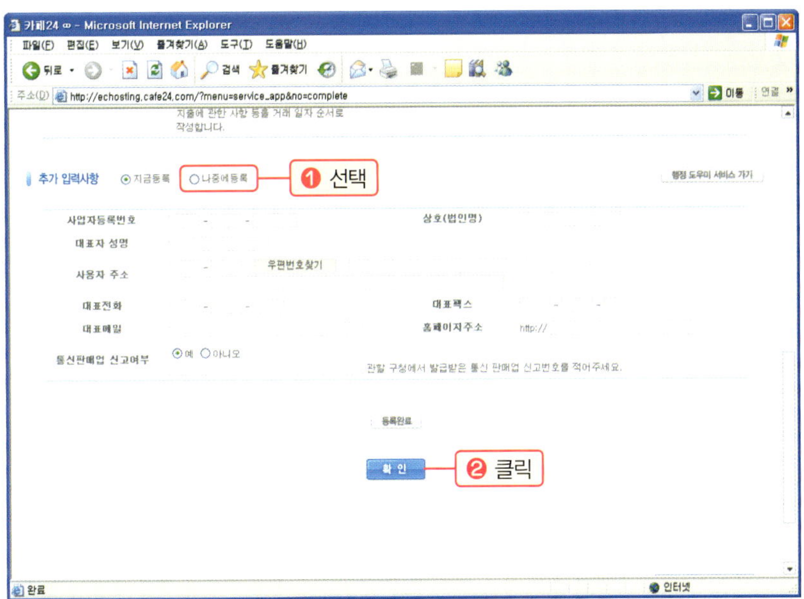

07 아래 주소로 접속하여 쇼핑몰이 완성된 것을 확인합니다.

쇼핑몰 접속 방법: http://쇼핑몰신청ID.cafe24.com
쇼핑몰 관리자 접속 방법: http://쇼핑몰신청ID.cafe24.com/admin/php

NOTE

카페24 쇼핑몰의 관리자는 http://쇼핑몰신청ID.cafe24.com/admin/php로 쓰고 있습니다. 간혹 admin.php로 접속하는 경우가 많은데 URL을 정확히 기억하고 사용하기 바랍니다.

사용자ID와 쇼핑몰신청ID, 쇼핑몰ID는 같은 개념이며 책에서는 동일한 ID입니다. 왜냐하면 XE의 설치를 카페24에서 했고, 무료 쇼핑몰 솔루션도 카페24에서 신청했기 때문입니다. 책의 실습에서는 XE에서의 사용자ID와 쇼핑몰의 ID가 다르게 표현되고 있으나 책을 실습하는 독자들은 XE에서의 사용자ID와 쇼핑몰에서의 ID를 동일하게 사용한다는 것을 꼭 유의하고 실습에 임하기 바랍니다.

02 쇼핑몰 관리자 접속 및 관리자 바로 가기 아이콘 생성하기

신청한 쇼핑몰의 관리자에 접속해 보고, 관리자에 쉽게 접속할 수 있도록 바로 가기 프로그램을 설치하는 과정을 진행하겠습니다.

01 관리자 페이지에 접속하기 전에 쇼핑몰로 이동하여 정상적으로 쇼핑몰이 세팅되었는지 점검합니다. 인터넷 주소에 'http://쇼핑몰ID.cafe24.com' 주소를 입력하고 이동합니다.

02 홈페이지 메뉴 등을 클릭하며 살펴봅니다. 모든 페이지가 잘 연결되는지 오류는 없는지 살펴보며 점검합니다.

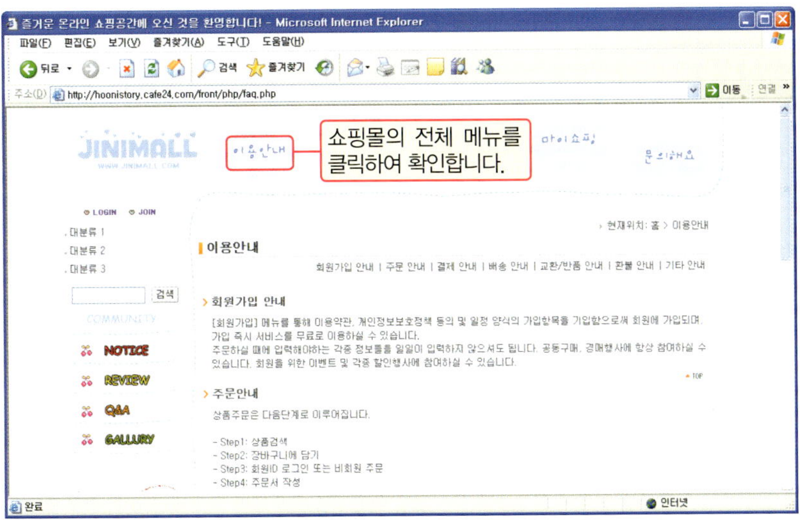

NOTE

간혹 세팅이 잘못되어 마무리 단계에서 고민스러웠다는 주위 분들을 보게 됩니다. 어떤 디자인이더라도 오류가 있을 수 있기 때문에 쇼핑몰을 신청하였으면 바로 점검하는 과정을 거치기를 권장합니다.

---

03 현재 접속되어 있는 쇼핑몰 주소 뒤에 '/admin/php'를 추가한 'http://쇼핑몰신청ID.cafe24.com/admin/php'를 입력하여 관리자 페이지로 이동한 후 'ID'와 '비밀번호'를 입력하고 [확인] 버튼을 클릭합니다.

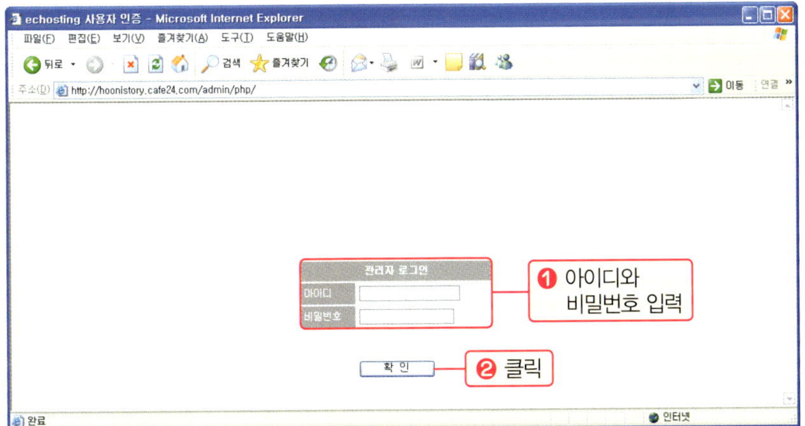

NOTE

카페24 쇼핑몰 관리자 페이지 주소 : 'http://쇼핑몰신청ID.cafe24.com/admin/php'

04 관리자 페이지에 접속된 것을 확인합니다.

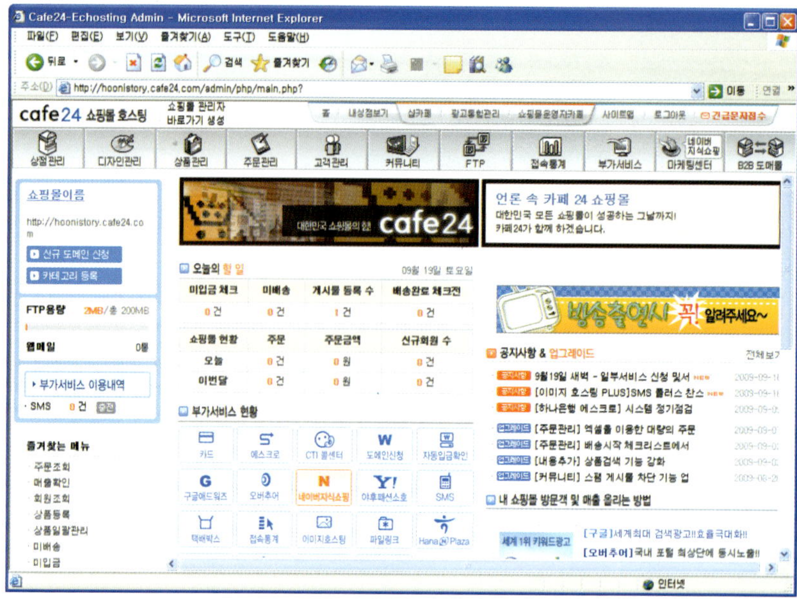

05 관리자 페이지 상단에 있는 [쇼핑몰 관리자 바로가기 생성]을 클릭하고 [파일 다운로드] 대화상자에서 [실행] 버튼을 클릭합니다.

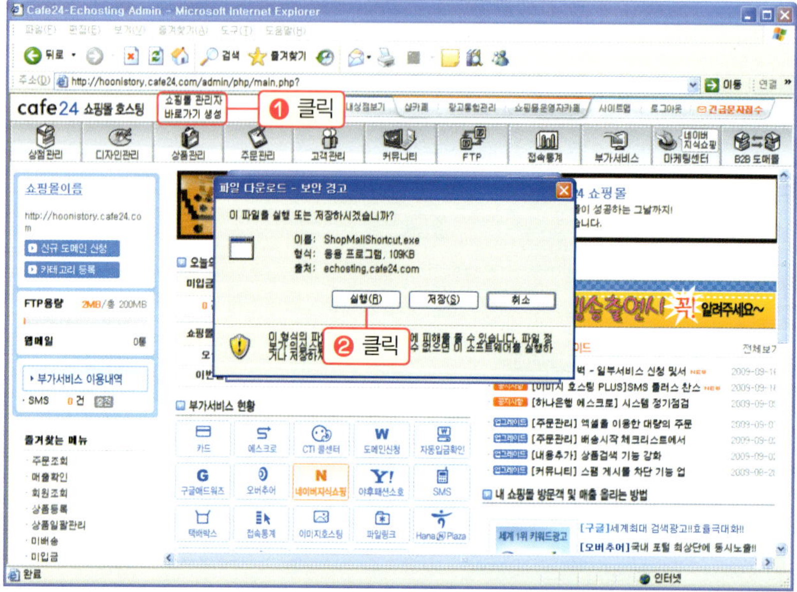

06 [EC 호스팅 쇼핑몰 설치] 대화상자에서 [다음] 버튼을 클릭합니다.

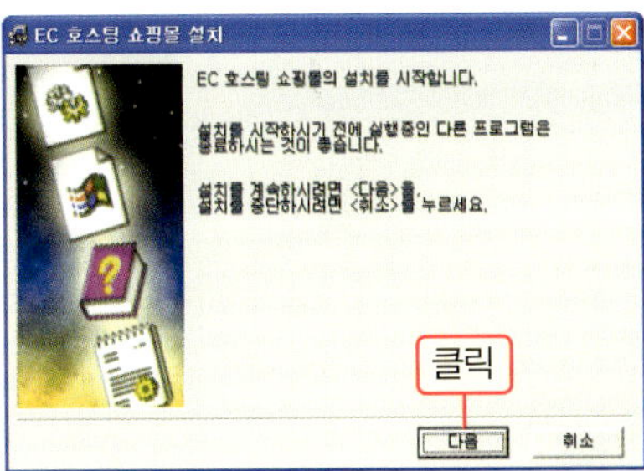

07 [설치 폴더 선택] 대화상자에서 기본 값을 그대로 두고 [설치 시작] 버튼을 클릭합니다.

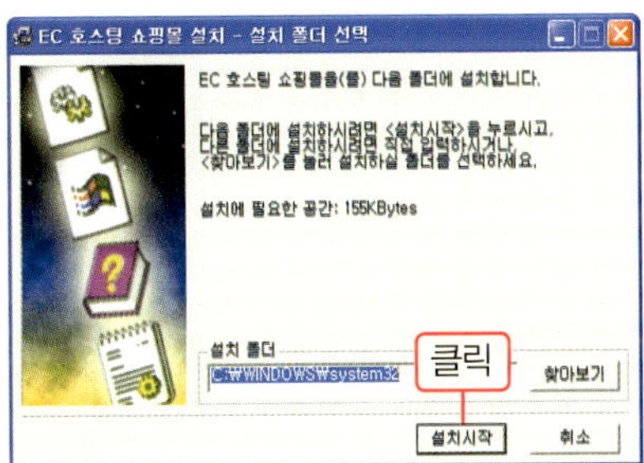

NOTE

프로그램을 설치할 때 다른 폴더를 따로 지정해서 작업하려면 [찾아보기] 버튼을 클릭하여 원하는 폴더를 지정합니다.

08 설치가 완료되면 [확인] 버튼을 클릭합니다.

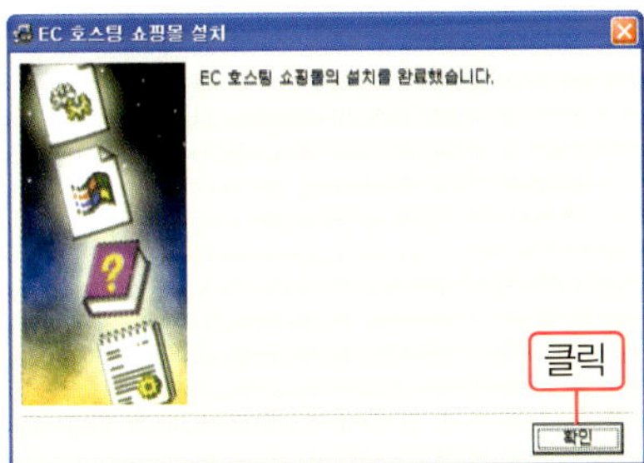

09 바탕 화면에 [쇼핑몰 관리 어드민] 아이콘이 생성되었는지 확인합니다. 생성이 확인되었으면 이를 더블클릭하여 쇼핑몰의 관리자 페이지로 접속해봅니다.

10 쇼핑몰 관리자 로그인 페이지로 바로 연결되는 것을 볼 수 있습니다. 'ID'와 '비밀번호'를 입력하고 [로그인]을 클릭하면 관리자 페이지로 접속됩니다.

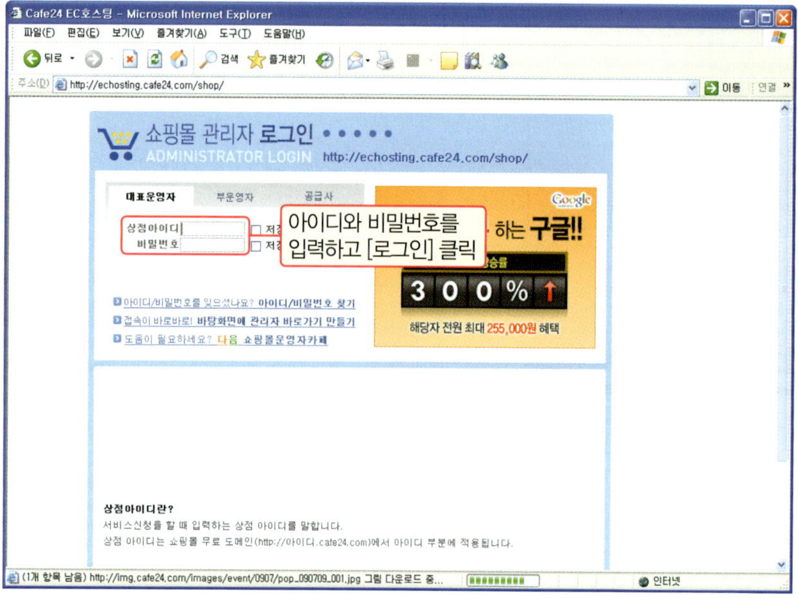

NOTE

쇼핑몰 관리자 바로가기 아이콘을 생성해 놓으면 쇼핑몰 관리자에 접속할 때 바탕 화면에서 이 아이콘을 더블클릭하여 쉽게 접속할 수 있습니다. 처음 쇼핑몰을 신청했다면 관리자 바로가기 아이콘을 생성해서 사용하기를 권장합니다.

03 회사 기본 정보 입력하기

상점 기본 정보에 해당하는 회사 소개 및 약도 등을 등록하여 소비자가 찾아오거나 연락처를 알고 싶을 때 쉽게 알 수 있도록 정보를 입력하는 항목입니다.

01 관리자 페이지에 접속한 후 [상점관리]-[상점 기본정보]-[내상점정보]를 클릭합니다.

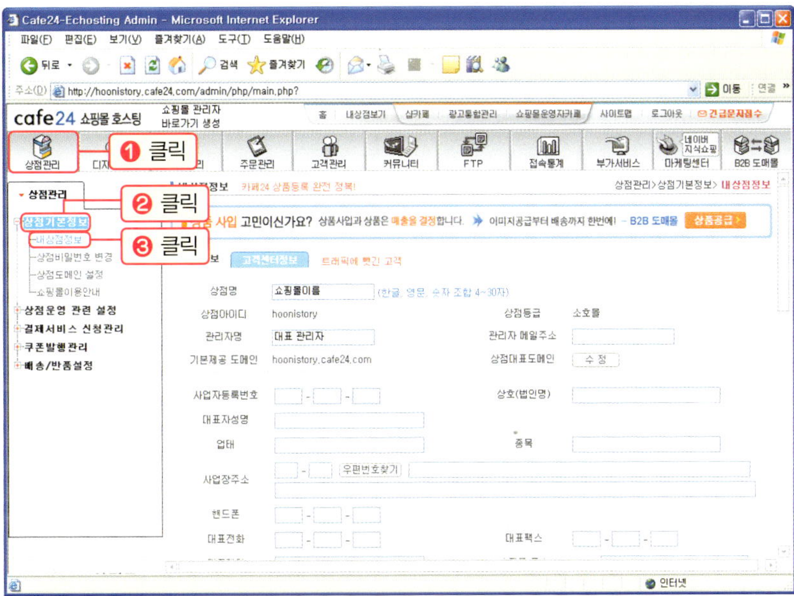

02 [상점 기본 정보 입력] 페이지에서 상점명 및 사업자등록번호 등을 입력합니다.

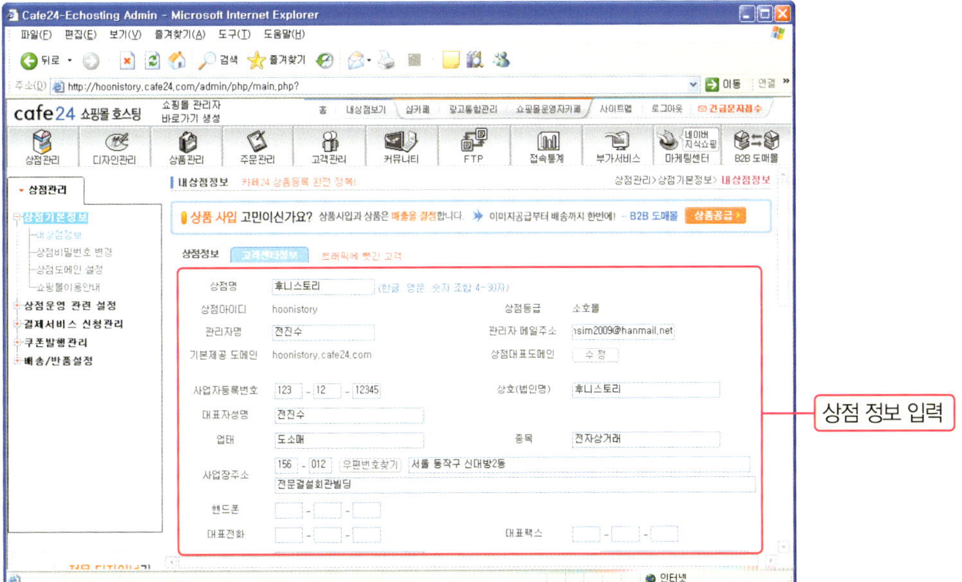

03 회사 약도를 등록하기 위해 [찾아보기] 버튼을 클릭하고 '제로보드예제/map.jpg'를 선택하고 [열기] 버튼을 클릭한 후에 [확인] 버튼을 클릭합니다.

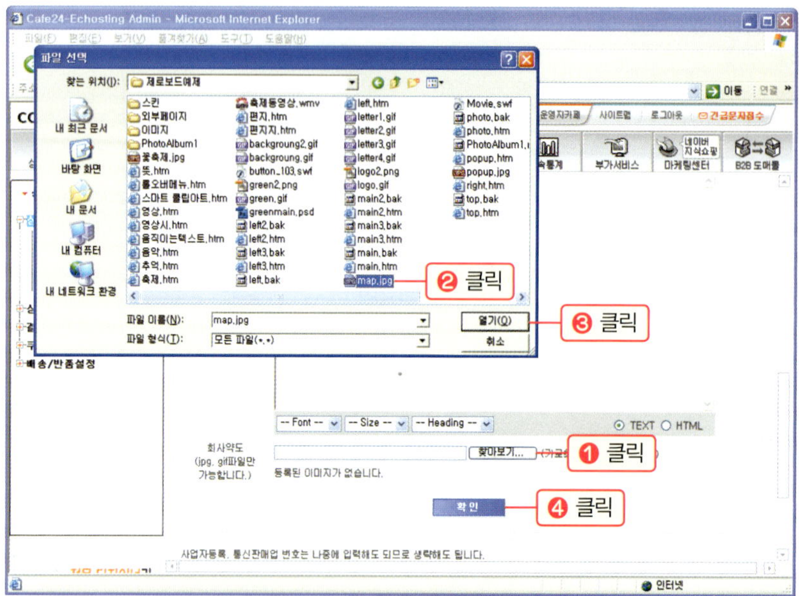

04 상점 점보 및 약도가 정상적으로 등록되었으면 이를 쇼핑몰에서 확인하기 위해 [내상점보기] 버튼을 클릭합니다.

05 쇼핑몰의 하단에 앞서 입력한 회사 정보가 표시되는 것을 확인하고 [회사소개] 버튼을 클릭합니다.

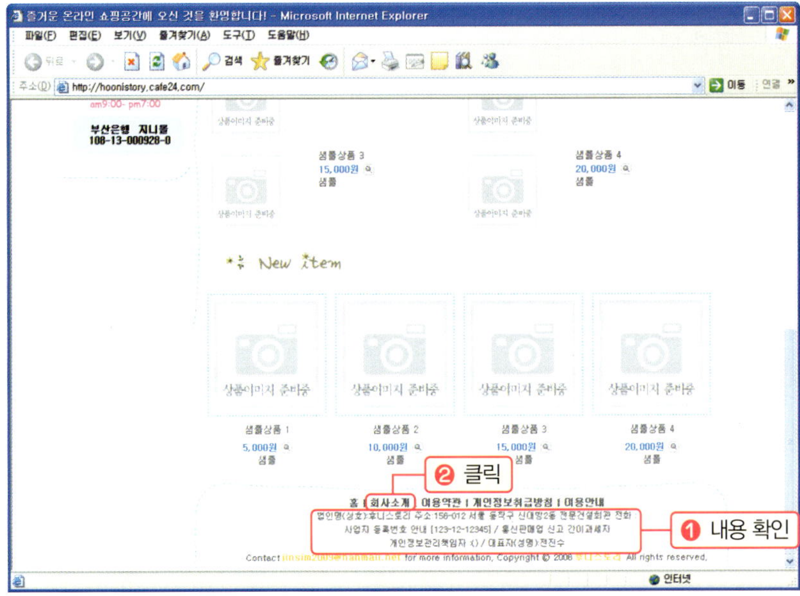

> **NOTE**
>
> 쇼핑몰을 처음 개설한 후에 관리자 페이지에서 내용을 입력하고 입력한 내용이 쇼핑몰의 어느 부분으로 적용되는 지를 알아가는 과정이 쇼핑몰을 만들어 가는 시작이라고 볼 수 있습니다. 바로 적용이 되지 않을 수도 있으므로 [새로고침(🔄)] 버튼을 클릭하여 확인합니다.

06 [회사 소개] 페이지에 입력한 내용과 약도가 정상적으로 표시되는지를 확인합니다.

04 상점 도메인 설정

카페24에서 쇼핑몰을 신청할 때의 아이디로 만든 쇼핑몰 주소는 카페24에 종속된 2차 도메인이어서 다른 주소보다 길게 표시되고 개인 쇼핑몰의 느낌이 들지 않습니다. 따라서 사용자가 자신의 도메인을 구입했다면 이 도메인 주소에 지금 작업한 쇼핑몰을 연결시켜 주어야 합니다.

01 상점 도메인을 연결하기 위해 [상점관리]–[상점 기본정보]–[상점도메인 설정]을 클릭합니다.

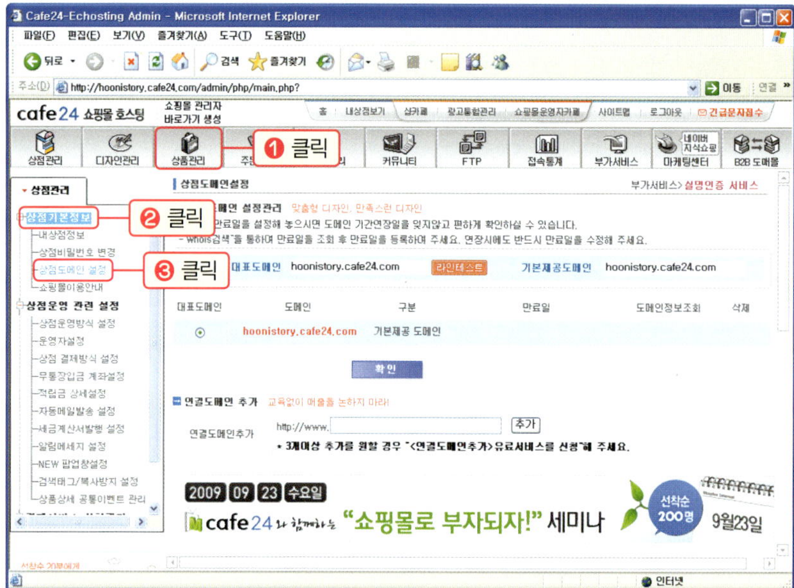

02 연결 도메인 추가 항목에 사용자의 도메인을 입력한 후에 [추가] 버튼을 클릭합니다.

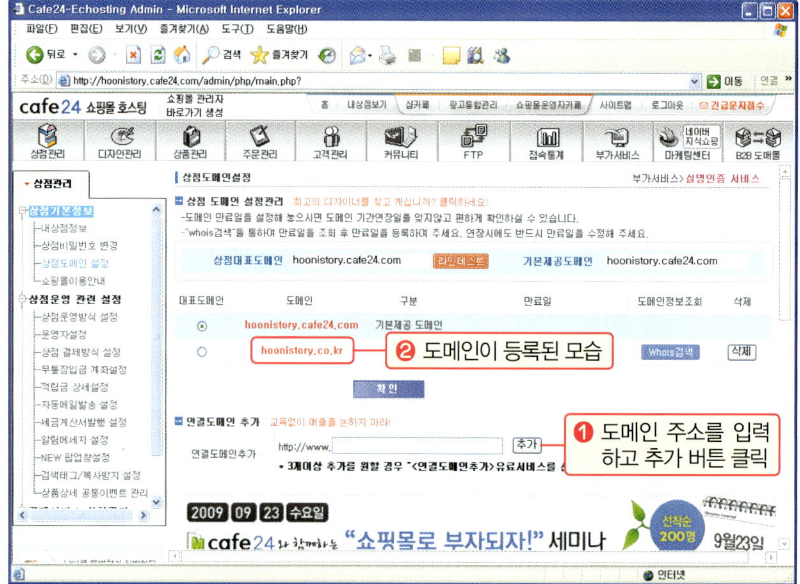

03 등록된 도메인을 대표 도메인으로 등록하기 위해 도메인을 선택하고 [확인] 버튼을 클릭합니다.

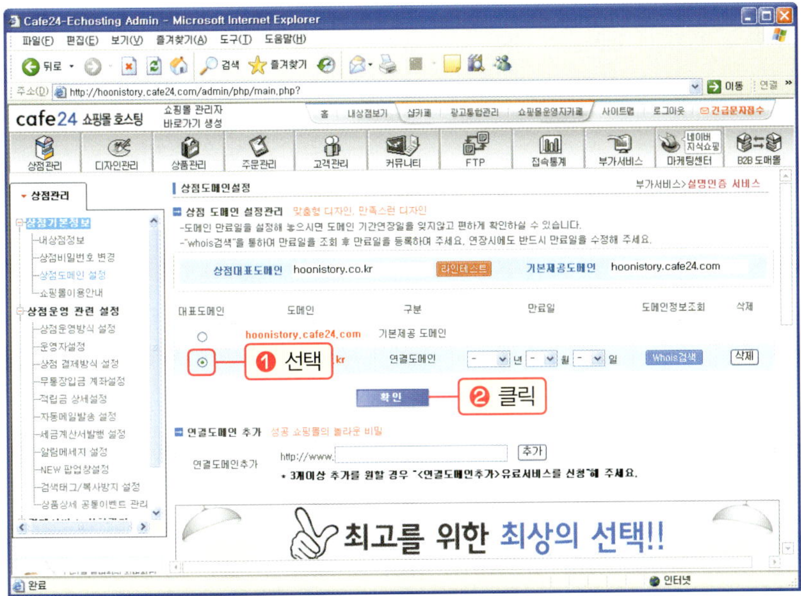

도메인은 무료로 3개까지 연결할 수 있습니다. 각기 다른 3개의 주소로 하나의 쇼핑몰에 접속할 수 있게 설정할 수 있다는 뜻입니다. 현재 기본적으로 등록되어 있는 도메인은 'http://쇼핑몰신청ID.cafe24.com'이며 쇼핑몰의 대표 도메인으로 등록되어 있습니다. 여러 개의 도메인 중에 대표 도메인을 다시 설정할 수 있습니다.

04 인터넷 주소에 사용자가 연결한 도메인 주소를 입력하고 이동하여 확인합니다. 단, 실제 도메인을 갖고 있지 않은 사용자라면 당연히 실습이 진행되지 않습니다.

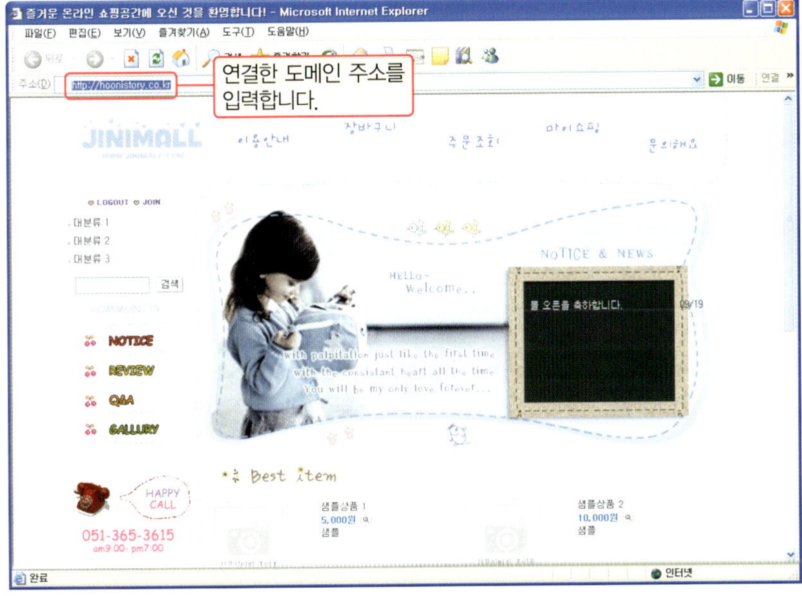

NOTE

도메인을 구입하는 방법은 cafe24의 처음 화면에서 원하는 주소를 입력하여 등록 여부를 확인한 후 결제를 하면 바로 연결하여 사용할 수 있습니다. cafe24가 아닌 다른 곳에서 구입한 도메인일 경우 네임 서버를 변경해야 사용할 수 있습니다.

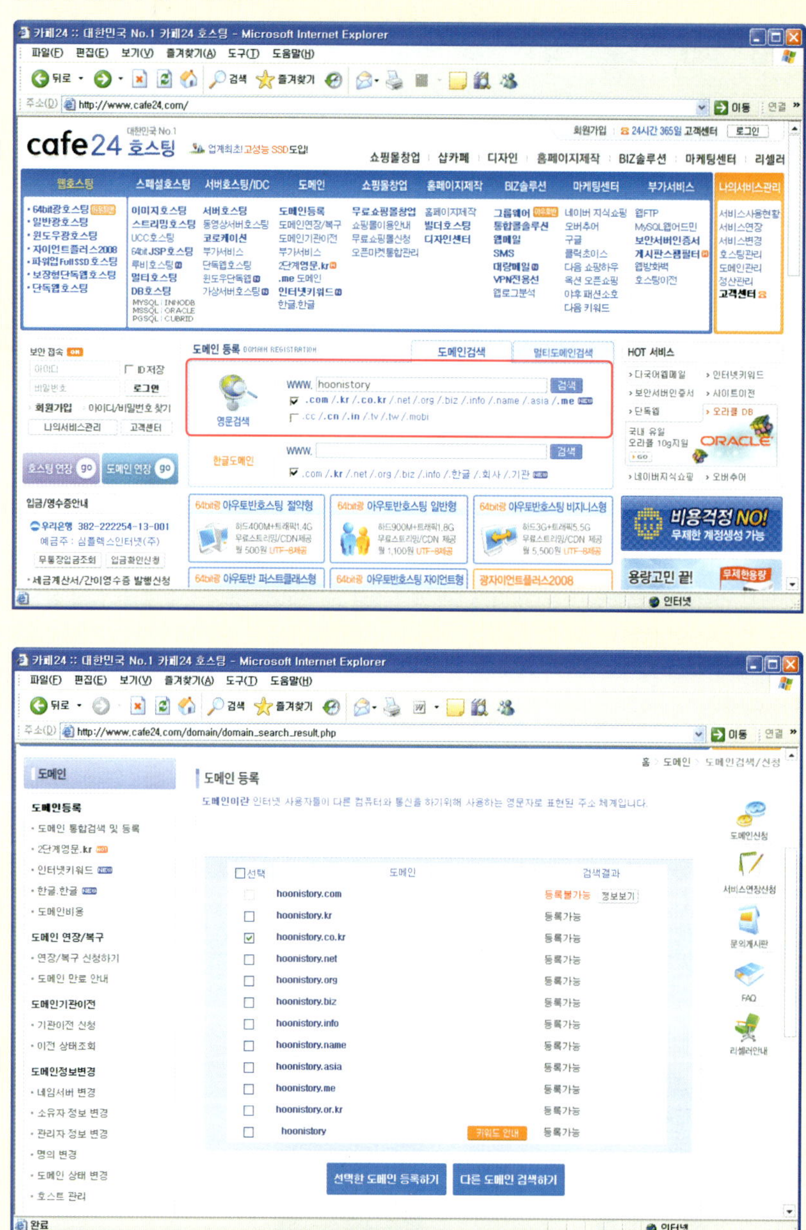

05 상점 부운영자 설정

상점을 운영하다 보면 관리자의 업무를 분담하는 의미와 관리의 효율성 때문에 부운영자가 필요한 경우가 있습니다. 이때 부운영자에게 관리자의 모든 권한을 주는 것이 아니라 특정 권한만을 선택적으로 부여할 수 있습니다.

01 쇼핑몰의 부운영자를 설정하기 위해 [상점관리]-[상점운영 관련 설정]-[운영자설정]을 클릭한 후 [부운영자 목록] 페이지에서 [등록] 버튼을 클릭합니다.

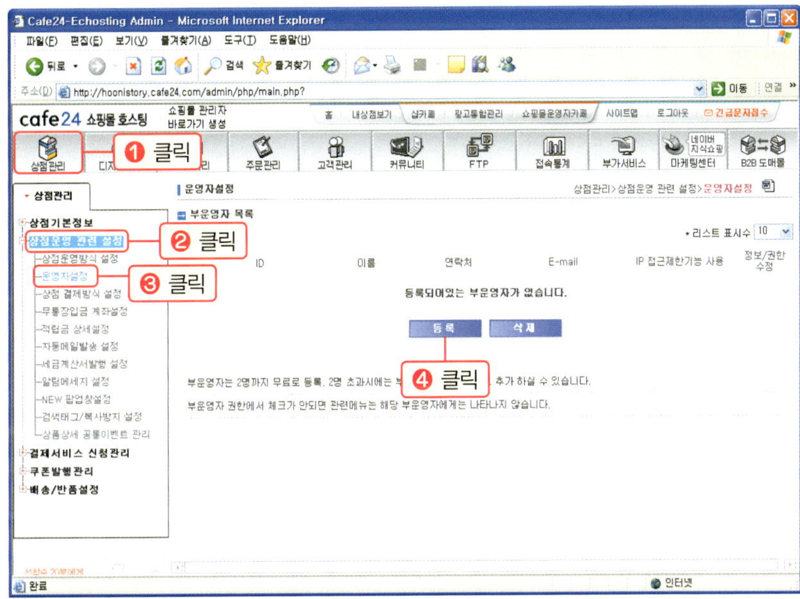

NOTE

부운영자를 설정하여 쇼핑몰의 일부를 관리할 수 있는 권한을 부여하면 평소 업무를 분담하여 처리할 수 있고, 관리자가 직접 처리할 수 없을 때도 일정 업무를 부운영자가 처리할 수 있는 장점이 있습니다.

02 부운영자의 ID(책에서는 'hoonistory1')와 기타 기본 정보를 입력하고 '운영자 접근권한 설정'에서 '게시관리'를, '상세기능 관리권한 설정'에서는 '게시판 비밀글 읽기 권한'에 체크하고 [등록] 버튼을 클릭합니다.

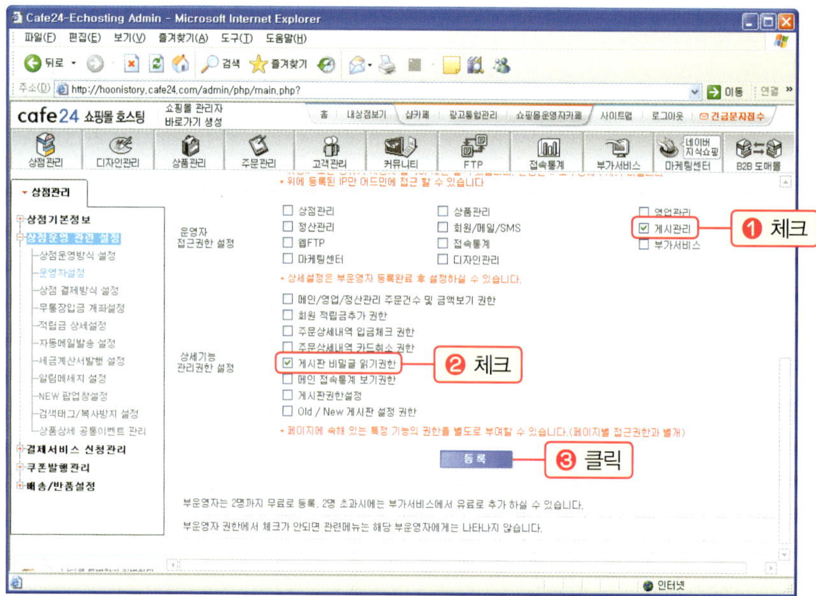

03 부운영자가 등록된 것을 확인합니다.

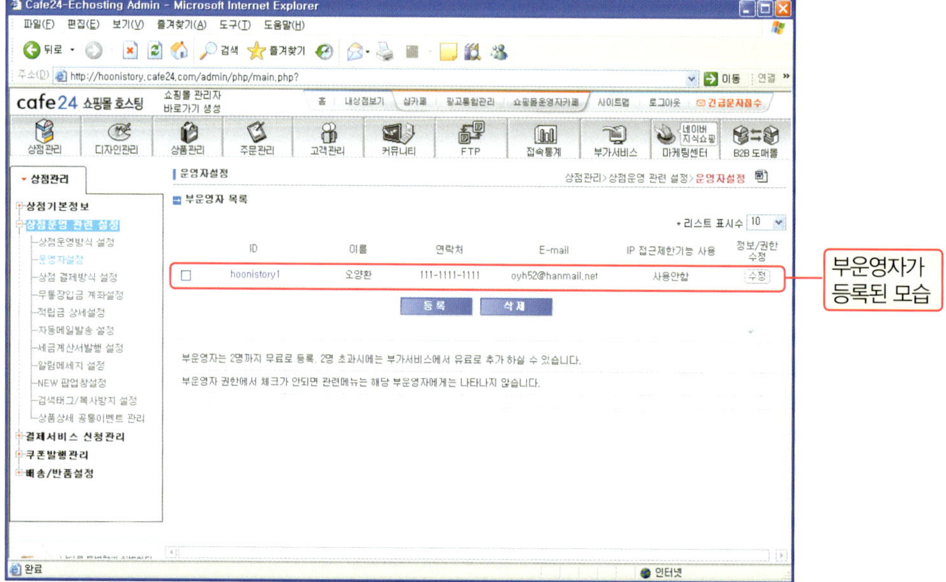

04 접속되어 있는 관리자 페이지를 로그아웃하고 다시 접속을 시도합니다. 이번에 접속할 때는 부운영자의 아이디로 접속합니다.

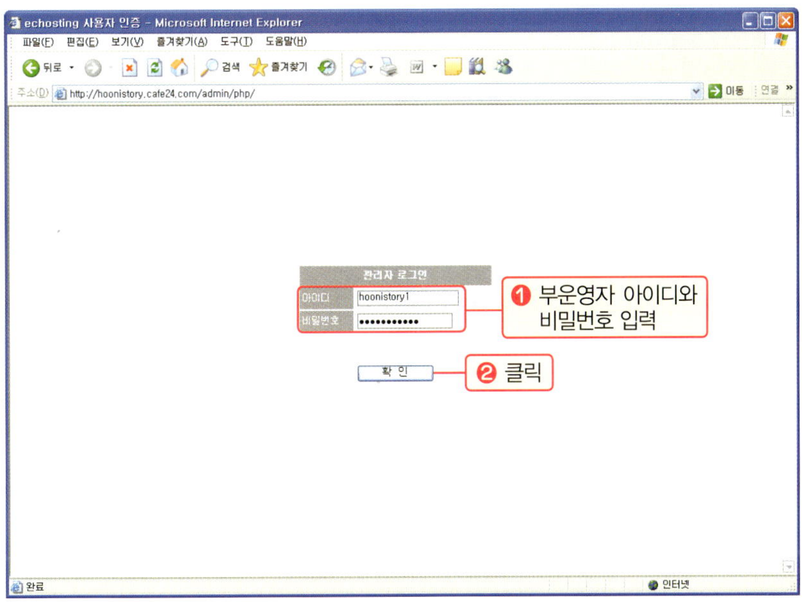

05 관리자 페이지에 접속은 되지만 권한이 없는 페이지를 눌렀을 때는 접근 권한이 없으므로 접속할 수 없다는 페이지가 표시됩니다.

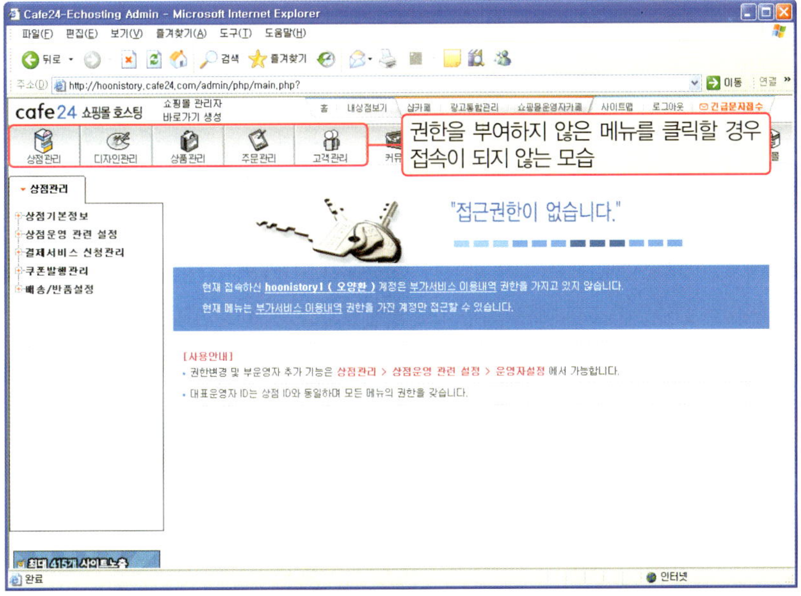

06 권한을 준 [커뮤니티]–[게시판관리]를 클릭하면 정상적으로 페이지가 표시되는 것을 확인할 수 있습니다.

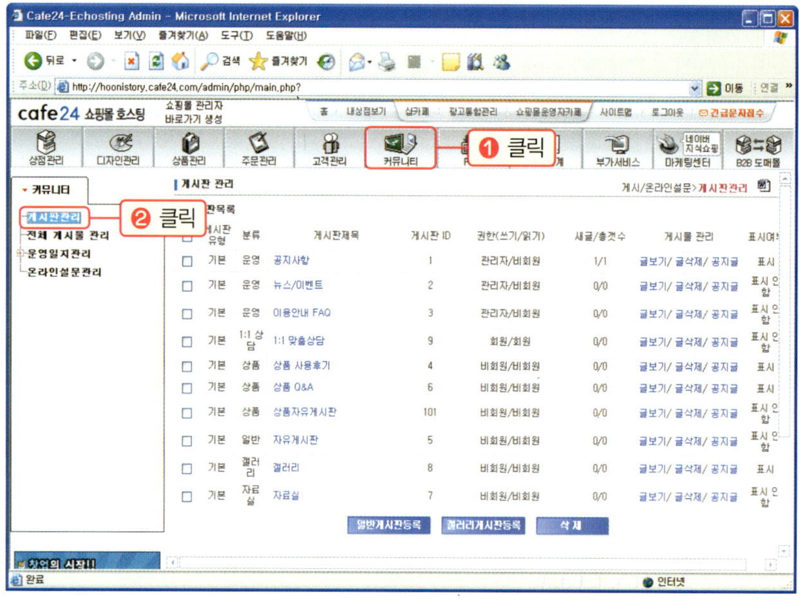

06 상점 결제 방식 및 무통장 입금 계좌 설정

쇼핑몰에 방문한 고객이 상품을 구매할 때 결제하는 수단에 대한 설정을 하는 부분입니다. 카드 결제 및 무통장 입금, 핸드폰 결제 등을 설정할 수 있으며 기본적으로 하나 이상의 결제 방식이 등록되어 있어야 합니다.

01 상점 결제 방식을 설정하기 위해 [상점관리]–[상점운영 관련 설정]–[상점 결제방식 설정]을 클릭합니다.

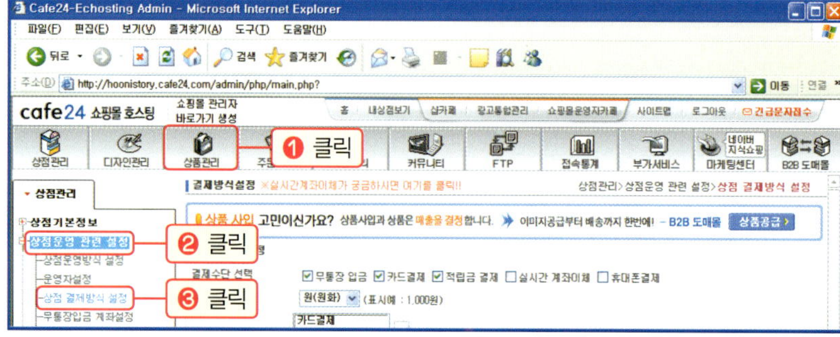

02 결제수단 선택 항목에서 원하는 결제 방식을 선택하고 [확인] 버튼을 클릭합니다.

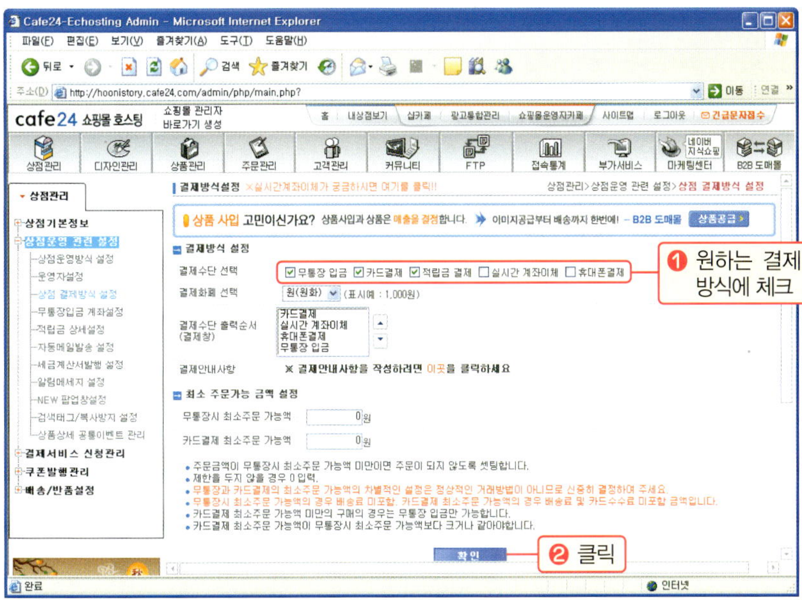

03 무통장 입금 항목을 선택하였다면 '계좌 설정'이 되어 있어야 합니다. [무통장입금 계좌설정]을 클릭한 후 [등록] 버튼을 클릭합니다.

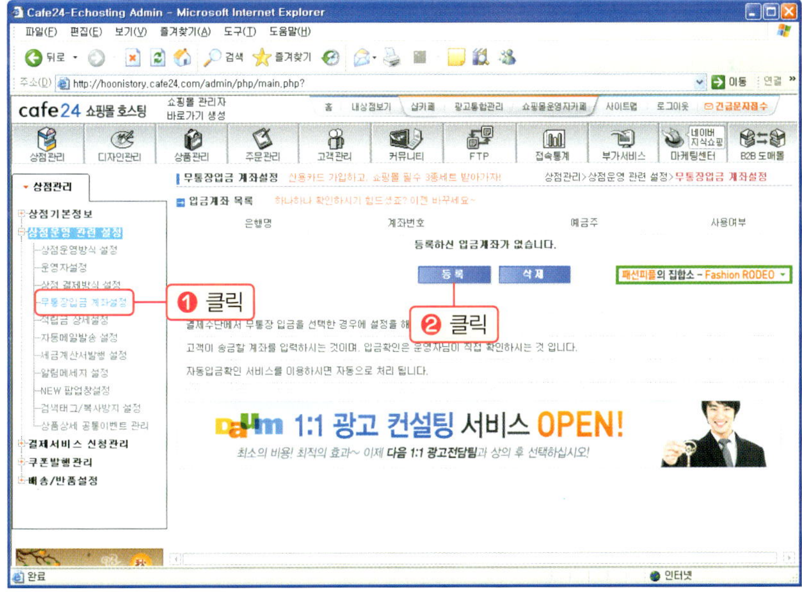

04 입금계좌 정보를 입력하고 [확인] 버튼을 클릭합니다.

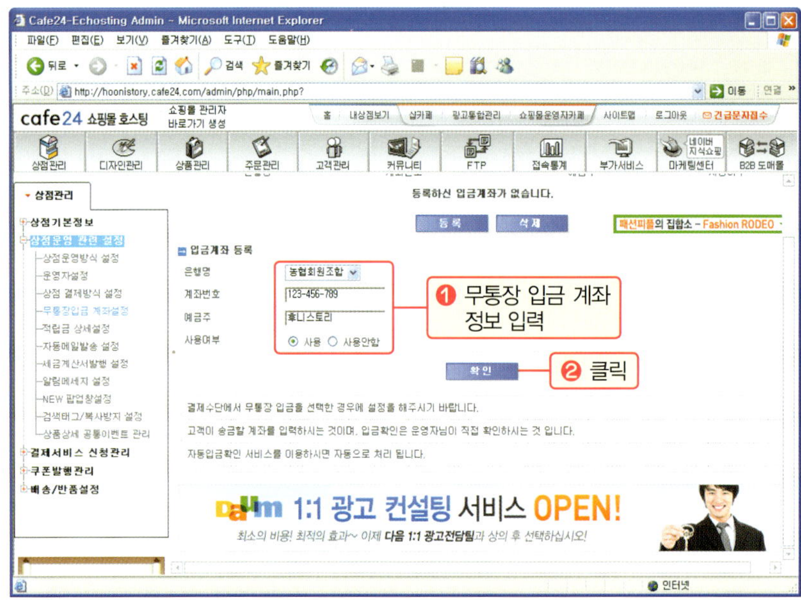

05 정상적으로 등록된 것을 확인합니다. 추가로 사용할 계좌가 더 있다면 [등록] 버튼을 클릭하여 진행합니다.

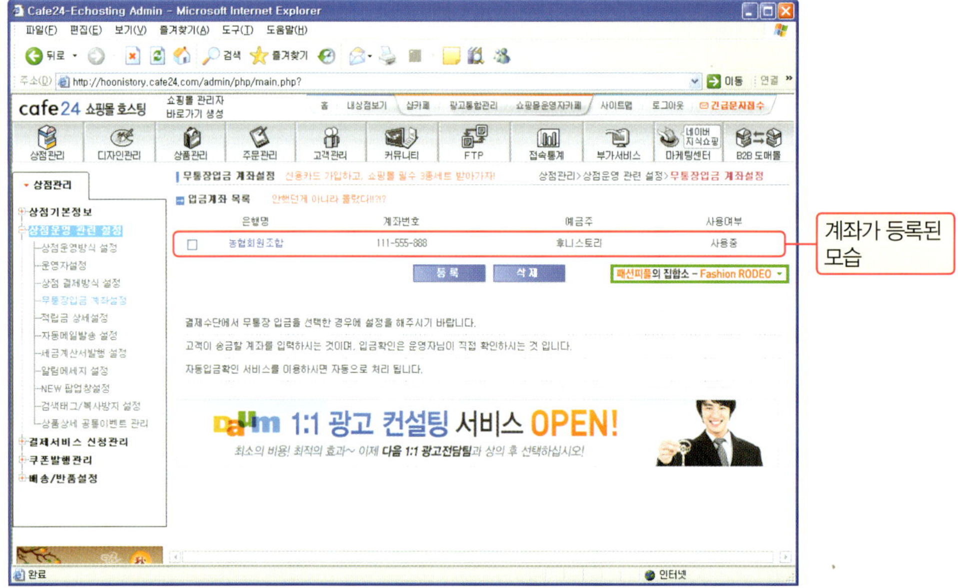

NOTE

카드 결제의 경우는 신청 절차에 따라 신청을 하고 승인이 되어야 사용할 수 있습니다.

카드 결제 신청 절차

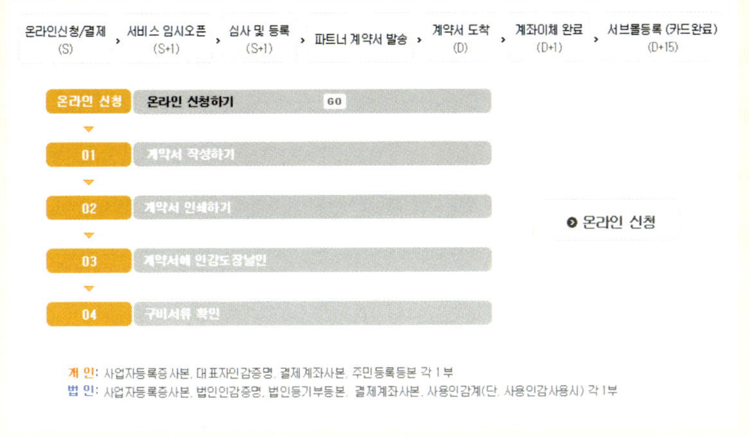

개 인: 사업자등록증사본, 대표자인감증명, 결제계좌사본, 주민등록등본 각 1부
법 인: 사업자등록증사본, 법인인감증명, 법인등기부등본, 결제계좌사본, 사용인감계(단, 사용인감사용시) 각 1부

쇼핑몰 디자인 관리

01 쇼핑몰 상단 소개글 변경하기

쇼핑몰을 방문했을 때 브라우저 상단에 표시되는 내용을 변경하는 부분입니다. 대부분은 쇼핑몰의 이름 또는 고객에 대한 인사말이 나오게 하는 경우가 많이 있습니다.

01 쇼핑몰의 타이틀 내용을 변경하기 위해 [디자인관리]-[HTML 디자인 설정]-[디자인 기본환경설정]을 클릭합니다.

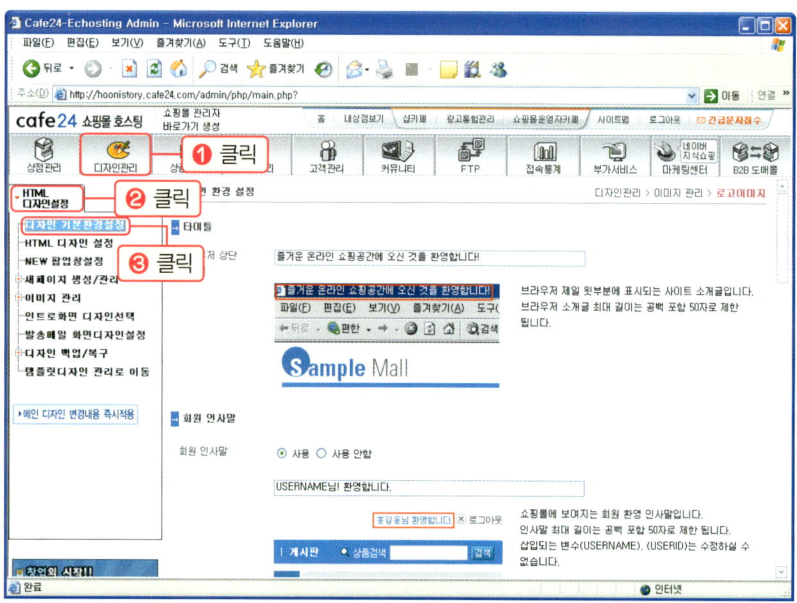

02 브라우저 상단 소개글을 원하는 내용으로 입력하고 화면의 하단에 있는 [적용] 버튼을 클릭합니다.

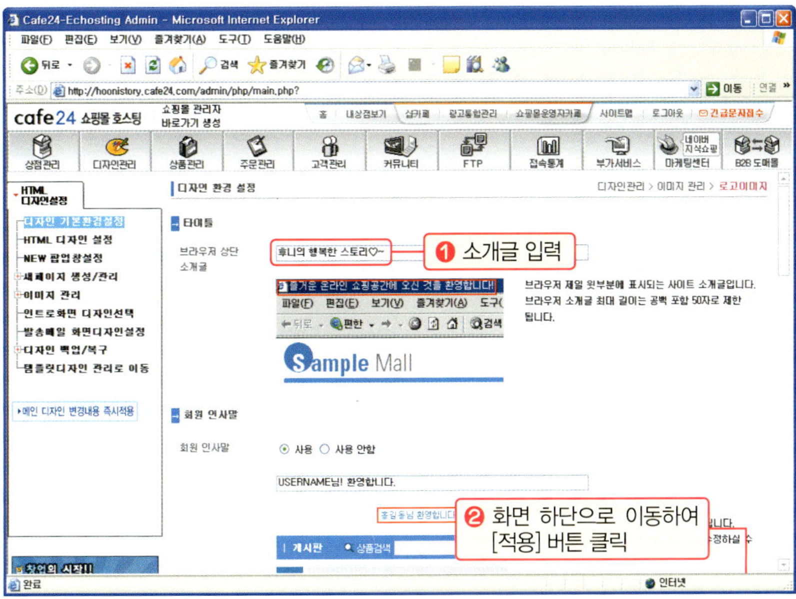

03 적용된 내용을 쇼핑몰에서 확인하기 위해 [내상점보기]를 클릭합니다.

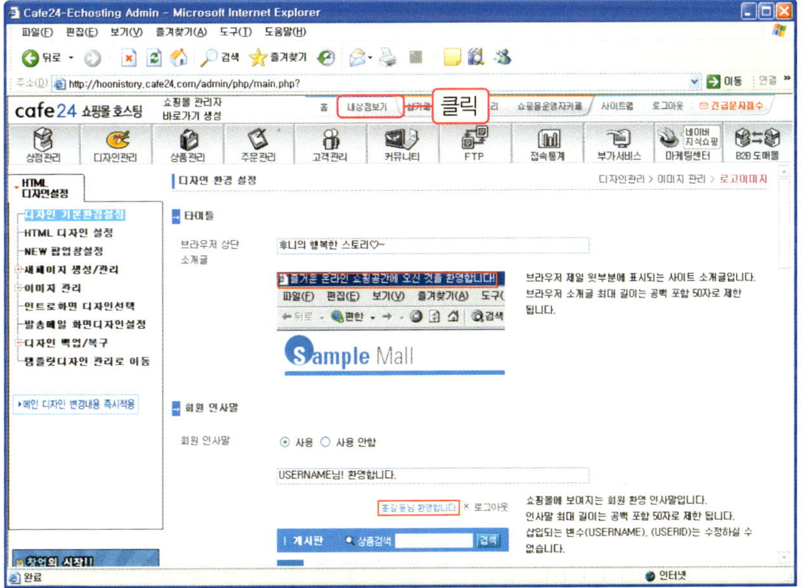

04 브라우저 상단의 소개글이 변경된 것을 확인합니다.

02 쇼핑몰 로고 변경하기

쇼핑몰의 로고 이미지는 쇼핑몰의 전체 분위기를 결정하는 중요한 요소입니다. 처음 쇼핑몰을 만들려고 할 때부터 마지막까지 고민해야 하는 중요한 부분이라 할 수 있습니다.

■ FTP를 이용한 로고 변경

01 쇼핑몰 로고를 변경하기 위해 첫 번째로 알아봐야 할 부분은 로고의 크기 및 이름입니다. 쇼핑몰에 접속한 후 로고 이미지에서 마우스 오른쪽 버튼을 클릭하여 [속성]을 클릭합니다.

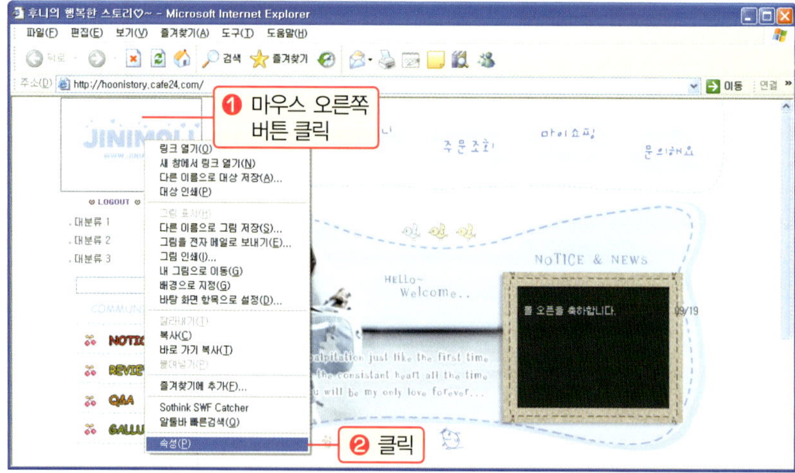

02 [등록 정보] 대화상자를 통해서 현재 등록되어 있는 로고의 크기와 FTP 경로 및 파일 이름을 알 수 있습니다.

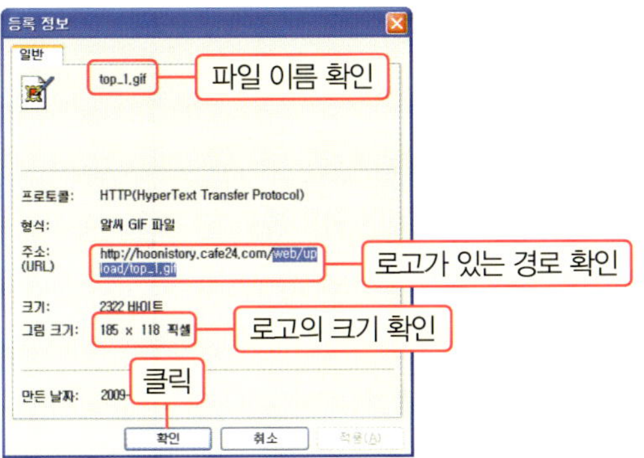

HTML 소스 수정이 능숙하면 지금의 이 기준을 지키지 않아도 됩니다. 그렇지만 현재 처음 쇼핑몰을 만들어 본다는 가정 하에 진행하고 있으므로 등록되어 있는 파일 이름과 경로 등 모든 것을 같게 진행해보겠습니다.

파일 이름: top_1.gif

파일 경로: /web/upload/top_1.gif

파일 크기: 185×118 픽셀

03 [FTP]-[웹FTP]를 클릭하면 [연결] 대화상자가 나옵니다. 사용자 ID와 암호를 입력하고 [연결] 버튼을 클릭하여 접속합니다.

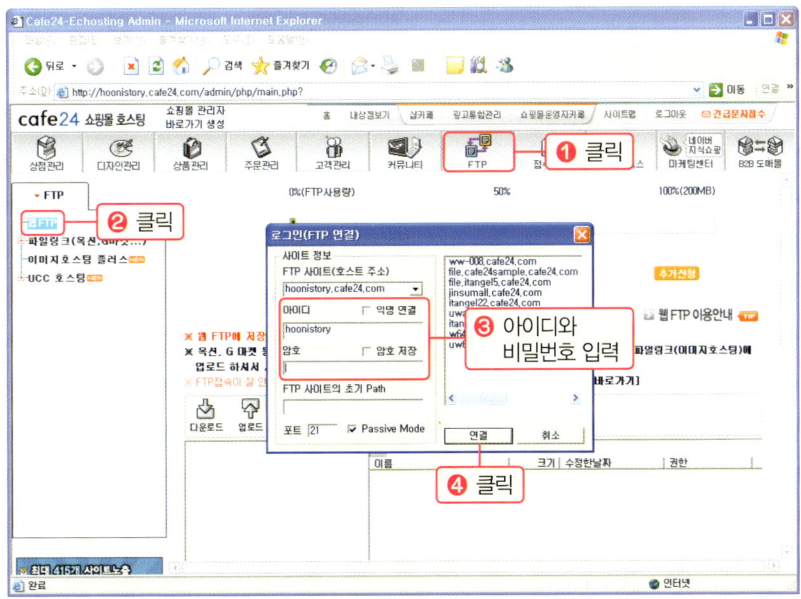

04 FTP에 접속된 것을 확인하고 호스트 디렉터리를 '/web/upload/'로 설정하고 로컬 디렉터리에서 '제로보드예제/top_1.gif'를 선택한 후 [업로드] 버튼을 클릭합니다.

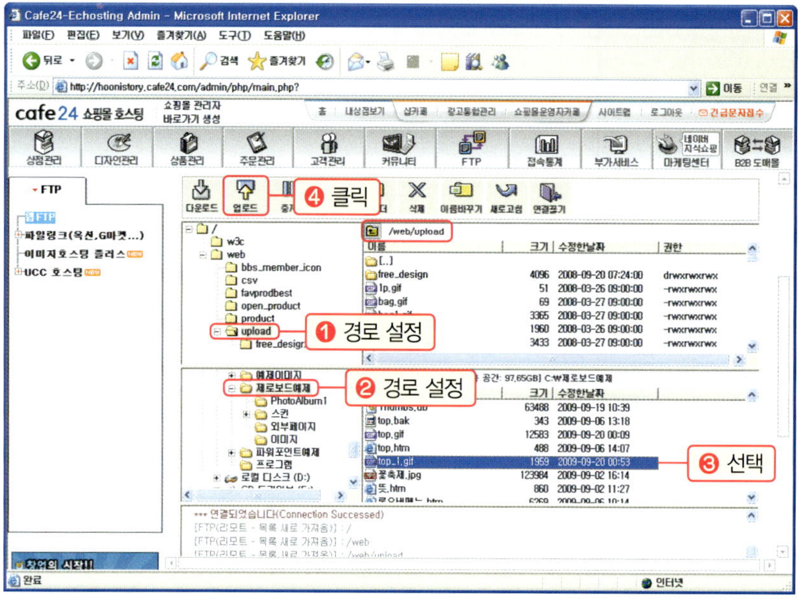

05 현재 같은 파일의 이름이 있으므로 중복 확인 대화상자가 나옵니다. [덮어쓰기] 버튼을 클릭하여 새로운 로고를 전송합니다.

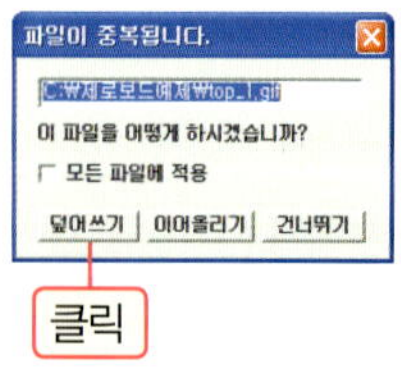

06 호스트 디렉터리에 현재 올린 파일이 업로드된 것을 확인하고 [내상점보기] 버튼을 클릭합니다.

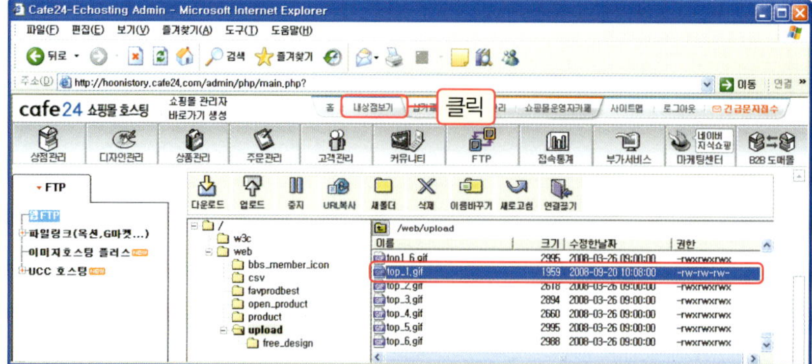

07 로고가 변경된 것을 확인합니다.

■ [디자인 관리] 페이지에서 로고 변경

FTP를 이용하여 로고를 변경하는 방법 외에 디자인 관리 페이지에서 변경하는 방법도 있습니다. 위에서 배운 FTP를 통해서 변경하는 방법과 지금 알아보는 방법 2가지 모두를 알고 있어야 합니다. 카페24에서 제공하는 100가지 무료 쇼핑몰 레이아웃은 2가지 방법으로 디자인을 변경할 수 있습니다.

01 관리자 페이지에서 [디자인관리]−[HTML 디자인 설정]−[공동모듈 리스트]를 클릭합니다.

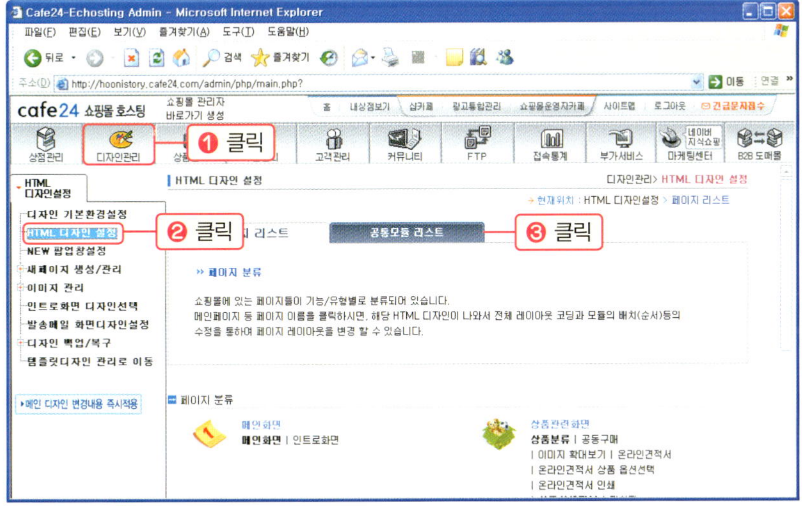

02 현재 변경하고자 하는 부분이 '로고'이므로 'TopLogo'에 해당하는 '모듈편집'을 클릭합니다.

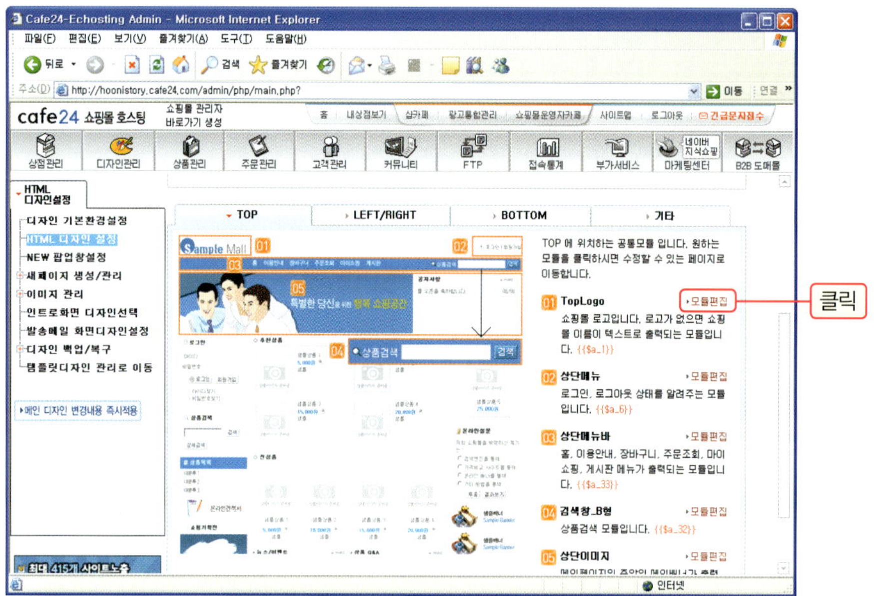

03 [Logo 이미지 변경] 페이지에서 [찾아보기] 버튼을 클릭한 후 '제로보드예제/logo5.gif'를 선택한 후 [열기] 버튼을 클릭하고 [등록] 버튼을 클릭합니다.

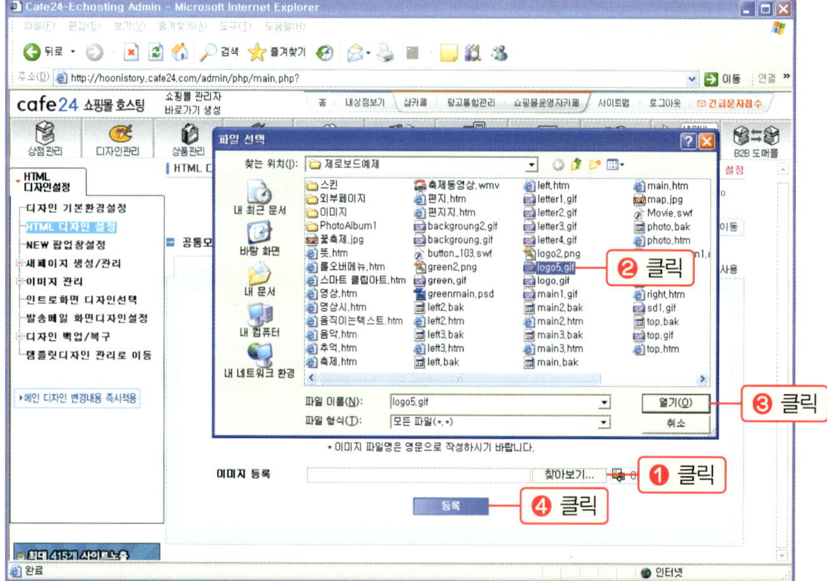

04 등록된 것을 확인한 후 [내상점보기]를 클릭하여 변경된 로고를 확인합니다.

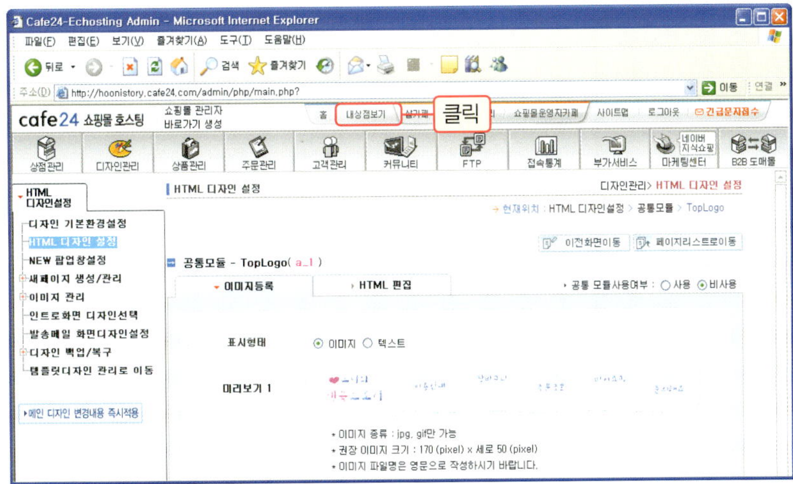

살펴본 2가지 방법을 모두 기억하고 있으면 대부분의 디자인을 변경할 수 있습니다. 우선 [디자인 관리] 페이지에서 디자인을 변경하는 방법을 숙지하고 FTP를 이용한 방법을 이해하면 좋을 것 같습니다.

03 쇼핑몰 메인 이미지 변경하기

메인 이미지의 경우는 쇼핑몰 처음 화면 상단에 나오는 대표 이미지입니다. 쇼핑몰을 방문했을 때 시선이 집중되는 곳 중 하나이므로 신상품 및 쇼핑몰의 이미지를 결정하는 중요한 요소 중의 하나입니다.

01 메인 이미지에서 마우스 오른쪽 버튼을 클릭해서 [속성]을 클릭합니다.

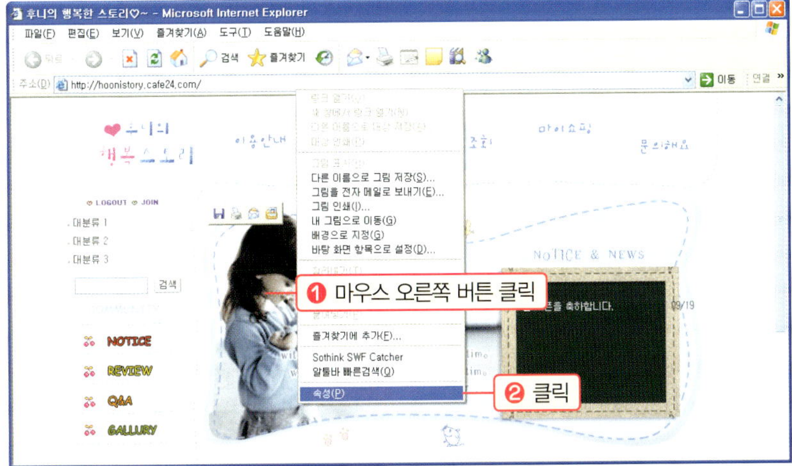

02 [등록 정보]를 통해 파일의 이름 및 FTP 경로와 크기를 알아봅니다.

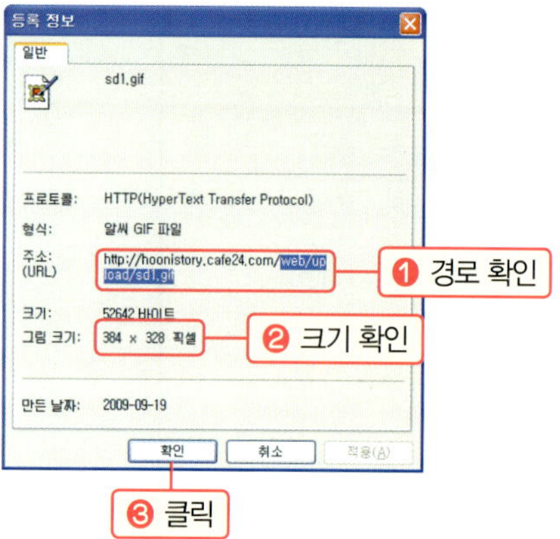

파일 이름: sd1.gif
파일 경로: /web/upload/sd1.gif
파일 크기: 384 × 328 픽셀

03 [FTP]-[웹FTP]를 클릭하면 [연결] 대화상자가 나옵니다. 사용자 ID와 암호를 입력하고 [연결] 버튼을 클릭하여 접속합니다.

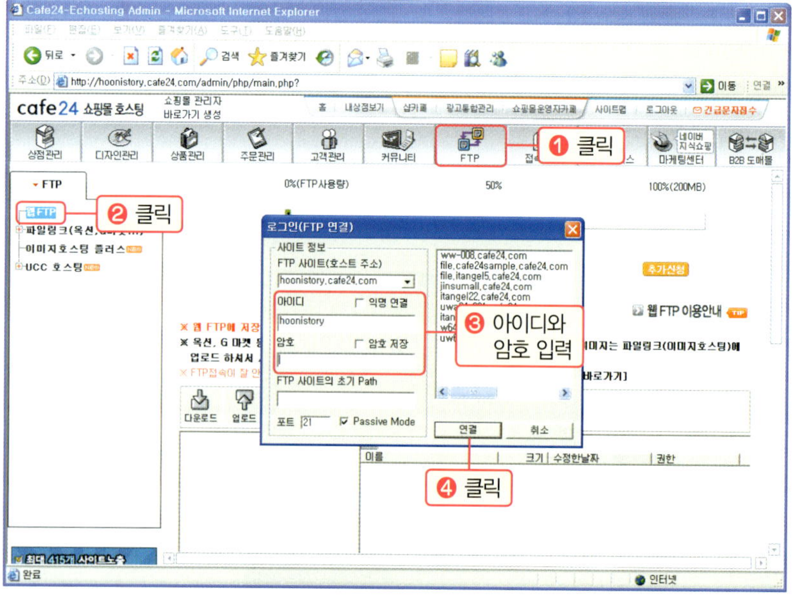

04 FTP에 접속된 것을 확인하고 호스트 디렉터리를 '/web/upload/'로 설정하고 로컬 디렉터리에서 '제로보드예제/sd1.gif'를 선택한 후 [업로드] 버튼을 클릭합니다.

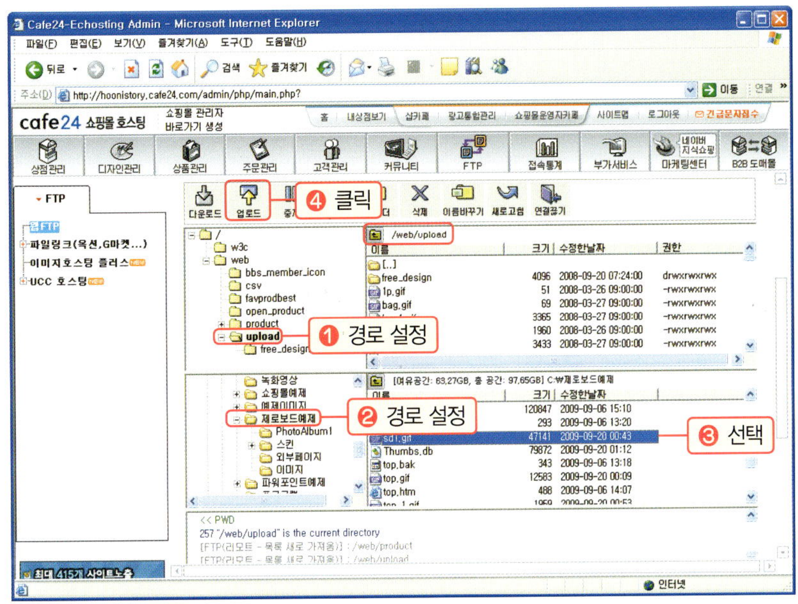

05 현재 같은 파일의 이름이 있으므로 중복 확인 대화상자가 나옵니다. [덮어쓰기] 버튼을 클릭하여 새로운 로고를 전송합니다.

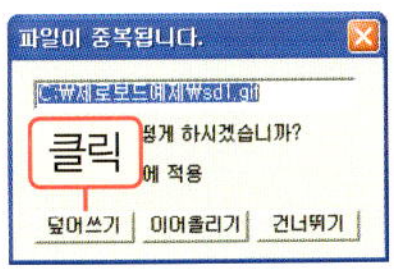

06 호스트 디렉터리에 현재 올린 파일이 업로드된 것을 확인하고 [내상점보기]를 클릭합니다.

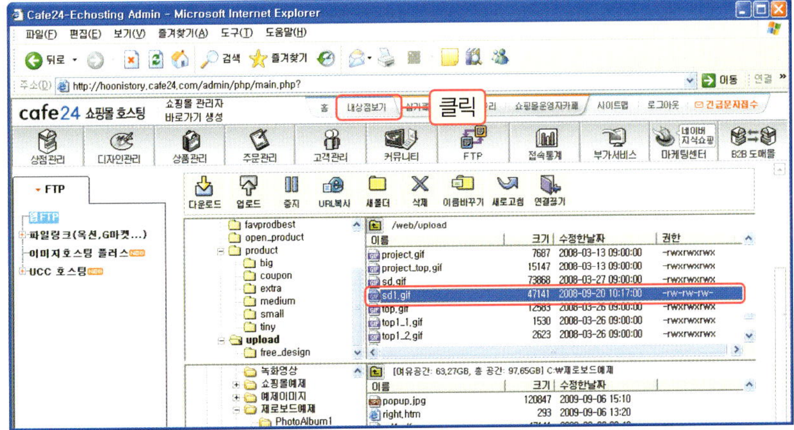

 **07** 메인 이미지가 변경된 것을 확인합니다.

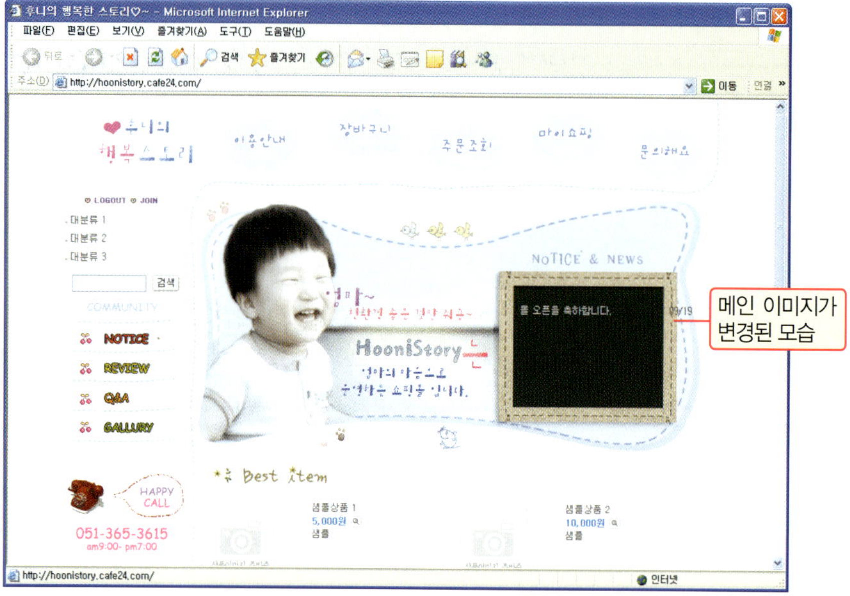

NOTE

메인 이미지를 디자인 관리를 통해 변경하는 방법

❶ 메인 이미지를 FTP가 아닌 디자인 관리에서 변경하려면 [디자인관리]-[HTML 디자인 설정]-[공통모듈 리스트]를 클릭합니다.

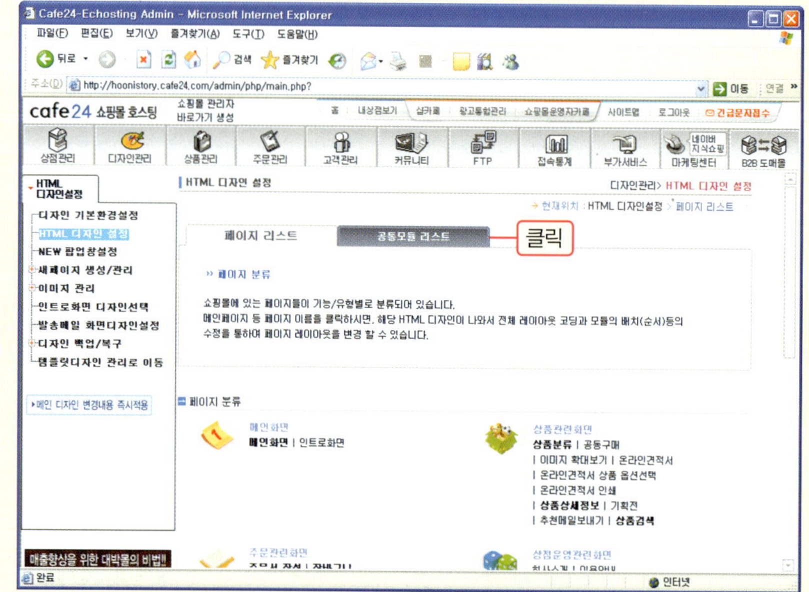

❷ [공통모듈 이미지] 페이지에서 [상단이미지]의 [모듈편집]을 클릭합니다.

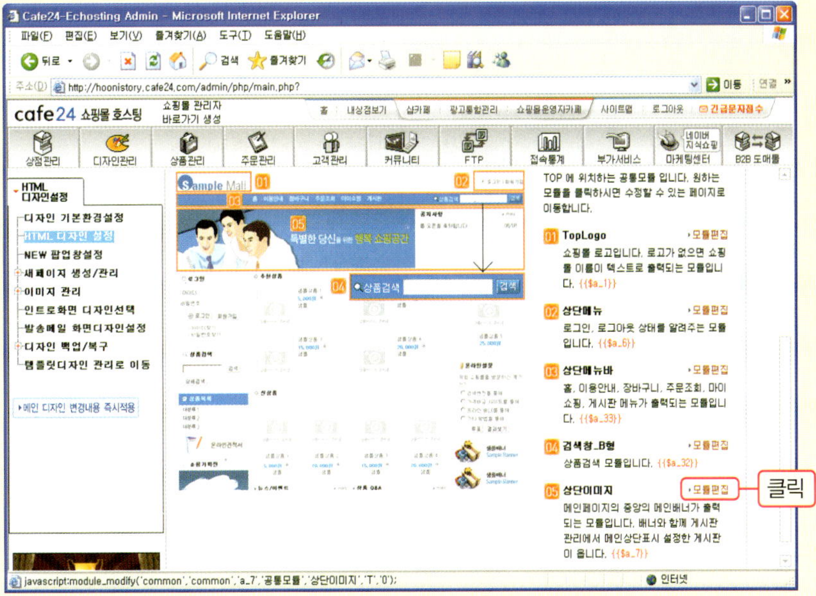

❸ 이미지 등록의 [찾아보기] 버튼을 클릭하여 메인 이미지를 등록합니다.

04 메인 페이지에 연락처 등록하기

쇼핑몰에 방문한 고객이 회사 연락처를 찾는데 잘 찾아지지 않는다면 신뢰하지 못할 수 있습니다. 회사 연락처 및 계좌번호 등은 화면에서 잘 보이는 곳에 등록을 해 놓는 것이 좋습니다.

01 쇼핑몰 연락처를 변경하기 위해 해당 이미지에서 마우스 오른쪽 버튼을 클릭한 후 [속성]을 클릭합니다.

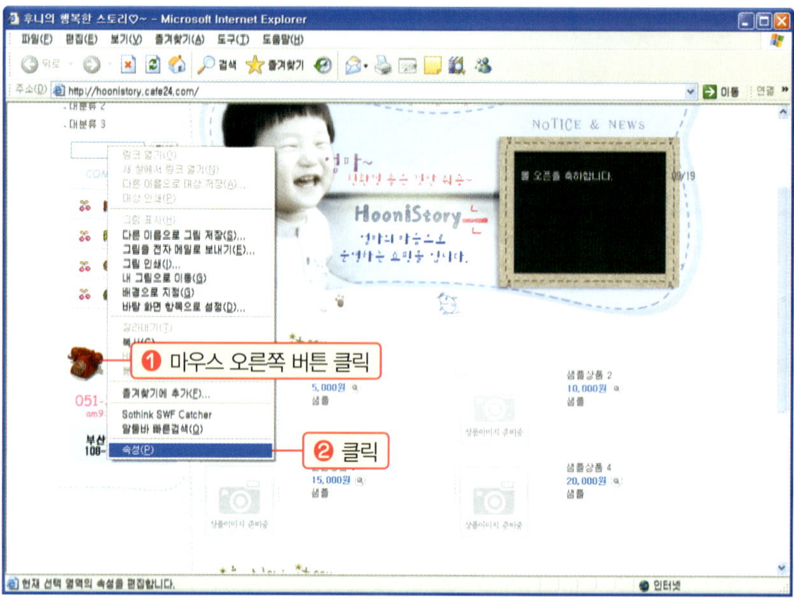

02 [등록 정보] 대화상자를 통해 현재 등록되어 있는 로고의 크기와 FTP 경로 및 파일 이름을 알 수 있습니다.

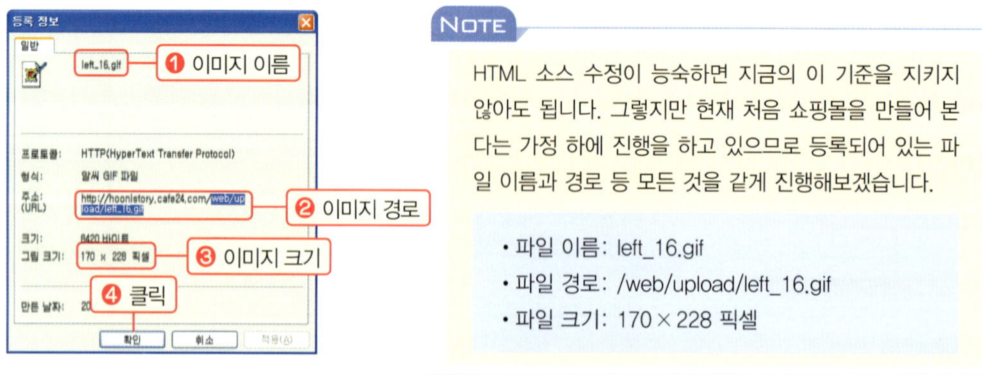

NOTE

HTML 소스 수정이 능숙하면 지금의 이 기준을 지키지 않아도 됩니다. 그렇지만 현재 처음 쇼핑몰을 만들어 본다는 가정 하에 진행을 하고 있으므로 등록되어 있는 파일 이름과 경로 등 모든 것을 같게 진행해보겠습니다.

- 파일 이름: left_16.gif
- 파일 경로: /web/upload/left_16.gif
- 파일 크기: 170 × 228 픽셀

03 [FTP]-[웹FTP]를 클릭하면 [연결] 대화상자가 나옵니다. 사용자 ID와 암호를 입력하고 [연결] 버튼을 클릭하여 접속합니다.

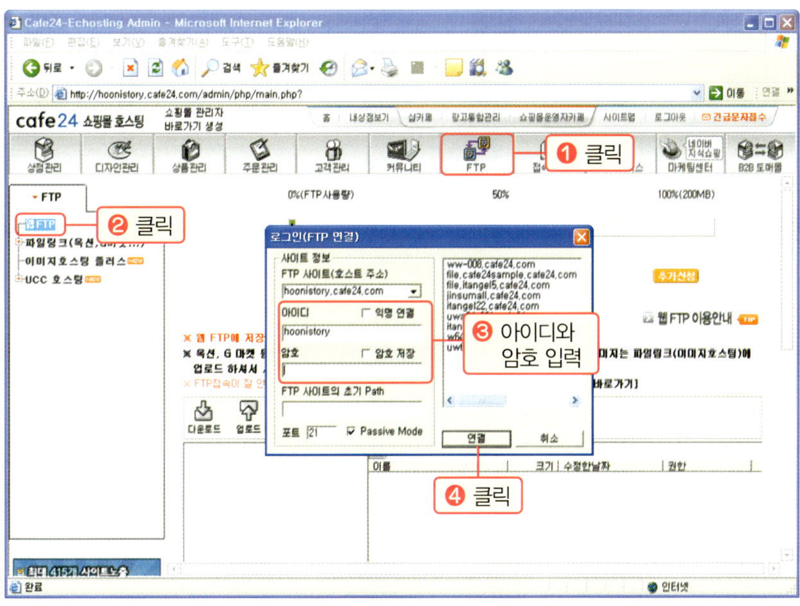

04 FTP에 접속된 것을 확인하고 호스트 디렉터리를 '/web/upload/'로 설정하고 로컬 디렉터리에서 '제로보드예제/left_16.gif'를 선택한 후 [업로드] 버튼을 클릭합니다.

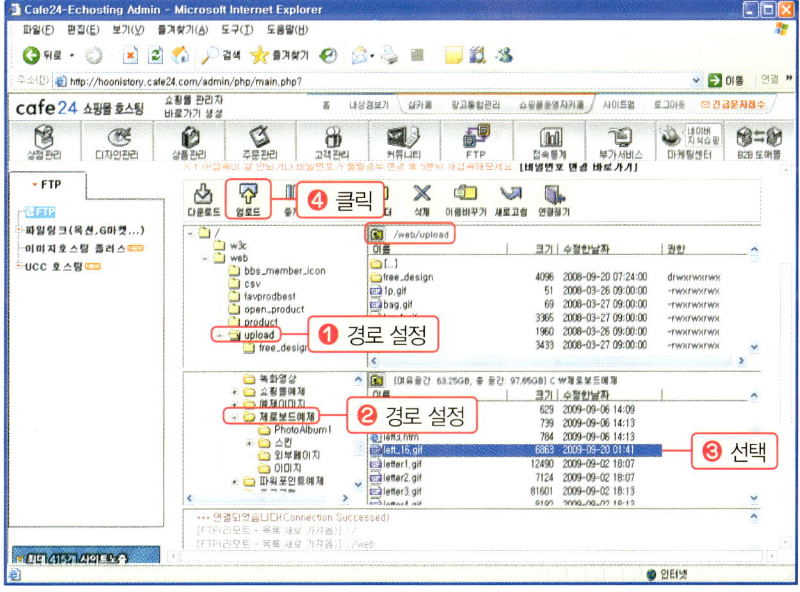

05 현재 같은 파일의 이름이 있으므로 중복 확인 대화상자가 나옵니다. [덮어쓰기] 버튼을 클릭합니다.

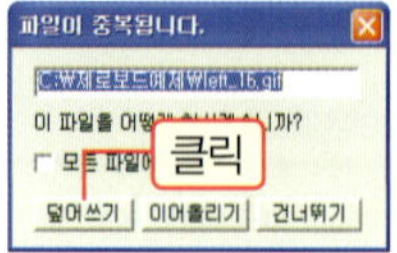

06 호스트 디렉터리에 현재 올린 파일이 업로드된 것을 확인하고 [내상점보기] 버튼을 클릭합니다.

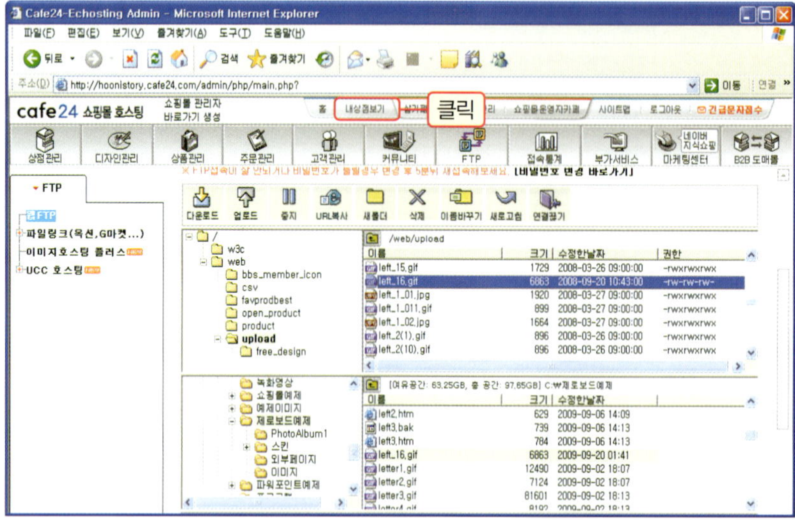

07 연락처가 변경된 것을 확인합니다.

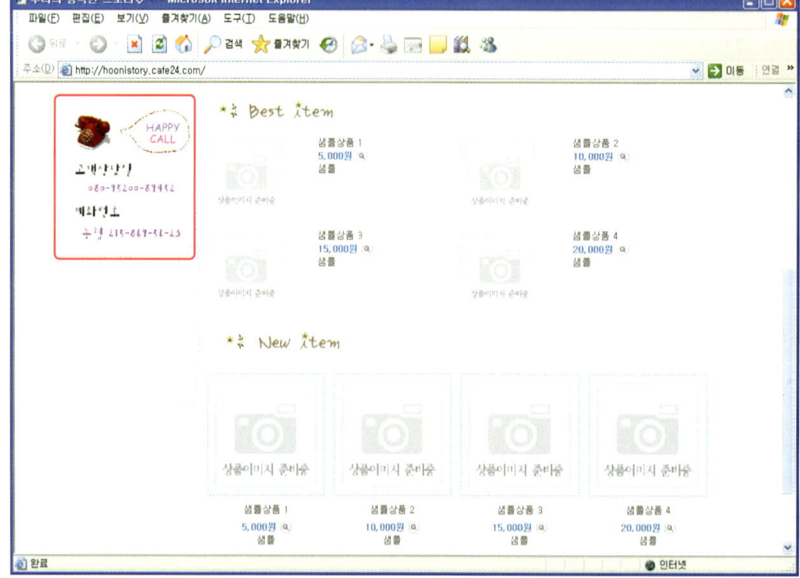

■ 연락처를 디자인 관리를 통해 변경하는 방법

01 연락처를 FTP가 아닌 디자인 관리에서 변경하려면 [디자인관리]-[HTML 디자인 설정]-[공통모듈 리스트]를 클릭합니다.

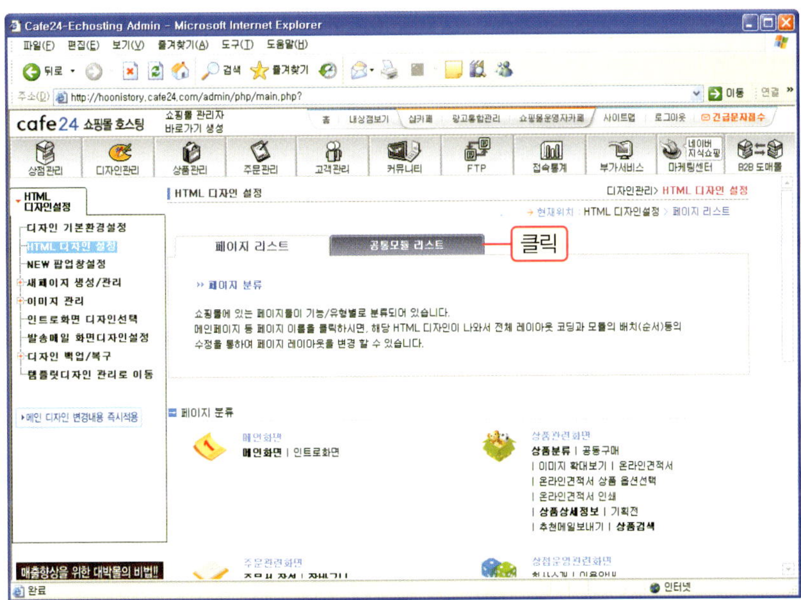

02 공통 모듈 중에 [LEFT/RIGHT]를 클릭합니다.

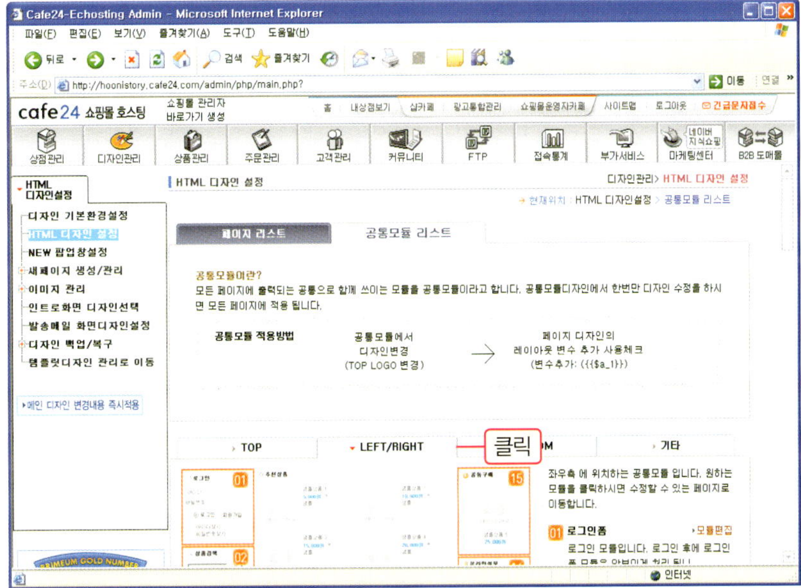

03 [임의 배너 1]의 [모듈편집]을 클릭합니다.

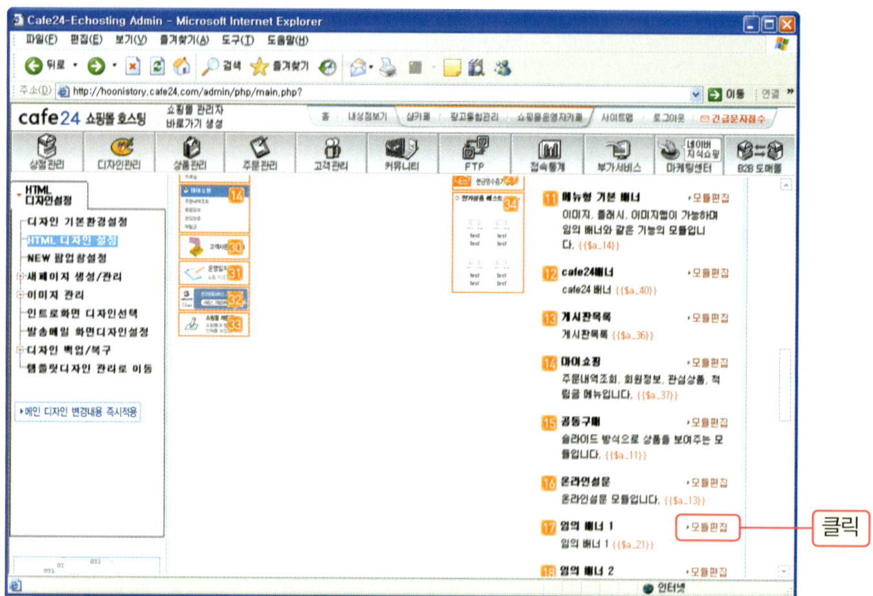

04 이미지 등록의 [찾아보기] 버튼을 클릭하여 연락처 이미지를 등록합니다.

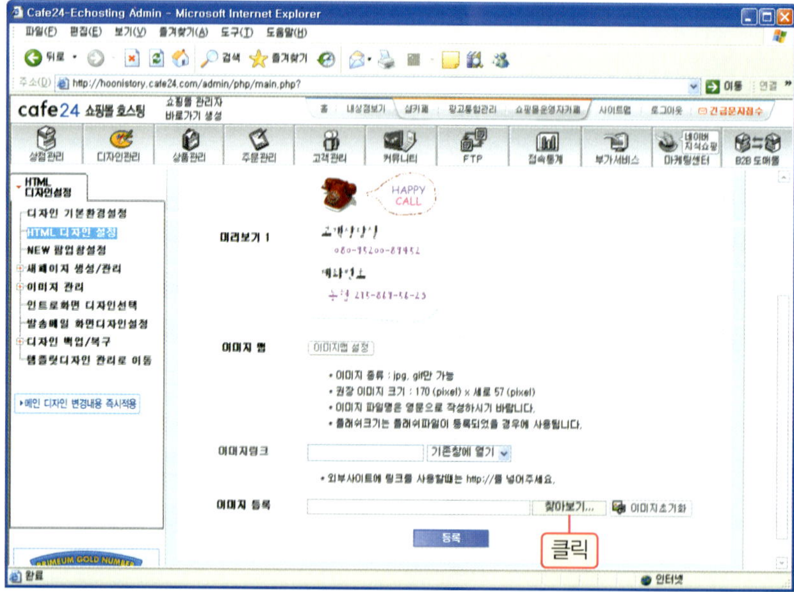

쇼핑몰 상품 관리

01 쇼핑몰 대분류 등록하기

쇼핑몰 메뉴를 구성할 때 제일 먼저 하는 일이 대분류, 즉 상위 메뉴를 지정하는 것입니다. 대분류를 등록해 놓고 중분류와 소분류를 등록하는 과정으로 진행됩니다. 메뉴를 구성하기 전에 노트 등에 먼저 구성을 해보고 관리자 페이지에서 옮기는 방식으로 작업을 진행하기 바랍니다.

01 쇼핑몰 대분류를 하기 위해 [상품관리]−[대분류등록]을 클릭하고 '자체 분류기준 사용'을 선택한 후에 '자체분류명: 출산용품/백일/돌'을 입력하고 [등록] 버튼을 클릭합니다.

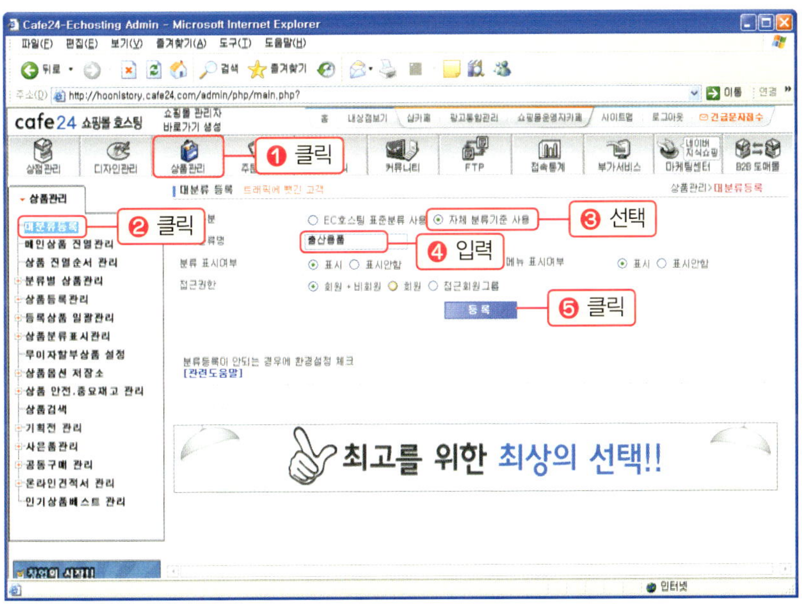

02 대분류가 등록되는 것을 확인합니다.

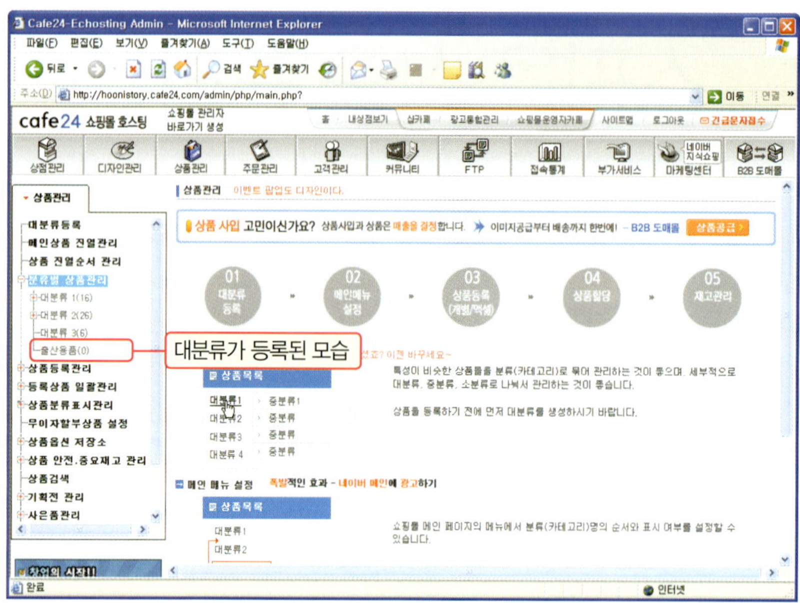

03 같은 방법으로 [대분류등록]을 클릭하고 '자체 분류기준 사용'을 선택한 후에 '자체분류명: 유아의류/신생아/양말'을 입력하고 [등록] 버튼을 클릭합니다.

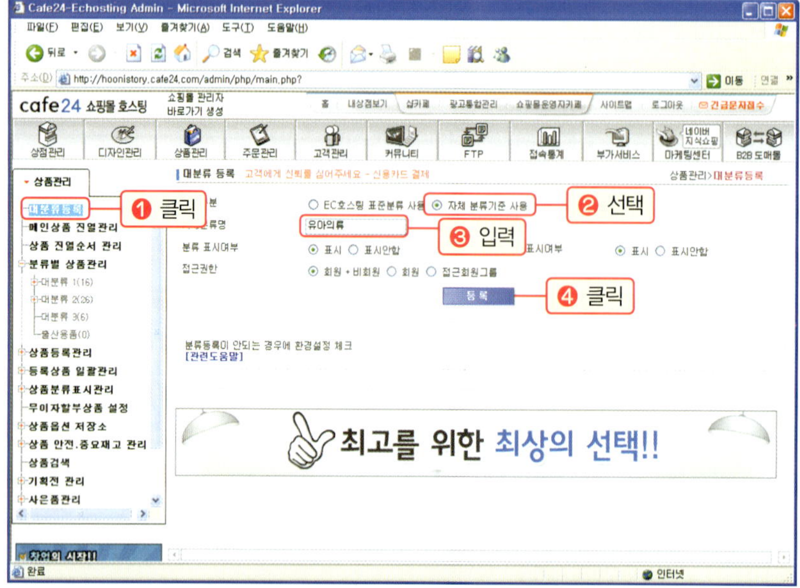

04 대분류가 등록된 것을 확인하고 [내상점보기]를 클릭합니다.

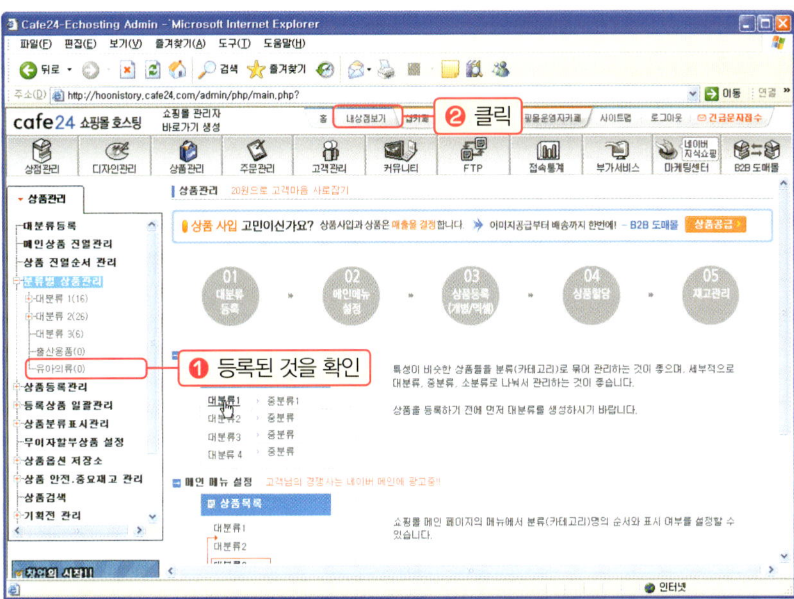

05 메뉴가 정상적으로 등록된 것을 확인합니다.

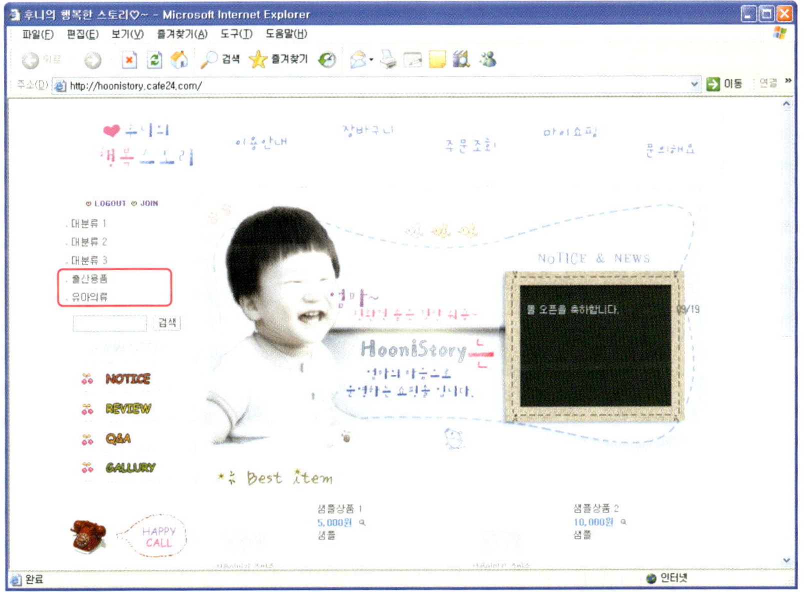

06 대분류를 삭제할 경우는 지우고자 하는 분류를 선택하고 [대분류 수정] 페이지에서 [삭제] 버튼을 클릭합니다.

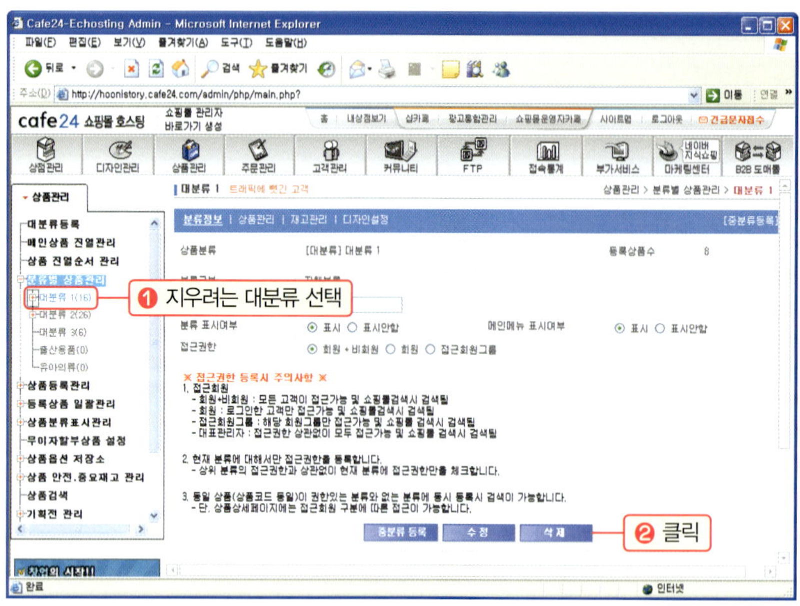

07 대분류 추가 및 삭제의 과정을 통해서 메뉴를 완성합니다.

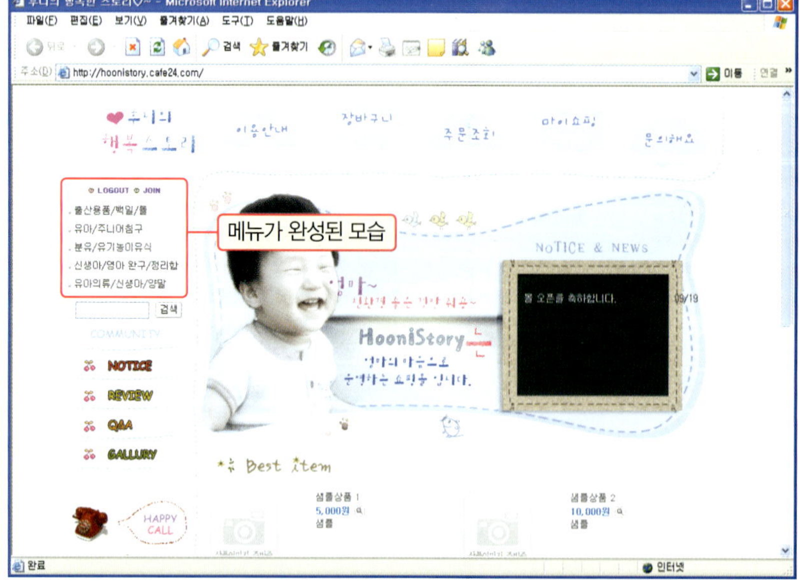

02 중분류 등록하기

대분류 등록을 마친 후에 중분류가 있을 경우 중분류를 등록합니다. 중분류는 대분류를 세부적으로 나뉘 놓은 상품 분류에 해당합니다.

01 중분류를 등록할 대분류 '출산용품/백일/돌'을 클릭한 후에 [대분류 수정] 페이지에서 오른쪽 끝에 있는 [중분류등록]을 클릭합니다.

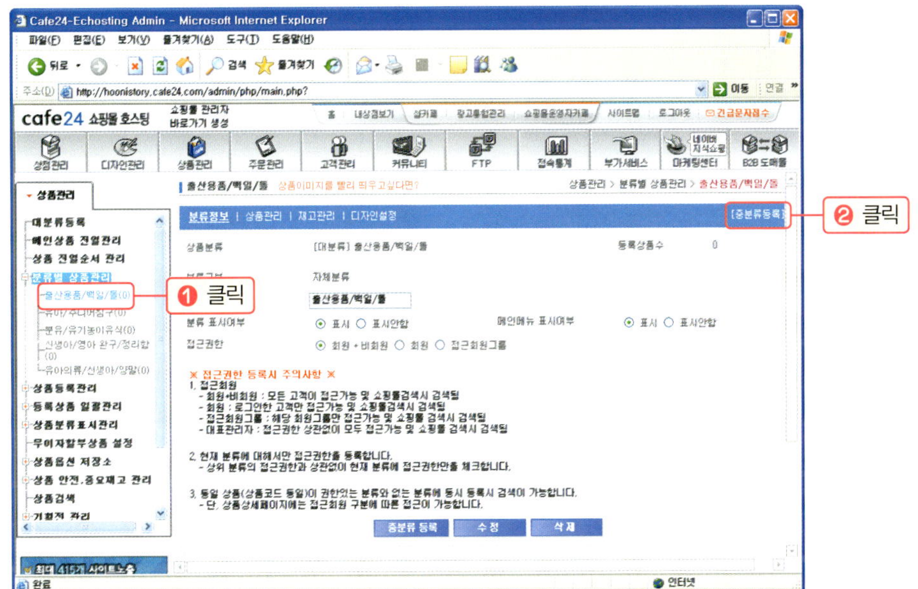

02 [중분류 등록] 페이지에서 '자체분류명: 출산용품'을 입력하고 [등록]을 클릭합니다.

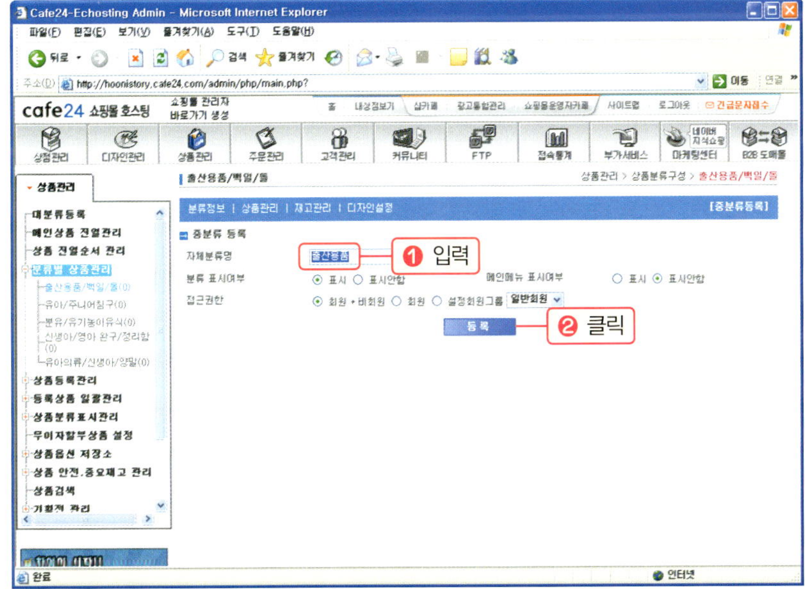

03 중분류가 등록된 것을 확인합니다. 위와 같이 중분류가 필요한 부분에 중분류를 등록합니다.

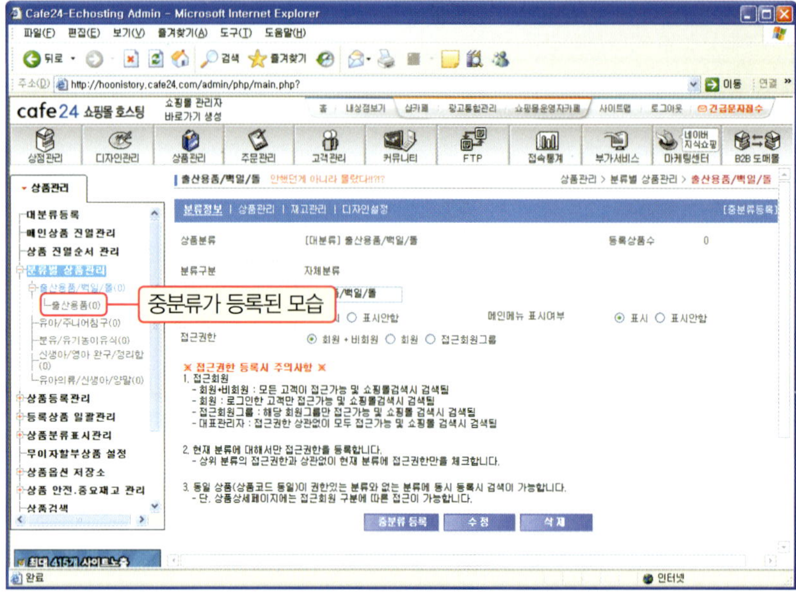

04 쇼핑몰에서 중분류 기능을 사용하려면 [상품관리]–[상품분류표시관리]–[메인 대분류 표시설정]을 클릭한 후 '메뉴 팝업 설정'에 체크하고 [설정완료] 버튼을 클릭합니다.

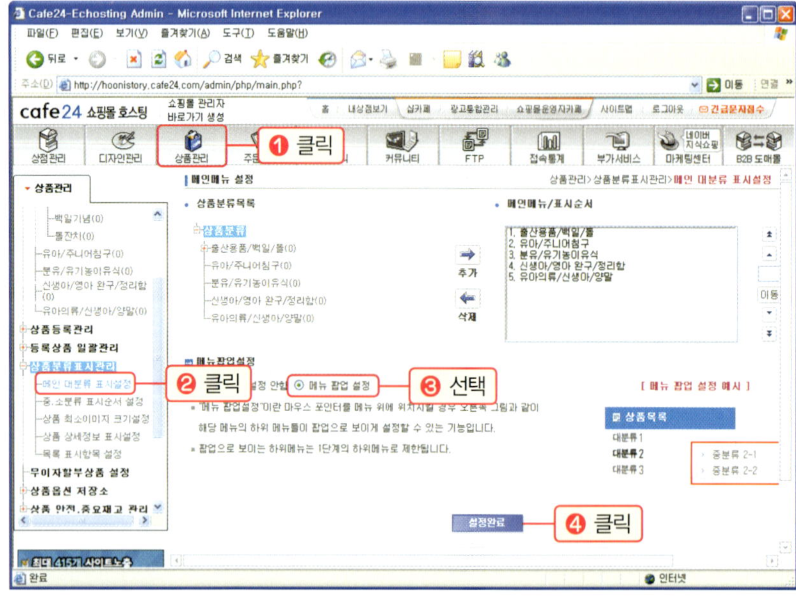

05 상점에 접속하여 대분류에 마우스를 올리면 중분류가 나오는 것을 확인합니다.

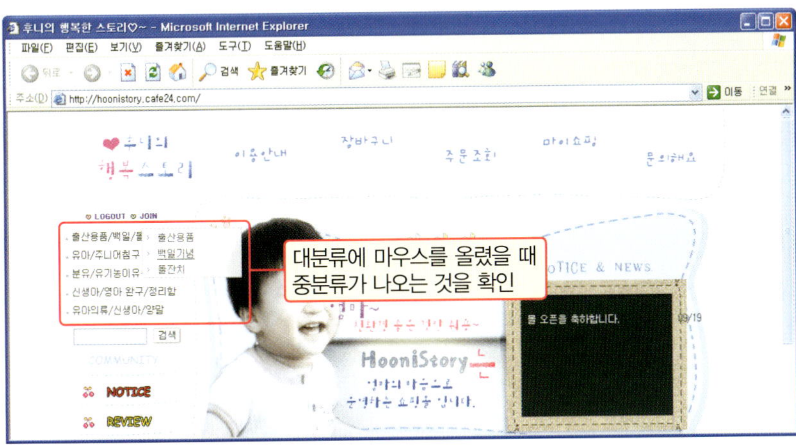

03 대분류 및 중분류 메뉴 순서 변경하기

메뉴를 등록하고 나서 메뉴의 순서를 변경하고 싶을 때가 있습니다. 그럴 때는 표시 설정 항목에서 메뉴의 순서를 다시 정리할 수 있습니다.

01 [상품관리]–[상품분류표시관리]–[메인 대분류 표시설정]을 클릭한 후 '메인메뉴/표시순서' 항목에서 순서를 변경할 메뉴를 선택하고 방향 버튼을 클릭합니다.

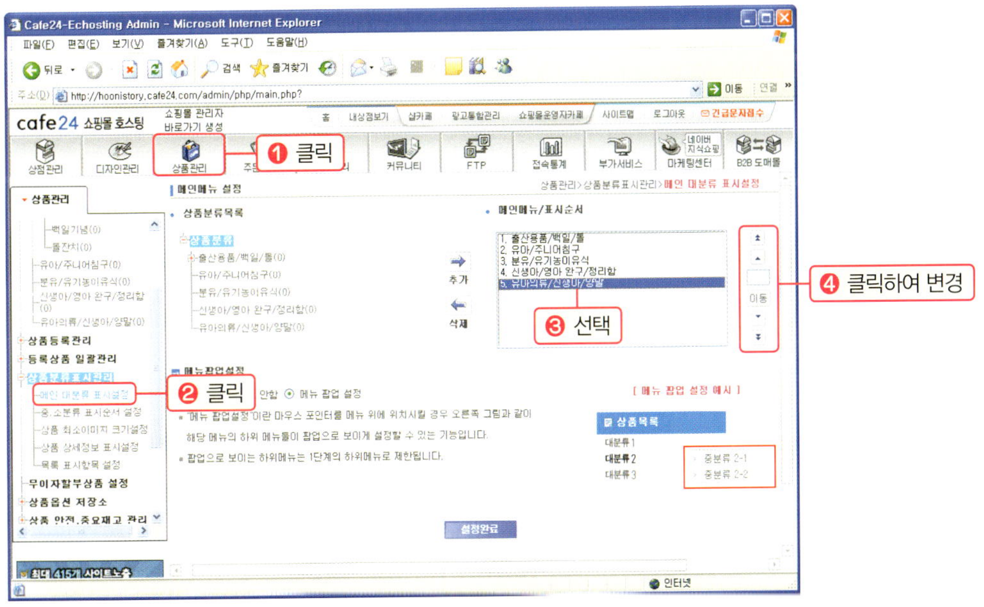

02 순서를 변경하고 [설정완료] 버튼을 클릭합니다.

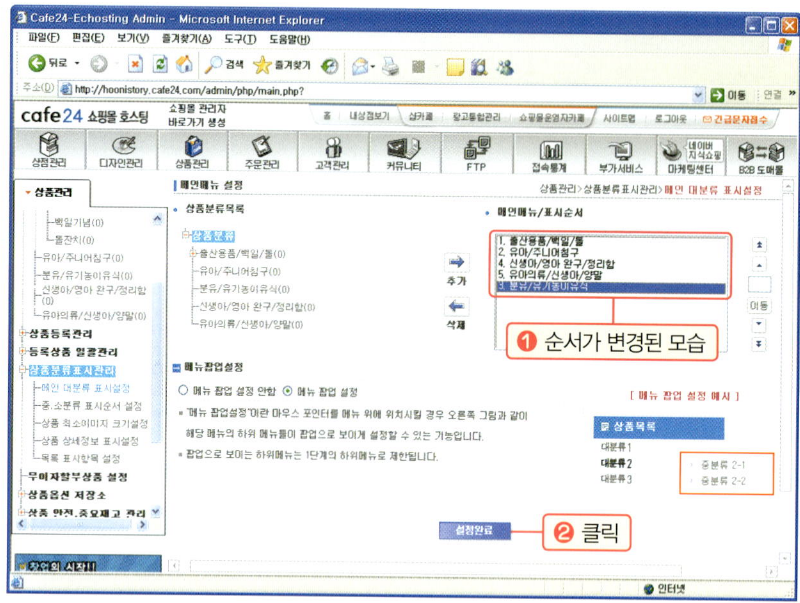

03 중분류의 순서를 변경하기 위해 [디자인관리]-[중.소분류 표시순서 설정]을 클릭하고 중분류가 있는 '출산용품/백일/돌' 메뉴를 클릭합니다.

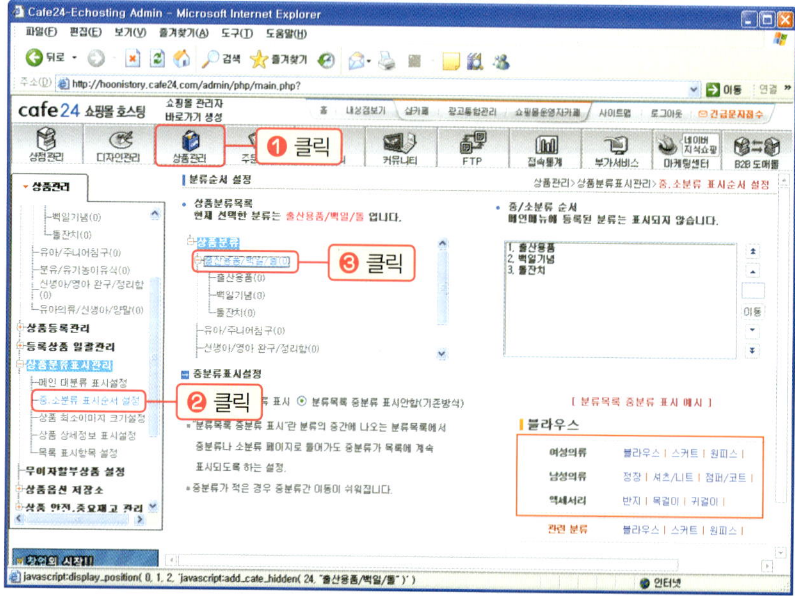

04 중분류의 순서를 변경하기 위해 원하는 메뉴를 선택하고 방향 버튼을 클릭하여 순서를 변경한 후 [설정완료] 버튼을 클릭합니다.

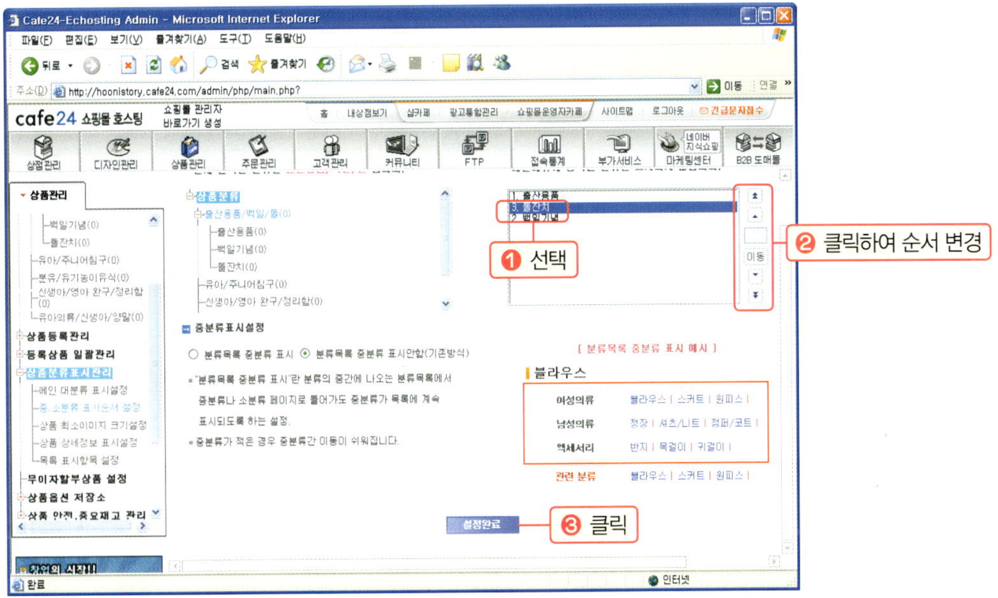

05 상점에 접속하여 대분류와 중분류의 순서가 변경된 것을 확인합니다.

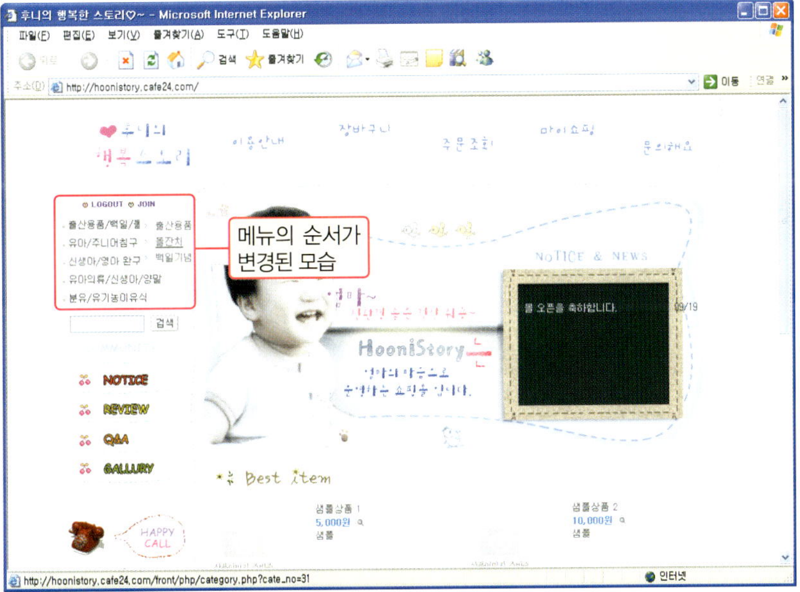

04 메뉴를 롤오버 이미지로 교체하기

롤오버 메뉴는 마우스를 올렸을 때 다른 이미지가 보이는 기능을 말합니다. 일반적으로 글씨 또는 아이콘의 색을 다르게 제작하여 마우스를 올리면 색이 변해 보이는 기능으로 많이 활용되고 있습니다.

01 [상품관리]-[분류별 상품관리]를 클릭하고 대분류 메뉴 중에 '출산용품/백일/돌' 메뉴를 클릭한 후 오른쪽 페이지에서 [디자인설정]을 클릭합니다.

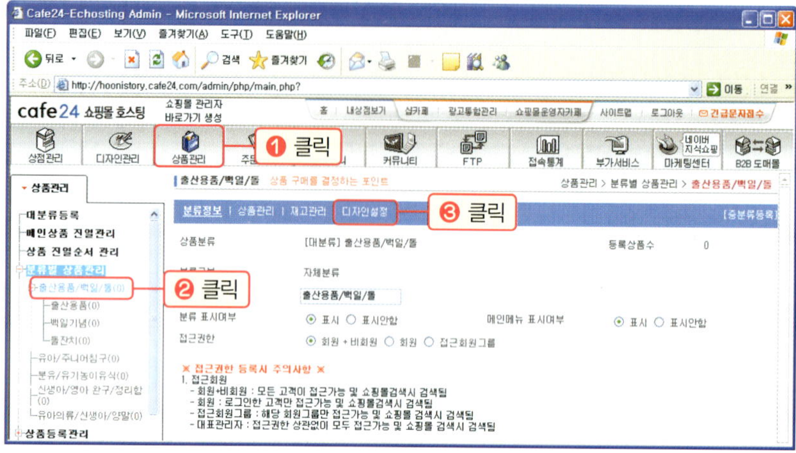

02 메뉴 이미지 항목에서 첫 번째 있는 [찾아보기] 버튼을 클릭하고 '제로보드예제/menu1.gif'를 선택하고 [열기]합니다.

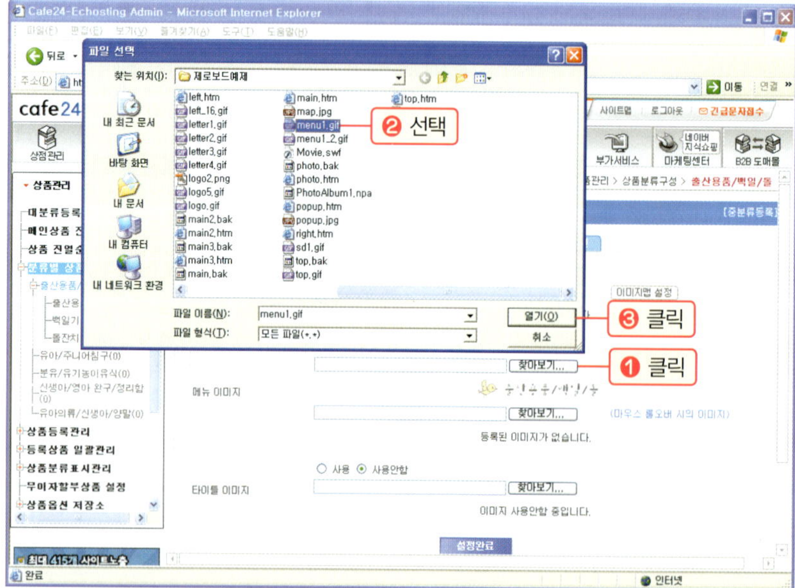

03 같은 방법으로 두 번째 이미지도 선택한 후에 [설정완료] 버튼을 클릭합니다.

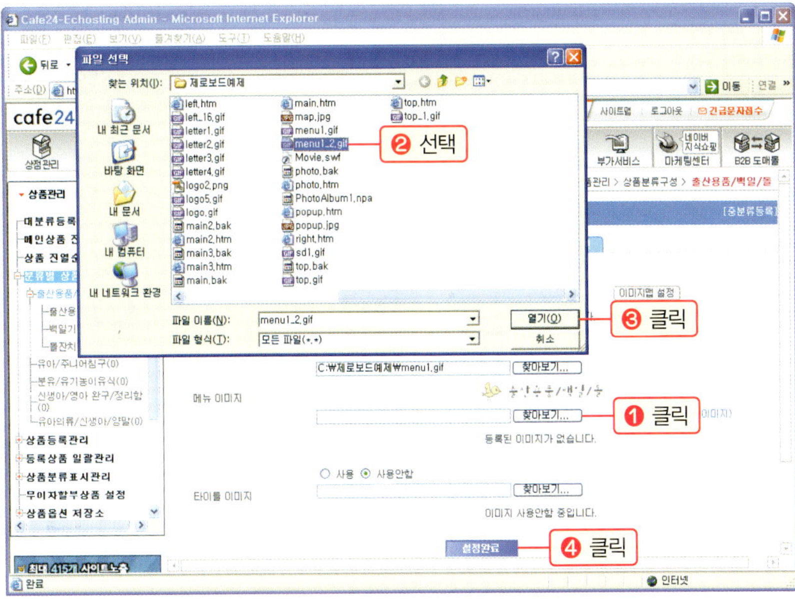

04 이미지가 등록된 것을 확인하고 [내상점보기]를 클릭합니다.

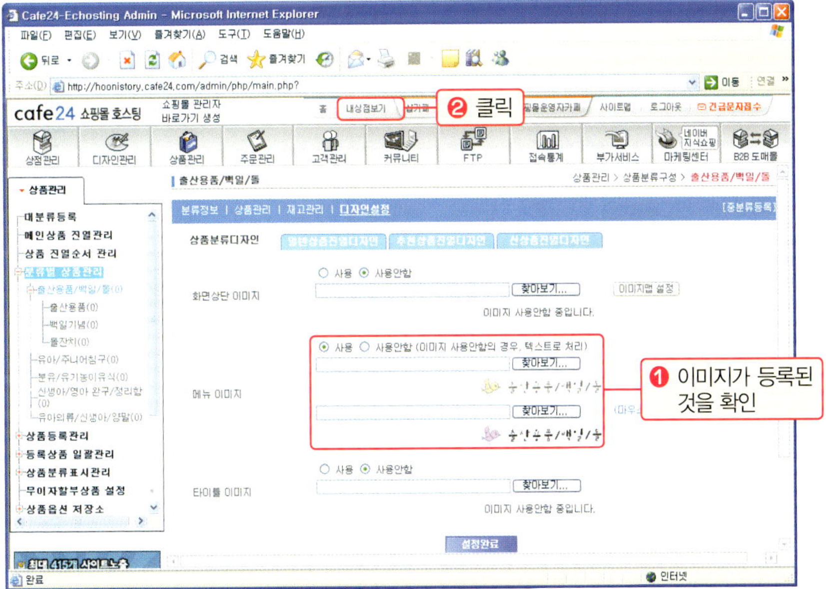

05 메뉴가 이미지로 등록된 것을 확인하고 다른 메뉴도 같은 방법으로 등록합니다.

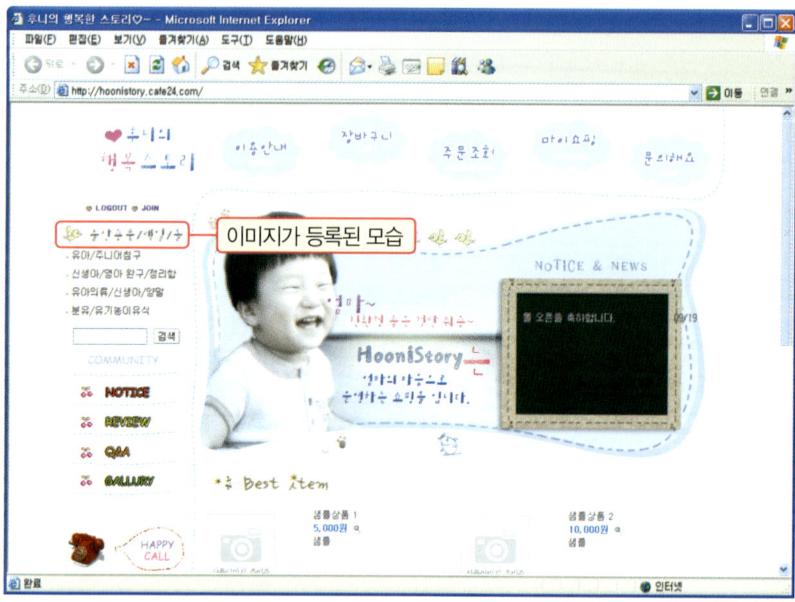

06 특정 메뉴에 마우스를 올려놓으면 메뉴의 색이 변경되는 것을 확인할 수 있습니다.

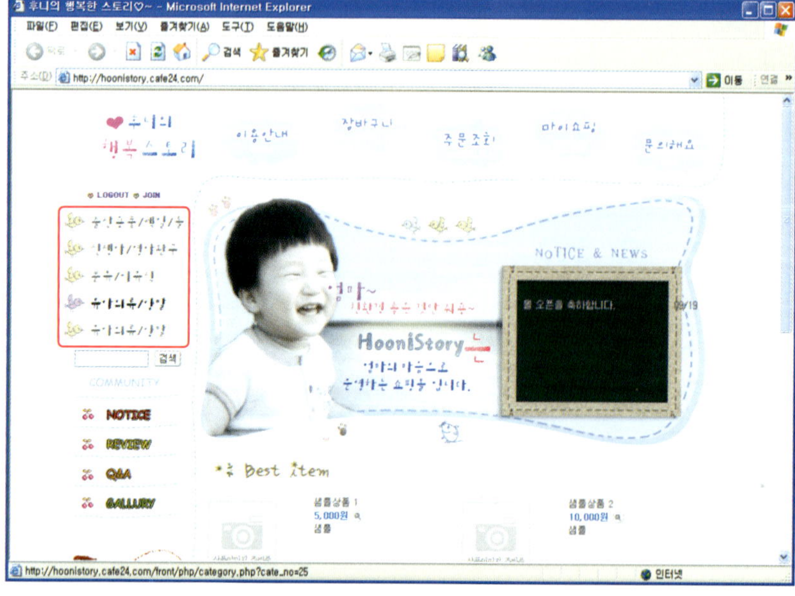

상품 등록 및
진열 관리 기법 익히기

01 상품 등록하기

쇼핑몰에 상품을 등록하는 부분입니다. 상품을 올리기 전에 미리 준비되어야 할 것은 상품 이미지와
상품 설명 입니다.

01 [상품관리]-[분류별 상품관리]에서 상품을 등록할 '출산용품/백일/돌'을 선택하고 [상품신규등록] 버
튼을 클릭합니다.

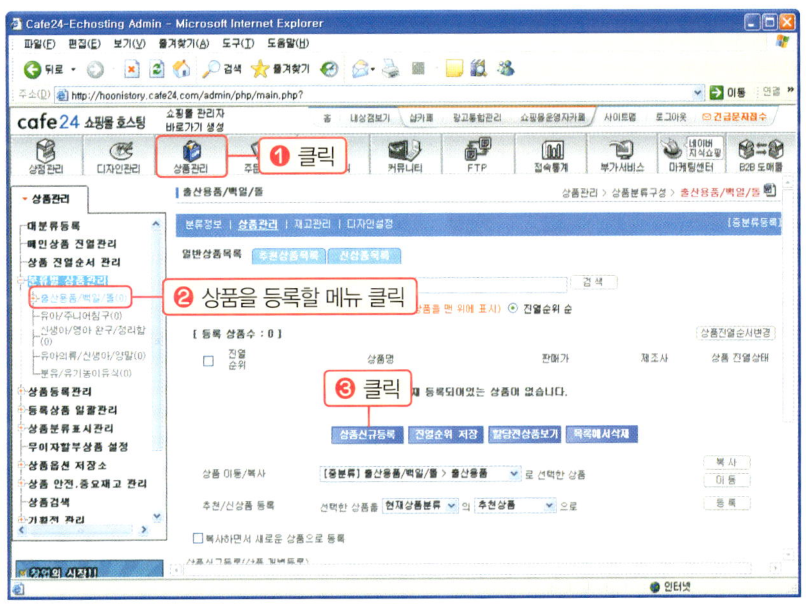

02 [상품등록] 대화상자에서 '상품명', '판매가격', '공급원가'를 입력합니다.

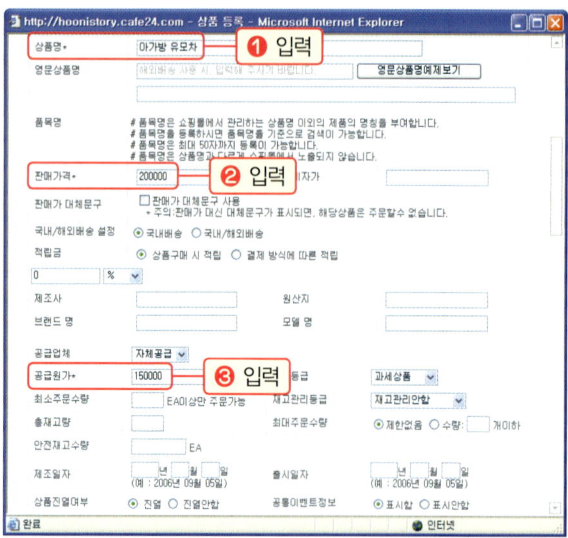

03 상품 설명 입력 항목에서 이미지로 등록하기 위해 [FTP] 버튼을 클릭합니다.

04 호스트 디렉터리에서 'upload'를 선택하고 [찾아보기] 버튼을 클릭합니다.

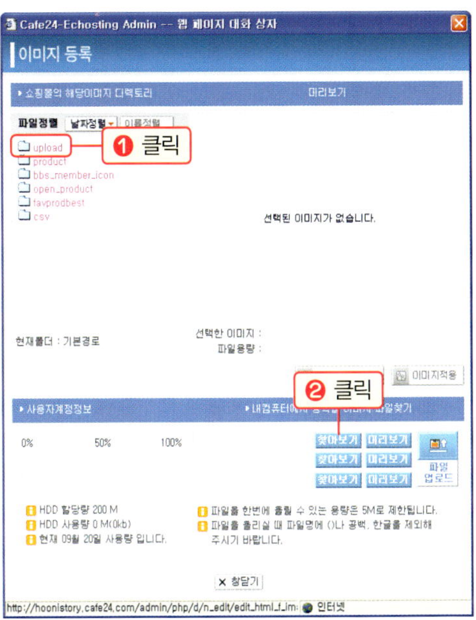

05 예제 파일 중에 'sub1.jpg' 파일을 선택하고 [열기]를 클릭합니다.

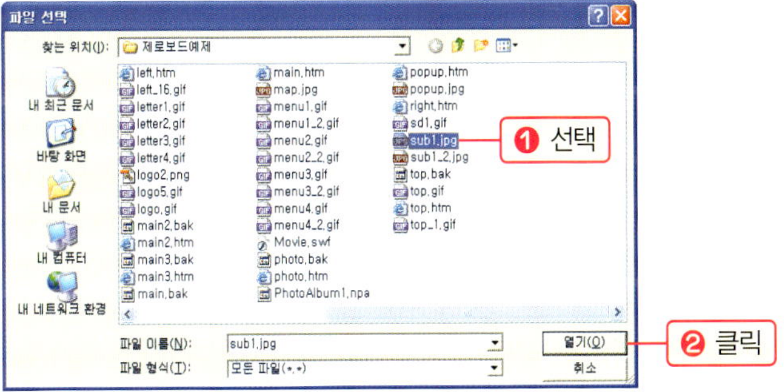

06 같은 방법으로 'sub1_2.jpg' 파일도 불러온 후에 [파일 업로드] 버튼을 클릭합니다.

07 호스트 디렉터리에 업로드한 이미지가 나타나는 것을 확인하고 [이미지적용] 버튼을 클릭하여 [상품설명] 페이지로 전송합니다.

08 입력된 사진 밑에 내용을 입력하고 [FTP] 버튼을 다시 클릭합니다.

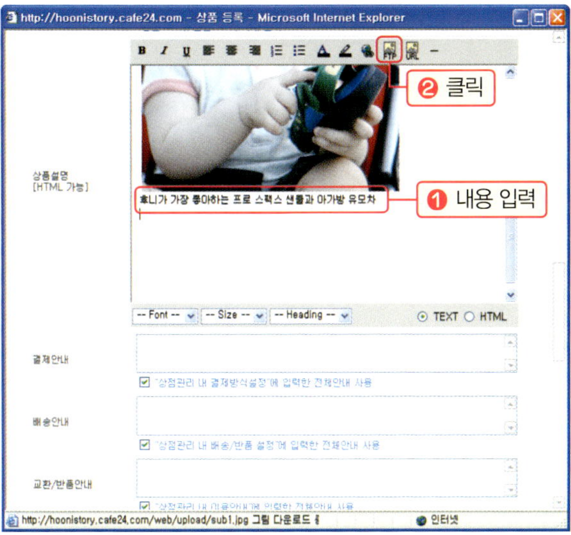

09 상품 설명으로 올렸던 'sub1_2.jpg'를 선택한 후에 [이미지 적용] 버튼을 클릭합니다.

10 상품 설명에 이미지와 내용을 입력한 모습입니다.

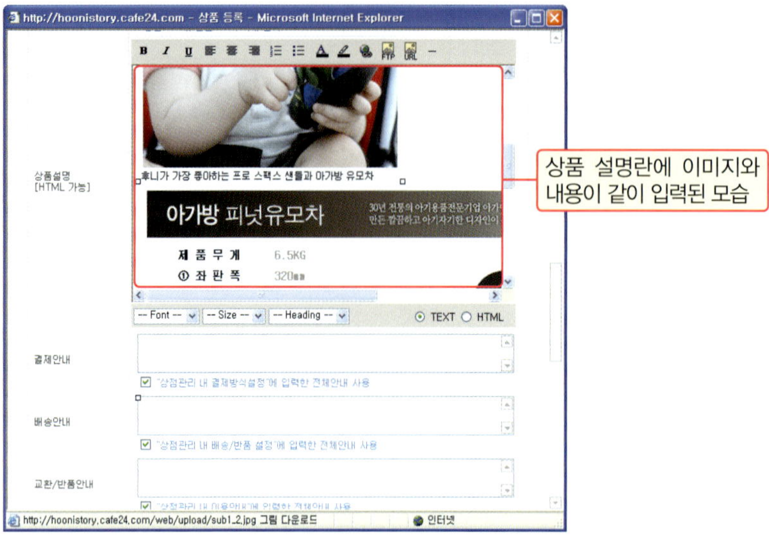

11 [상품 등록] 페이지의 하단에 있는 이미지 등록의 [찾아보기] 버튼을 클릭합니다. 이번에 등록하는 이미지는 상품 목록에 등록될 이미지입니다. '제로보드예제/sub1.jpg'를 선택하여 [열기]합니다.

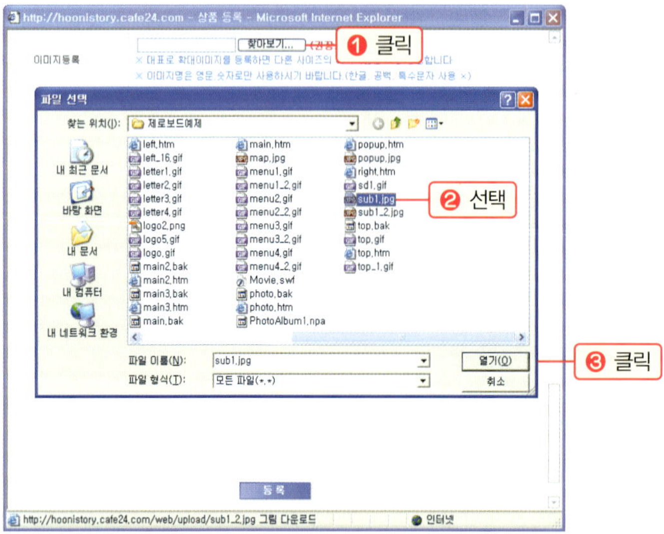

12 아이콘 꾸미기에서 '특별가'를 선택하고 [등록] 버튼을 클릭하여 상품 등록을 완료합니다.

13 관리자 페이지에 상품이 등록된 것을 확인하고 [내상점보기]를 클릭하여 쇼핑몰에 진열된 모습을 확인합니다.

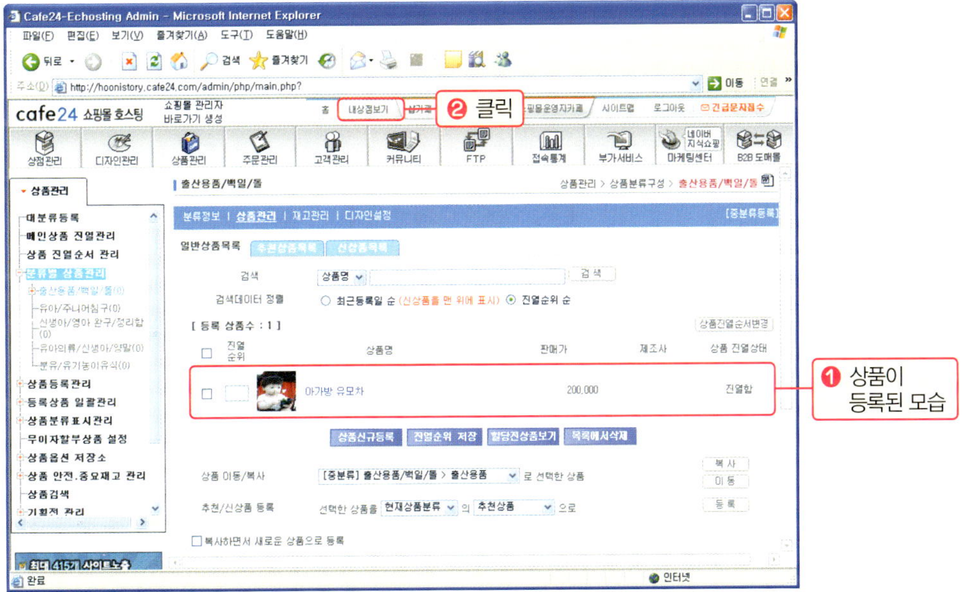

14 상품을 등록한 메뉴를 클릭한 후에 이동하여 상품이 등록된 것을 확인합니다. 등록된 상품을 클릭합니다.

15 상품과 상품 설명이 정상적으로 등록된 것을 확인합니다.

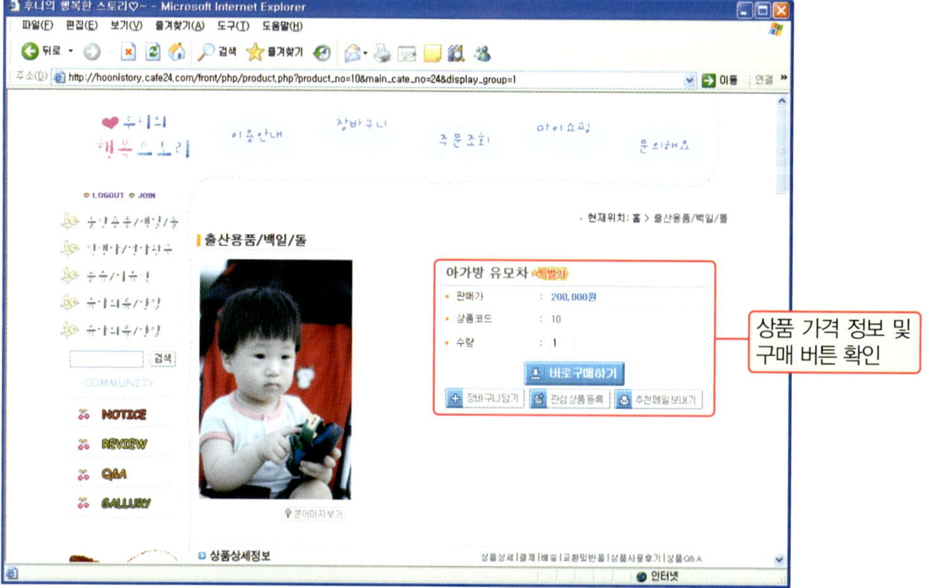

[상품 목록]

상품 설명이
등록된 모습

[상품 설명 페이지]

02 상품 진열 관리

상품을 등록할 때 특정 메뉴를 클릭하고 등록한 상품을 메인 화면의 추천 상품 및 신상품 목록으로 진열 관리할 수 있습니다. 등록한 상품을 복사 이동 기법을 통하여 메인 화면으로 진열해 보겠습니다.

01 상품이 등록된 메뉴로 이동한 후에 메인 화면으로 진열할 상품을 선택하고 [추천/신상품 등록] 항목에서 '선택한 상품을: 메인상품분류'로 선택하고 [등록] 버튼을 클릭합니다.

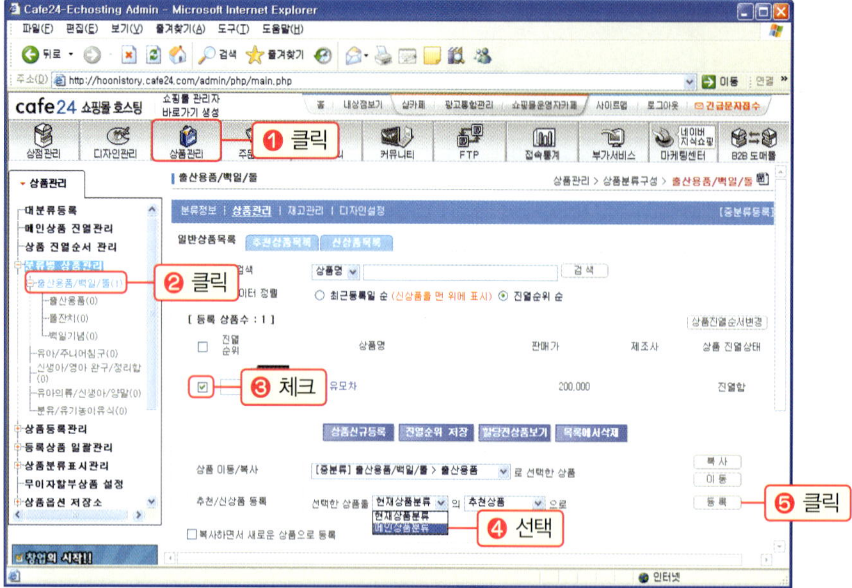

02 상품이 복사되어 메인 화면으로 이동되었는지를 확인하기 위해 [상품관리]-[메인상품 진열관리]를 클릭하고 상품 항목에 나온 것을 확인하고 [내상점보기]를 클릭하여 쇼핑몰로 접속합니다.

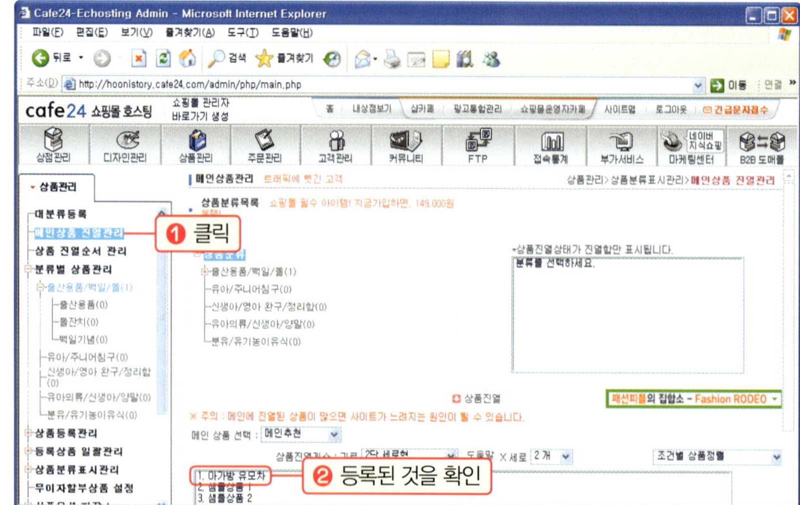

03 메인 화면으로 상품이 진열된 것을 확인합니다. 메인 화면에 상품이 진열되는 레이아웃이 현재는 '가로2×세로2' 형식입니다.

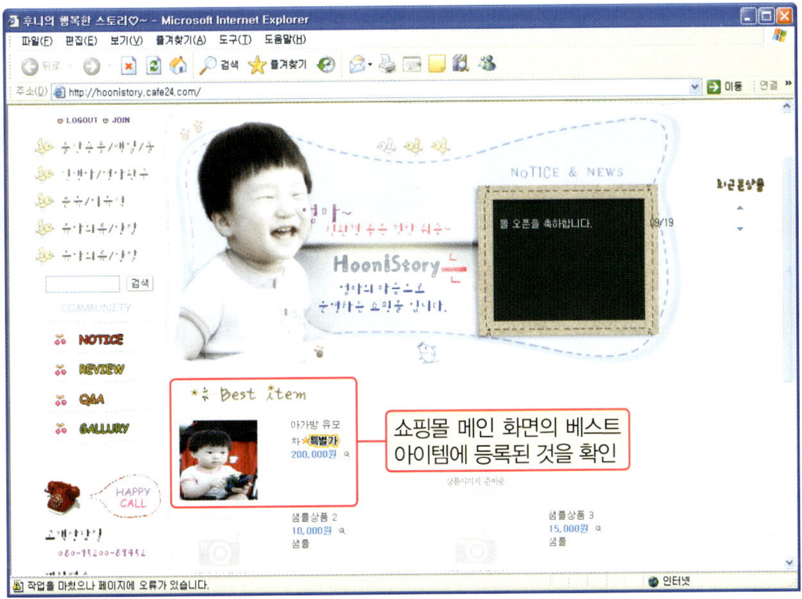

쇼핑몰 메인 화면의 베스트 아이템에 등록된 것을 확인

04 진열되는 레이아웃을 변경하기 위해 [상품관리]–[메인상품 진열관리]를 클릭하고 '가로1단 강조형×세로2'로 설정하고 [설정완료] 버튼을 클릭하고 [내상점보기]를 클릭합니다.

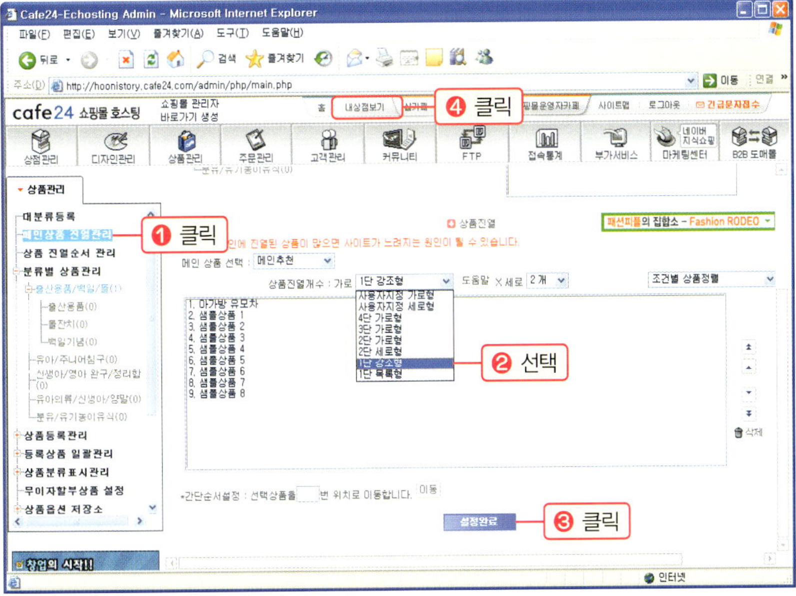

05 1단 강조형으로 설정된 모습입니다.

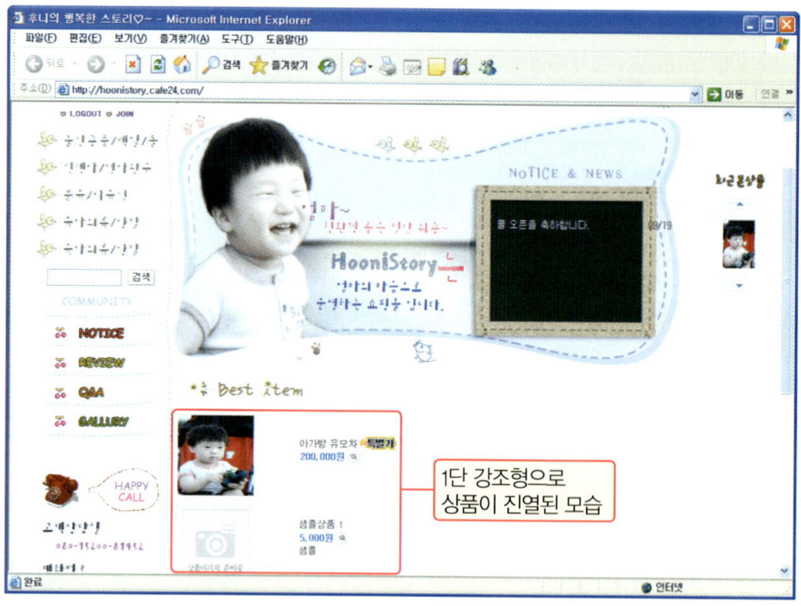

NOTE

등록한 상품 사진이 깨져 보이는 현상이 발생한다면 상품을 등록할 때 개별 등록 방법을 사용해서 해결할 수 있습니다. 기본적으로 상품을 등록할 때 '대표 이미지 등록' 방법을 활용하게 되는데 대표 이미지 등록을 하면 자동으로 '확대 이미지, 대, 중, 소'의 크기로 자동 세팅이 됩니다. 지금과 같이 자동으로 세팅된 경우 상황에 따라 이미지가 깨질 수 있습니다.

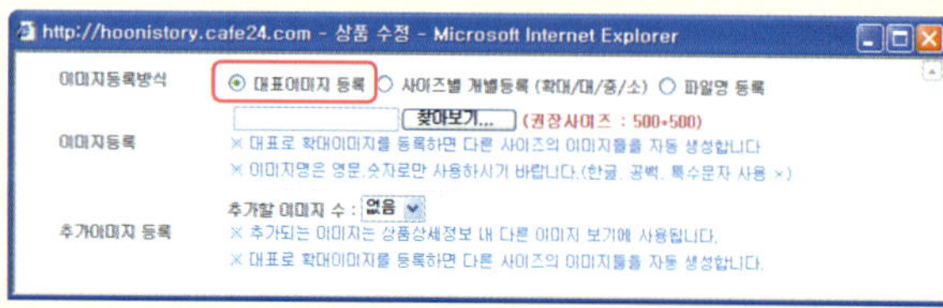

이런 현상을 해결하기 위해 이미지를 '사이즈별 개별등록'을 클릭하고 현재 권장 사이즈보다 큰 사이즈를 등록하면 깨지는 현상을 해결할 수 있습니다.

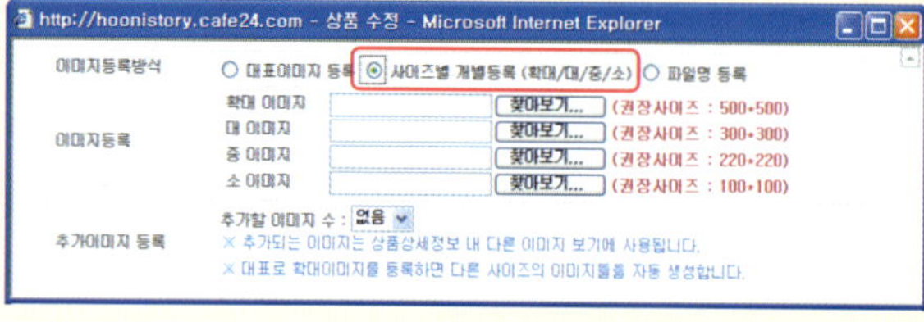

옵션 설정하는 기법 익히기

상품을 등록하다 보면 옵션을 설정해야 할 때가 있습니다. 쇼핑몰 솔루션에서 제공하는 옵션 설정 기법을 활용하여 사은품 및 유사 상품을 같이 소개할 수 있는 장점이 있습니다.

01 새로운 상품을 등록하기 위해 [상품 신규등록] 버튼을 클릭합니다.

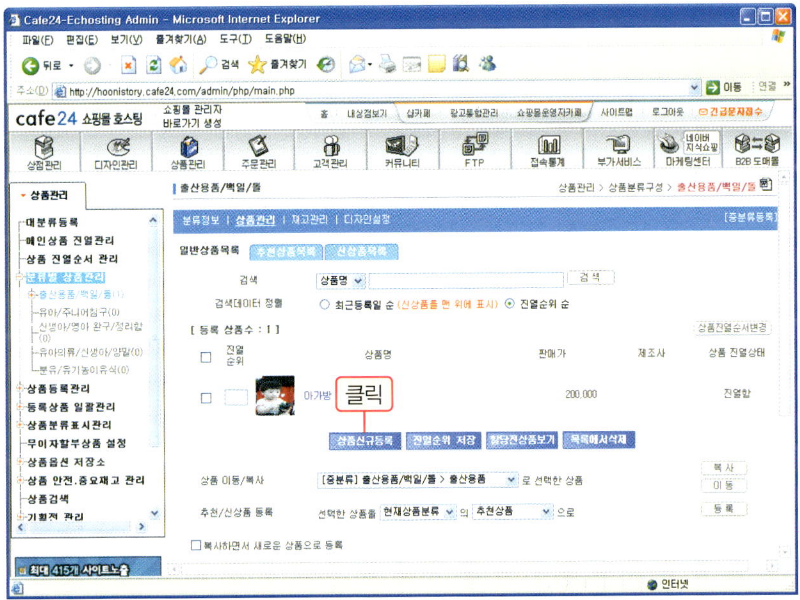

02 앞에서 상품을 등록할 때와 같은 방법으로 일반 정보를 모두 입력한 후에 [상품옵션]을 클릭합니다.

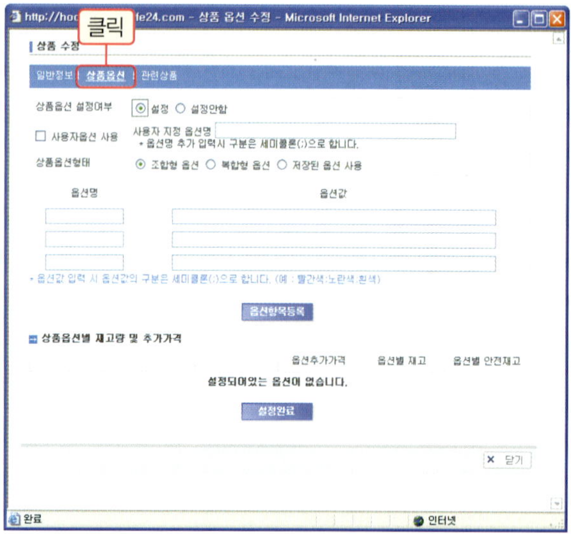

03 옵션을 입력하고 [옵션항목등록] 버튼을 클릭하고 [설정완료] 버튼을 클릭합니다.

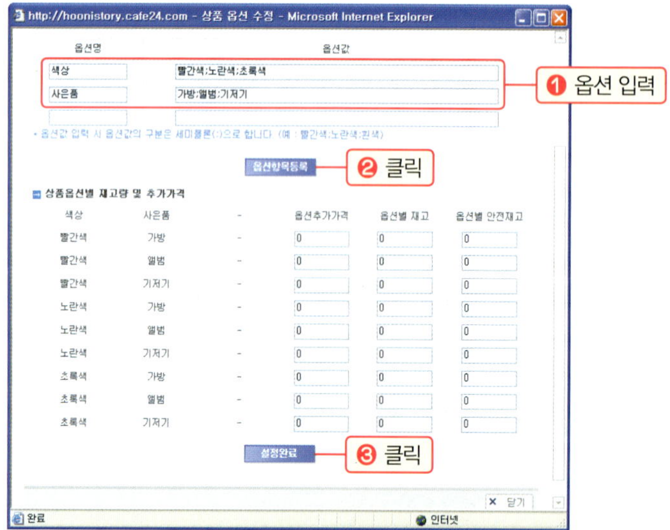

> **NOTE**
>
> 옵션명은 옵션을 구분하는 대표 이름입니다. 옵션 값을 입력할 때는 세미콜론(;)으로 구분하여 입력합니다.

04 관리자 페이지에서 [내상점보기]를 클릭하여 상품에 옵션 값이 적용된 것을 확인합니다.

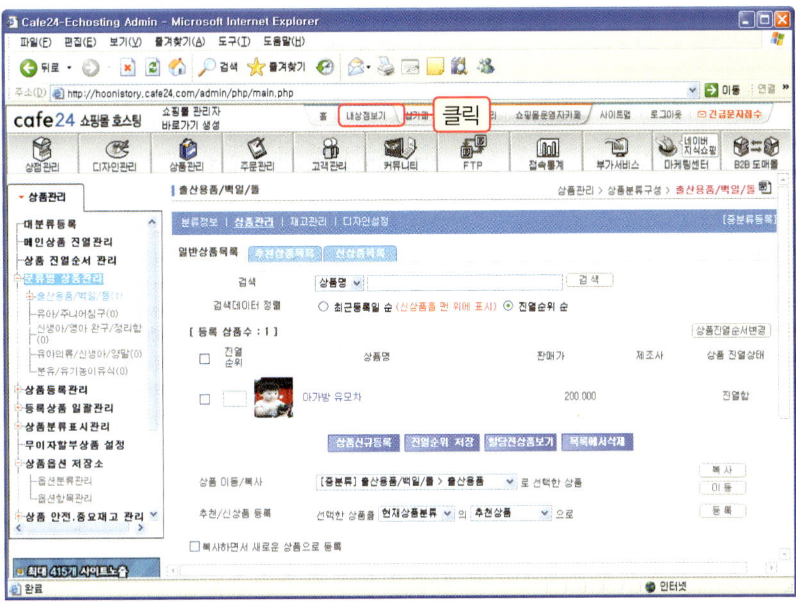

05 쇼핑몰에서 옵션을 설정한 상품을 클릭한 후 [구매] 페이지에서 설정한 옵션이 나타나는지 확인합니다.

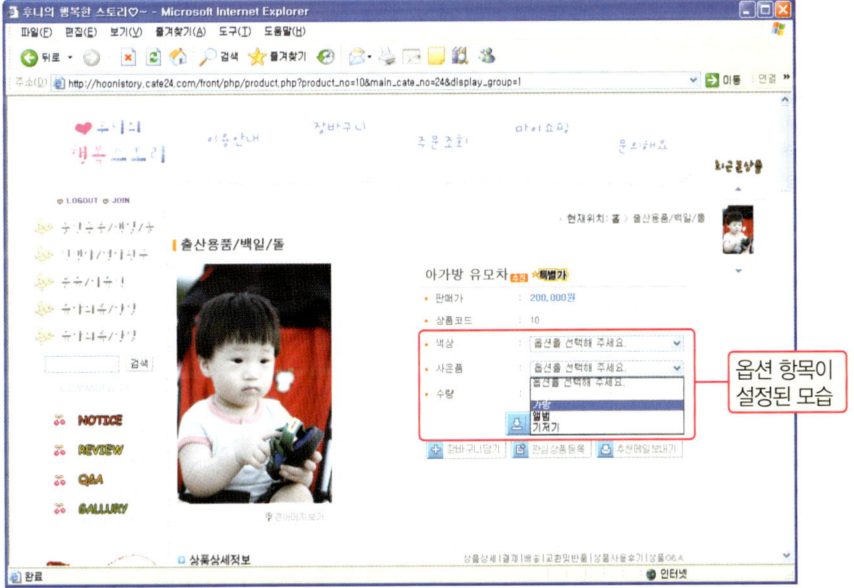

02 등록된 상품에 옵션 일괄 적용하기

앞에서 살펴본 내용은 상품을 등록할 때 하나하나에 옵션을 설정하는 방법입니다. 이번에 알아볼 내용은 같은 옵션을 입력해야 하는 상품 전체에 일괄적으로 적용하는 방법을 알아보겠습니다.

01 옵션을 등록해야 하는 상품이 많을 경우는 한 번에 설정할 수 있습니다. [상품관리]-[상품옵션 저장소]-[옵션항목관리]를 클릭하고 [옵션 저장소] 페이지에서 [등록] 버튼을 클릭합니다.

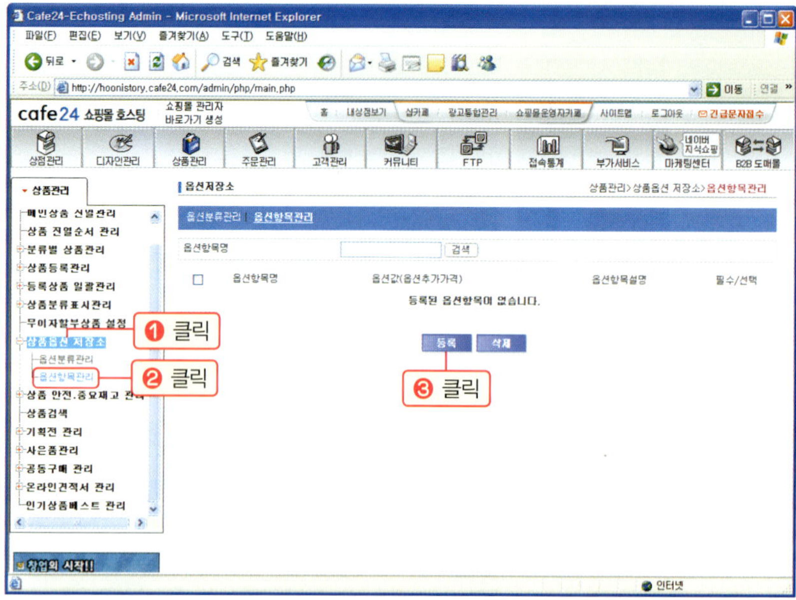

02 [옵션항목 등록] 대화상자에서 옵션 항목명 및 옵션 항목 설명을 입력하고 '옵션값'과 '추가 가격'을 설정한 후 [추가] 버튼을 클릭합니다.

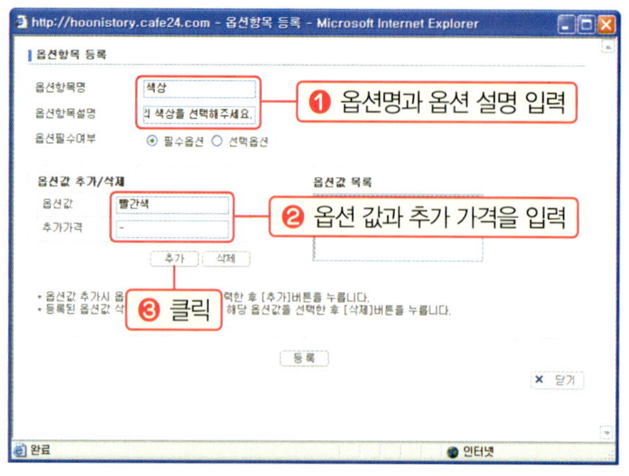

NOTE

추가 가격에서 추가 가격이 없을 경우는 '-' 표시를 합니다. 추가 가격이 있을 경우는 가격을 입력하면 결제할 때 추가적으로 결제가 이루어집니다.

03 옵션 값을 모두 추가한 후에 [등록] 버튼을 클릭하여 옵션을 저장합니다.

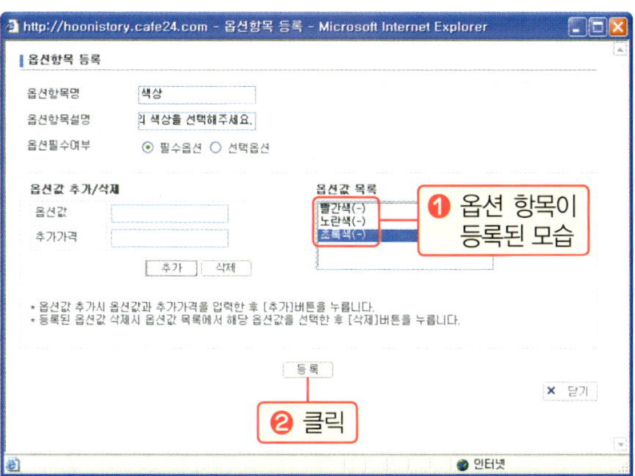

04 옵션이 등록된 것을 확인하고 다른 옵션을 더 만들어야 할 경우는 [등록] 버튼을 클릭합니다.

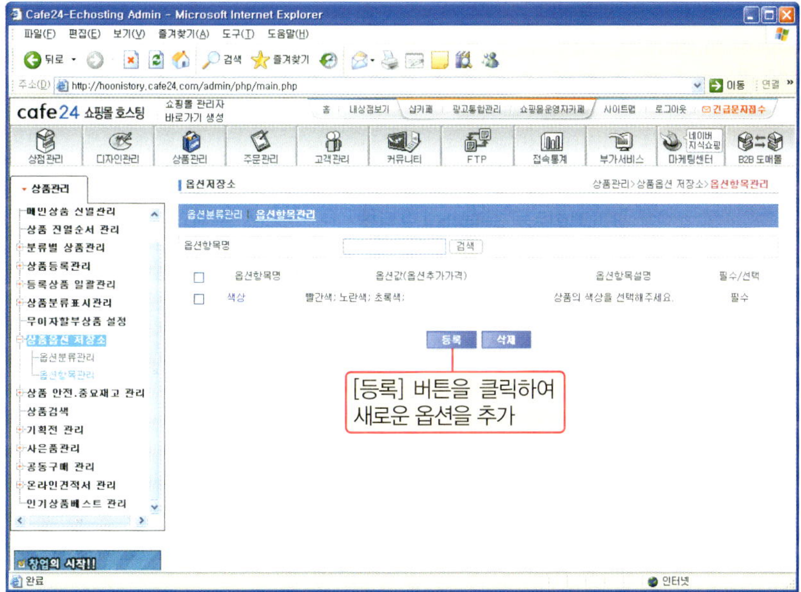

05 등록된 옵션을 분류하기 위해 [옵션분류관리]를 클릭하고 [등록] 버튼을 클릭합니다.

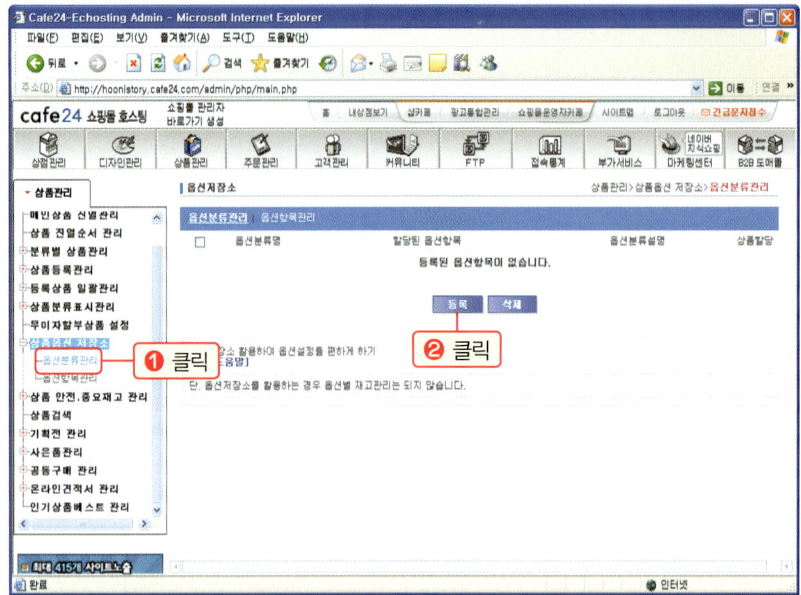

06 [옵션분류 등록] 페이지에서 '옵션분류명'과 '옵션분류설명'을 입력하고 옵션 분류에 추가할 항목을 선택한 후 '오른쪽'으로 보내는 화살표를 클릭합니다.

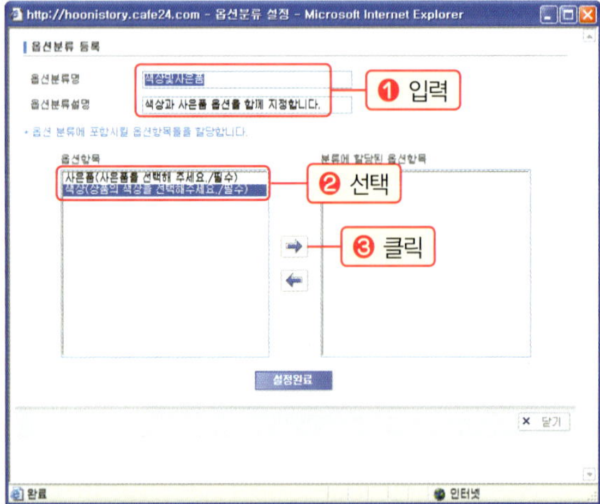

07 [분류에 할당된 옵션항목]에 옵션이 추가된 것을 확인하고 [설정완료] 버튼을 클릭합니다.

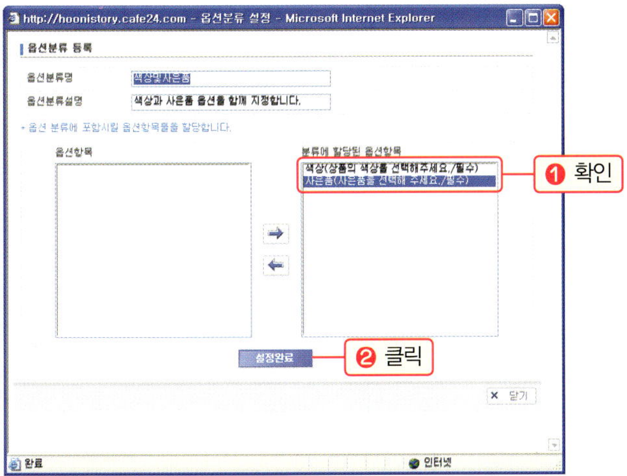

08 옵션이 저장된 것을 확인하고 [상품할당] 버튼을 클릭합니다.

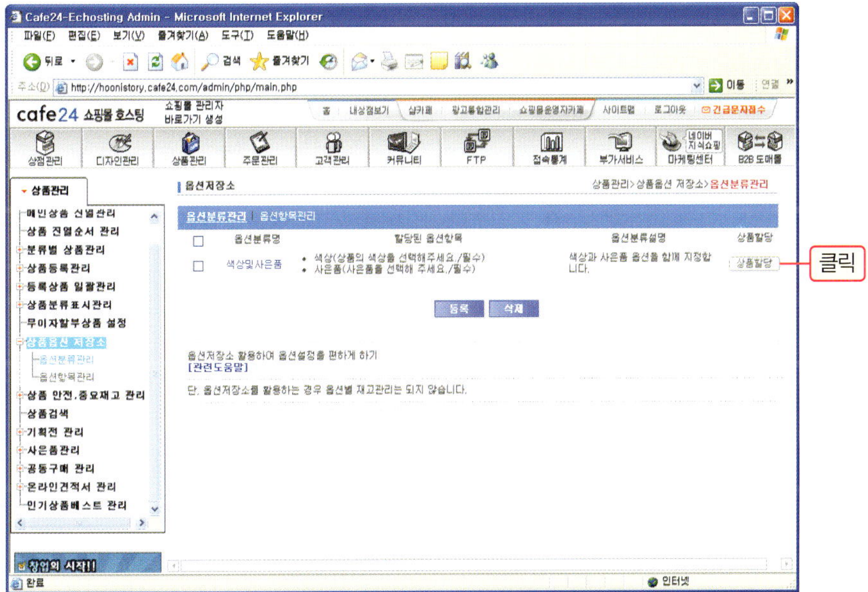

09 [옵션분류명 상품할당] 대화상자에서 옵션을 적용할 상품 분류를 선택하고 [검색] 버튼을 클릭합니다.
검색 결과에서 옵션을 적용할 상품을 선택하고 [추가] 버튼을 클릭합니다.

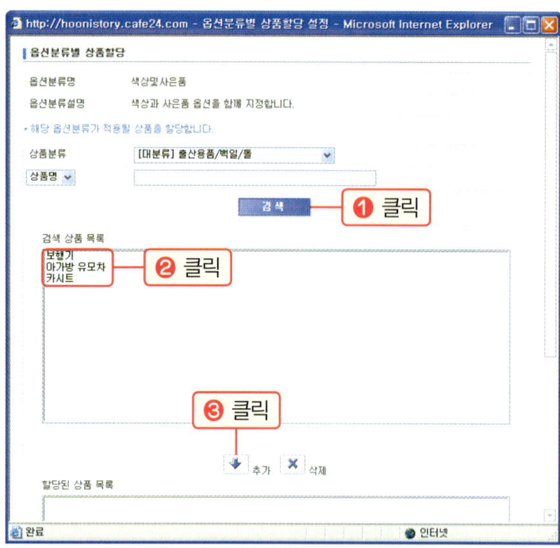

10 할당된 상품 목록을 확인하고 [설정완료] 버튼을 클릭합니다.

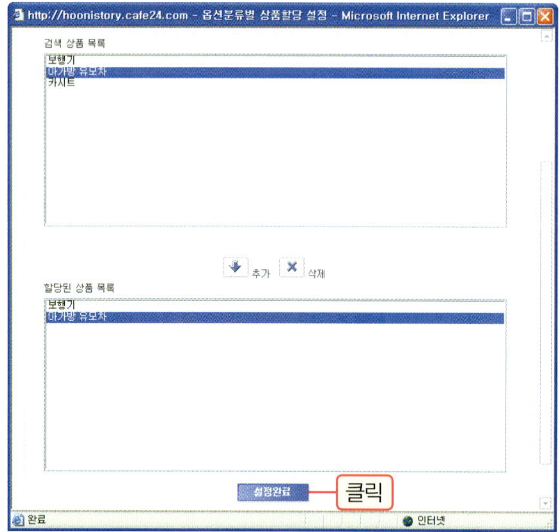

11 상점에 방문하여 옵션이 적용된 것을 확인합니다.

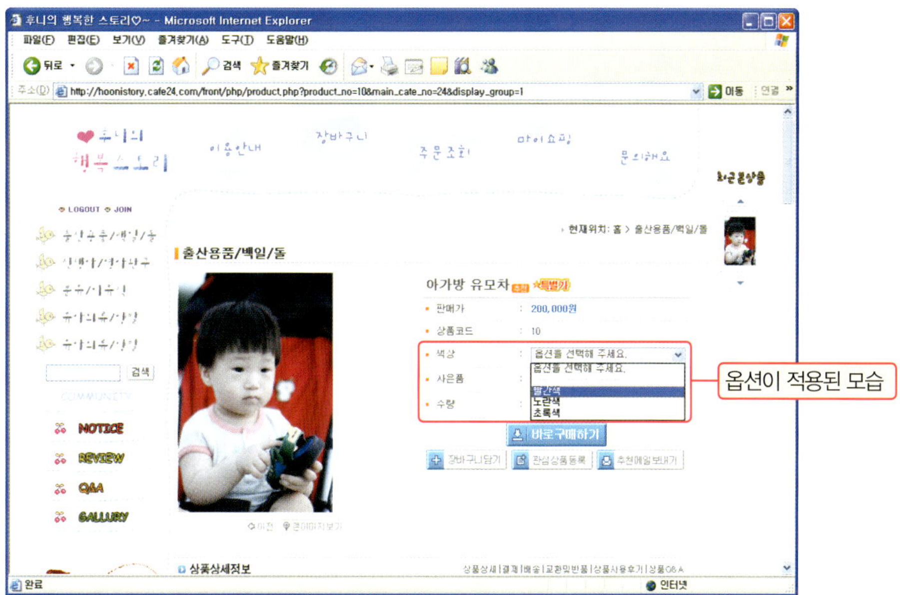

주문 관리

01 배송/반품 관리 및 배송 업체 설정

관리자 모드에서 배송 업체를 미리 등록해 놓고 주문이 들어왔을 때 해당 택배로 배송을 시작하면 됩니다. 관리자 페이지를 통해 배송 업체를 등록하고 배송 요청이 왔을 때와 반품 처리 과정 등을 알아보겠습니다.

01 배송 업체를 등록하기 위해 [상점관리]-[배송/반품설정]-[배송업체 관리]를 선택하고 배송 업체를 등록하기 위해 [등록] 버튼을 클릭합니다.

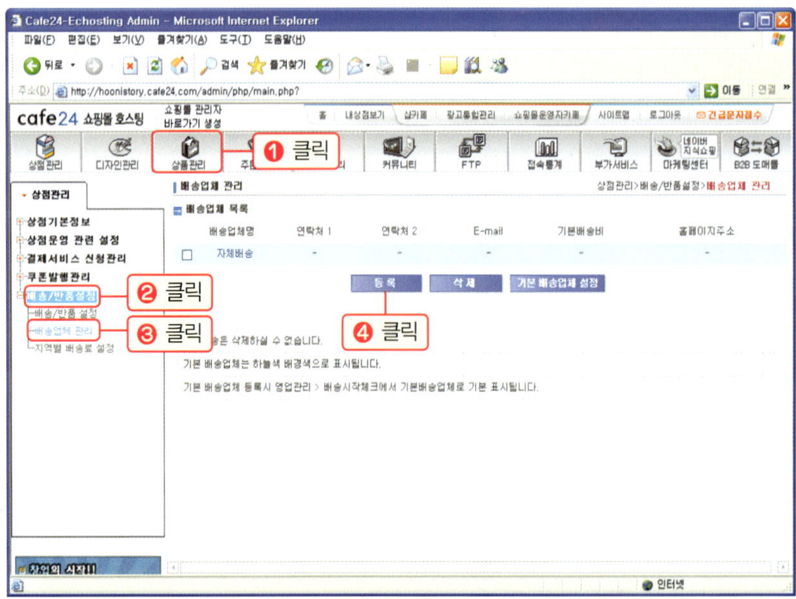

02 배송 업체명을 선택하고 연락처를 등록한 후에 [확인] 버튼을 클릭합니다.

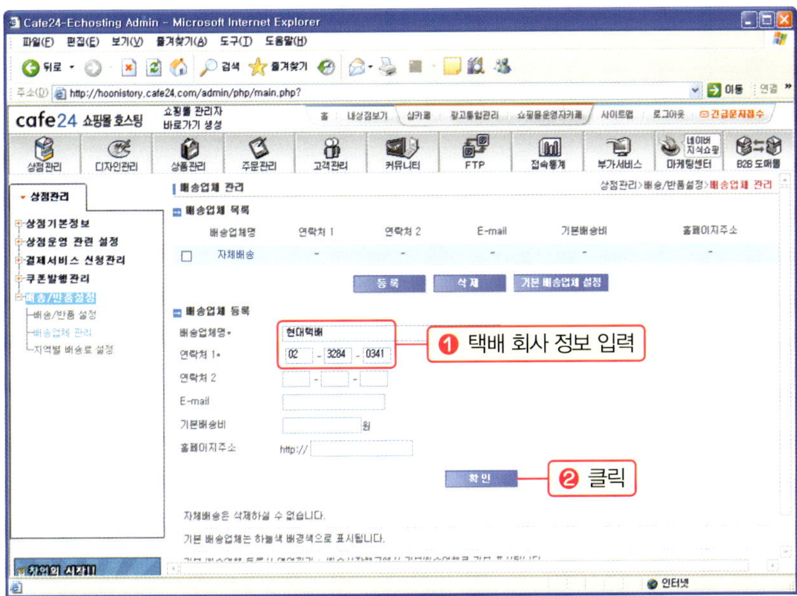

03 배송 업체가 등록된 것을 확인합니다. 다른 배송 업체도 등록한 후 완료합니다.

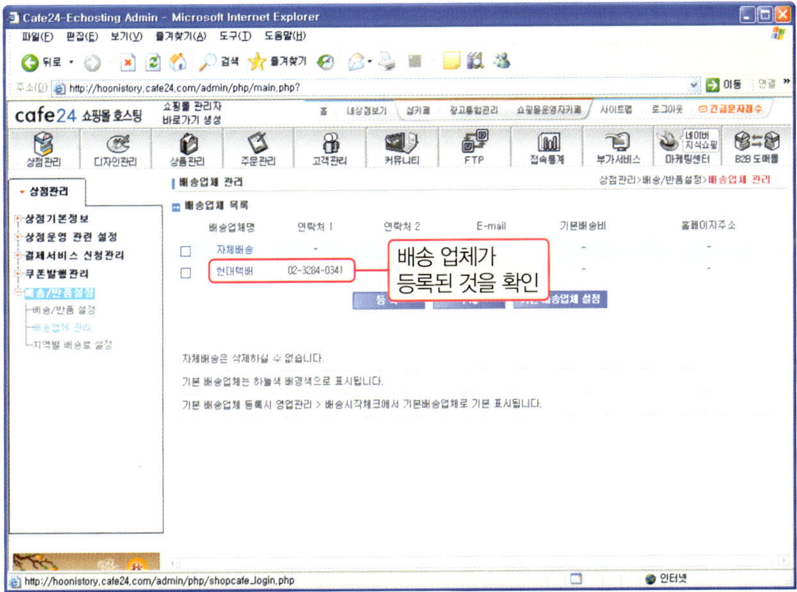

관리자 페이지의 부가 서비스에서 [박스구매 서비스]를 이용하면 택배 박스를 저렴하게 구입할 수 있습니다.

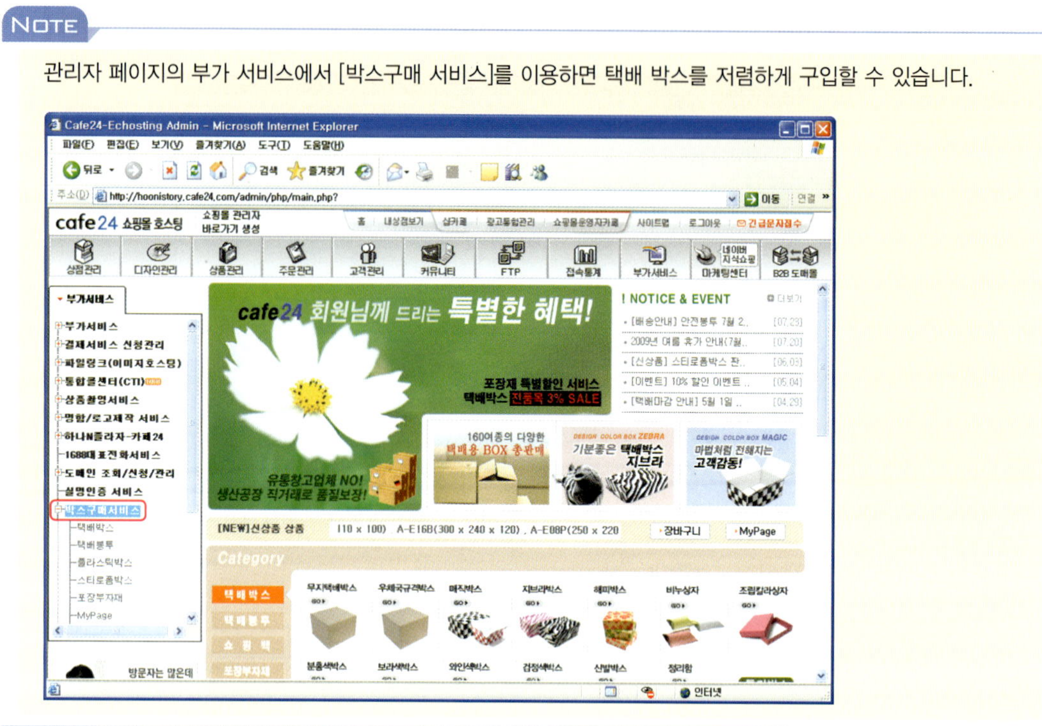

04 쇼핑몰 페이지 내에 반품 주소를 출력하기 위해 [배송/반품설정]-[배송/반품 설정]을 클릭하고 '반품 주소'를 입력한 후에 [설정완료] 버튼을 클릭합니다.

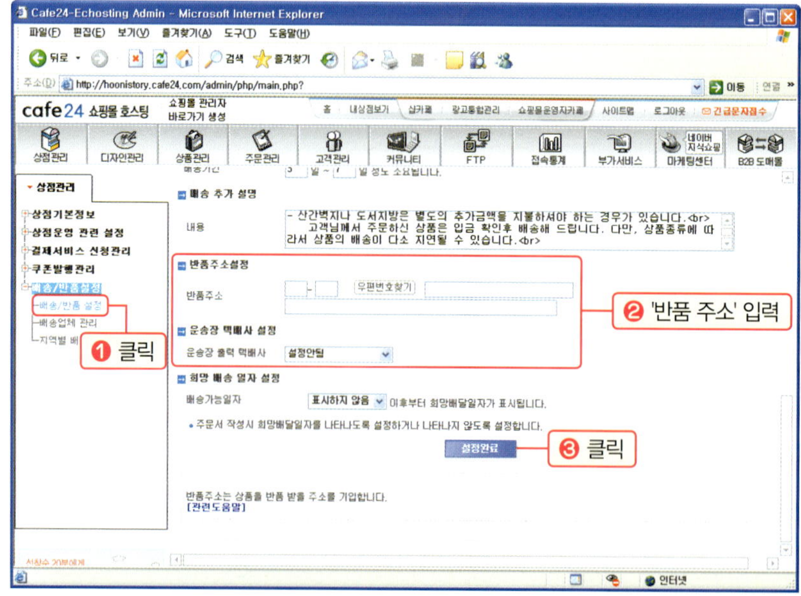

05 [지역별 배송료 설정] 메뉴를 클릭하여 지역별 배송료를 따로 설정합니다.

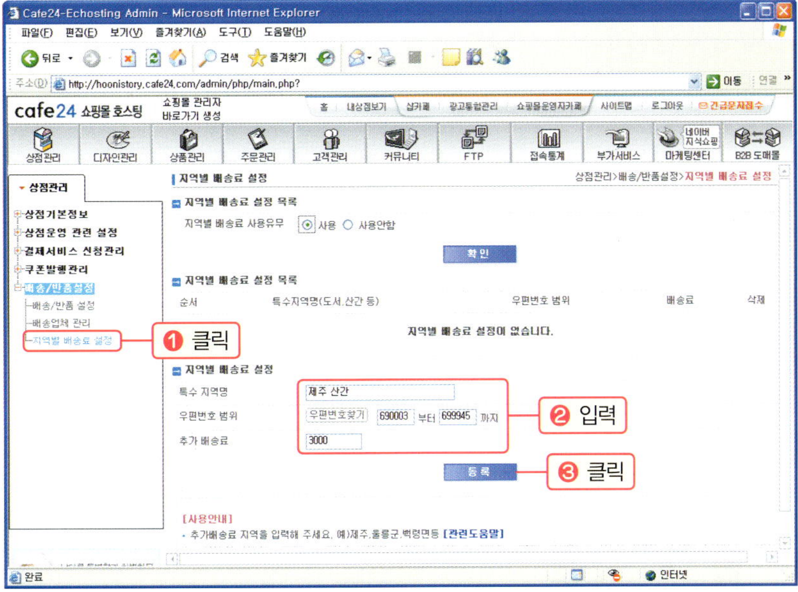

기본적으로 제공하는 택배 설정 서비스 외에도 cafe24에서는 우체국 택배 연동 서비스를 하고 있습니다. 송장번호 자동 체번부터 배송 프로세스 등 세분화시킨 서비스입니다. 이 서비스는 [주문관리]-[우체국 택배연동 서비스] 메뉴에서 신청할 수 있습니다.

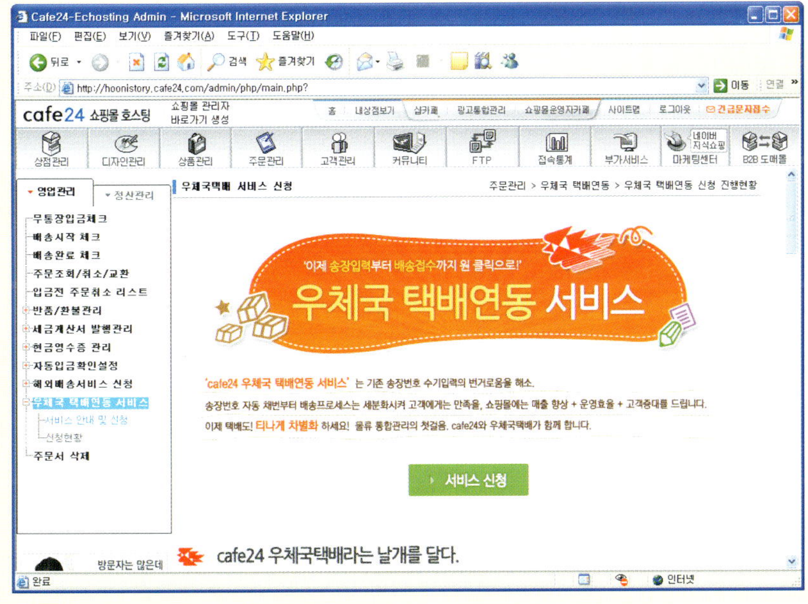

02 쇼핑몰에서 상품 주문해 보기

지금까지 설정했던 부분들이 정상적으로 작동하는지를 알아보기 위해 쇼핑몰로 접속한 후에 쇼핑몰에서 물건을 직접 구매하고 배송을 기다려 보는 과정입니다.

01 쇼핑몰로 접속한 후 '손발도장' 상품을 클릭하고 [구매] 페이지에서 [바로 구매하기] 버튼을 클릭합니다.

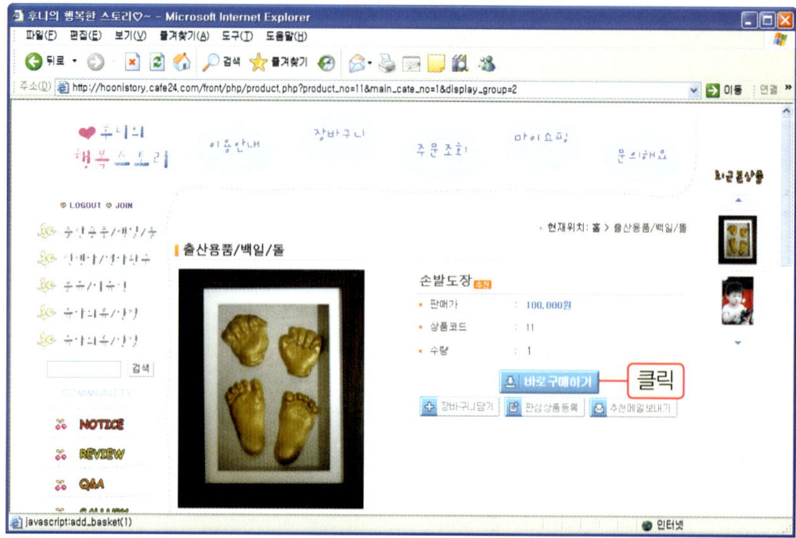

02 [주문서 작성] 페이지에서 수량을 수정할 수도 있습니다. 수정하려면 원하는 수량을 입력하고 [수정] 버튼을 클릭합니다.

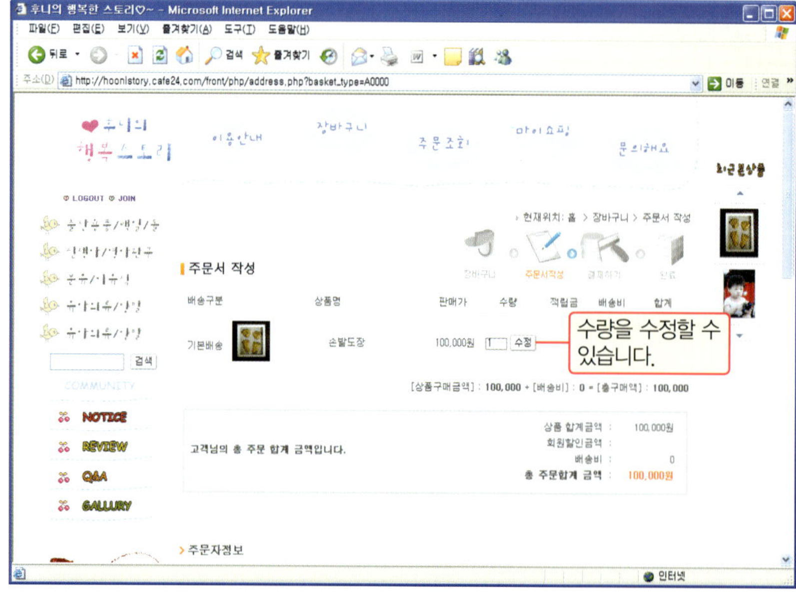

03 주문서 작성 화면 하단에 있는 주문자 정보와 배송지 정보를 입력하고 [결제하기] 버튼을 클릭합니다.

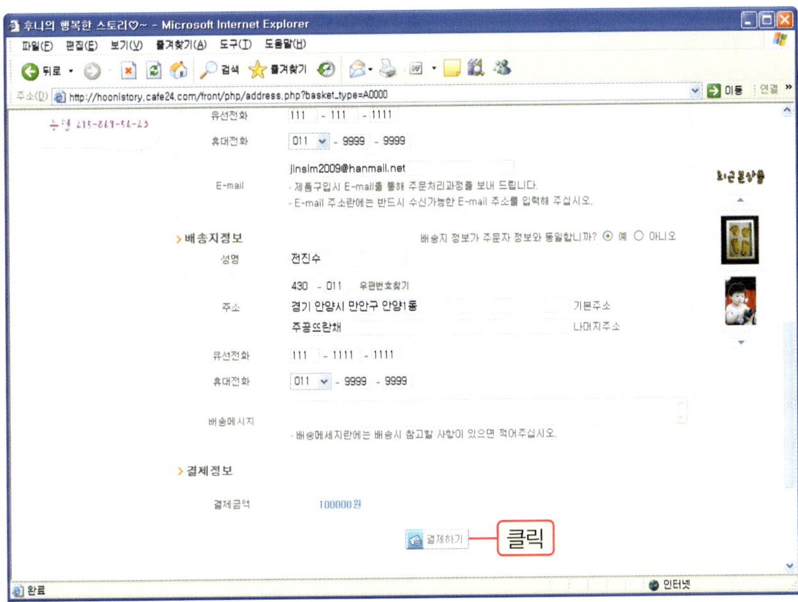

04 결제 시스템에서 '입금자명'을 입력하고 '입금 은행'을 선택한 후에 [확인] 버튼을 클릭합니다.

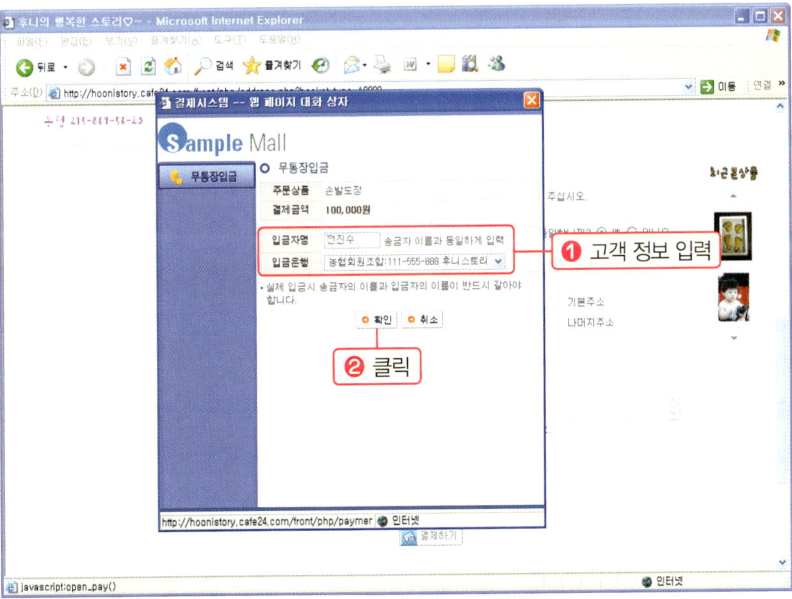

NOTE

결제 시스템에 나타나는 'Sample Mall' 로고 대신 자신의 회사 로고를 나타내려면 [디자인관리]−[이미지 관리]−[로고이미지]를 클릭하고 '결제화면 삽입로고' 항목에서 [찾아보기]를 클릭하여 로고를 선택하고 적용합니다.

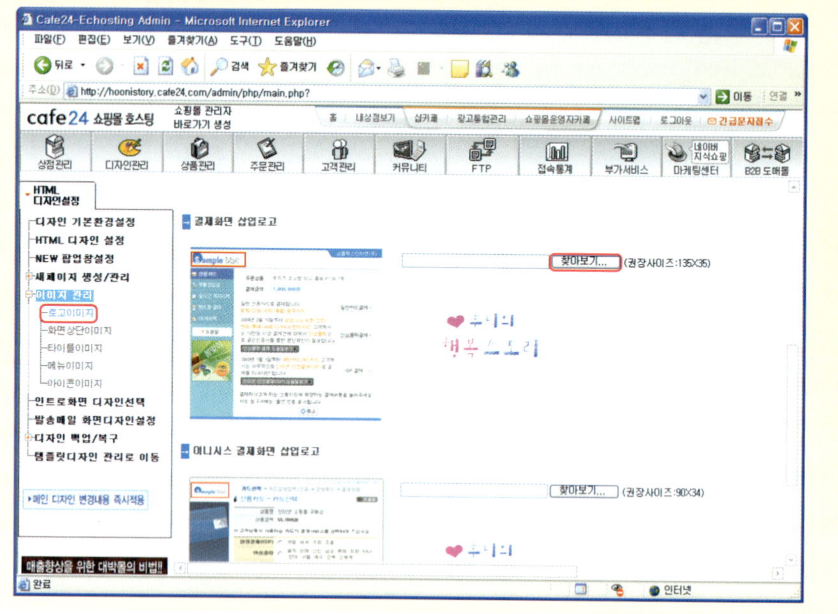

05 [주문완료] 페이지에서 주문 정보를 확인할 수 있습니다.

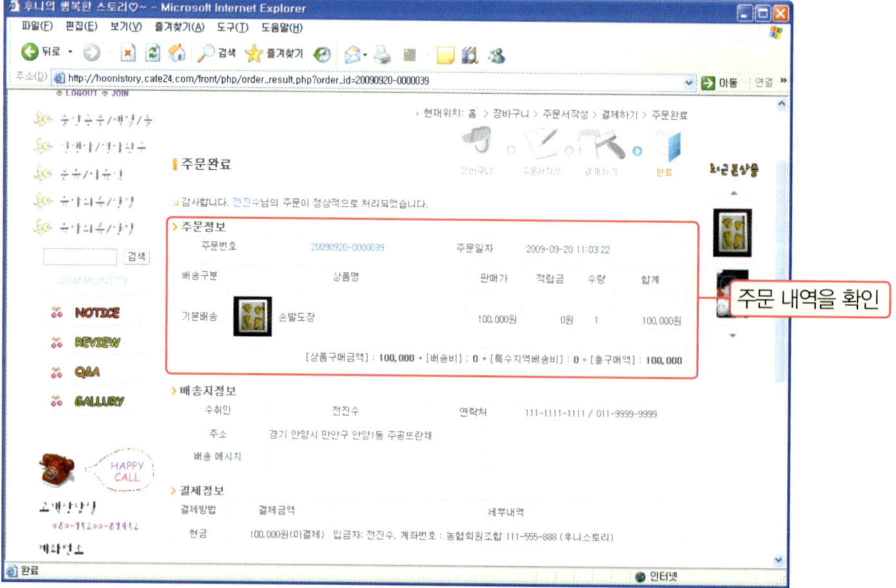

06 주문 확인을 하기 위해 [주문조회] 메뉴를 클릭하여 확인합니다.

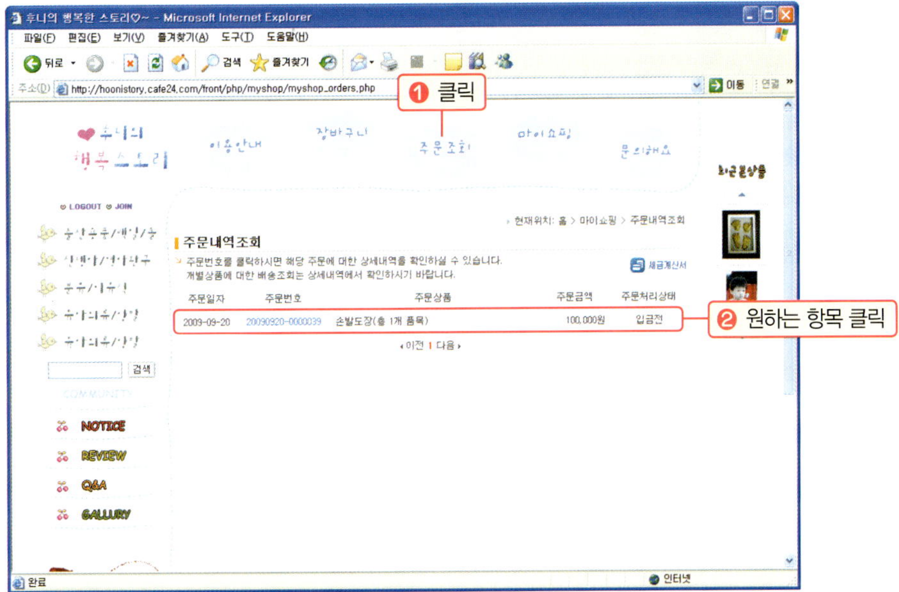

> **NOTE**
>
> 지금까지는 쇼핑몰에 방문한 고객이 상품을 구매하는 과정에 해당됩니다. 회원 구매 또는 비회원 구매가 모두 가능합니다. 그럼 다음 절에서는 관리자의 입장에서 관리자 페이지에서 주문 들어온 것을 확인하고 송장번호 입력부터 배송까지 어떻게 진행되는지 살펴봅니다.

03 주문 들어온 상품 확인하고 배송하기

주문 들어온 상품을 확인하고 입금 처리하는 단계와 배송 업체를 선정하여 배송하는 단계까지를 살펴보겠습니다.

01 쇼핑몰 관리자 페이지에서 [주문관리]를 클릭하면 앞선 실습으로 인해 [영업관리] 화면에 '미입금 체크: 1건'이 나타나는 것을 볼 수 있습니다. 미입금 체크의 [보기] 버튼을 클릭합니다.

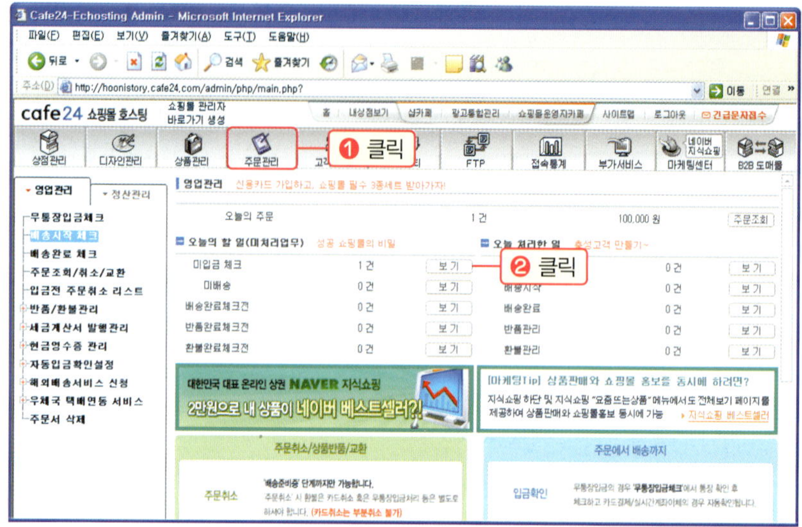

02 관리자의 통장을 확인하고 무통장 입금이 되었다면 확인된 주문 내역에 체크하고 [입금확인]을 클릭합니다.

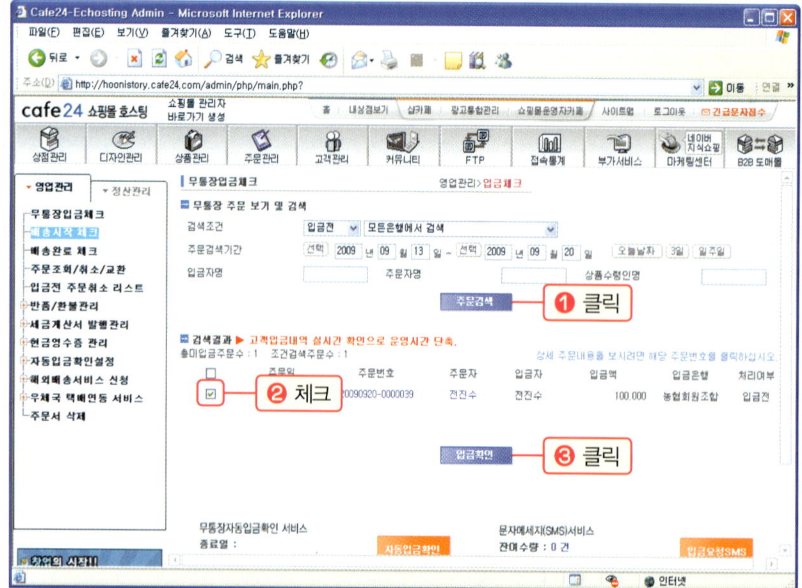

03 입금 확인을 한 후에 물건을 보내기 위해 [주문관리]–[배송시작 체크]를 클릭하고 [미배송 주문검색]을 클릭하면 검색 결과가 화면 아래에 나옵니다.

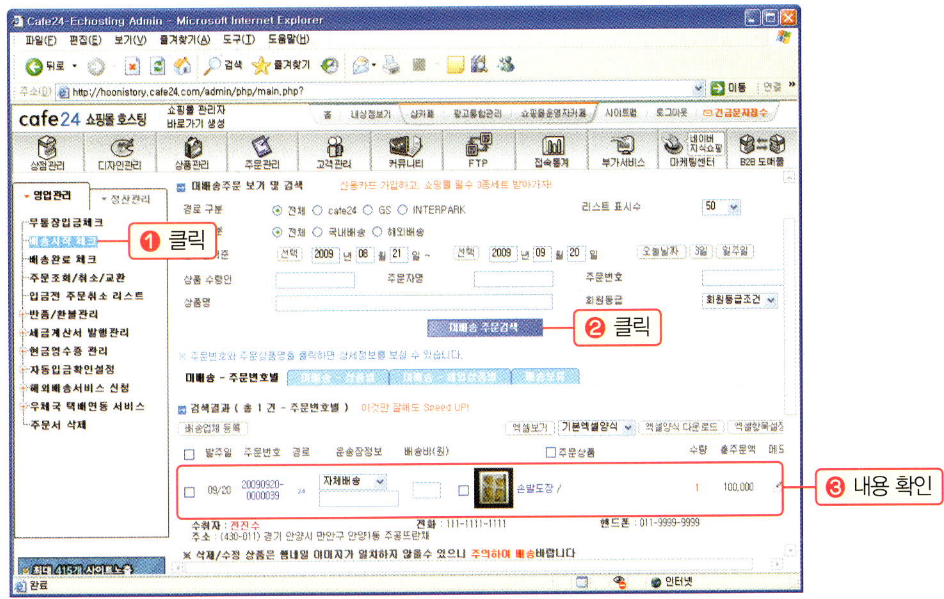

04 검색 결과에 있는 물건을 택배 회사를 통해 보내고 받은 운송장 정보를 입력하고 [배송시작] 버튼을 클릭합니다.

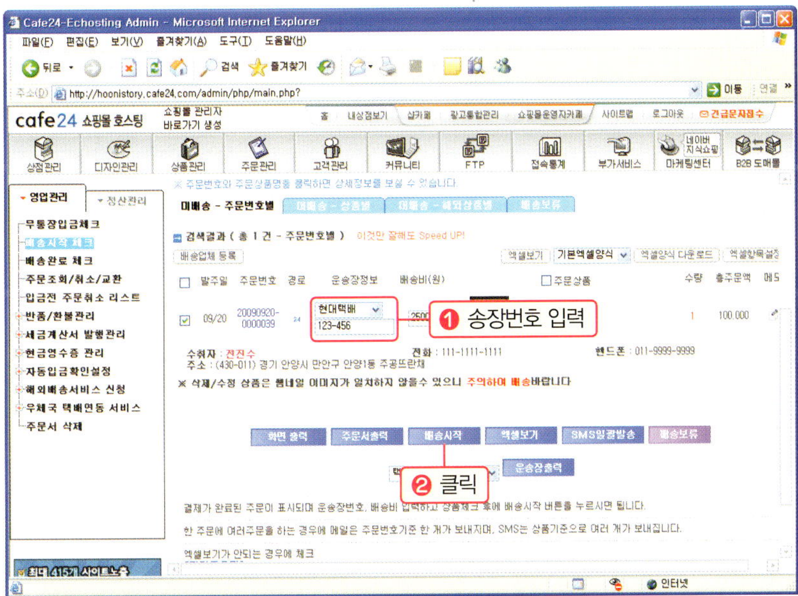

05 '배송시작 처리가 완료되었습니다'라는 메시지가 나오면 [확인] 버튼을 클릭합니다.

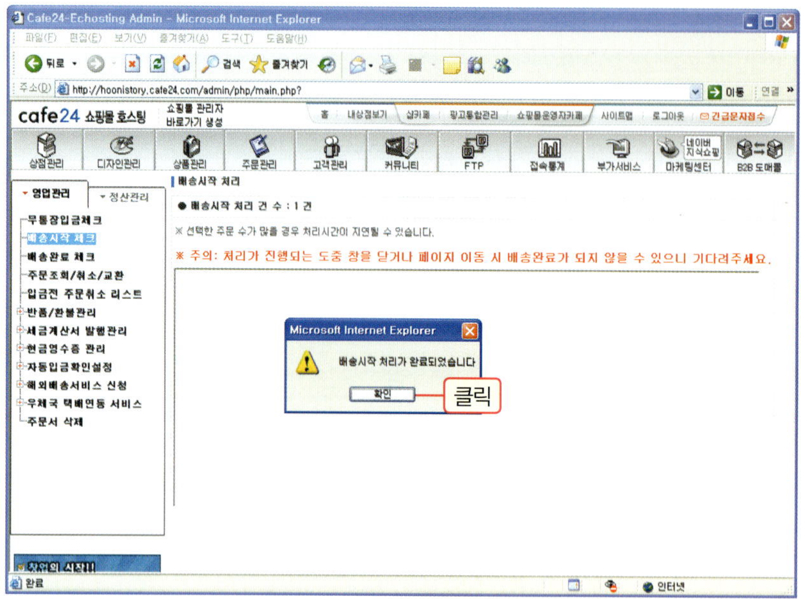

현재 고객의 [주문내역조회] 페이지에는 [배송중]으로 나와 있습니다.

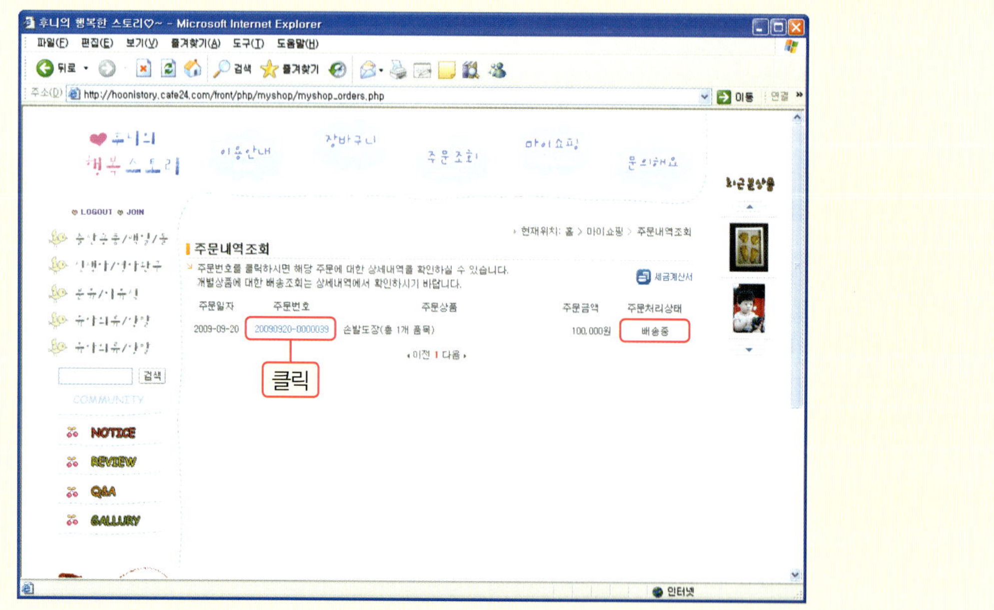

주문번호를 클릭하면 배송 조회 서비스를 이용할 수 있습니다.

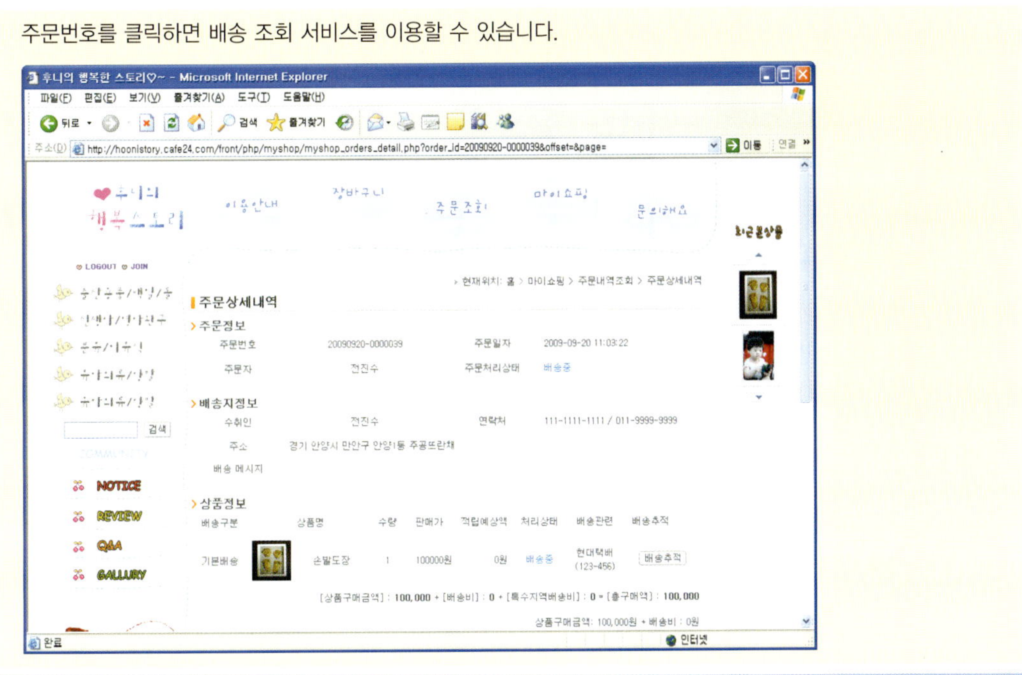

06 물건이 고객에서 도착한 후에 [주문관리]의 [배송완료 체크]를 클릭하고 [배송중 주문검색]을 클릭, 검색된 상품에 체크하고 [배송완료] 버튼을 클릭합니다.

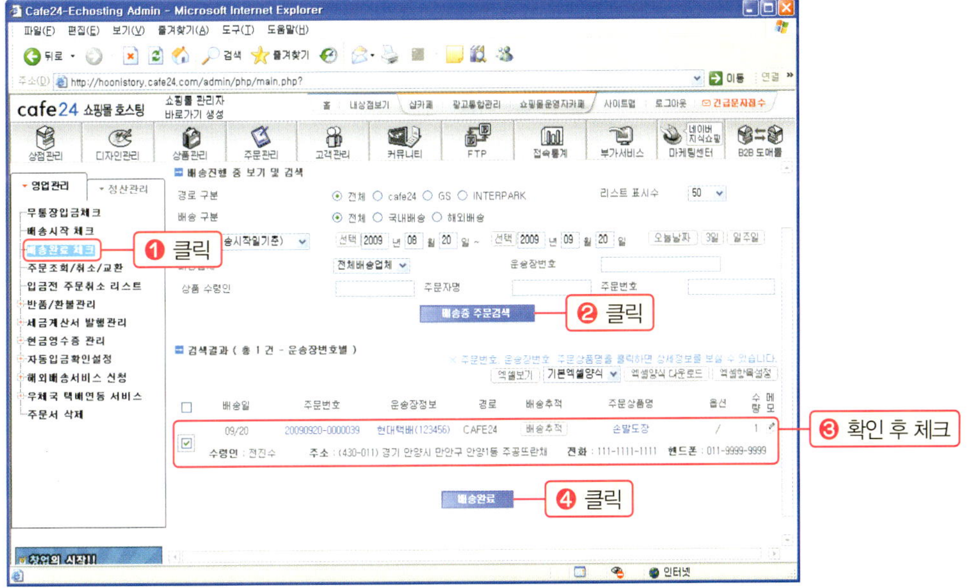

NOTE

현재 고객의 [주문내역조회] 페이지에는 [배송완료]로 표시되는 것을 확인할 수 있습니다.

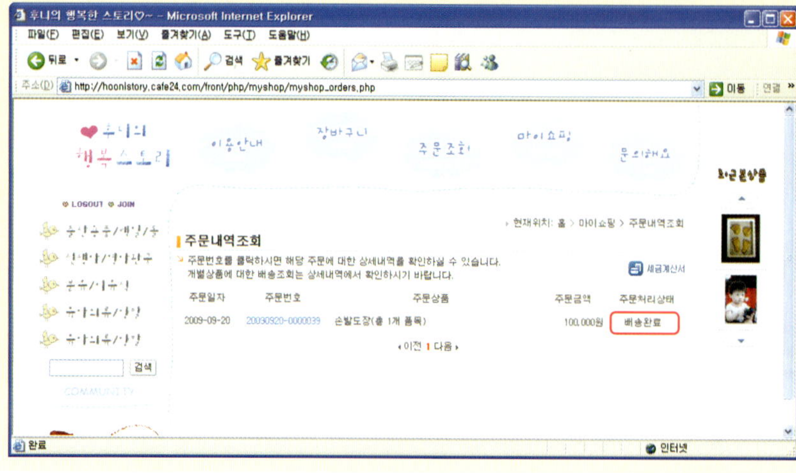

04 배송이 완료된 후에 반품 신청을 했을 경우

고객이 주문한 상품을 취소하거나 교환을 요청했을 때에도 관리자 페이지에서 꼼꼼히 정보를 수집해야 합니다.

01 [주문관리]-[주문조회/취소/교환]을 클릭하고 [주문검색] 버튼을 클릭하여 주문 완료 상품을 확인한 후 해당 '주문번호'를 클릭합니다.

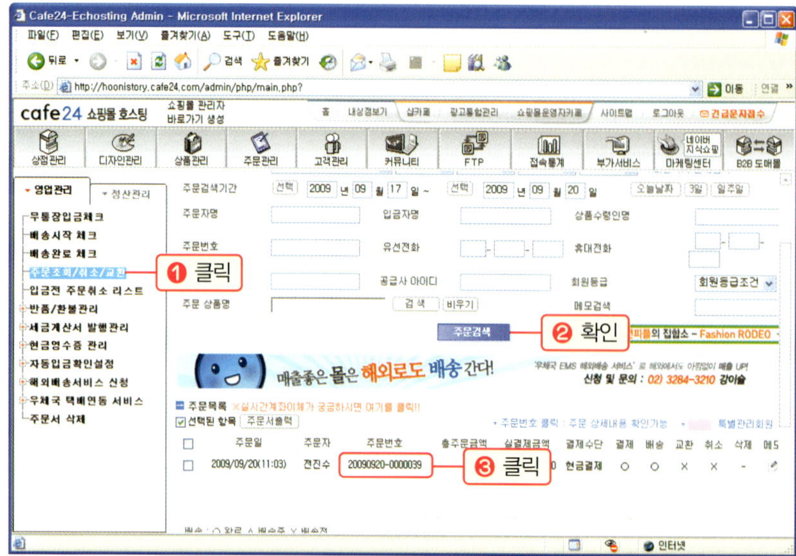

02 [주문상세정보] 페이지에서 [상품반송] 버튼을 클릭합니다.

고객이 반품이나 교환을 요구했을 때 관리자 페이지에서 상품 반송 처리를 하지 않아도 됩니다. 그렇지만 이 과정을 하지 않으면 나중에 재고 파악 및 정산 관리할 때 반품했던 물건도 팔린 것으로 나오기 때문에 착오가 발생하게 됩니다. 따라서 이 작업을 소홀하게 생각해서 생략하면 안 됩니다.

03 [상품반품정보] 페이지에서 반품 사유를 입력하고 반품 상품에 체크한 후에 [상품반품접수] 버튼을 클릭합니다.

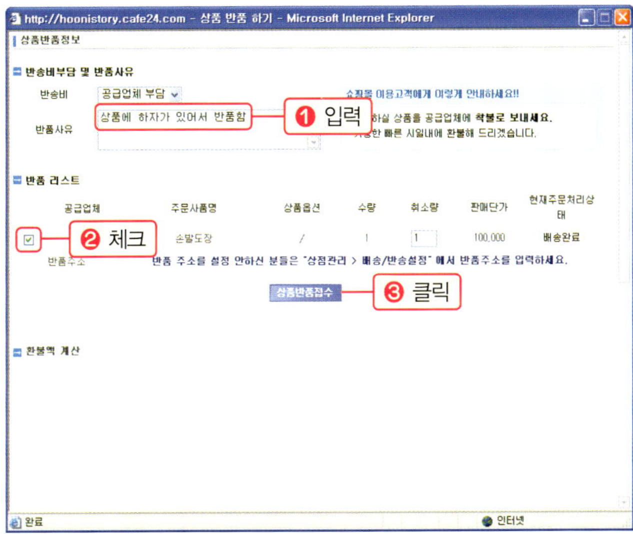

04 [환불액 계산] 페이지에서 내용을 확인하고 [계산완료] 버튼을 클릭합니다.

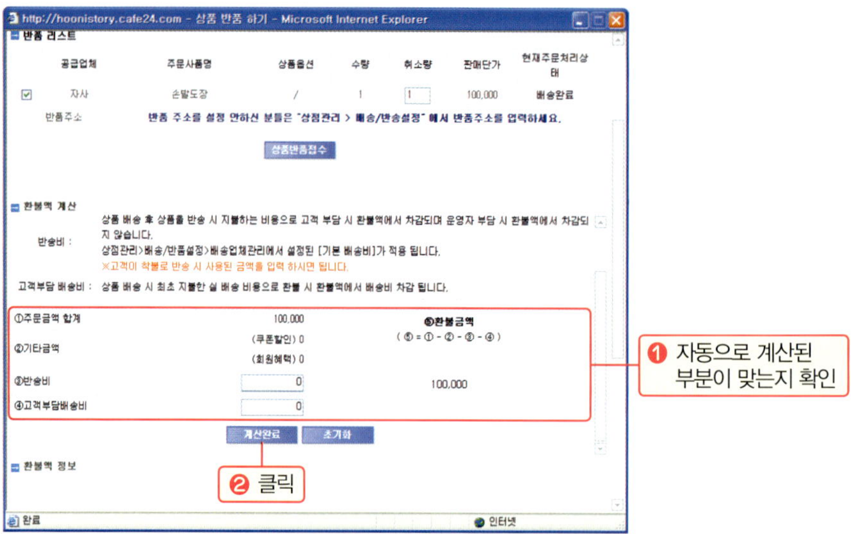

05 환불받을 고객 계좌번호 및 예금주를 입력하고 [반품 접수 완료] 버튼을 클릭합니다.

06 관리자 페이지에서 반품으로 처리되었는지 확인하기 위해 [주문관리]–[주문조회/취소/교환]을 클릭하고 [주문검색]을 합니다. 주문 검색 결과에 나온 상품의 '취소' 상태를 확인합니다.

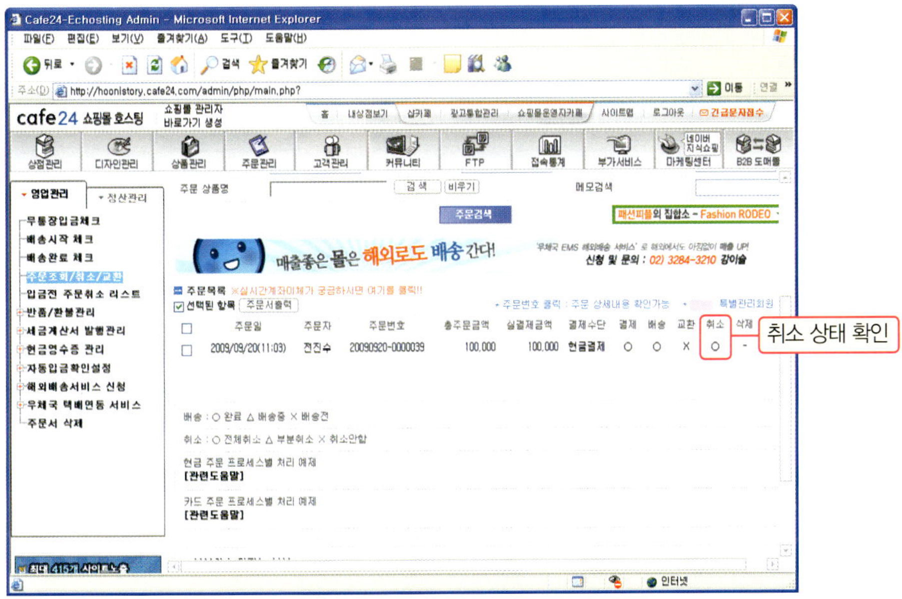

쇼핑몰에서 고객의 [주문내역조회] 페이지를 클릭하여 확인해 보면 '주문처리상태'가 '취소'로 나오는 것을 확인할 수 있습니다.

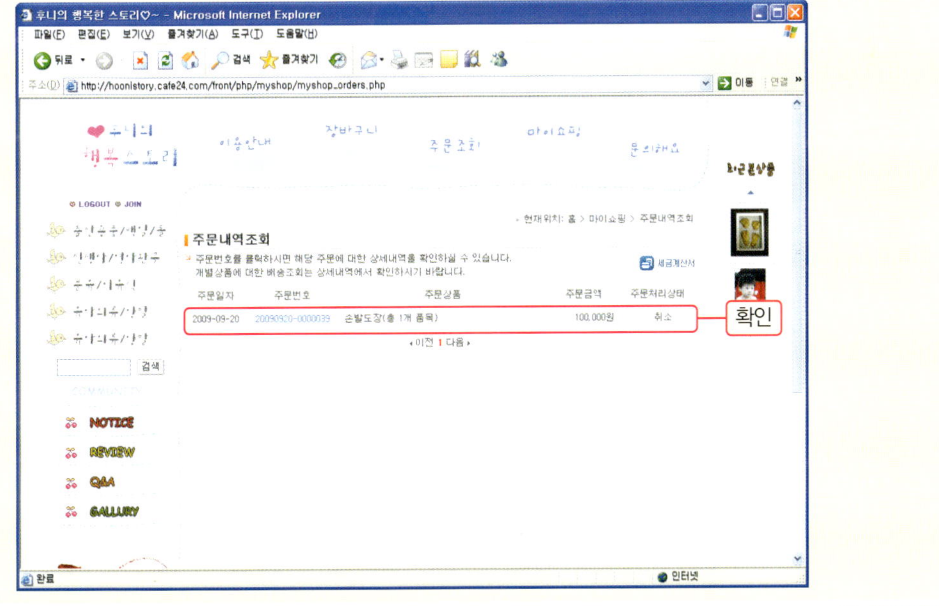

05 정산 관리

정산 관리 기능은 종합적 매출 관리 기능입니다. 이전 매출부터 지금까지의 매출을 분석하여 보여주고, 더욱 세부적인 설정 또한 가능합니다.

01 [주문관리]–[정산관리]–[종합적 매출확인]을 클릭합니다.

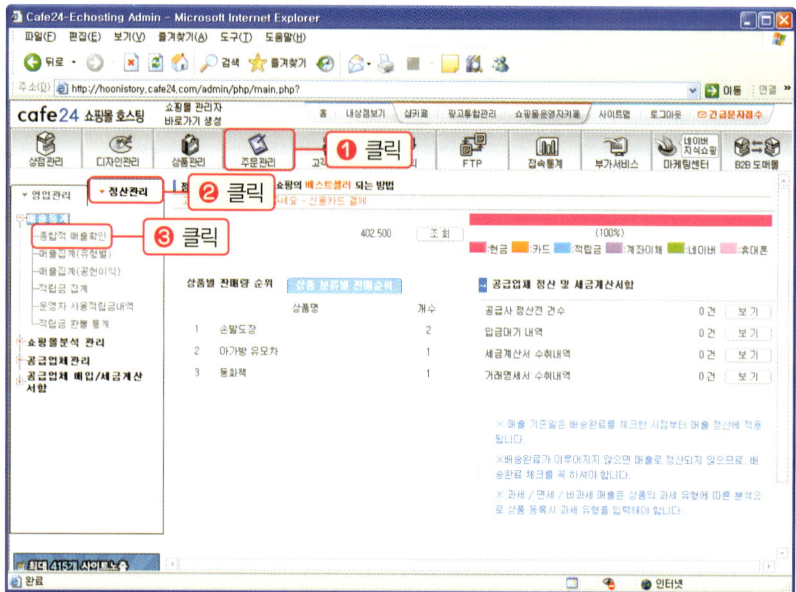

02 '주문검색기간'에 매출 검색 기간을 입력하고 [매출검색] 버튼을 클릭합니다.

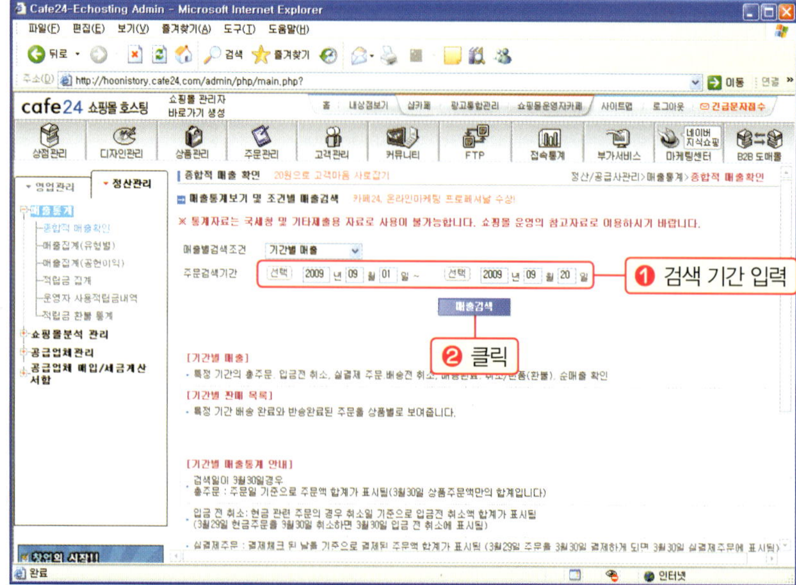

03 날짜별 매출표가 나오는 것을 확인합니다.

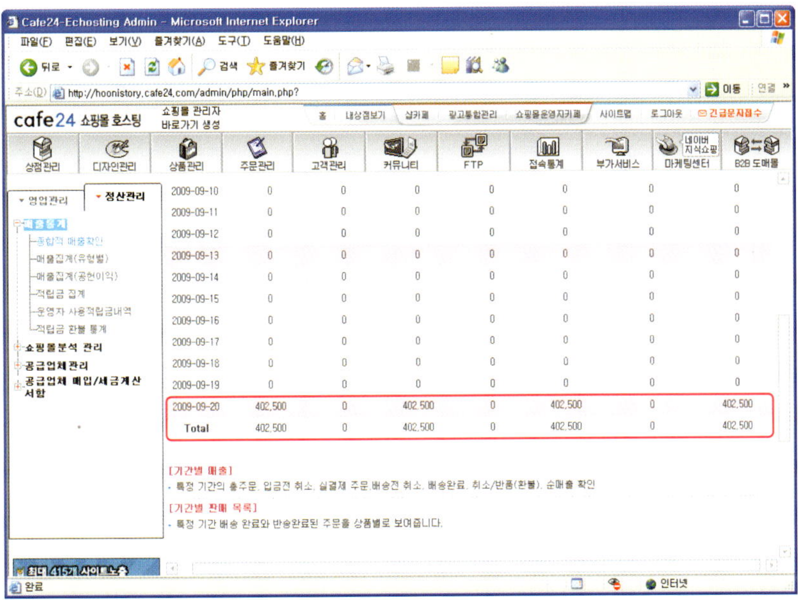

NOTE

쇼핑몰에서 고객이 상품을 주문하면 운영자의 메일, 메신저, 메시지 등으로 상품주문 내역 및 취소, 교환 등의 내용이 동시에 발송됩니다. 메신저 및 메시지는 따로 설정해야 하고 메일의 경우는 설정하지 않아도 쇼핑몰 관리자로 등록한 메일 주소로 자동 전송됩니다.

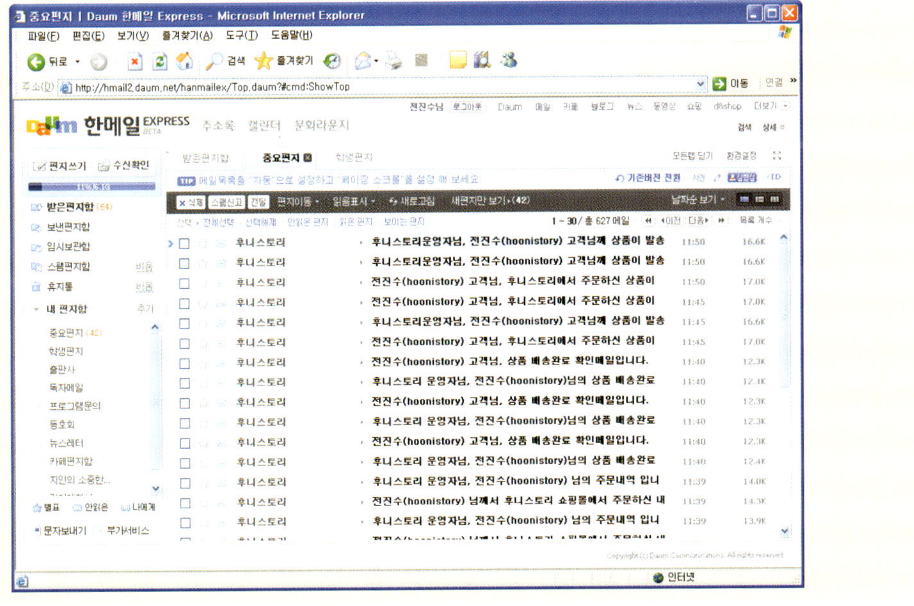

memo

Part 08

XE와 쇼핑몰의 연결과 검색 사이트에 등록하기

카페24에서 제공해주는 무료 쇼핑몰 솔루션을 이용하여 개설된 쇼핑몰을 XE에서 만든 홈페이지와 링크시키는 작업을 진행해 보겠습니다.

Lesson 22 XE 홈페이지에 쇼핑몰 연결하기
Lesson 23 검색 사이트에 홈페이지 등록하기

XE 홈페이지에
쇼핑몰 연결하기

01 XE로 만든 홈페이지에 쇼핑몰 연결하기

01 http://사용자id.cafe24.com/xe/admin에서 관리자 id로 접속하여 [사이트] 메뉴를 클릭하고 [메뉴 추가] 버튼을 클릭합니다.

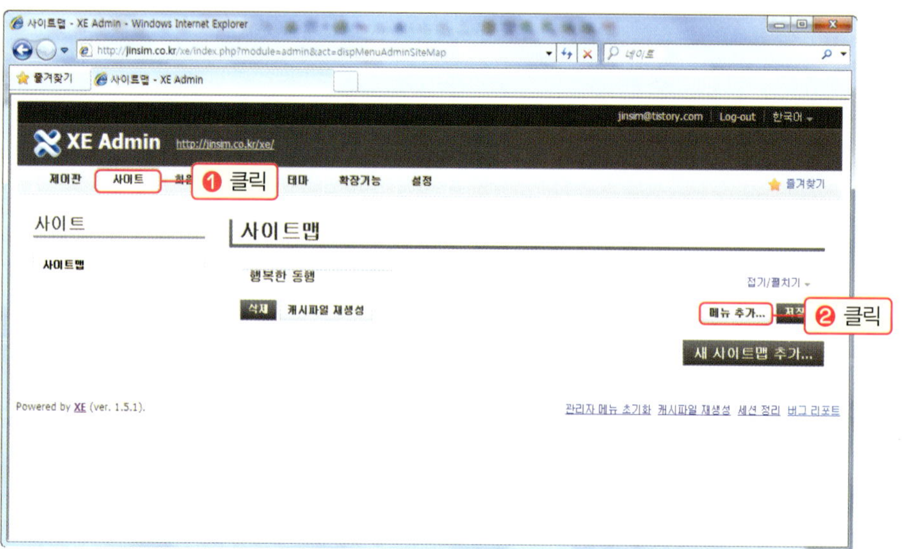

02 '메뉴명'과 '연결 url'을 입력하고 '새창 열기'에 체크한 후에 [저장] 버튼을 클릭합니다.

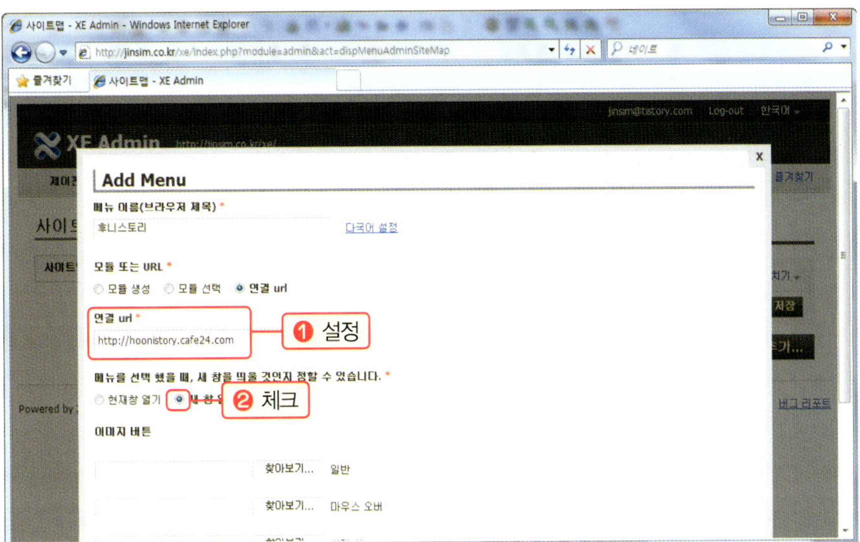

> **NOTE**
>
> - 메뉴명: 홈페이지에 나타날 메뉴 이름입니다.
> - 연결 url: 메뉴명을 클릭하면 이동할 페이지 주소입니다. 쇼핑몰 주소를 입력합니다.
> - 새창 열기: 체크되어 있을 경우는 메뉴를 클릭하면 새로운 창으로 링크가 열리게 됩니다.

03 메뉴에 등록된 것을 확인합니다.

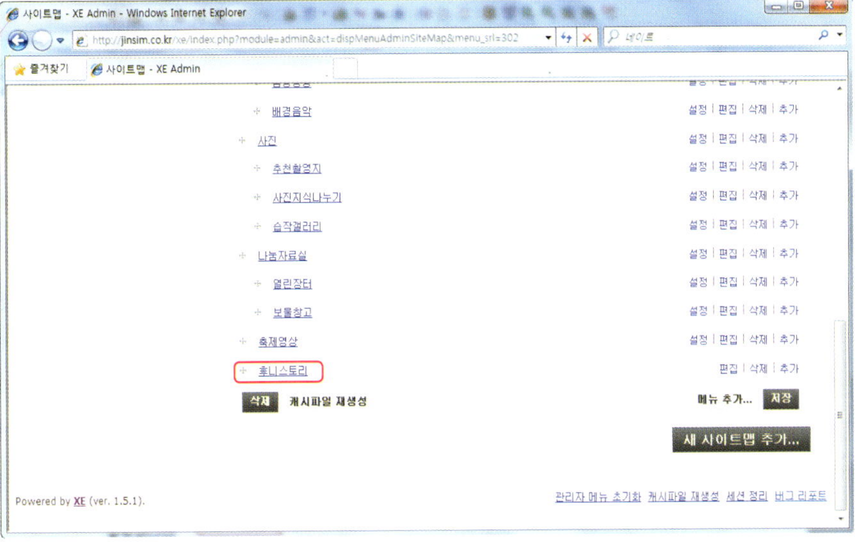

04 홈페이지(http://사용자id.cafe24.com/xe)에 접속한 후 새롭게 만든 [후니스토리] 메뉴를 클릭합니다.

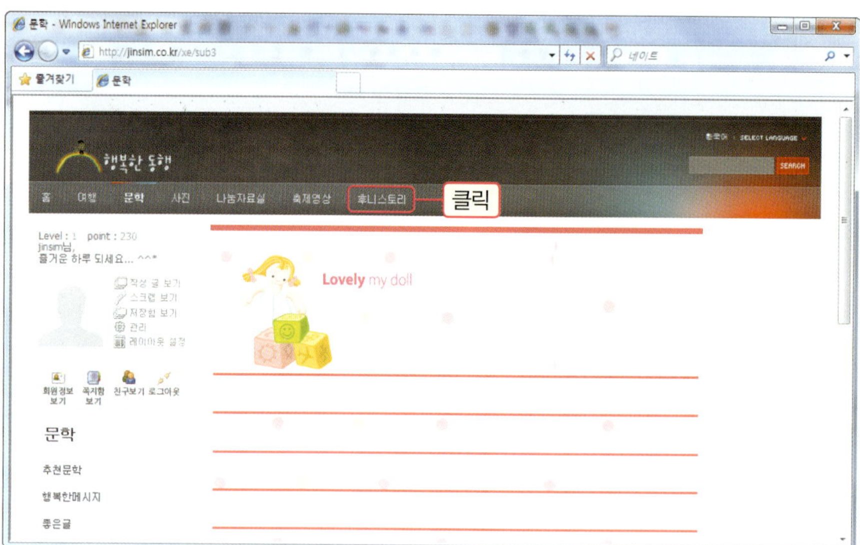

05 쇼핑몰이 정상적으로 연결되는 것을 확인합니다.

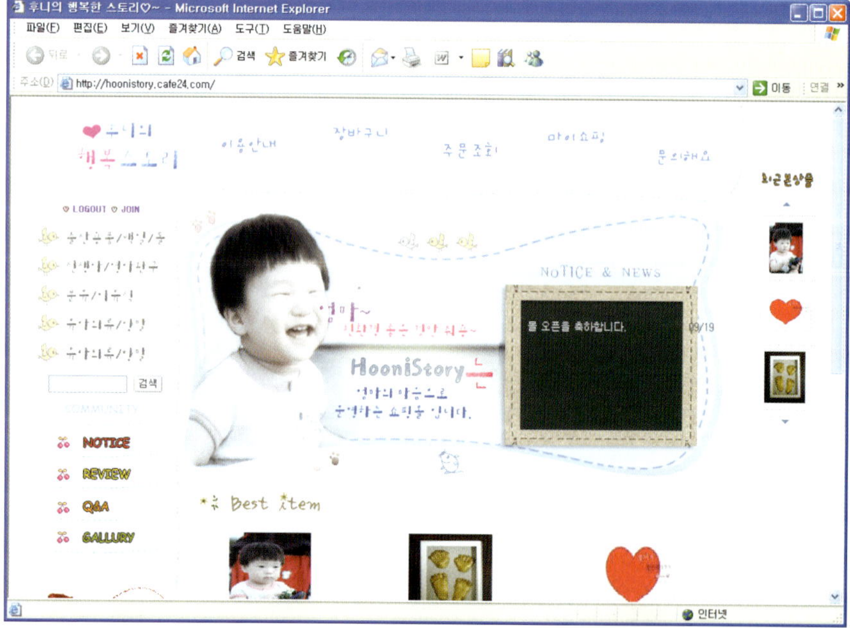

02 XE에서 배너 등록하고 쇼핑몰 링크 걸기

홈페이지의 메인 페이지에 배너를 만들고 이 배너를 클릭했을 때 쇼핑몰로 넘어가게 하는 방법에 대해 알아보겠습니다.

01 XE로 만든 홈페이지의 메인 페이지에서 [페이지 수정] 버튼을 클릭하고 페이지 수정 화면에서 [내용 직접 추가] 메뉴를 클릭합니다.

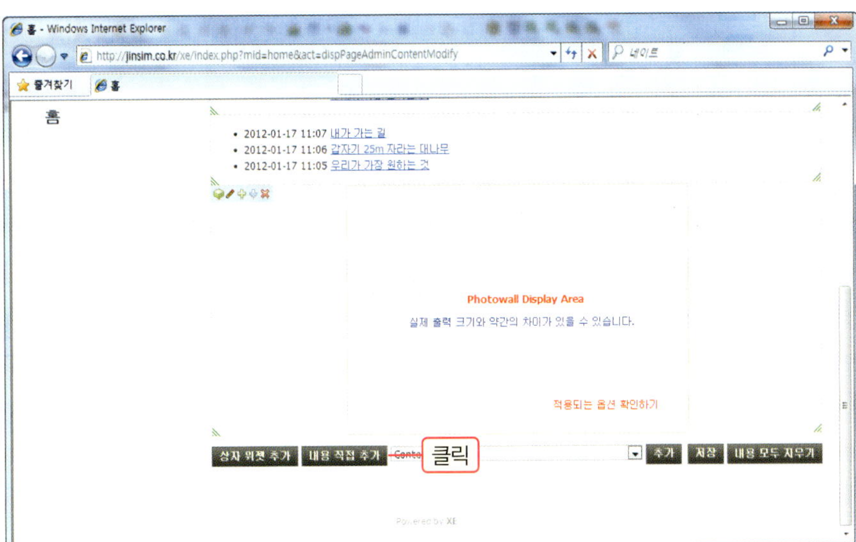

02 [내용 직접 추가] 페이지에서 [확장 컴포넌트]를 클릭하고 [이미지 추가]를 선택합니다.

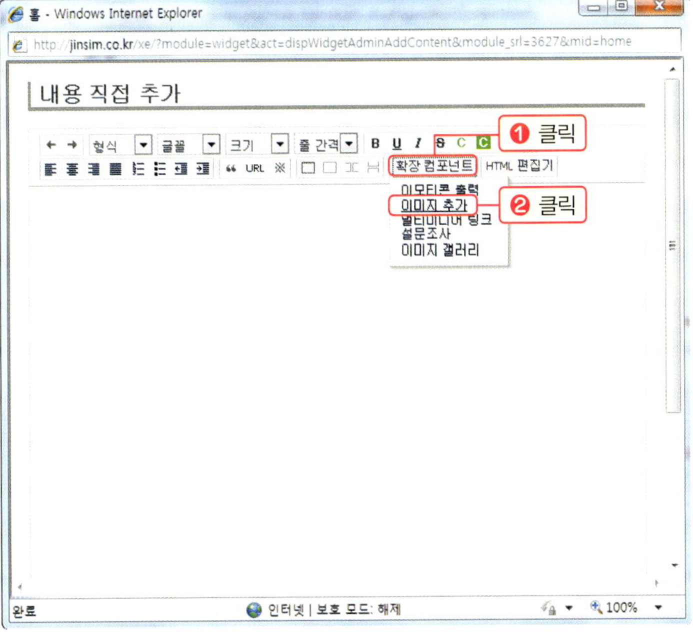

배너로 사용할 이미지를 미리 FTP에 업로드 해놓아야 합니다.

호스트 디렉터리를 '/xe' 폴더로 설정하고 로컬 디렉터리에서 'top_1.gif'을 선택한 후 [업로드] 버튼을 클릭합니다.

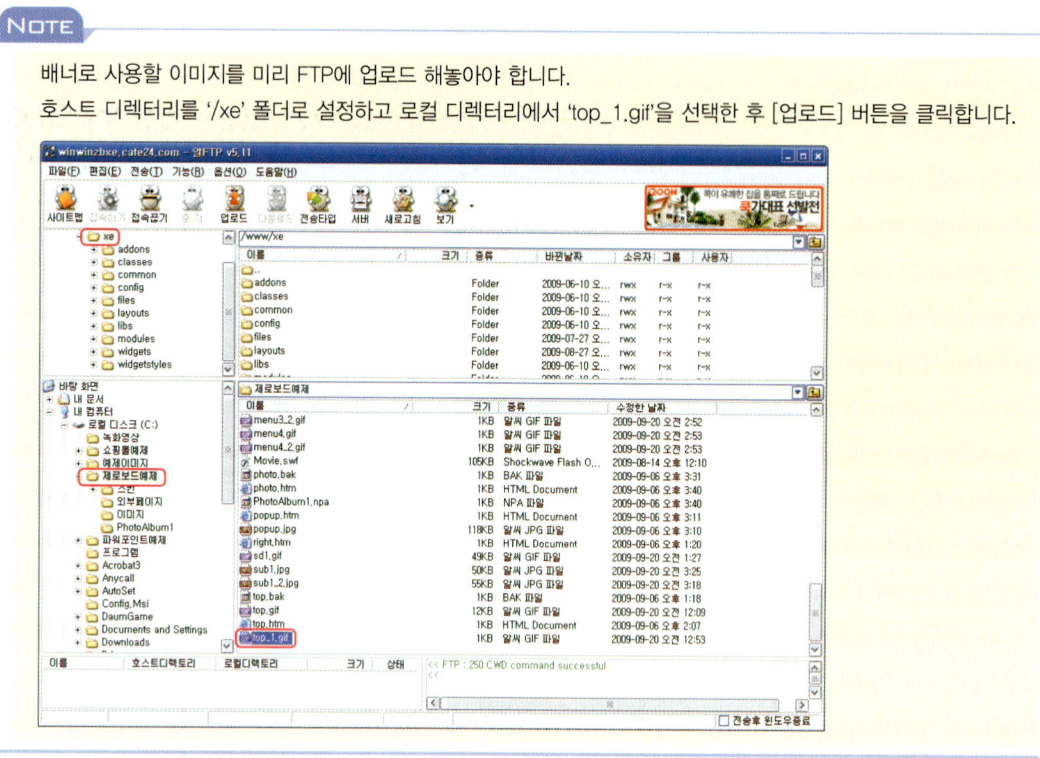

03 '이미지 경로'에 배너로 사용할 '이미지 파일명'을 입력하고, 'URL'에는 배너를 클릭했을 때 이동할 '쇼핑몰 주소'를 입력합니다.

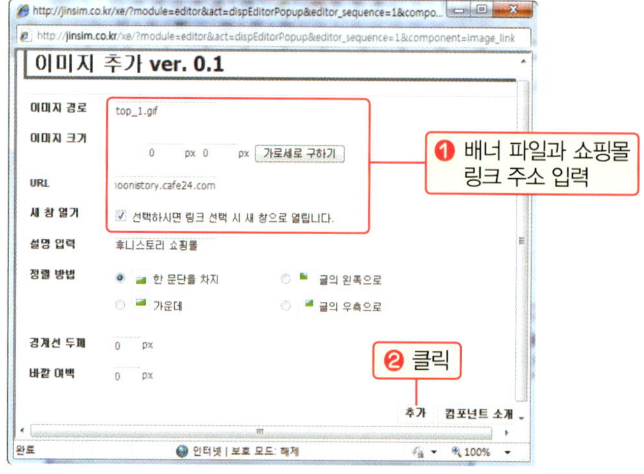

04 내용 페이지에 배너가 등록된 것을 확인하고 [저장] 버튼을 클릭합니다.

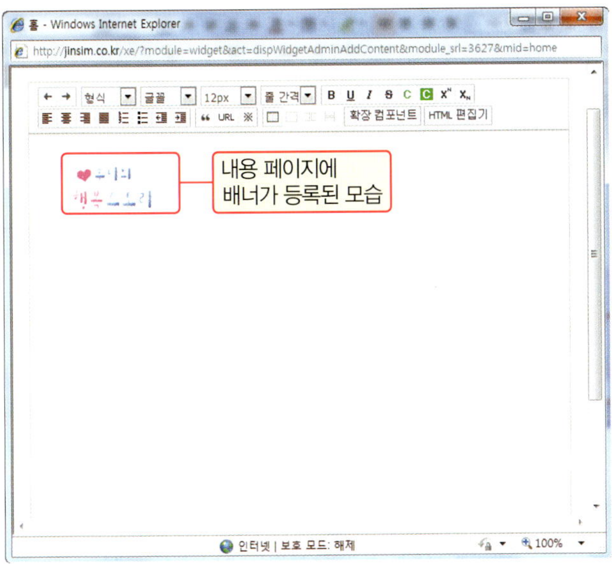

05 홈페이지 메인 화면에 배너가 등록된 것을 확인하고 [저장] 버튼을 클릭합니다.

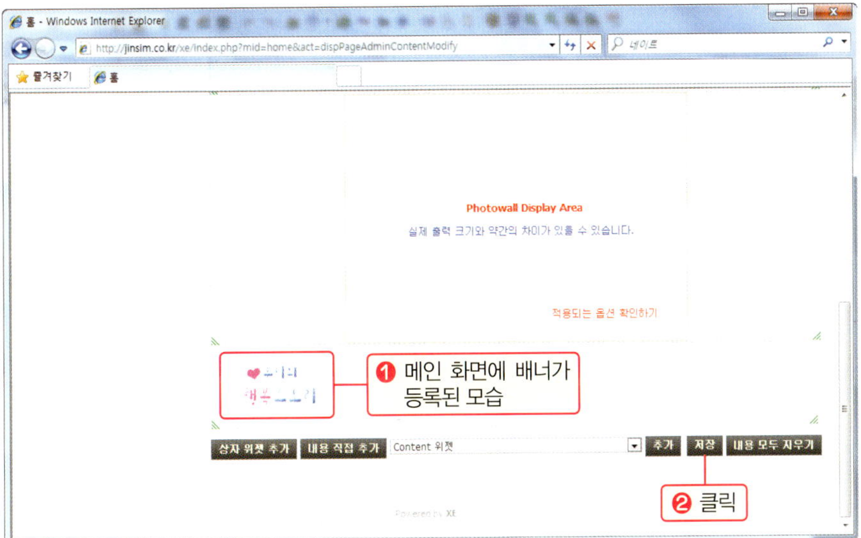

06 등록된 배너를 클릭하여 쇼핑몰로 이동하는지 확인합니다.

07 쇼핑몰로 이동된 모습입니다.

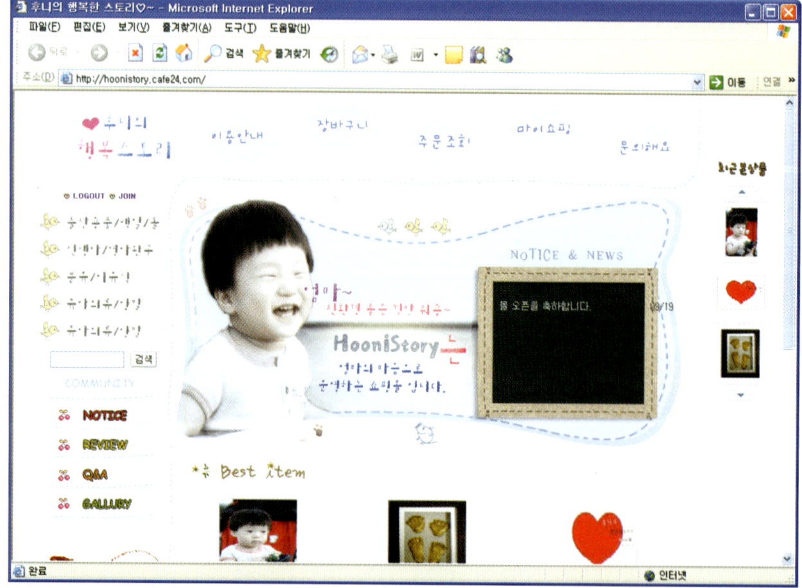

20

검색 사이트에 홈페이지 등록하기

01 네이버에 홈페이지 등록하기

제작한 홈페이지를 인터넷 검색 사이트 네이버에 등록하는 방법에 대해 알아보겠습니다. 대부분 홈페이지 방문자들은 검색을 통해 방문을 하기 때문에 개설한 홈페이지가 있다면 검색 사이트에 등록하는 것이 좋습니다.

01 인터넷 주소에 'https://submit.naver.com/'를 입력하고 접속한 후에 'URL'과 '대표전화번호'를 입력하고 [등록확인] 버튼을 클릭합니다.

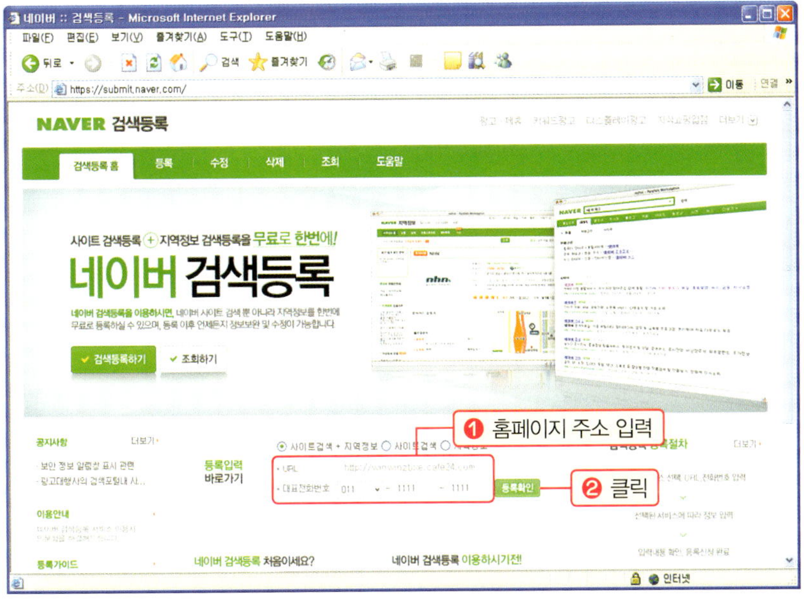

02 등록이 되어 있는지를 확인한 결과 아직 등록되어 있지 않다면 [등록 바로가기] 버튼을 클릭하여 등록할 수 있습니다.

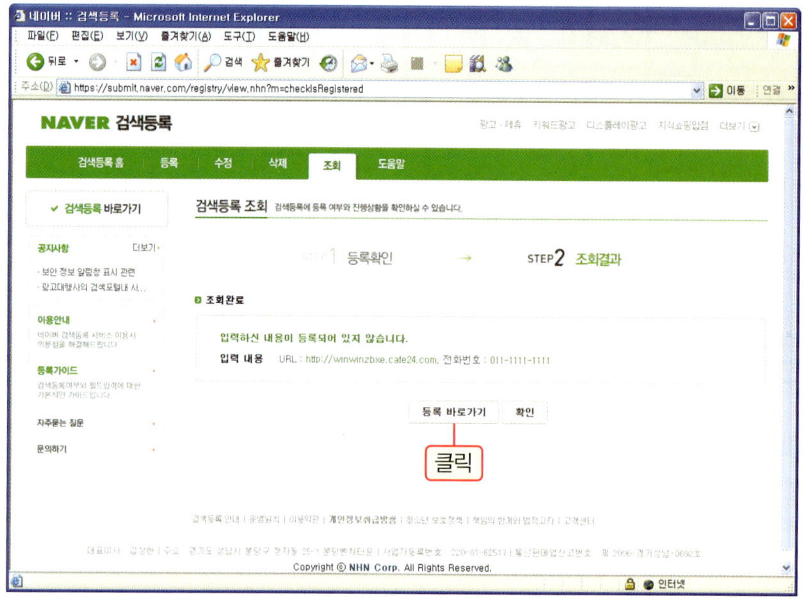

03 개인정보 수집 및 이용 약관에 [동의]를 하고 [확인] 버튼을 클릭합니다.

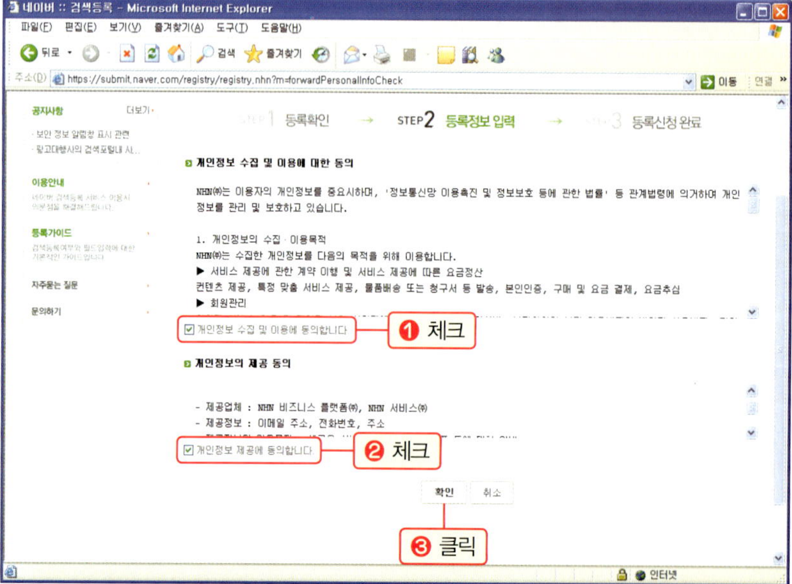

04 분류 검색에 사용할 검색어를 입력하고 [검색] 버튼을 누릅니다. 검색 결과에서 해당하는 분류를 선택하고 [확인] 버튼을 클릭합니다.

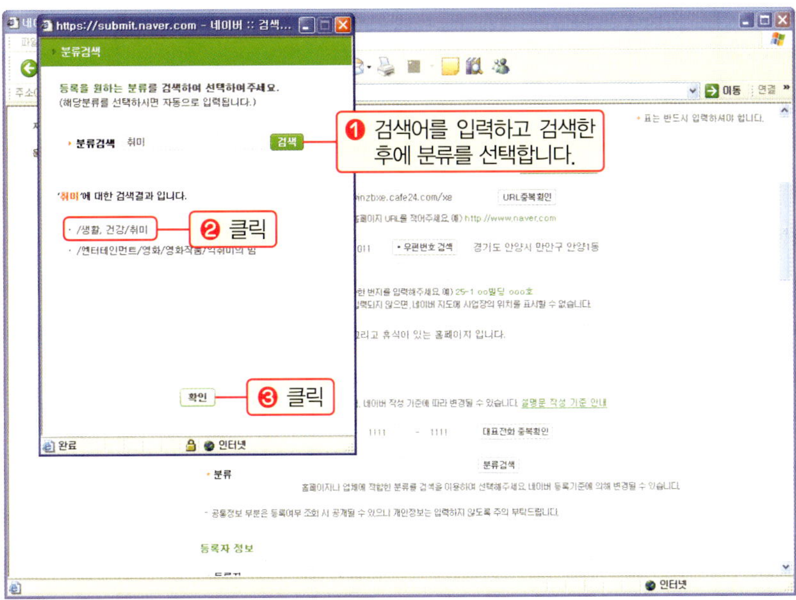

05 등록자 정보를 입력하고 화면 하단에 있는 [등록] 버튼을 클릭합니다.

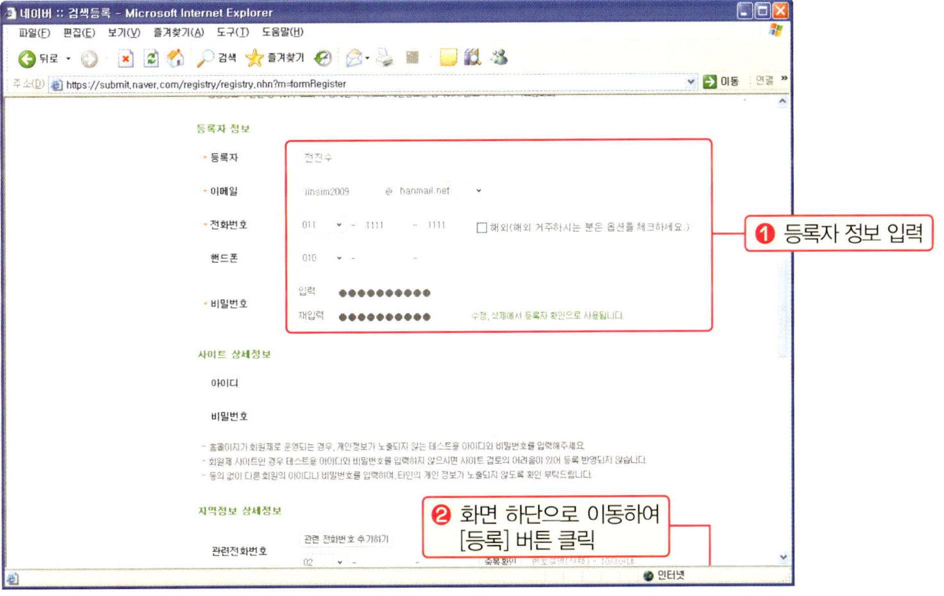

06 등록이 완료된 것을 확인합니다. 등록에는 최대 5일 정도가 소요됩니다. 그 안에 메일로 등록 확인 메일을 받아 볼 수 있습니다.

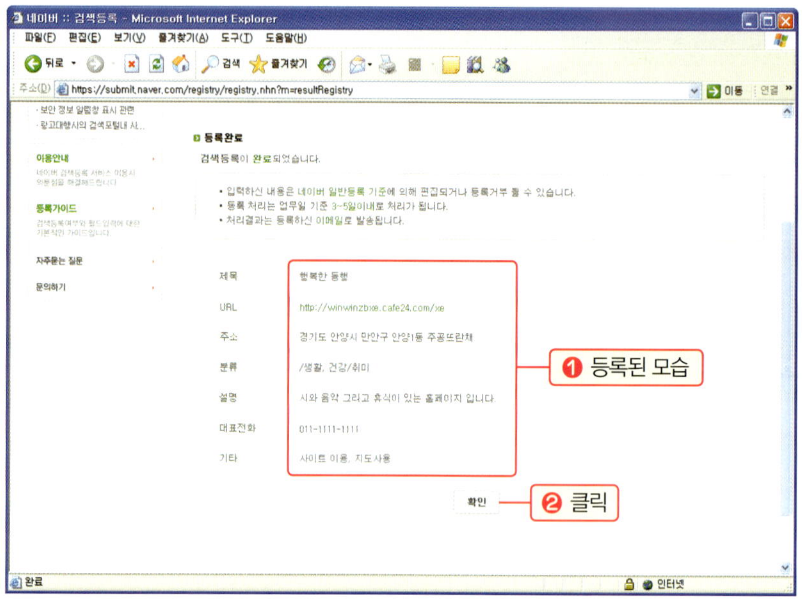

02 다음 사이트에 홈페이지 등록하기

이번에는 다음(Daum) 사이트에 홈페이지를 등록하는 방법에 대해 알아보겠습니다. 앞서 네이버에 등록했던 방법과 유사하며 다음 사이트의 경우는 등록일까지 최대 15일 정도가 소요됩니다.

01 인터넷 주소에 'http://register.search.daum.net'를 입력하여 접속한 후 [신규등록하기] 버튼을 클릭합니다.

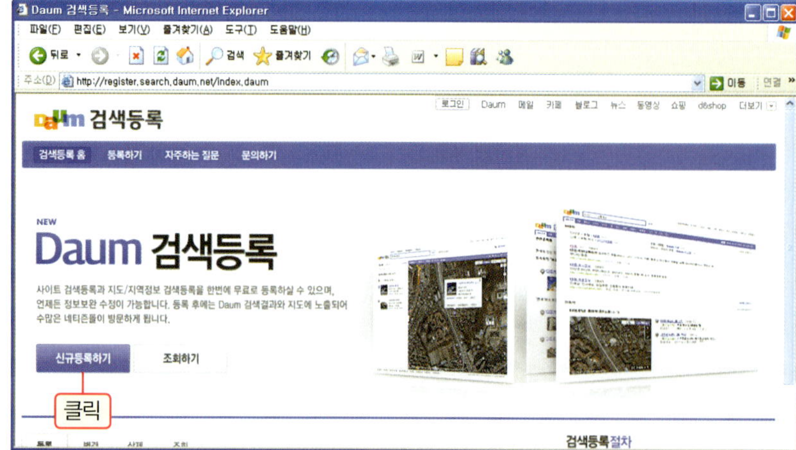

02 사이트 주소를 입력하고 [확인] 버튼을 클릭하여 등록 여부를 확인합니다.

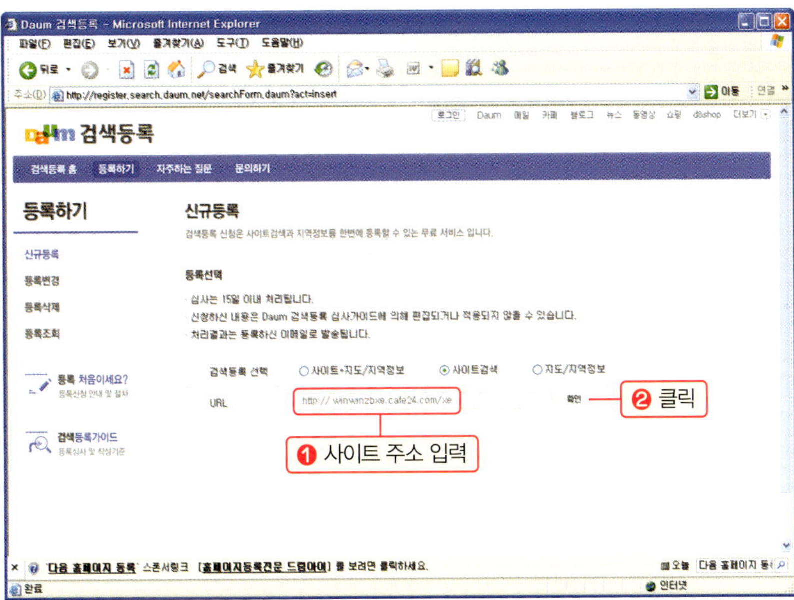

03 등록 조회한 결과 등록 신청을 할 수 있다고 나오면 [등록신청] 버튼을 클릭하여 계속 진행합니다.

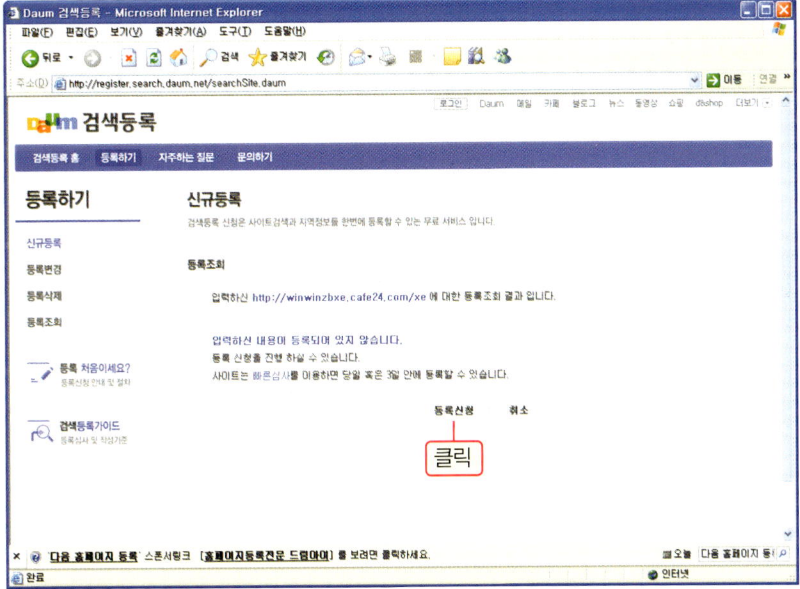

04 개인정보 수집 및 약관에 동의함에 체크하고 [확인] 버튼을 클릭합니다.

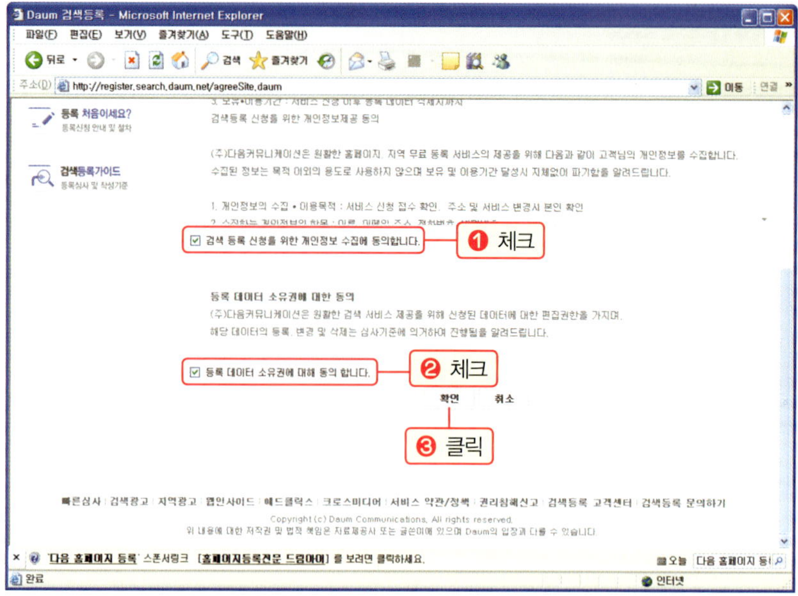

05 사이트 기본 정보를 입력한 후, 카테고리에서 그냥 [검색] 버튼을 클릭하고 '생활, 건강'을 선택하고 [확인] 버튼을 누릅니다.

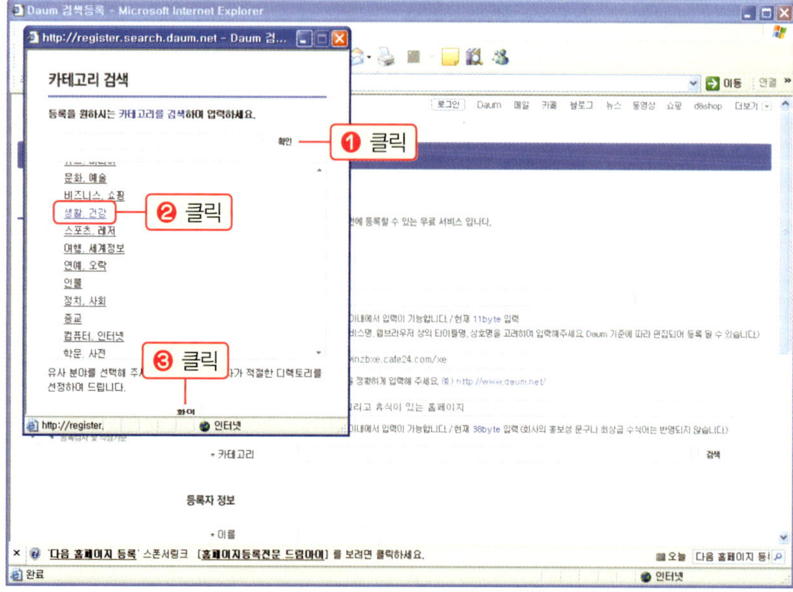

06 등록자 정보를 입력한 후에 [확인] 버튼을 클릭하여 등록을 완료합니다.

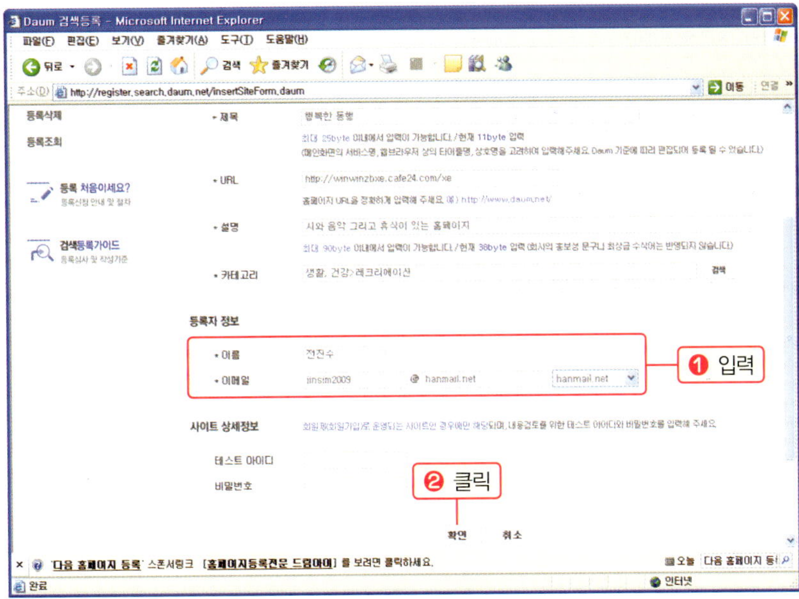

07 등록 신청이 완료되었습니다. 늦어도 15일 이내에 등록할 때 입력했던 메일로 등록 여부에 대한 메일을 받아 볼 수 있습니다.

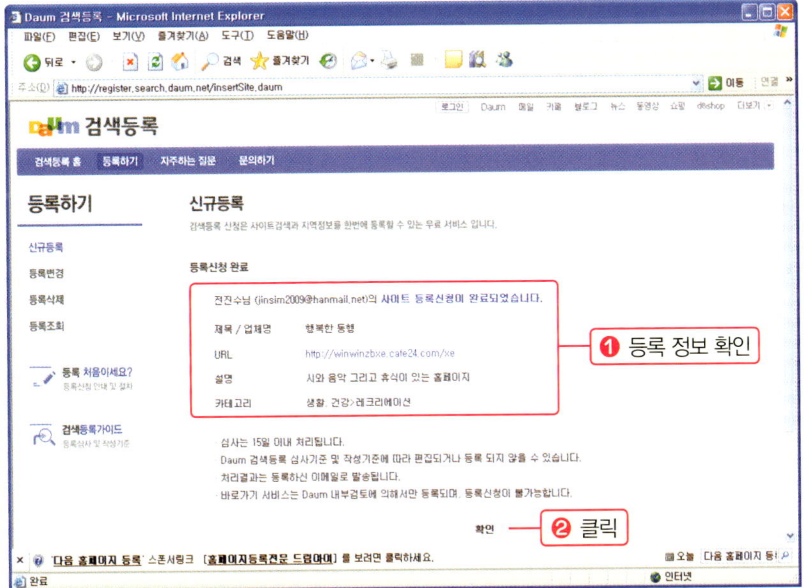

만약 홈페이지나 쇼핑몰을 통해 수익 창출을 확대하고 싶다면 인터넷 마케팅 센터를 통해 전문 컨설팅을 받는 것도 고려해봐야 합니다. 최소의 비용으로 최대의 효과를 낼 수 있는 방법을 연구하는 곳이기 때문에 쇼핑몰 운영자에게 많은 도움을 줄 것입니다. 쇼핑몰 관리자에서 [마케팅 센터]를 클릭하면 정보를 얻을 수 있습니다.

No.1 대한민국이 빨라집니다.
cafe24 hosting

모든 서버 Giga급 광光라인 구축, 광光랜카드 장착
업계 최대 규모 백본망을 통한 안정적 관리
국내 최초! 64비트 호스팅 서비스

■ Web Hosting

● 국내 웹호스팅 시장을 선도하는 최신 기술 보유
: 서버 전 영역에 SSD 플래시 메모리 장착 서비스 출시
: 오라클, 큐브리드, 포스트그레스큐엘 등 업계 최다 DB 지원
: 웹메일, 그룹웨어 무료 제공, 게시판 스팸필터,
  라인테스트등 무료 부가서비스 제공

서 비 스		콘 텐 츠
리눅스	64bit 광아우토반 호스팅	DB영역에 SSD 플래시 메모리 장착 쿼드코어 CPU 2개 (총 8코어) 64bit 고사양 서버(업계 최다 DB 옵션 제공)
	자이언트플러스 2012	무제한트래픽, 16코어 CPU 4개 구성 (총 64코어), RAM 64G 대용량 메모리 DB영역에 SSD 플래시 메모리 장착
	파워업 10G 호스팅	10Gbps 광光네트워크, Full SSD 플래시 메모리 쿼드코어 CPU 4개 (총 16코어)
윈도우	윈도우 광호스팅	- SQL2005 : MS-SQL2005+ .NET Framework 3.0 - SQL2005 : MS-SQL2005+ .NET Framework 2.0
DB호스팅	오라클 Oracle 큐브리드 Cubrid 포스트그레스큐엘 PostgreSQL	다양한 DB(업계 최다 DB 지원)
	가상서버호스팅 (VPS)	개별 서버처럼 운영(ROOT권한, 공인IP 제공)
	테라서버호스팅	가상화 기술을 이용, 저렴한 비용으로 대용량 서버 구축 (ROOT권한, 공인IP 제공)
	클라우드호스팅	원하는 사양을 직접 선택하고 CPU, RAM, HDD 등을 자유롭게 추가할 수 있는 강력한 호스팅
	이미지호스팅	무제한 트래픽 종량제
	스트리밍/ UCC호스팅	대용량 동영상, 음악 등 멀티미디어 파일 제공시 유용

■ Server Hosting

● 고성능 서버 제공
: 최신·최고 사양 서버를 구비해 고객 선택폭 확대
: 사양대비 최저가 이용료로 호스팅 비용 절감
: 업계 최초! 서버 당 1G 광 光랜 카드 무상 제공

● 신뢰할 수 있는 서비스
: 다년간 축적된 노하우와 전문인력을 통해 최적화된
  서비스 환경 제공
: 365일 전문 엔지니어 IDC 상주(상시 고객지원 서비스)

● 최신 데이터센터 시설 제공
: KT - IDC, SK브로드밴드-IDC 최신 데이터센터 시설 제공
: 네트워크 대역폭 100 Gbps 백본망 확보

■ Co-Location

● 투자 비용 절감
: 별도 투자 없이 인터넷 백본, 전원, 항온·방습, 방진·방재
  시설 등 전문 IDC설비 사용으로 IT 인프라 구축으로 경비 절감

● 차별화된 서비스
: 인터넷 백본망에 직접 접속함으로써 접속 속도 증가
: 365일 풍부한 경험을 가진 전문 운영인력을 통한 고품질
  서비스 제공
: 업계 최초! DdoS 방어장비 Cisco Guard & Detector 구축

www.cafe24.com   'cafe24'는 심플렉스인터넷(주)의 대표 브랜드입니다.

제로보드 XE로 홈페이지 & 쇼핑몰 만들기

전 진 수 지음　　　　　정가 19,500원

펴낸곳 | 가메출판사(www.kame.co.kr)

펴낸이 | 성 만 경

주　소 | 서울시 마포구 서교동 394–25 동양한강트레벨 504호

전　화 | (031) 923–8317~9

팩　스 | (031) 923–8327

2012년　3월　12일　개정 1쇄 인쇄
2013년　3월　20일　개정 2쇄 발행

ISBN 978–89–8078–248–2

문의처 http://jinsim.co.kr